그림으로 배우는

기초통계학

박 상 규

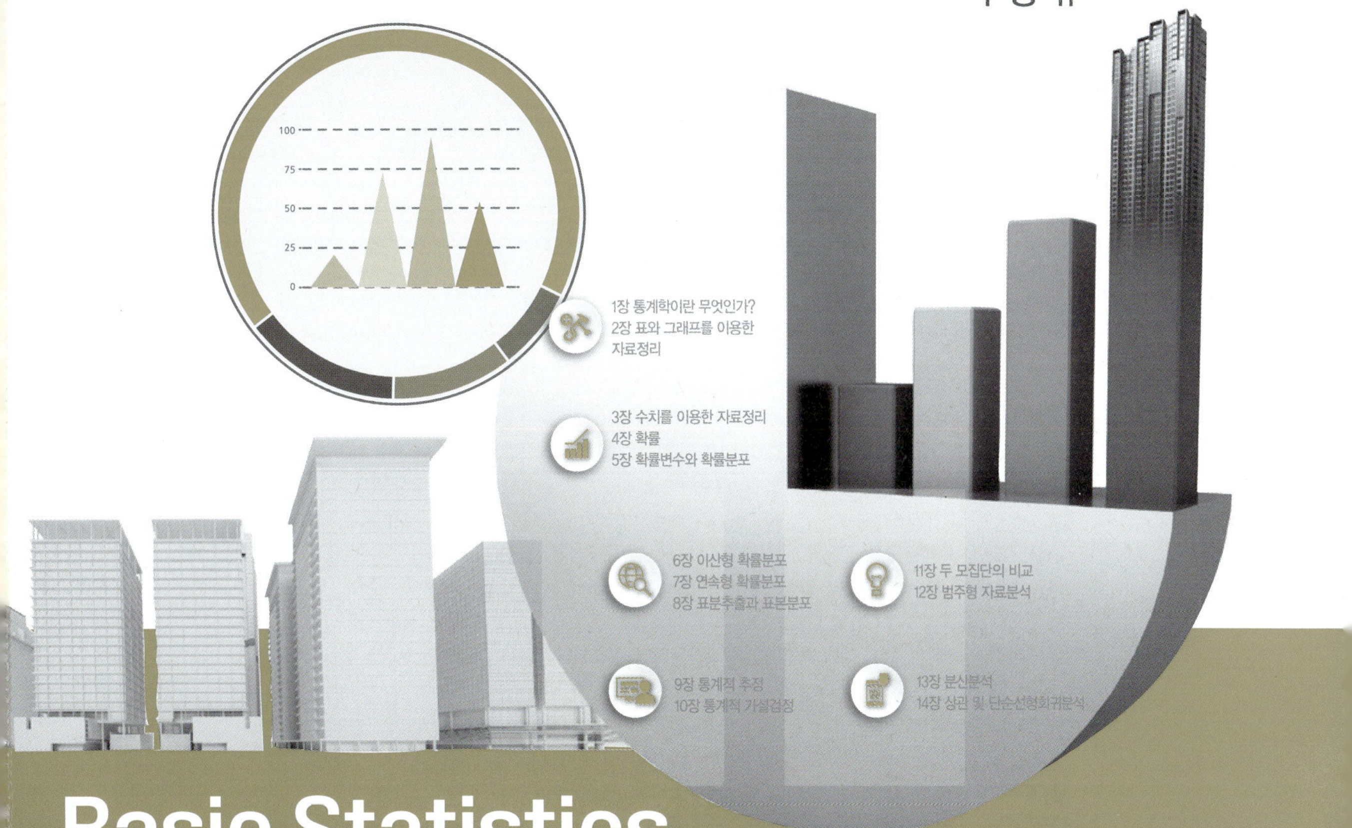

Basic Statistics

무역경영사

지은이 박상규(朴相圭)

- 동서울대학교 경영학부 교수
- 공학박사
- 숭실대학교 대학원 졸업
- 주요저서: 공업통계학, 확률 및 통계학, 실험계획법 외 다수

그림으로 배우는 **기초통계학** 4판

초판발행 2019년 8월 10일
2쇄발행 2024년 7월 12일

지은이 박상규 / **펴낸이** 전태호
펴낸곳 무역경영사 / **주소** 서울시 서대문구 연희로2길 62 한빛아카데미(주) 2층
전화 02-336-7112 / **팩스** 02-336-7199
등록 2021년 6월 28일 제2021-000062호 / **ISBN** 978-89-4680-692-4 93320

총괄 김현용 / **책임편집** 김현용 / **진행** 권오상 / **제작** 박성우, 김정우
영업 김태진, 김성삼, 이정훈, 임현기, 이성훈, 김주성 / **마케팅** 김호철, 심지연

※ 2021년 7월 1일부로 한빛아카데미(주)가 무역경영사의 영업권을 인수하였습니다.

이 책에 대한 의견이나 오탈자 및 잘못된 내용에 대한 수정 정보는 아래 이메일로 알려주십시오.
파본은 구매처에서 교환하실 수 있습니다. 책값은 뒤표지에 표시되어 있습니다.
홈페이지 www.hanbit.co.kr / **이메일** question@hanbit.co.kr

개정판 머리말

기초통계학에서 내용을 이해하는데 사용한 그림은 대부분 살리면서 개정한 부분은 첫째, 기술통계부분에서 오래된 통계자료를 최근의 자료로 대체하였고 내용도 체계적으로 정리하였다. 둘째, 학습내용을 학습자 스스로 이해할 수 있도록 각 장마다 보기문제와 연습문제를 추가하였다. 셋째, 통계적 추정과 가설검정의 전체 윤곽을 알기 쉽게 요약하였고, 두 모집단의 비교는 한 장으로 통합하였다. 마지막으로 엑셀의 통계함수를 이용하는 방법은 학생들이 오히려 학습내용을 이해하고 사용하지 못하고 도구로써 결과만 얻으려는 경향이 있어 추가하지 않았다.

이러한 점을 고려하여 개정하다보니 전체 서술하는 방식이 많이 달라질 수밖에 없었다. 그렇지만 초판에서 부족하다고 생각된 부분을 짧은 시간동안에 보완한 관계로 미흡한 점이 있을 것이나 학습자 스스로 공부하기에는 많은 도움이 될 것으로 믿는다.

끝으로 개정할 수 있도록 응원해준 가족과 훌륭한 개정판이 출간될 수 있도록 도와주신 무역경영사 채규호 대표님과 원석호 상무님 그리고 관계자 여러분에게 진심으로 감사를 드린다.

2013년 1월 새해를 맞이하며

박상규 · 김미현 · 유창승

머리말

이 책을 저술하게 된 의도는 수년간 학생들에게 통계학을 가르치면서 부족하다고 생각된 점을 보완하기 위해서 저술하게 되었다.

대학을 진학하는 많은 학생들의 기초학력이 부족하게 된 현실에서 그동안 어렵게만 느껴지는 통계학을 수리 · 수식으로만 설명하는 기존의 책에 대한 거부감과 동떨어진 현실감에 학생들의 수업에 흥미를 잃어가는 모습에서 보다 현실과 부합된 통계학을 통해 학생들의 이해력을 도울 수 있는 책을 저술하고자 하였다. 이를 위해 거의 모든 사례에 그림이나 삽화를 넣어 학생들의 이해력을 돕고자 하였으며 이를 위해 우리 주변의 정치, 경제, 연예 등의 사례를 다양하게 이용하였다.

본 책의 구성은 한 학기 동안 수업하기에 알맞게 총 15장으로 구성되었으며, 1장에서는 통계학의 기본개념을 설명하고, 2장과 3장에서는 자료정리에 대해 설명하였으며, 4장에서는 확률의 기본이해를 설명한 뒤 5장은 확률변수와 확률분포, 6장은 이산형 확률분포, 7장은 연속형 확률분포를 설명함으로써 확률에 대한 이해를 높였다. 그리고 8장에서는 표본추출과 표본분포에 대해 설명을 하였으며, 9장은 통계적 추정, 10장은 통계적 가설검정을 설명하였다. 이어서 11장과 12장에서는 두 모집단의 비교(추정)에 대하여 설명하고 13장은 범주형 자료분석에 대해 설명을 하였으며, 14장에서는 분산분석에 대해서, 15장에서는 상관 및 회귀분석에 대해 설명하였다.

또한 각 장마다 각 단원의 학습성과를 확인할 수 있는 단원평가와 학습과제를 제시함으로써 학습의 완성도를 높였으며, 부록으로 표준정규분포표, t분포표, 카이제곱분포표, F분포표를 첨부하였다.

본 저서의 내용 중간에 필요한 분포표는 내용 중에 제시하였으나 전체적인 분포표는 부록을 통해 확인할 수 있도록 하였다.

끝으로 본 책이 출간될 수 있도록 도와주신 무역경영사의 채규호 대표님과 원석호 상무님께 감사드린다.

2009년 1월

박상규, 김미현, 유창승

차 례

제6장 이산형 확률분포

제7장 연속형 확률분포

제8장 표본추출과 표본분포

제13장 분산분석

제14장 상관 및 단순선형회귀분석

표 목차

그림 목차

그리스 문자(Greek Alphabet)

A	α	alpha	B	β	beta
Γ	γ	gamma	Δ	δ	delta
E	ε	epsilon	Z	ζ	zeta
H	η	eta	Θ	θ	theta
I	ι	iota	K	κ	kappa
Λ	λ	lambda	M	μ	mu
N	ν	nu	Ξ	ξ	xi
O	o	omicron	Π	π	pi
P	ρ	rho	Σ	σ	sigma
T	τ	tau	Υ	υ	upsilon
Φ	ϕ	phi	X	χ	chi
Ψ	ψ	psi	Ω	ω	omega

제1장
통계학이란 무엇인가?

제1장 통계학이란 무엇인가?

[학습목표]

- 통계가 무엇인지 그 개념을 알 수 있다.
- 통계적 개념과 목적 그리고 기본 용어를 알 수 있다.
- 자료란 무엇이며 그 종류와 수집 방법을 알 수 있다.

1.1 서 론

통계학이 무엇인지 그 개념을 알기 위하여 다음 사례들을 살펴보자. 인구주택총조사는 통계청이 매 5년마다 과학적이고 체계적인 조사 방법으로 지역별 인구와 가구, 주택 수는 물론 개별 특성까지도 조사함으로써 사회 · 경제 · 인구학적 특성까지 종합적으로 분석하여 고용정책, 교육정책, 주택정책, 복지정책 및 교통대책 등 다양한 국가정책 수립의 기초자료로 활용하려는 데 그 목적을 가지고 실시하고 있다.

〈표 1-1〉은 통계청에서 조사하여 작성한 "2016년 인구주택총조사 전수집계결과"이다. 이 자료는 2016년 11월 1일 0시 현재를 기준으로 14개 기관과 400여 대학의 주민등록부, 외국인등록부, 건축물대장, 학적부 등 25종의 행정자료를 활용하여 연계 및 보완한 후 집계한 등록센서스 방식으로 실시한 총조사 결과로, 조사원이 가구를 방문하여 조사하는 전통적 방식의 총조사와는 차이가 있다.

사례 1 인구주택총조사

통계청 STATISTICS KOREA

2016년 인구주택총조사 전수 집계 결과를 보고 해당 연도의 인구, 가구 및 주택 현황을 설명하고, 주요 지표로부터 미래에 어떤 변화가 나타날 것인지도 토론해 보자.

표 1-1 ▎2016년 인구주택총조사 전수 집계 결과

(단위: 천 명, 천 가구, %, %p)

구 분		2010년[R]	2015년[R]	증감	증감률	2015년[R]	2016년[R]	증감	증감률
		A	B	B−A	B/A	C	D	D−C	D/C
계		49,711 –	51,069 –	1,359 –	2.7 –	51,069 (100.0)	51,270 (100.0)	200 –	0.4 –
인구	남 자	24,947 (50.2)	25,609 (50.1)	661 (0.0)	2.7 –	25,609 (50.1)	25,697 (50.1)	88 (0.0)	0.3 –
	여 자	24,763 (49.8)	25,461 (49.9)	697 (0.0)	2.8 –	25,461 (49.9)	25,573 (49.9)	112 (0.0)	0.4 –
	내국인	48,748 (98.1)	49,706 (97.3)	958 (−0.7)	2.0 –	49,706 (97.3)	49,856 (97.2)	150 (-0.1)	0.3 –
	외국인	963 (1.9)	1,364 (2.7)	401 (0.7)	41.6 –	1,364 (2.7)	1,414 (2.8)	50 (0.1)	3.7 –
	내국인 계	48,748 (100.0)	49,706 (100.0)	958 –	2.0 –	49,706 (100.0)	49,856 (100.0)	150 –	0.3 –
	0 ~ 14세	7,880 (16.2)	6,907 (13.9)	−974 (−2.3)	−12.4 –	6,907 (13.9)	6,768 (13.6)	−138 (−0.3)	−2.0 –
	15 ~ 64세	35,507 (72.8)	36,230 (72.9)	723 (0.0)	2.0 –	36,230 (72.9)	36,312 (72.8)	82 (−0.1)	0.2 –
	65세 이상	5,360 (11.0)	6,569 (13.2)	1,209 (2.2)	22.5 –	6,569 (13.2)	6,775 (13.6)	206 (0.4)	3.1 –
가구	계	17,964	19,561	1,597	8.9	19,561	19,838	277	1.4
	일반가구	17,656 (98.3)	19,111 (97.7)	1,455 (−0.6)	8.2 –	19,111 (97.7)	19,368 (97.6)	257 (−0.1)	1.3 –
	집단가구	17 (0.1)	16 (0.1)	−0 (0.0)	−1.6 –	16 (0.1)	13 (0.1)	−3 (0.0)	−21.2 –
	외국인가구	291 (1.6)	433 (2.2)	142 (0.6)	48.6 –	433 (2.2)	457 (2.3)	24 (0.1)	5.5 –

주택	계	14,748	16,367	1,619	11.0	16,367	16,692	325	2.0
	단독주택	4,043 (27.4)	3,974 (24.3)	−69 (−3.1)	−1.7 −	3,974 (24.3)	3,968 (23.8)	−6 (−0.5)	−0.2 −
	아파트	8,544 (57.9)	9,806 (59.9)	1,262 (2.0)	14.8 −	9,806 (59.9)	10,030 (60.1)	224 (0.2)	2.3 −
	연립/다세대	1,945 (13.2)	2,383 (14.6)	438 (1.4)	22.5 −	2,383 (14.6)	2,493 (14.9)	110 (0.4)	4.6 −
	비거주용	215 (1.5)	204 (1.2)	−12 (−0.2)	−5.5 −	204 (1.2)	202 (1.2)	−2 (0.0)	−1.0 −
〈 주요 지표 〉									
• 성비(내국인)		100.2	99.7	−0.5	−	99.7	99.6	−0.1	−
• 노령화지수		68.0	95.1	27.1	−	95.1	100.1	5.0	−
• 평균 가구원 수		2.68	2.53	−0.15	−	2.53	2.51	−0.02	−
• 여성가구주 비율		26.6	29.6	3.0	−	29.6	30.0	0.4	−

출처: 통계청 2016 인구주택총조사 보도자료(2017. 8. 31)
주: 전통적 방식: 2010년^T, 등록센서스 방식: 2015년^R

이번에는 우리나라 사람들이 선호하는 TV 프로그램에 대하여 알아보자. 한국갤럽에서는 2013년 1월부터 매월 '요즘 가장 좋아하는 TV 프로그램'을 조사해 발표하고 있는데 이는 행위를 측정하는 TV 시청률과 달리, 시청 시간대, 공간, 채널, 매체를 초월한 한국인의 감성적 TV 프로그램 선호지표라고 할 수 있다.

〈표 1-2〉는 한국갤럽이 2019년 2월 19일부터 21일까지 전국 만 19세 이상 남녀 1,001명에게 요즘 가장 즐겨보는 TV 프로그램(뉴스 제외)에 대한 설문조사(2개까지 자유응답)을 실시한 결과를 정리한 것이다.

사례 2 요즘 가장 좋아하는 TV 프로그램은?

2019년 2월에는 어떤 TV 프로그램들이 시청자들로부터 사랑받고 있는지 그리고 전월 대비 순위 변동 등에 대한 원인도 설명해 보자.

표 1-2 ▌TV 프로그램 순위

순위	프로그램명			선호도(%)	전월 순위(변동)		비고
1위	하나뿐인 내편	KBS2	드라마	8.9	2위	(▲1)	9.15 ~ (주말)
2위	나 혼자 산다	MBC	예능	6.4	3위	(▲1)	
3위	아는 형님	JTBC	예능	4.2	7위	(▲4)	
4위	나는 자연인이다	MBN	시사/교양	3.9	4위	(−)	
5위	왕이 된 남자	tvN	드라마	3.1	13위	(▲8)	1.7 ~ (월화)
6위	썰전	JTBC	시사/교양	3.0	6위	(−)	
7위	미운 우리 새끼	SBS	예능	2.8	5위	(▽2)	
8위	전지적 참견 시점	MBC	예능	2.4	13위	(▲5)	
9위	비켜라 운명아	KBS1	드라마	2.3	16위	(▲7)	11.5 ~ (일일)
−	수퍼맨이 돌아왔다	KBS2	예능	2.3	−	(재진입)	11월 − 19위
11위	SKY 캐슬	JTBC	드라마	1.9	1위	(▽10)	11.23~2.1(금토)
12위	런닝맨	SBS	예능	1.8	11위	(▽1)	
13위	왼손잡이 아내	KBS2	드라마	1.5	−	(신규)	1.2 ~ (일일)
14위	왜그래 풍상씨	KBS2	드라마	1.4	−	(신규)	1.9 ~ (수목)
−	황후의 품격	SBS	드라마	1.4	11위	(▽3)	11.21~2.21(수목)
16위	세계테마기행	EBS	시사/교양	1.3	−	(재진입)	12월 − 18위
−	맛있는 녀석들	코미디 TV	예능	1.3	−	(신규)	2015. 1. 30 ~
−	백종원의 골목식당	SBS	예능	1.3	10위	(▽6)	
−	로맨스는 별책부록	tvN	드라마	1.3	−	(신규)	1.26 ~ (주말)
20위	나만 믿고 따라와, 도시어부	채널A	예능	1.2	15위	(▽5)	

출처: 한국갤럽 Gallup Report 2019/2/26, 한국인이 좋아하는 TV프로그램 – 2019년 2월

주: 표본오차: ±3.1%포인트(95% 신뢰수준), 응답률: 16%(총 통화 6,156명 중 1,001명 응답완료), 표본추출: 휴대전화 RDD 표본 프레임에서 무작위추출(집전화 RDD 15% 포함), 응답방식: 전화조사원 인터뷰

마지막으로 조선왕조와 고려왕조의 왕들에 대하여 알아보기로 하자. 2012년 한국영화 중에서 "광해, 왕이 된 남자"는 관객 1천만 명을 돌파한 흥행작으로 유명하다. 〈표 1-3(a)〉는 광해군을 포함한 조선왕조의 왕에 대한 자료를 정리한 것이고, 〈표 1-3(b)〉는 고려왕조의 왕에 대한 자료를 정리한 것이다.

사례 3 조선왕조와 고려왕조

조선과 고려왕조의 왕의 수명, 재위기간, 부인 수 및 자녀 수 등을 각각 평균값으로 요약해 보고 각 속성을 비교 설명해 보자.

표 1-3(a) ▌조선왕조 임금 자료

(단위: 年, 명)

왕 명	생몰연대	수명	재위 기간	부인 수	자녀 수		자녀 합계	능명칭
					남	여		
제1대 태 조	1335 ~ 1408	74	6.2	6	8	5	13	건원릉
제2대 정 종	1357 ~1419	62	2.2	8	15	8	23	후릉
제3대 태 종	1367 ~ 1442	56	17.7	12	12	17	29	헌릉
제4대 세 종	1397 ~ 1450	54	31.6	6	18	4	22	영릉
제5대 문 종	1414 ~ 1452	39	2.3	3	1	2	3	현릉
제6대 단 종	1441 ~ 1457	17	3.2	1	0	0	0	장릉
제7대 세 조	1417 ~ 1468	52	13.3	2	4	1	5	광릉
제8대 예 종	1450 ~ 1469	20	1.2	2	2	1	3	창릉
제9대 성 종	1457 ~ 1494	38	25.1	12	16	12	28	선릉
제10대 연산군	1476 ~ 1506	31	11.9	2	4	2	6	연산군묘
제11대 중 종	1488 ~ 1544	57	38.2	10	9	11	20	정릉
제12대 인 종	1515 ~ 1545	31	0.9	2	0	0	0	효릉
제13대 명 종	1534 ~ 1567	34	22	1	1	0	1	강릉
제14대 선 조	1552 ~ 1608	57	40.7	8	14	11	25	목릉
제15대 광해군	1575 ~ 1641	67	15.1	2	1	1	2	광해군묘
제16대 인 조	1595 ~ 1649	55	26.2	5	6	1	7	장릉
제17대 효 종	1619 ~ 1659	41	10	2	1	7	8	영릉
제18대 현 종	1641 ~ 1674	34	15.3	1	1	3	4	숭릉
제19대 숙 종	1661 ~ 1720	60	45.1	6	3	6	9	명릉
제20대 경 종	1688 ~ 1724	37	4.2	2	0	0	0	의릉
제21대 영 조	1694 ~ 1776	83	51.7	6	2	7	9	원릉
제22대 정 조	1752 ~ 1800	49	24.3	3	2	1	3	건릉
제23대 순 조	1790 ~1834	45	34.4	2	1	5	6	인릉

제24대 헌 종	1827 ~ 1849	23	14.7	3	0	1	1	경릉
제25대 철 종	1831 ~ 1863	33	14.6	8	0	1	1	예릉
제26대 고 종	1852 ~ 1919	68	43.7	7	6	1	7	홍릉
제27대 순 종	1874 ~ 1926	53	3.1	2	0	0	0	유릉
평 균		47.0	19.2	4.6	4.7	4.0	8.7	

출처: "한권으로 읽는 조선왕조실록, 박영규"에서 정리한 것임.

표 1-3(b) ▌고려 임금 자료

(단위: 年, 명)

왕 명	생몰연대	수명	재위기간	부인 수	자녀 수		자녀 합계
					남	여	
제1대 태 조	877 ~ 943	67	25	29	25	9	34
제2대 혜 종	912 ~ 943	32	2.3	4	2	3	5
제3대 정 종	923 ~ 949	27	3.5	3	1	1	2
제4대 광 종	925 ~ 975	51	26.2	2	2	3	5
제5대 경 종	955 ~ 981	27	6.2	5	1	0	1
제6대 성 종	960 ~ 997	38	16.3	3	0	2	2
제7대 목 종	980 ~ 1009	30	11.3	1	0	0	0
제8대 현 종	992 ~ 1031	40	22.3	13	5	8	13
제9대 덕 종	1016 ~ 1034	19	3.3	5	0	2	2
제10대 정 종	1018 ~ 1046	29	11.7	5	4	1	5
제11대 문 종	1019 ~ 1083	65	37.2	5	13	2	15
제12대 순 종	1047 ~ 1083	37	0.3	3	0	0	0
제13대 선 종	1049 ~ 1094	46	10.6	3	4	3	7
제14대 헌 종	1084 ~ 1097	14	1.4	0	0	0	0
제15대 숙 종	1054 ~ 1105	52	10	1	7	4	11
제16대 예 종	1079 ~ 1122	44	16.5	4	1	2	3
제17대 인 종	1109 ~ 1146	38	23.8	4	5	4	9
제18대 의 종	1127 ~ 1173	47	24.6	2	1	3	4
제19대 명 종	1131 ~ 1202	72	27	1	8	2	10
제20대 신 종	1144 ~ 1204	61	6.3	1	2	2	4
제21대 희 종	1181 ~ 1237	57	7.9	1	5	5	10
제22대 강 종	1152 ~ 1213	62	1.7	2	1	1	2

제23대 고 종	1192 1259	68	45.8	1	2	1	3
제24대 원 종	1219 ~ 1274	56	15	2	3	2	5
제25대 충렬왕	1236 ~ 1308	73	33.5	4	3	2	5
제26대 충선왕	1275 ~ 1325	51	5.3	7	3	0	3
제27대 충숙왕	1294 ~ 1339	46	24	5	3	0	3
제28대 충혜왕	1315 ~ 1344	30	6.8	4	3	1	4
제29대 충목왕	1337 ~ 1348	12	4.8	0	0	0	0
제30대 충정왕	1338 ~ 1352	15	2.3	0	0	0	0
제31대 공민왕	1330 ~ 1374	45	22.9	6	1	0	1
제32대 우 왕	1365 ~ 1389	25	13.8	9	1	0	1
제33대 창 왕	1380 ~ 1389	10	1.4	0	0	0	0
제34대 공양왕	1345 ~ 1394	50	2.7	1	1	3	4
평 균		42.2	13.9	4.0	3.1	1.9	5.1

출처: "한권으로 읽는 고려왕조실록, 박영규"에서 정리한 것임.

1.2 통계학의 개념

앞 절에서 살펴본 것처럼 통계학은 자료(data)로부터 필요한 정보를 얻는 하나의 방법론이라는 것을 짐작할 수 있다. 통계청이 발표한 혼인 · 이혼 통계와 인구주택총조사로 본 한국인의 결혼에 대한 세태를 살펴보면서 통계가 무엇인지 알아보자.

시대가 변하면서 결혼문화도 달라졌다. 남편이 연상인 부부는 조금씩 줄었고, 여성이 연상인 부부는 점점 늘었다. 2017년도에 결혼한 초혼 부부는 총 20만 6,100건, 이 가운데 여성이 연상인 부부는 3만 4,830쌍이었다. 초혼 부부 가운데 아내가 남편보다 나이가 많은 부부는 2007년에 13%에 머물렀지만 2017년도에는 16.9%까지 늘었다. 남성이 연상인 부부는 67.2%였고, 나이가 동갑인 부부는 15.9%였다. 이 기술에서 언급된 통계와 〈표 1-1〉, 〈표 1-2〉 및 〈표 1-3(a), (b)〉의 통계를 예시하면 〈표 1-4〉와 같다.

표 1-4 ▌통계의 예

내 용	통 계	내 용	통 계
총 초혼 건수(2017)	206,100건	여성 연상결혼 건수	34,830건
여성 연상비율(2007)	13%	여성 연상비율(2017)	16.9%
동 갑 비 율(2017)	15.9%	여성 연하비율(2017)	67.2%
〈표1-1〉 총 여자인구(2016)	25,573천명 (49%)	평균 가구원 수(2016)	2.51명
〈표1-2〉 하나뿐인 내편의 선호도	8.9%	런닝맨의 순위 변동	(▲4)
〈표1-3〉 조선왕의 평균 수명	47년	고려왕의 평균 자녀 수	5.1명

그렇다면 초혼 부부의 혼인에서 여성 연상비율이 증가하는 현상은 왜 그럴까? 통계와 통계학을 정의하면 다음과 같다.

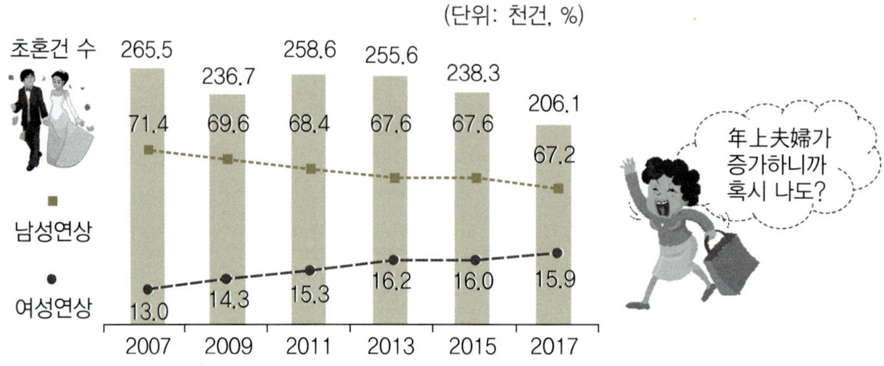

그림 1-1 ▌신부가 연상인 결혼비율

통계, 통계학

통계(statistic)는 관심대상 집단에 대하여 조사하거나 실험을 통해서 얻은 자료(data) 또는 이를 요약한 형태이다. **통계학**(statistics)은 관심대상 집단에서 얻은 자료를 수집, 정리, 분석하는 기술과 추출된 표본에 근거하여 모집단을 추론하는 방법을 연구하여 의사결정에 활용하는 학문이다.

1. 통계학의 목적

통계학의 목적은 자료로부터 정보를 추출하는 것이다. 예를 들어, 된장, 버섯, 두부, 파 등의 식재료 자체는 된장찌개가 되지 않는다. 요리사가 각 식재료를 조리법에 따라 조리해야 된장찌개가 되기 때문이다. 같은 원리로 직장인의 월 독서량을 알려고 임의로 선택된 직장인들로부터 설문자료를 얻었다고 하자. 각 자료는 개인별 독서량만을 나타낼 뿐 전체 직장인의 특성은 알기 어렵다. 요리사가 식재료로 조리법에 따라 요리를 만드는 것처럼 자료도 정리 · 요약해야만 원하는 정보를 얻을 수 있기 때문이다.

목적 1 자료의 정리 요약

사회현상, 자연현상에 관한 자료를 수집하여 이를 단순 하고 이해하기 쉽게 표, 그래프 또는 간단한 수치로 정리하고 요약하는 데 있다.

표 1-5 ▌연도 및 가구원 수별 가구 규모(1995^{T}~2016^{R})

(단위: 천 가구, %)

가구원 수	1995년^{T}	2000년^{T}	2005년^{T}	2010년^{T}	2010년^{R}	2015년^{R}	2016년^{R}
일반가구	12,958	14,312	15,887	17,339	17,656	19,111	19,368
	(100.0)	(100.0)	(100.0)	(100.0)	(100.0)	(100.0)	(100.0)
1인	1,642	2,224	3,171	4,142	4,218	5,203	5,398
	(12.7)	(15.5)	(20.0)	(23.9)	(23.9)	(27.2)	(27.9)
2인	2,185	2,731	3,521	4,205	4,336	4,994	5,067
	(16.9)	(19.1)	(22.2)	(24.3)	(24.6)	(26.1)	(26.2)
3인	2,636	2,987	3,325	3,696	3,798	4,101	4,152
	(20.3)	(20.9)	(20.9)	(21.3)	(21.5)	(21.5)	(21.4)
4인	4,110	4,447	4,289	3,898	3,887	3,589	3,551
	(31.7)	(31.1)	(27.0)	(22.5)	(22.0)	(18.8)	(18.3)
5인 이상	2,385	1,922	1,582	1,398	1,417	1,224	1,200
	(18.4)	(13.4)	(10.0)	(8.1)	(8.0)	(6.4)	(6.2)

출처: 통계청 2016 인구주택총조사 보도자료(2017. 8. 31).

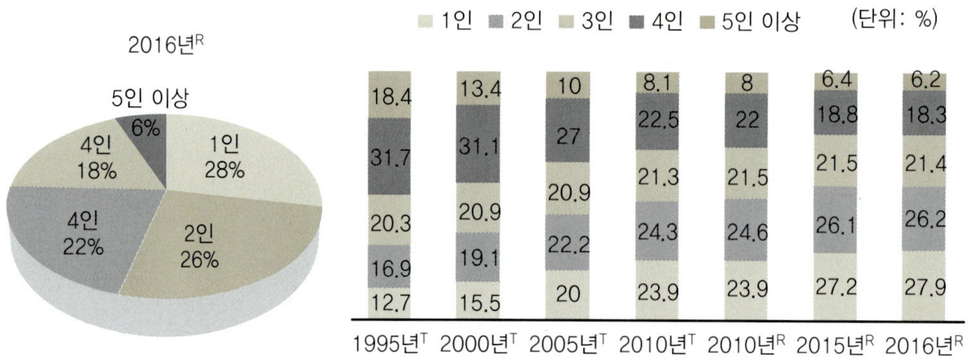

그림 1-2 ▌원그래프와 막대그래프

[그림 1-2]의 왼쪽 그래프는 〈표 1-5〉의 2016년도 가구원 수의 비율(%)만 원그래프로 정리한 것이고, 오른쪽 그래프는 연도별 가구원 수의 비율(%)을 막대그래프로 정리한 것이다.

이처럼 자료를 표와 그래프로 정리하면 전체 상황을 파악하고 해석하기 쉬울 뿐만 아니라 정보전달효과도 좋다. 반면에 대표하는 값(예: 평균)과 변동성을 나타내는 값(예: 분산, 범위) 그리고 서로 연관성을 나타내는 값(상관계수)처럼 척도로 요약할 수 있다.

예를 들면, 〈표 1-1〉의 2016년 가구당 평균 가구원 수 2.51명이나 〈표 1-3〉의 두 왕조의 왕들의 평균 수명, 평균 재위기간, 평균 부인 수 및 평균 자녀 수 등을 수치로 요약한 것이다.

목적 2 현상에 대한 기술

사회현상, 자연현상에 대한 특성이나 발생빈도 또는 자료들 간의 관계를 파악하는 데 있다.

사례 2를 정리한 〈표 1-2〉와 [그림 1-3]으로부터 한국인의 TV 프로그램 선호 현상을 기술해 보자. 2019년 2월에 한국인이 가장 좋아하는 TV 프로그램은 "하나뿐인 내편"으로 선호도가 8.9%이며, "나 혼자 산다."(6.4%)는 지난달보다 한 계단 상승하여 연속 최상위권을 유지하고 있다. 드라마 "왕이 된 남자", "전지적 참견 시점" 및 "비켜라 운명아" 등은 10위권에 진입하였다. 특히 지상파와 비지상파를 통틀어 드라마 선호도 최고치를 경신하며 지난달 1위에 오른 JTBC의 "SKY 캐슬"(1.9%)은 종영 후 3주가 지났음에도 11위를 차지했다.

사례 3을 정리한 〈표 1-3〉에서 평균 수명은 고려왕이 조선왕보다 4.8년 짧으며, 자녀 수는

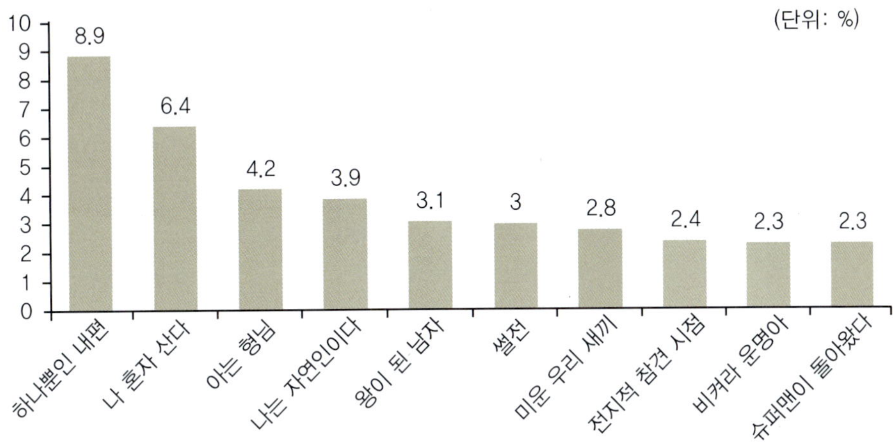

그림 1-3 ▌TV 프로그램 선호도

조선왕이 고려왕보다 평균적으로 3.6명 더 많이 생산했다.

〈표 1-5〉에 나타난 가구원 수에 대한 현상을 기술하면 1990년 이후 가장 주된 유형의 가구는 4인 가구였으나, 2010년에는 2인 가구, 2015년 이후로는 1인 가구이며, 특히 2016년에는 1인 가구가(27.9%)로 전년에 비해 194천 가구(0.7%p) 증가했다.

목적 3 현상의 설명

사회현상, 자연현상에 대한 특성이 발생하는 원인이 무엇인가에 대한 연관성 등을 설명하는 데 있다.

[그림 1-4]를 보고 1970년 4.53명이었던 합계출산율이 2018년에는 0.98명으로 감소한 현상에 대한 연관성을 설명해 보자. 저출산 문제의 주요 원인에 대해 응답자의 60.2%는 자녀 양육 · 교육비라고 답했고, 소득 및 고용불안정(23.9%), 가치관의 변화(7.5%) 그리고 일 · 가정 양립의 어려움(7.2%) 등으로 나타났다. 저출산 문제의 주 원인은 응답자의 절반 이상이 답한 "자녀 양육 · 교육비 부담"에 있음을 알 수 있다. 따라서 국민의 절반 이상이 이와 같은 생각을 하고 있는 것으로 추정된다. 마찬가지로 1인가구의 증가 원인에 대해서도 각자 의견을 발표해 보자.

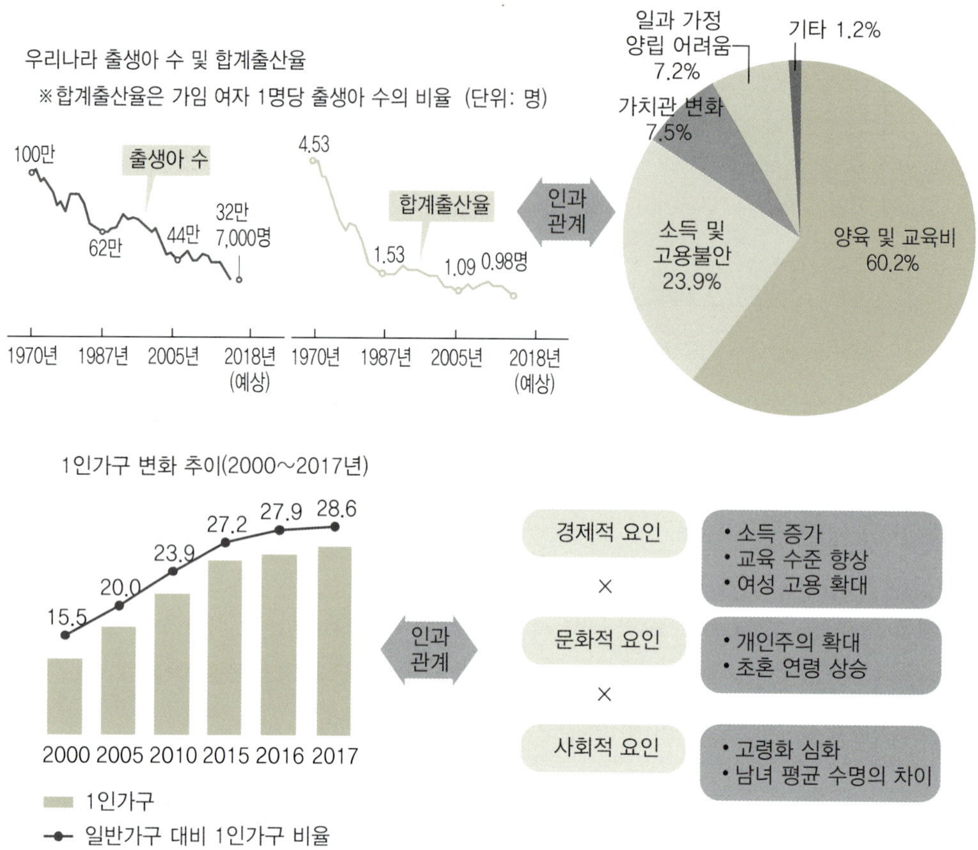

그림 1-4 ▌저출산과 1인가구의 원인

목적 4 미래상황 예측

사회현상, 자연현상에 대한 특성이 발생하는 인과관계를 분석하여 미래가 어떻게 전개될 것인가를 예측하는 데 있다.

제19대 대통령선거에서 일부 여론조사 결과와 실제 득표율을 조사한 자료를 정리 요약하면 〈표 1-6〉과 [그림 1-5]와 같다. 여론조사 결과와 출구조사를 종합해 판단해 보면 어느 후보가 제19대 대통령이 될 것인지 예측이 가능하다. 예측 결과를 실제득표율과 비교하면 그 정확성을 알 수 있다.

표 1-6 ▌여론조사기관별 지지율

(단위: %)

후보 조사기관	문재인	홍준표	안철수	유승민	심상정	표본오차 (신뢰수준 95%)
리서치뷰(여론조사)	44.0	22.0	18.0	6.0	6.0	±1.5%P
리얼미터(여론조사)	42.7	22.8	19.1	8.2	6.0	±1.9%P
3개 방송사(출구조사)	41.4	23.3	21.4	6.8	6.2	±0.8%P
선거관리위원회	41.1	24.0	21.4	6.8	6.2	실제 득표율

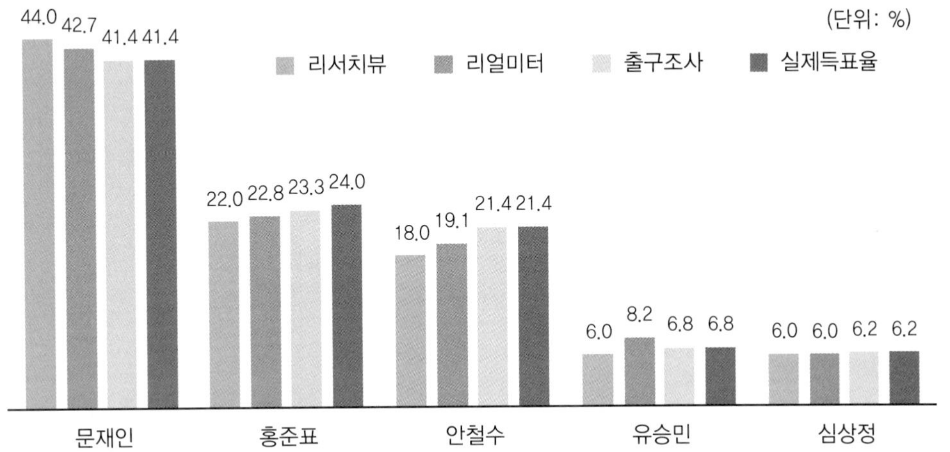

그림 1-5 ▌제19대 대통령선거 여론조사 결과와 실제득표율

한편, 경제활동인구통계로 시장예측을 정확히 하거나, 가구형태통계로 미래 식생활 변화를 예견하거나, 내국인 출국자 수 추이 통계를 분석하여 신제품을 개발하여 성공을 거둔 기업도 있다.

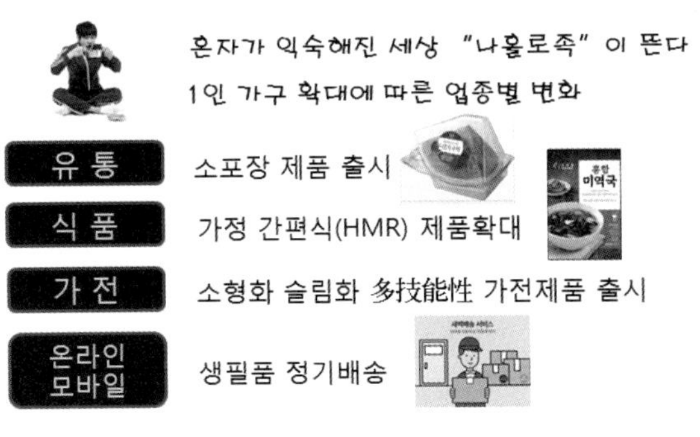

그림 1-6 ▌1인가구 증가로 인한 결과(통계숫자 속에 대박상품 숨어있다.)

2. 통계학의 기본 용어

지금까지 통계학의 개념을 설명하는 과정에서 사용된 통계 용어를 알아보자. 용어는 어떤 분야에서 주로 사용하는 말로 정의된다. 즉, 어떤 상황(상태), 개념(원리), 내용, 의미, 결과 등을 함축적으로 표현한 이름이 용어이다. 통계를 학습하는데 상호의사소통의 도구가 되는 기본적인 통계 용어를 알아보기로 하자.

모집단(母集團)과 표본(標本)

모집단(population)은 연구자의 관심대상이 되는 모든 개체의 집합 또는 전체 관찰 단위의 변수를 측정한 값들의 집합이다. **표본**(sample)은 모집단에서 조사대상으로 채택된 일부분 또는 모집단에서 임의로 추출된 관찰대상의 집합이다.

그림 1-7 ▌모집단과 표본

[그림 1-7]의 왼쪽 그림은 1.1절의 사례 2인 "요즘 가장 좋아하는 TV 프로그램은?"에 대한 설문조사에서 모집단과 표본의 관계를 나타낸 것이다. 여기서 모집단은 전국 만 19세 이상의 남녀이며 이 중에서 무작위로 선정된 만 19세 이상의 남녀 1,001명이 표본이다.

모집단은 연구자가 관심을 가지고 있는 모든 항목의 집합으로 설명되기도 한다. 인구주택총조사인 경우에는 전체 국민과 전체 주택, 전체 가구 등이 모집단이다.

모집단은 셀 수 있는 정도로 적거나(유한모집단), 무한히 클(무한모집단) 수도 있다. 한편, 모집단은 사람들의 집합만을 의미하지는 않는다. 예를 들면, [그림 1-7]의 오른쪽 그림처럼 맥주공장에서 생산되는 병맥주의 용량도 모집단이 될 수 있다.

전수조사(全數調査)와 표본조사(標本調査)

전수조사(census)는 모집단 전체를 대상으로 조사하는 것이고, **표본조사**(sample survey)는 모집단에서 임의로 추출된 표본만을 대상으로 조사하는 것이다.

그림 1-8 ▌전수조사와 표본조사

모집단이 전국 만 19세 이상의 남녀일 경우 이들 전체를 대상으로 "요즘 가장 좋아하는 TV 프로그램은?"을 조사하면 전수조사이고, 표본으로 선정된 1,001명에 대해서만 조사하면 표본조사이다. 또한 우리 대학교 학생 전체를 대상으로 월간 독서량을 조사하면 전수조사이고, 무작위로 선택된 250명만을 조사하면 표본조사가 된다. 인구주택총조사는 대표적인 전수조사이며 수확한 감귤 전체를 선별하는 작업도 전수조사이다.

일반적으로 모집단의 크기는 클 뿐만 아니라 구성원을 전부 조사하는 것은 시간과 비용, 적용상황 등의 제약으로 불가능할 때가 많다. 그렇기 때문에 꼭 필요한 경우(예: 인구주택총조사)나 전수검사 시스템이 완비된 경우가 아니면 표본조사가 주류를 이룬다. 대통령선거일 전에 특정 후보의 지지율을 추정하기 위한 여론조사나, 파괴시험을 통한 제품검사 등은 전수조사가 불가능하므로 대표적인 표본조사라고 할 수 있다.

모수(母數)와 통계량(統計量)

모수(parameter)는 모집단의 특성을 나타내는 상수로 변하지 않는 값이며, 전수조사로만 알 수 있다. **통계량**(statistic)은 표본의 특성을 표현한 변수로 표본을 추출할 때마다 다른 값을 가진다.

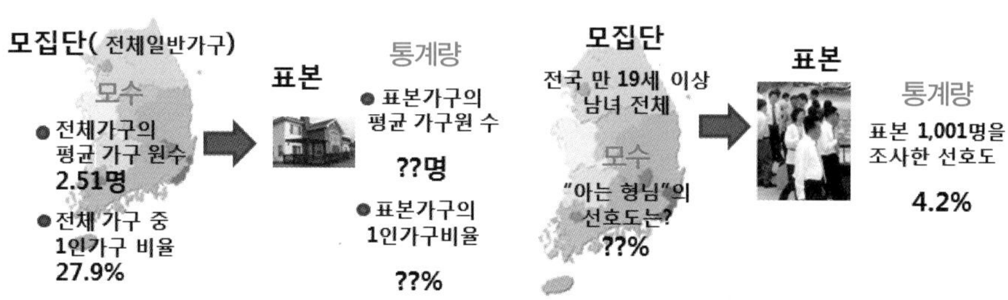

그림 1-9 ▌모수와 통계량

모집단의 기술적 지표를 모수라고 한다. 〈사례 1〉에서는 2016년도 내국인 비율(97.2%), 외국인가구 비율(2.3%), 주택 중에서 아파트의 비율(60.1%) 그리고 평균 가구원 수(2.51명) 등이 모수이다. 〈사례 2〉에서는 1위부터 20위까지 TV 프로그램에 대한 전국 만 19세 이상의 남녀의 선호도(모수)는 신(神)밖에 모른다. 〈사례 3〉에서는 조선왕의 특성을 수치로 요약한 평균 수명(47세), 평균 재위기간(19.2년) 그리고 평균 자녀 수(8.7명) 등이 모수이다.

추측통계학이 적용되는 분야에서 모수는 연구자가 필요로 하는 중요한 정보를 나타내지만 전수조사를 하지 않으면 그 값을 알 수 없다. 표본의 기술적 지표를 통계량이라고 하며 모수를 추정하기 위해 사용된다. 예를 들면, 〈사례 3〉에서 5명의 왕(정종, 단종, 중종, 인조, 정조)을 표본으로 임의추출하여 평균 수명(통계량)을 구하면 48세이다. 또 다른 5명의 왕(세종, 예종, 명종, 현종, 헌종)을 표본으로 추출하면 평균 수명(통계량)은 33세이다. 이와 같이 모집단의 평균 수명(모수)은 47세로 변하지 않는 값이지만 표본의 평균 수명(통계량)은 48세와 33세와 같이 표본을 추출할 때마다 변한다는 사실에 주목해야 한다. 제3장부터는 모수는 신(神)만이 안다고 하여 그리스 문자로, 통계량은 영어 알파벳(alphabet)으로 표시한다.

기술통계학(記述統計學)과 추측통계학(推測統計學)

기술통계학(descriptive statistics)은 자료를 표와 그래프 또는 수치지표로 정리, 설명, 요약하는 방법을 다루는 분야를 말한다.
추측통계학(inferential statistics)은 모집단에서 추출한 표본(통계량)정보를 기초로 모집단의 특성(모수)을 추정, 예측 및 일반화하는 분야를 말한다.

기술통계학

성별	빈도	%	누적%
남	35	70	70
여	15	30	100
합계	50	100	–

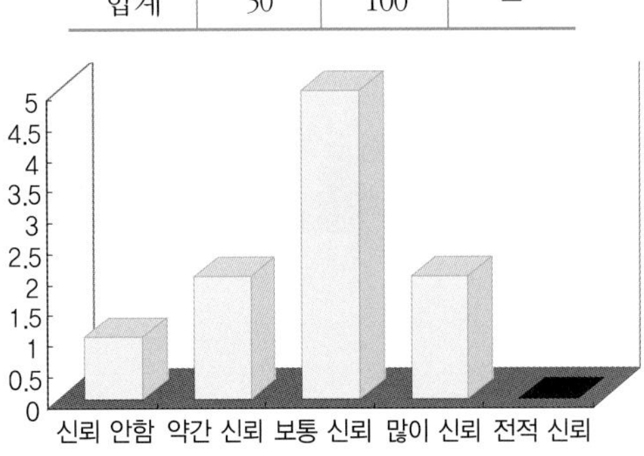

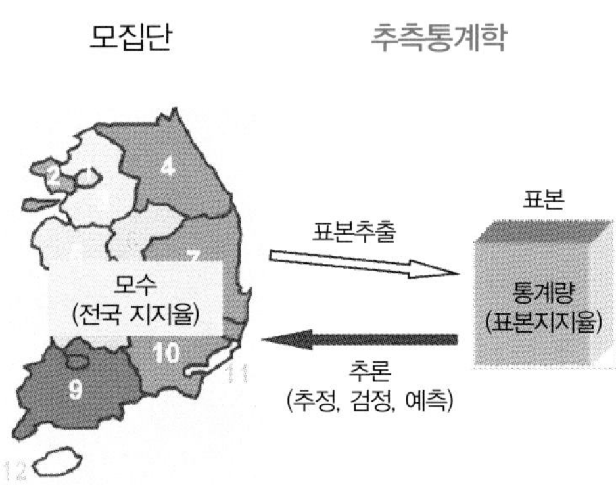

표본의 지지율이 26%이므로
전국지지율은 26±3.5(%)로 추정된다.

그림 1–10 ▌기술통계학과 추측통계학

방법론적으로 볼 때 통계학이 기술통계학과 추측(추론)통계학으로 나누어지지만 상호 배치되는 개념이 아니고 서로 보완적이다. 예를 들어, 특정 대통령 후보의 지지율을 조사한다고 하자. 각 시도마다 1,000명의 유권자를 표본추출하여 그 후보의 지지 여부를 기록, 계산하면 시도별 또는 전국의 평균 지지율을 알 수 있다. 이것은 기술통계학 분야에 속한다. 그런데 이 표본의 특성치를 이용하여 우리나라 전체 유권자의 지지율을 추론하여 일반화 할 수 있는데, 이 과정은 추측통계학 분야에 속한다. [그림 1-9]를 이용하여 기술통계학과 추측통계학의 관계를 설명해 보자.

이와 같이 통계적 분석 방법은 먼저 자료를 수집, 정리, 해석하며 다음 단계로 표본에서 얻은 특성값을 기초로 모집단의 특성을 추측하므로 두 방법은 서로 보완적임을 알 수 있다. 이 절에서 설명한 내용을 정리하면 [그림 1-11]과 같다.

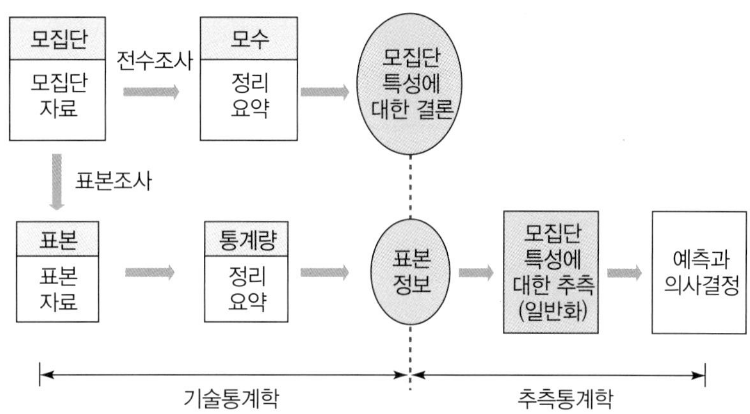

그림 1-11 ▌통계학의 개념도

1.3 자료란 무엇인가?

자료의 정의

자료(data)란 사람, 물건, 조건, 상황 등의 관찰단위를 묘사하는 기본적인 사실 또는 숫자의 집합을 의미한다. 일반적으로 정보로 가공되기 전의 상태를 말한다.

자료(data)는 관심대상이 되는 집단의 어떤 속성을 조사, 관측한 결과이다. 예를 들면 다음과 같다. 우리 대학 학생들의 통학상황을 파악하려면 통학시간이나 통학수단을 조사 · 관측하면 알 수 있다. 여기서 우리 대학 재학생은 모집단이고 학생의 통학상황이 속성이며 각 학생을 조사한 통학시간(예: 10분, 40분, 60분 등)이나 통학수단(예: 도보, 버스, 지하철, 자가용 등) 등은 자료이다. 자료의 개념을 나타내면 [그림 1-12]와 같다.

그림 1-12 ▌자료의 개념

1. 자료의 종류

자료는 관찰대상의 속성이 어떻게 계량화되었는가에 따라 질적 자료(qualitative data)와 양적 자료(quantitative data) 두 가지 종류로 분류된다. 질적 자료는 속성이 통학수단, 성별, 직업, 종교, 학력, 혈액형, 상품 선호도, 주택 형태 등과 같이 정성적이어서 수치로 표현할 수 없는 자료를 의미한다. 질적 자료는 몇 개의 그룹이나 일정 범위 내에서 관측되는 자료이므로 범주형 자료(categorical data)라고도 한다.

반면에 양적 자료는 속성이 가구원 수, 부적합품 수, 결석생 수, 통학시간, 음주량, 키, 중량, 소득, 매출액, 조선 임금의 재위 기간, GNP 등과 같이 정량적이어서 수치로 나타낼 수 있는 자료를 의미한다. 양적 자료는 수치를 구하는 방법에 따라 다시 두 가지로 나뉜다. 가구원 수, 부적합품 수, 수강과목 수 등과 같이 하나, 둘 세어서 얻는 자료를 이산형 자료(discrete data)라고 하며, 통학시간, 음주량, 키, 매출액, 소득 등과 같이 특정한 단위로 측정하여 얻는 자료를 연속형 자료(continuous data)라고 한다. 연속형 자료는 소수점 이하 여러 자리까지도 분해되므로 구간으로 표시할 수 있다. 이러한 내용을 요약하면 [그림 1-13]과 같다. 일반적으로 서비스업에서 사용하는 용어는 질적 자료가 대부분이고, 제조업에서 사용되는 기술적 용어는 대부분 양적 자료이다.

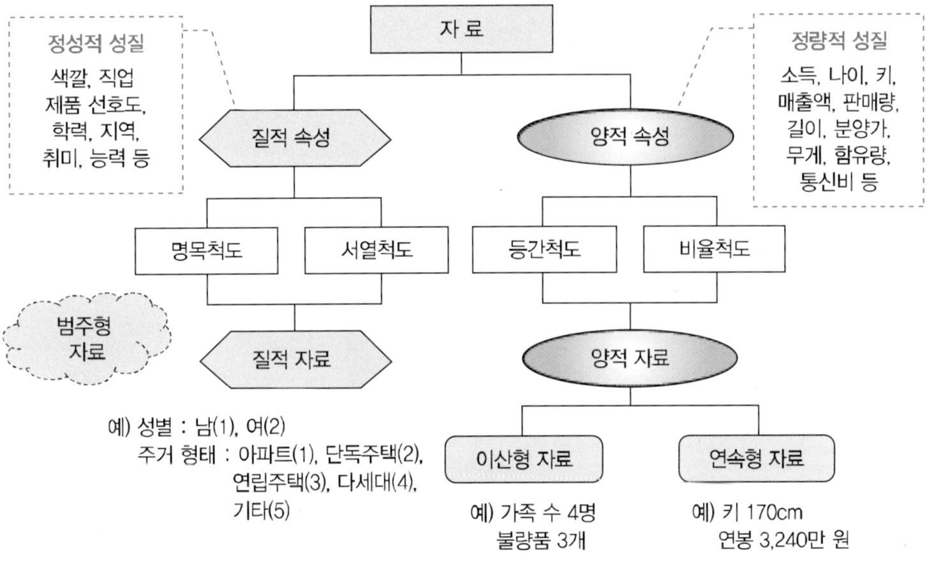

그림 1-13 ▌자료의 종류

한편, 자료는 관찰단위의 속성을 분류하여 수치를 부여하는 척도에 따라 네 종류로 나누어진다. 자료가 어떤 척도로 측정된 것인가 하는 것은 단순히 분류만 하는 것인지, 자료 사이의 순서가 있는지, 자료 사이의 거리개념이 있는지 그리고 자료에 의미가 있는 원점이 존재하는지에 따라 결정된다. 척도로 얻은 자료의 정보량은 명목척도, 서열척도, 등간척도 그리고 비율척도 순으로 많아진다. 각 척도에 대하여 자세히 알아보자.

(1) 명목척도

명목척도(nominal scale)는 관찰 단위의 속성을 분류, 확인 및 포괄적인 범주로 구분할 목적으로 수치를 부여하는 측정도구이다.

명목척도로 얻어진 자료는 도수표, 교차표 등으로 정리되고 그래프화 된다. 도수(빈도)분석이나, 비율의 계산 그리고 두 변수 간 교차분석 등으로 분석된다. 단지 분류나 구분을 하는 것이므로 측정된 자료들 간의 사칙연산은 의미가 없다. 명목척도로 얻어지는 자료의 설문 문항과 수학적 의미를 보이면 [그림 1-14]와 같다.

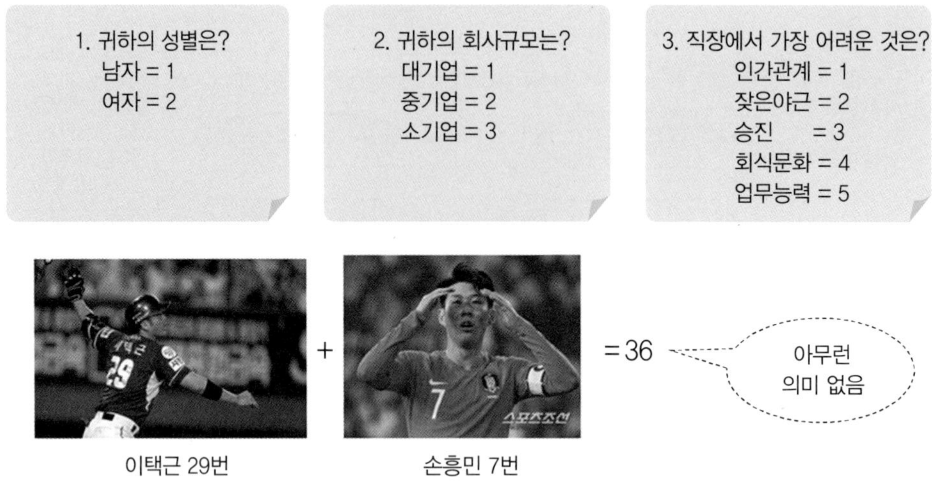

그림 1-14 ▌명목척도로 된 설문 문항과 수학적 의미

(2) 서열척도

서열척도(ordinal scale)란 정량화하기 어려운 관찰 단위의 속성을 크기에 따라 순위로 나타내는 수치를 부여하는 측정도구이다.

서열척도는 명목척도의 성질에다 추가로 순위를 가지는 성질이 포함된 척도이다. 단지 상대적인 순위만 결정할 뿐 서열 간의 차이는 간격이 같지 않다.

서열척도로 얻어진 자료를 서열자료라고 하는데 도수(빈도)분석이나, 비율의 계산, 중앙값, 순위상관계수를 구하거나 두 변수 간 교차분석 등을 할 수 있다. 단지 분류나 구분을 하는 것에다 순위의 특성만 추가된 것으로 측정된 자료들 간의 사칙연산은 의미가 없다. 서열척도로 얻어지는 자료의 설문 문항과 의미를 보이면 [그림 1-15]와 같다.

4. 귀하의 직위는?
사원 = 4
대리 = 3
과장 = 2
부장 = 1

5. 귀하의 업무능력은?
우수 = 3
보통 = 2
미흡 = 1

6. 좋아하는 간식의 순위?
피자 = (2)
치킨 = (1)
라면 = (3)

KTX 좌석 등급

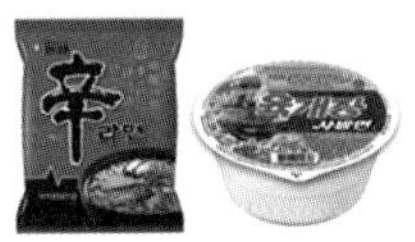

매출액 순위
신라면 1위
육개장사발면 6위

그림 1-15 ▌서열척도로 된 설문 문항과 예

(3) 등간척도

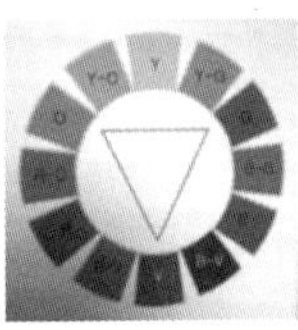

등간척도(interval scale)란 관찰단위의 속성에 순위를 부여하되, 순위 사이의 간격이 동일한 측정 도구이다.

등간척도는 속성의 차이는 절대적 기준이 없고 상대적 차이로만 나타난다. 임의의 영점을 가지므로 덧셈법칙만 성립한다. 따라서 빈도분석과 상관분석뿐만 아니라 평균, 표준편차 등도 구할 수 있다. 전형적인 5점 등간척도로 설계된 설문 문항을 보이면 [그림 1-16]과 같다.

7. 귀하의 상사에 대한 신뢰감은 어느 정도입니까?

전혀 않함	약간 신뢰	보통 신뢰	신뢰함	매우 신뢰함
(1)	(2)	(3)	(4)	(5)

그림 1-16 ▌등간척도로 된 설문 문항

(4) 비율척도

비율척도(ratio scale)란 등간척도가 갖는 특성에 추가적으로 측정값 사이의 비율계산이 가능한 척도이다.

비율척도는 절대적 영점과 임의 단위를 가진다. 절대적 영점이 있으므로 덧셈 및 곱셈법칙 모두 성립한다. 모든 수학적 연산이 가능하고 모수통계에 이용할 수 있다.

[그림 1-17]은 비율척도로 된 설문 문항과 모든 측정기기로 얻는 자료는 비율자료임을 보이기 위한 그림이다.

8. 귀하의 가족수는?
(1) 1명( )
(2) 2명( )
(3) 3명( )
(4) 4명( )
(5) 5명 이상( )

9. 귀하의 출근시간은?
( )분 또는
(1) 30분 이하( )
(2) 30~40분 ( )
(3) 40~50분 ( )
(4) 50~60분 ( )
(5) 60분 이상( )

10. 귀하의 연령대는?
(1) 20대( )
(2) 30대( )
(3) 40대( )
(4) 50대( )
(5) 60대( )

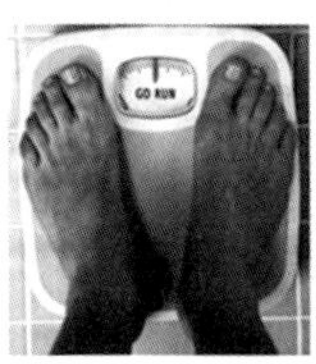

체중계

과속단속 카메라(180km/h)

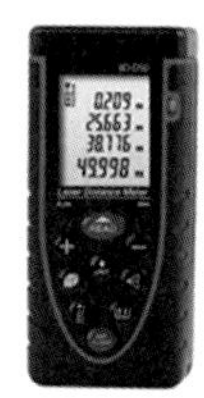

레이저 거리측정기(58m)

그림 1-17 ▌비율척도로 된 설문 문항과 측정

2. 자료의 수집 방법

자료를 수집하는 방법에는 크게 두 가지가 있다. 첫째, 직접 관측하거나 실험하거나 조사(survey)하여 수집하는 방법이다. 이렇게 얻은 자료를 1차자료라고 한다. 둘째, 책, 간행물, 논문, 정부문서 등 공신력이 있는 개인이나 기관에서 생산해 놓은 자료를 수집하는 방법으로 이러한 자료를 2차자료라고 한다. 〈표 1-1〉, 〈표 1-2〉 및 〈표 1-3〉은 통계청과 외교통상부 그리고 저서에서 인용한 자료이므로 전형적인 2차자료의 예이다. 다음은 설문조사로 1차자료를 수집하는 과정을 간단히 알아보자.

단계 1 조사분석 문제의 결정

첫 번째로 자료조사의 목적 및 사용범위 등 의사결정을 명확히 하는 단계이다. 예를 들면 "직장인을 힘들게 하는 것들은 무엇인가"에 대한 실태파악과 도출된 문제점에 대한 개선안을 마련 하고자 한다.

단계 2 조사분석 방법의 결정

두 번째로 조사대상, 조사 방법, 표본추출 방법 등을 결정하는 단계이다.

예를 들면, 조사기간: 2019년 5월 1일~15일

조사대상: ○○지역 직장인

조사 방법: 설문조사

표본추출 방법: 비례할당 표본추출

단계 3 관찰단위의 속성 결정

세 번째, 조사분석 문제를 파악하기 위해서는 관찰단위의 어떤 속성을 측정하면 가능한가를 결정하는 단계이다. 속성이란 알고자 하는 관찰단위의 특성을 의미한다.

예를 들면, "직장인을 힘들게 하는 것들은 무엇인가"를 알기 위해 선택한 직무 만족도, 통근시간, 상사에 대한 신뢰감, 직장생활에서 가장 힘든 것, 연봉 등이 속성이다.

이런 날은 죽고 싶다!
"회식 다음 날 리더십 없는 상사가 수당 없는 야근 시킬 때…"

아! 이런 날은 쉬고 싶다!
"만원 지하철에서 1시간 동안 서서 출근할 때…"

단계 4 속성의 척도 선정

네 번째로 관찰단위의 속성에 일정한 숫자를 부여하는 척도(scale)를 정하는 단계이다. 응답자의 부담과 비용, 얻고자 하는 정보량 등을 고려하여 적합한 척도를 선택한다. 예를 들어, 성별은 명목척도, 직무만족도는 서열척도, 상사에 대한 신뢰감은 등간척도, 연봉은 비율척도 등과 같이 척도를 정한다. 그리고 이에 알맞은 설문 문항을 설계한다.

단계 5 조사, 측정 및 관찰

다섯 번째로 측정(measurement)이란 관찰 단위의 속성에 일정한 척도를 적용하여 계량화하는 것으로서, 변수값으로 표현하는 것을 의미한다. 즉, 면접, 설문, 계측 등의 방법으로 그 값을 측정하여 자료로 기록하는 과정이다.
즉, 표본으로 선정된 직장인이 설문지를 작성하는 것이다.

단계 6 측정값을 변수에 축적

여섯 번째로 개체의 속성을 측정한 값을 변수에 축적하는 것이다. 즉, 통계분석을 위해 측정한 자료를 한 곳에 모으는 것이다. 변수(variable)란 척도를 이용하여 관심대상이 되는 개체의 속성을 측정한 값(계량화)을 대표하여 일컫는 말이다.

변수도 자료가 속성에 따라 분류되는 것과 똑같이 나뉜다.

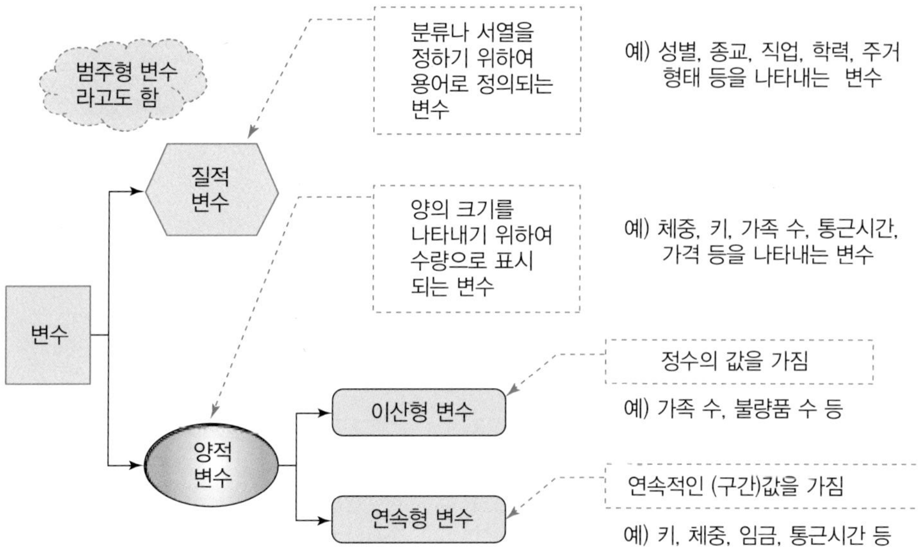

그림 1-18 ▌변수의 종류

통계패키지로 처리하기 위하여 설문 결과를 변수에 축적시킨 예(가상 자료임)를 보이면 〈표 1-7〉과 같다.

표 1-7 ▌엑셀 시이트(변수에 축적된 설문 자료)

	A	B	C	D	·	· ·	· ·	W	X	Y	Z
1	1	1	3	1	;	;	;	1	4	35	2
2	2	2	3	3	;	;	;	2	3	40	3
3	2	2	2	1	;	;	;	2	2	25	3
4	1	1	1	2	;	:	:	3	4	70	3
5	2	1	2	2	;	;	;	2	1	60	1
;	;	;	;	;	;	;	;	;	;	;	;
;	;	;	;	;	;	;	;	;	;	;	;
;	;	:	;	:	;	:	:	:	:	;	:

주: A, B, C, …는 설문 문항의 속성을 나타내는 변수이다.

1장 단원평가

1-1 다음 중 통계학을 배우는 목적이라고 볼 수 없는 것은?

(가) 자료의 정리 요약　　(나) 현상에 대한 기술과 설명

(다) 미래 상황에 대한 예측　　(라) 주관적 판단

1-2 다음 중 잘못 설명된 것은?

(가) 우리나라 주부들의 일일 가사 노동시간은 모집단이라고 할 수 없다.

(나) 추측통계학은 모집단에 대한 추론을 다루는 것이다.

(다) 여론조사나 설문조사는 일종의 자료수집 과정이다.

(라) 비율자료라도 서열척도로 측정할 수 있다.

1-3 관찰단위의 순위는 물론 순위 사이의 간격이 동일한 척도는?

(가) 명목척도　　(나) 서열척도

(다) 등간척도　　(라) 비율척도

1-4 다음 중 그 성질이 다른 자료는?

(가) 우편번호　　(나) 성별

(다) 소득　　(라) 근무부서

1-5 다음 자료 중 이산형 자료에 속한 것은?

(가) 키　　(나) 부서별 직원 수

(다) 연봉　　(라) 근무시간/주

1-6 다음 중 사칙연산을 할 수 있는 자료는?

(가) 지역　　(나) 직위

(다) 차량 종류　　(라) 체중

1-7 다음 용어를 간단히 설명하시오.

(1) 모집단과 표본

(2) 모수와 통계량

(3) 기술통계학과 추측통계학

1-8 다음 자료를 질적 자료와 양적 자료로 구분하시오.

(1) 온도 (　　)　　(2) 연봉 (　　)

(3) 세탁기 수명 (　　)　　(4) 성별 (　　)

(5) 농구선수의 등번호 (　　)　　(6) 주민등록번호 (　　)

(7) 직급 (　　)

1-9 다음은 통계학을 수강하는 학생들을 대상으로 조사한 설문이다.

(1) 나이는? (　　)　　(2) 학년은? (　　)

(3) 성별은? (　　)　　(4) 취미는? (　　)

(5) 주당 인터넷 사용시간은? (　　시간)　　(6) 가족 수는? (　　명)

(가) 몇 가지 변수를 조사한 것인가?

(나) 각 문항의 모집단에 대한 적절한 측정척도는 어떤 것인가?

정답과 풀이

1-1 (라)　**1-2** (가)　**1-3** (다)　**1-4** (다)　**1-5** (나)　**1-6** (라)

1-7 (1) • 모집단(population)이란 연구자의 관심대상이 되는 모든 개체의 집합 또는 전체 관찰 단위의 변수를 측정한 값들의 집합

• 표본(sample)이란 모집단에서 조사대상으로 채택된 일부분 또는 모집단에서 임의로 추출된 관찰대상의 집합

(2) • 모수(parameter)란 모집단의 특성으로 변하지 않는 일정한 값이며 전수조사로만 알 수 있음

• 통계량(statistic)이란 표본의 특성으로 표본을 추출할 때마다 다른 값을 가짐

(3) 기술통계학(descriptive statistics)이란 자료를 적절하게 그림, 도표 또는 수치로 특성을 요약하고 기술하는 통계학 분야이며, 추측통계학(inferential statistics)은 통계량을 기초로 모집단의 현상이나 특성을 추정, 예측 및 일반화하는 통계학 분야

1-8 (1) 양적 (2) 양적 (3) 양적 (4) 질적 (5) 질적 (6) 질적 (7) 질적

1-9 (가) 6개 변수

(나) (1) 비율척도 (2) 서열척도 (3) 명목척도 (4) 명목척도 (5) 비율척도 (6) 비율척도

1장 연습문제

1.1 모집단, 표본, 통계적 추측이 어떻게 관련되어 있는지 설명하시오.

1.2 대통령 선거에 출마한 후보자가 여론조사기관에게 설문조사를 의뢰하였다. 이 설문조사에서 응답한 1,500명의 유권자 중에서 42.5%가 이 후보자를 지지한다고 하였다.

(1) 관심의 대상인 모집단과 표본은 각각 무엇인가?

(2) 42.5%라는 값은 모수인가 아니면 통계량인가?

1.3 컴퓨터 부품 생산업체에서 자사제품의 부적합품률(불량률)은 1% 미만이라고 주장한다. 제조된 많은 제품 중에서 500개를 추출하여 검사하였더니 1.2%가 부적합품(불량품)이었다.

(1) 모집단과 표본은 각각 무엇인가?

(2) 모수와 통계량은 각각 무엇인가?

(3) 1%라는 값은 무엇인가?

(4) 1.2%라는 값은 무엇인가?

제2장
표와 그래프를 이용한 자료정리

제2장 표와 그래프를 이용한 자료정리

[학습목표]

- 도수표를 작성하고 분석할 수 있으며 막대그래프 등을 그릴 수 있다.
- 분할표를 작성하고 분석할 수 있다.
- 도수분포표를 작성하고 분석할 수 있다.
- 상관표와 산점도를 작성하고 해석할 수 있다.

2.1 질적(범주형) 자료정리

음식을 만들 때 식재료의 종류에 따라 조리법이 다른 것처럼 자료도 종류에 따라 요약 · 정리하는 방법이 다르다. 먼저 명목척도나 서열척도로 측정된 질적 자료를 도수표(빈도표)나 분할표(교차표)로 작성하고 이 결과를 막대그래프 등으로 나타내고 분석해 보자.

1. 도수표(빈도표)와 그래프 방법

일반적으로 변수가 하나인 자료의 정리 · 요약에는 도수표(frequency table)가 사용된다. 도수표는 각 속성(변수)에 해당하는 자료를 세어서 그 개수를 표로 작성한 것이다. 도수표를 빈도표라고도 부른다. 도수표를 분석하는 것을 도수(빈도)분석이라고 한다. "성별"과 "직무만족도"의 설문자료가 [그림 2-1]의 설문 문항에 의해 수집되었다고 하자. 〈표 2-1〉과 〈표 2-2〉는 각각 "성별"과 "직무만족도"의 자료를 도수표로 작성한 후 추가로 상대도수까지 정리한 것이다. 이들 각각의 도수표를 막대그래프와 원그래프로 나타내면 [그림 2-1]과 [그림 2-2]와 같다. 한편, 각 도수표에서 상대도수는 전체 도수 중에서 해당 속성의 빈도가 상대적으로

[문항] 귀하의 성별은?
남 = 1
여 = 2

[문항] 귀하의 직무만족도는?
매우 만족 = 5
만족 = 4
보통 = 3
불만 = 2
매우 불만 = 1

[문항] 선호하는 회식장소는?
호프집 = 1
삼겹살집 = 2
일식집 = 3
한식집 = 4
기타 = 5

그림 2-1 ▍범주형 자료 설문 문항 예

〈설문자료〉

성별	직무 만족도
2	2
2	4
2	5
1	1
:	:
:	:
:	:
2	2
1	1
2	3
1	3

표 2-1 ▌성별 도수표

성별	도수	상대도수
남=1	478	0.478
여=2	522	0.522
합계	1,000	1.000

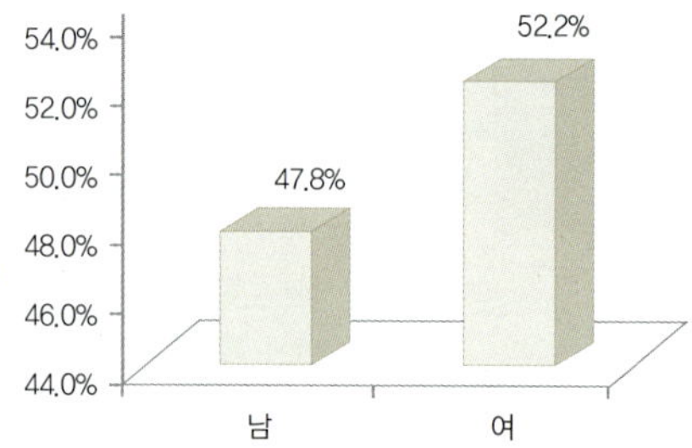

그림 2-2 ▌막대그래프

표 2-2 ▌직무만족도 도수표

직무만족도	도수	상대도수
매우 불만=1	45	0.045
불만=2	120	0.120
보통=3	526	0.526
만족=4	235	0.235
매우 만족=5	74	0.074
합 계	1,000	1.000

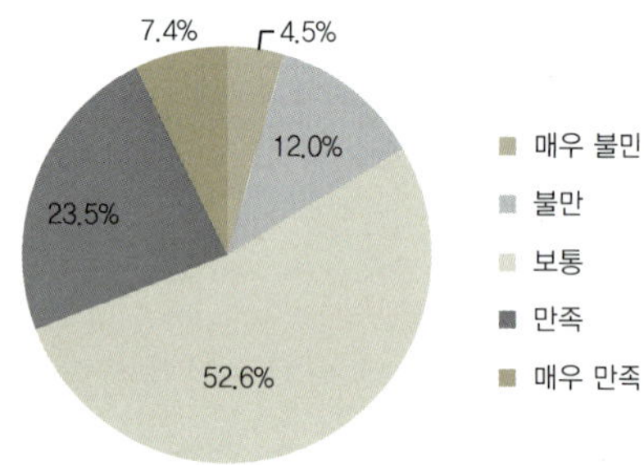

그림 2-3 ▌원그래프

〈설문자료〉

회식장소
2
3
5
:
:
:
:
4
2
1

표 2-3 ▌도수표

회식장소	도수	상대도수
호프집	302	0.302
삼겹살집	479	0.479
일식집	56	0.056
한식집	131	0.131
기 타	32	0.032
합계	1,000	1.000

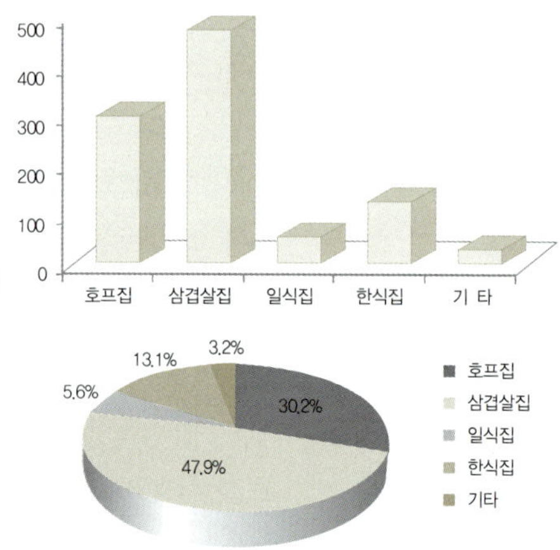

그림 2-4 ▌회식장소의 원그래프와 막대그래프

차지하는 것으로 백분율(%)로 나타내기도 한다.

〈표 2-1〉을 분석해 보자. 전체 응답자의 47.8%는 남성, 52.2%는 여성이다. 여성이 남성보다 조금 더 표본추출되었음을 알 수 있다. 한편, 〈표 2-2〉에서 응답자의 52.6%는 보통인 것으로 조사되었고, 직무에 만족하거나 매우 만족하는 직장인이 그렇지 않은 경우보다 높게 나타

났다. 〈표 2-3〉은 회식장소에 대한 설문자료를 가지고 작성한 도수표이다. 독자 여러분이 조사 결과를 설명해 보자.

그래프는 조사 결과를 정보화하여 전달할 수 있는 적합한 것을 선택하며 보통 막대그래프, 원그래프, 그림그래프 등이 사용된다. 막대그래프는 막대의 폭이 같으며 일정 간격을 두고 그린다. 시계열적 자료인 경우에는 꺾은선그래프가 적합하다. 예를 들면 [그림 2-5]와 같다.

그림 2-5 ‖ 꺾은선그래프

2. 분할표(교차표) 방법

두 개의 변수는 서로 어떤 관계를 가질 수 있다. 이번 절에서는 "남성과 여성이 선호하는 회식장소는 동일한가?", "정규직과 비정규직의 직무만족도는 다른가?" 등과 같은 연관성을 분석해 보자. 이런 경우에는 두 변수의 자료를 동시에 표현할 수 있는 분할표(contingency table)를 작성해야 한다. 분할표는 교차표(cross-tabulation table)라고도 부른다. 분할표는 행과 열에 공통적으로 속한 도수(빈도수)를 기입한 표이다. 분할표를 이용하여 두 변수 간의 상호 독립성이나 동일성 여부를 분석하는 것을 교차분석(cross tabulation analysis)이라고 한다.

〈표 2-4〉는 "성별"과 "직무만족도"의 설문자료를 교차표로 작성한 것이며, 〈표 2-5〉는 상대도수로 나타낸 교차표이다. 이를 분석해 보자. 〈표 2-5〉로부터 남성이면서 직무만족도가 매우 불만인 경우는 3.2%, 여성이면서 직무만족도가 매우 좋은 경우는 2.1%에 불과하다. 여성이면서 직무만족도가 보통인 경우가 27.9%로 가장 높다.

한편, [그림 2-6]은 남녀별 직무만족도를 막대그래프로 작성한 것이다. 남성과 여성 각각 직무만족도의 막대 길이가 비슷하지 않고 차이가 커서 남녀 사이의 직무만족도는 연관성(동일성)이 적어 보인다. [그림 2-7]은 직무만족도에 따른 성별로 막대그래프를 작성한 것이다. 직무만족도별 남녀의 막대 길이가 차이가 크므로 직무만족도도 남성과 여성이 동일하지 않다고 해석된다. 결론적으로 직장인 남녀 사이의 직무만족도는 서로 연관성이 없는 독립적 관계에 있다고 분석된다.

〈표 2-6〉과 〈표 2-7〉은 각각 성별 상대도수와 직무만족도별 상대도수이다.

〈설문자료〉

성별	직무 만족도
2	2
1	3
1	4
:	:
:	:
:	:
:	:
2	1
1	3
2	2

표 2-4 ▮ 성별과 직무만족도 사이의 교차표

성별 \ 만족도	매우 불만	불만	보통	만족	매우 만족	합계
남	32	86	247	60	53	478
여	13	34	279	175	21	522
합계	45	120	526	235	74	1,000

표 2-5 ▮ 성별과 직무만족도 사이의 상대도수

성별 \ 만족도	매우 불만	불만	보통	만족	매우 만족	합계
남	0.032	0.086	0.247	0.060	0.053	0.478
여	0.013	0.034	0.279	0.175	0.021	0.522
합계	0.045	0.120	0.526	0.235	0.074	1.000

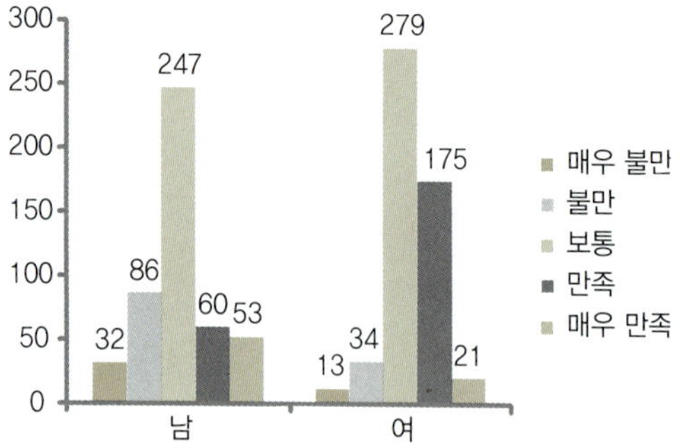

그림 2-6 ▮ 남녀별 직무만족도 막대그래프

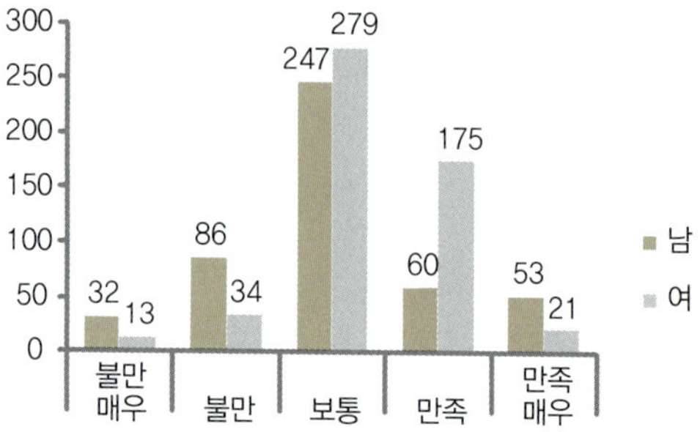

그림 2-7 ▮ 직무만족도별 남녀 막대그래프

표 2-6 ▮ 성별 상대도수

성별 \ 만족도	매우 불만	불만	보통	만족	매우 만족	합계
남	0.067	0.180	0.517	0.126	0.111	1.000
여	0.025	0.065	0.534	0.335	0.040	1.000

표 2-7 ▮ 직무만족도별 상대도수

성별 \ 만족도	매우 불만	불만	보통	만족	매우 만족
남	0.711	0.717	0.470	0.255	0.716
여	0.289	0.283	0.530	0.745	0.284
합계	1.000	1.000	1.000	1.000	1.000

2.2 양적 자료정리

채소, 육류, 해산물 등의 조리 방법이 각각 다른 것처럼 등간척도나 비율척도로 측정된 양적 자료는 범주형 자료의 정리 방법과 조금 다르다. 범주형 자료는 도수표와 교차표 등으로 작성되고 그 결과를 막대그래프나 원그래프 등으로 나타냈다. 반면에 양적 자료는 도수표 대신에 도수분포표로, 교차표 대신에 상관표나 산점도로, 막대그래프 대신에 히스토그램으로 정리되는 것이 질적 자료와 다른 점이다.

구간자료가 아닌 개별자료인 경우에는 평균이나 분산 등의 통계량으로도 요약할 수 있는 점도 다르다. 통계량을 이용한 정리 방법은 다음 장에서 다룬다.

1. 도수분포표와 그래프 방법

일반적으로 변수가 하나인 구간자료는 도수분포표(frequency distribution table)를 작성하여 분석한다. 도수분포표는 양적 자료의 특성을 쉽게 이해할 수 있도록 자료를 적절한 구간(계급구간)으로 나누고 각 구간에 도수를 기입하여 정리한 표이다. 도수분포표를 그래프로 나타낸 것이 히스토그램(histogram)이다. 히스토그램은 자료의 전체 모양이 어떤지, 자료가 어느 값에 밀집하는지 그리고 자료가 얼마나 흩어져 있는지 등을 시각적으로 파악할 수 있게 해준다. 직장인 설문 중에서 "출근소요시간"과 "월 교통비"의 설문 문항이 [그림 2-8]과 같다고 하자.

[문항] 귀하의 출근시간은 얼마나 걸립니까?
30분 미만 =1
30분 이상 40분 미만 =2
40분 이상 50분 미만 =3
50분 이상 60분 미만 =4
60분 이상 70분 미만 =5
70분 이상 80분 미만 =6
80분 이상 90분 미만 =7
90분 이상 =8

[문항] 귀하의 월 교통비는 얼마입니까?
5만 원 미만 =1
5만 원 이상 10만 원 미만 =2
10만 원 이상 15만 원 미만 =3
15만 원 이상 20만 원 미만 =4
20만 원 이상 25만 원 미만 =5
25만 원 이상 30만 원 미만 =6
30만 원 이상 =7

그림 2-8 ▌출근소요시간과 월교통비 설문 문항 예

"출근소요시간"을 조사한 자료를 도수분포표로 작성하면 〈표 2-8〉과 같고 이를 히스토그램으로 그린 것이 [그림 2-9]이다. 이를 개략적으로 분석해 보자. [그림 2-9]에서 출근소요시간은 전체 모양(분포)이 왼쪽으로 치우친 비대칭이다. 출근소요시간이 집중된 시간대는 30분에서 50분 사이로 53.2%를 차지한다. 출근소요시간은 비교적 넓게 흩어져 있음을 알 수 있다.

누적상대도수는 특정한 값 이하까지 누적된 상대도수를 파악하기 위해서 작성된다. 누적상대도수는 백분율(%)로 나타내기도 한다. 예를 들면, "출근소요시간이 1시간 미만인 경우는 얼마일까?"는 〈표 2-8〉과 [그림 2-10]에서 누적상대도수를 찾으면 75.1%가 됨을 알 수 있다.

직장인 설문 중에서 "월 교통비"의 자료에 대한 도수분포표와 히스토그램은 각각 〈표 2-9〉와 [그림 2-11]과 같다. 이를 분석해 보면 전체 자료의 모습은 조금 왼쪽으로 치우쳐 있으며(비대칭모양), 교통비의 54.2%가 10만 원에 20만 원 사이에 밀집되어 있다. 한편, 월 교통비의 지출은 15만 원에서 20만 원 사이가 30.5%로 가장 많다. 한편, 월 교통비의 산포는 출근소요시간보다 다소 적게 보인다.

〈설문자료〉

출근소요시간
4
6
2
3
:
:
:
3
4
7

표 2-8 ▌도수분포표(출근소요시간)

계급	도수	상대도수(%)	누적상대도수
30분 미만	56	5.6	0.056
30분 이상 40분 미만	258	25.8	0.314
40분 이상 50분 미만	274	27.4	0.588
50분 이상 60분 미만	163	16.3	0.751
60분 이상 70분 미만	88	8.8	0.839
70분 이상 80분 미만	59	5.9	0.898
80분 이상 90분 미만	84	8.4	0.982
90분 이상	18	1.8	1.000
계	1,000	100	–

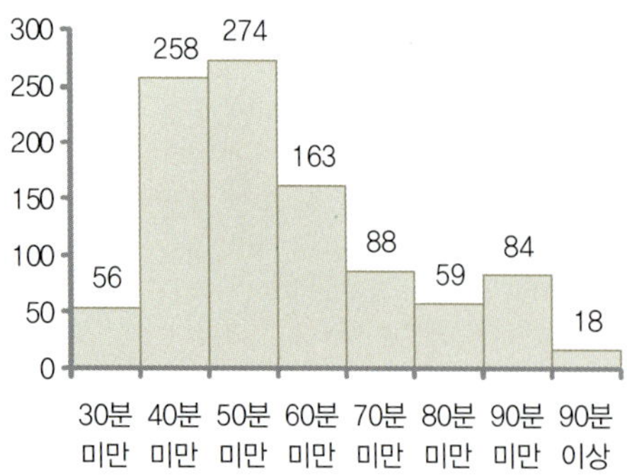

그림 2-9 ▌히스토그램

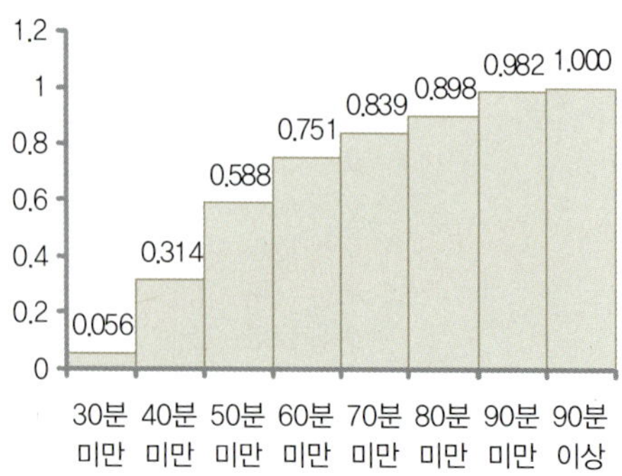

그림 2-10 ▌누적상대도수

[그림 2-12]는 누적상대도수를 그래프로 나타낸 것으로 누적상대도수 곡선(ogive)이라고 한다. 누적백분율(%) 곡선이라고도 부른다. 이 곡선으로부터 직장인의 86.4%가 월 교통비로 25만 원 미만을 지출함을 알 수 있다.

〈설문자료〉

교통비
4
6
2
3
:
:
:
3
4
7

표 2-9 ▌도수분포표(교통비)

계 급	도 수	상대도수	누적상대도수
5만 원 미만	84	0.084	0.084
5만 원 이상 10만 원 미만	134	0.134	0.218
10만 원 이상 15만 원 미만	237	0.237	0.455
15만 원 이상 20만 원 미만	305	0.305	0.760
20만 원 이상 25만 원 비만	104	0.104	0.864
25만 원 이상 30만 원 미만	85	0.085	0.949
30만 원 이상	51	0.051	1.000
합 계	1,000	1.000	

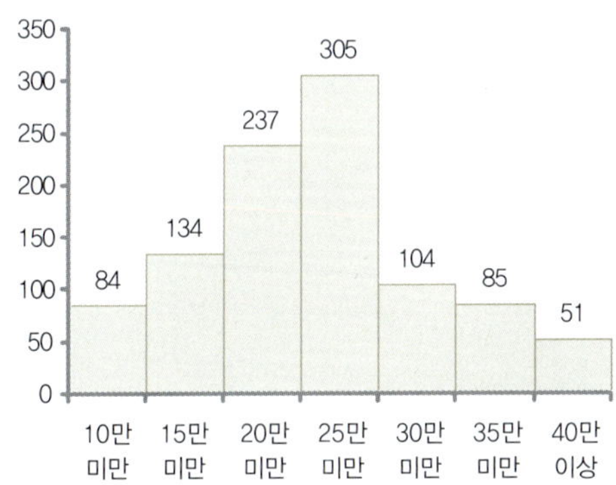

그림 2-11 ▌히스토그램

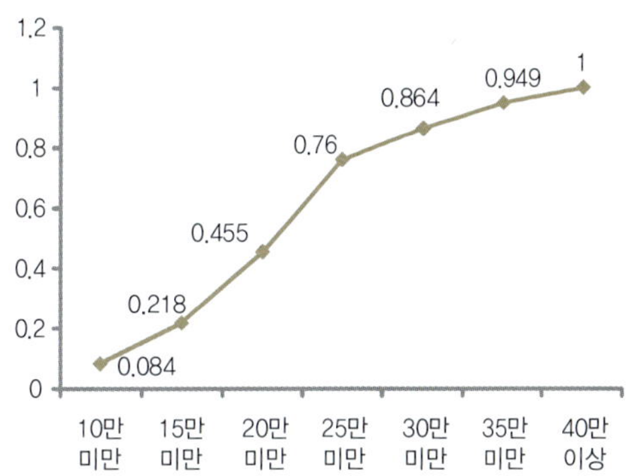

그림 2-12 ▌누적상대도수 곡선

히스토그램은 도수분포표보다 전체 자료의 모양이 대칭인지 비대칭인지, 봉우리가 종형으로 한 개인지 두 개인지 등을 쉽게 파악할 수 있는 장점을 가지고 있다.

지금까지는 구간자료를 도수분포표로 작성하였으나 이번에는 개별로 측정된 자료를 도수분포표로 작성하는 방법을 알아보자. 개별자료를 계급별로 나누어 도수분포표로 정리하면 개별자료의 자체 특성은 상실되고 구간자료화 된다.

도수분포표의 작성 순서를 정리하면 〈표 2-10〉과 같다. 〈표 2-11〉은 도수분포표의 작성 순서에 따른 예를 보인 것이다.

표 2-10 ▌도수분포표 작성 순서

<table>
<tr><th>순서</th><th>내용</th><th colspan="7">설 명</th></tr>
<tr><td>1</td><td>자료를 수집한다.</td><td colspan="7">n은 100개 이상이 좋다. 적어도 30개 이상</td></tr>
<tr><td>2</td><td>계급(기둥)의 수
k를 결정한다.</td><td colspan="4">• 데이터 수 　계급의 수
50 이하 　5～7
50～100 　6～10
100～250 　7～12
250 이상 　10～20</td><td colspan="3">• H.A. Sturges 방법
$k=1+3.3\log n=1+\frac{\log n}{\log 2}$
• $\sqrt{n}$ 방법</td></tr>
<tr><td>3</td><td>계급의 폭을
정한다.</td><td colspan="7">• 범위 = 최대치 − 최소치
$\text{계급의 폭} = \frac{\text{범위}}{\text{계급의 수}} = \frac{R}{k}$
• 계급의 폭은 최소측정단위의 정수배로 함</td></tr>
<tr><td>4</td><td>계급의 경계치를
구한다.</td><td colspan="7">$\text{제1구간의 하한 경계치} = \text{최소치} - \frac{\text{측정의 최소단위}}{2}$</td></tr>
<tr><td>5</td><td>계급의 중앙값을
구한다.</td><td colspan="7">$\text{계급의 중앙값} = \frac{\text{구간 하한 경계치} + \text{구간 상한 경계치}}{2}$</td></tr>
<tr><td rowspan="8">6</td><td rowspan="8">도수분포표를
만든다.</td><td>계급의
경계치</td><td>중앙값</td><td>체크</td><td>도수</td><td>상대도수</td><td>누적도수</td><td>누적상대
도수</td></tr>
<tr><td></td><td></td><td></td><td></td><td></td><td></td><td></td></tr>
<tr><td></td><td></td><td></td><td></td><td></td><td></td><td></td></tr>
<tr><td></td><td></td><td></td><td></td><td></td><td></td><td></td></tr>
<tr><td></td><td></td><td></td><td></td><td></td><td></td><td></td></tr>
<tr><td></td><td></td><td></td><td></td><td></td><td></td><td></td></tr>
<tr><td></td><td></td><td></td><td></td><td></td><td></td><td></td></tr>
<tr><td>계</td><td></td><td></td><td></td><td></td><td></td><td></td></tr>
<tr><td>7</td><td colspan="8">히스토그램을 그린다.</td></tr>
</table>

표 2-11 ▌도수분포표 작성례

<table>
<tr><th>순서</th><th>내용</th><th colspan="10">적용례: 서울의 50개 지역 아파트 단지 연간 가격상승률(%)</th></tr>
<tr><td rowspan="5">1</td><td rowspan="5">자료를
수집한다.</td><td>5.3</td><td>5.4</td><td>5.5</td><td>5.0</td><td>5.2</td><td>5.3</td><td>5.6</td><td>5.8</td><td>5.0</td><td>5.6</td></tr>
<tr><td>4.9</td><td>5.1</td><td>5.2</td><td>5.7</td><td>5.9</td><td>4.8</td><td>5.3</td><td>5.1</td><td>5.3</td><td>5.3</td></tr>
<tr><td>5.5</td><td>5.3</td><td>4.7</td><td>5.3</td><td>5.4</td><td>5.5</td><td>5.3</td><td>5.6</td><td>5.8</td><td>5.6</td></tr>
<tr><td>5.2</td><td>4.6</td><td>5.4</td><td>5.0</td><td>5.1</td><td>5.2</td><td>6.0</td><td>5.4</td><td>5.1</td><td>5.3</td></tr>
<tr><td>4.7</td><td>4.9</td><td>5.1</td><td>5.7</td><td>5.9</td><td>4.7</td><td>5.4</td><td>5.5</td><td>5.8</td><td>5.1</td></tr>
<tr><td>2</td><td>계급의 수 k를
결정한다.</td><td colspan="10">$k = 1 + 3.3\log n = 1 + 3.3\log 50 \fallingdotseq 6.6 \Rightarrow 7$</td></tr>
<tr><td>3</td><td>계급의 폭을
정한다.</td><td colspan="10">• 범위 = 최대치 − 최소치 = 6.0 − 4.7 = 1.3
$\text{계급의 폭} = \dfrac{\text{범위}}{\text{계급의 수}} = \dfrac{1.3}{7} \fallingdotseq 0.19 \Rightarrow 0.2$</td></tr>
<tr><td>4</td><td>계급의 경계치를
구한다.</td><td colspan="10">$\text{제1구간의 하한 경계치} = \text{최소치} - \dfrac{\text{측정의 최소단위}}{2} = 4.7 - \dfrac{0.1}{2} = 4.65$</td></tr>
<tr><td>5</td><td>계급의 중앙값을
구한다.</td><td colspan="10">$\text{계급의 중앙값} = \dfrac{\text{구간 하한 경계치} + \text{구간 상한 경계치}}{2}$</td></tr>
<tr><td rowspan="9">6</td><td rowspan="9">도수분포표를
만든다.</td><td colspan="2">계급의
경계치</td><td>중앙값</td><td colspan="2">체크</td><td>도수</td><td>상대
도수</td><td>누적
도수</td><td colspan="2">누적
상대도수</td></tr>
<tr><td colspan="2">4.65~4.85</td><td>4.75</td><td colspan="2">****</td><td>4</td><td>0.08</td><td>4</td><td colspan="2">0.08</td></tr>
<tr><td colspan="2">4.85~5.05</td><td>4.95</td><td colspan="2">*****</td><td>5</td><td>0.10</td><td>9</td><td colspan="2">0.18</td></tr>
<tr><td colspan="2">5.05~5.25</td><td>5.15</td><td colspan="2">**********</td><td>10</td><td>0.20</td><td>19</td><td colspan="2">0.38</td></tr>
<tr><td colspan="2">5.25~5.45</td><td>5.35</td><td colspan="2">**************</td><td>14</td><td>0.28</td><td>33</td><td colspan="2">0.66</td></tr>
<tr><td colspan="2">5.45~5.65</td><td>5.55</td><td colspan="2">********</td><td>8</td><td>0.16</td><td>41</td><td colspan="2">0.82</td></tr>
<tr><td colspan="2">5.65~5.85</td><td>5.75</td><td colspan="2">******</td><td>6</td><td>0.12</td><td>47</td><td colspan="2">0.94</td></tr>
<tr><td colspan="2">5.85~6.05</td><td>5.95</td><td colspan="2">***</td><td>3</td><td>0.06</td><td>50</td><td colspan="2">1.00</td></tr>
<tr><td colspan="2">계</td><td>–</td><td colspan="2">–</td><td>50</td><td>1.00</td><td>–</td><td colspan="2">–</td></tr>
<tr><td>7</td><td colspan="11">히스토그램을 그린다. – [그림 2-13]과 [그림 2-14] 참조</td></tr>
</table>

주: 통계학 들어가기, 이무성 · 김병화 공저, 연학사, pp. 28~32 인용 정리한 것임.

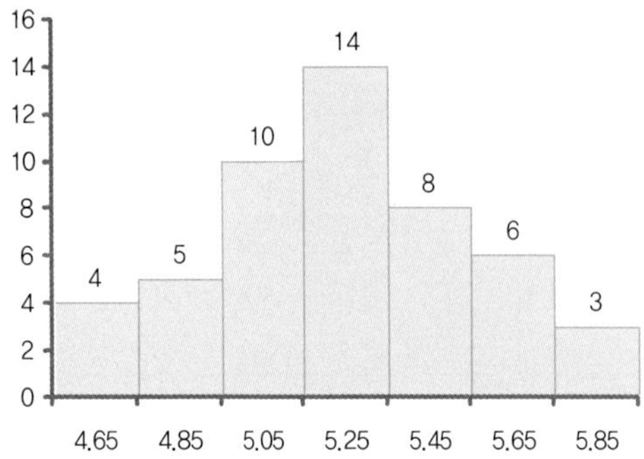

그림 2-13 ▌히스토그램

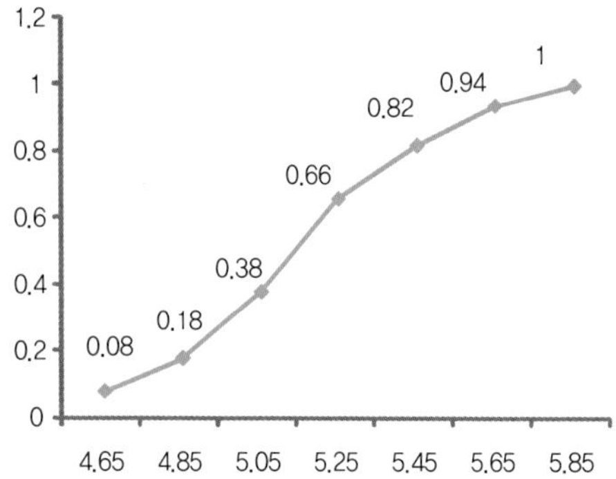

그림 2-14 ▌누적상대도수 곡선

[그림 2-13]의 히스토그램을 해석해 보면 자료 전체의 모양은 봉우리가 하나이고 대칭모양을 하고 있다. 평균 가격상승률은 약 5.325% 정도이며, 가격이 지역의 가치에 따라 정상적인 것으로 분석된다.

2. 상관표와 산점도 방법

광고비 매출액 기준금리 수준 가계부채 총액

그림 2-15 ▌상관관계의 개념

범주형 자료와 마찬가지로 두 양적 자료 간에도 어떤 관계가 존재한다. 예를 들어, "광고비와 매출액은 관계가 있는가?", "기준금리 수준과 가계부채 총액은 관계가 있는가?", "통근소요시간과 교통비는 상관관계가 있는가?" 등이다. 이처럼 두 변수 사이의 상관관계 유 · 무를 알기 위하여 작성하는 표를 상관표(correlation table)라고 한다. 상관표는 한 집단에 대한 두 변수의 도수분포표를 함께 나타낸 표를 말한다. 한편, 두 변수가 개별 측정치로 조사된 경우에는 산점도(산포도: scatter diagram)로 작성한다.

산점도는 $X-Y$ 평면 좌표상에 쌍으로 얻는 자료를 타점한 그림으로 타점된 점들의 경향을 보고 두 변수의 선형적인 상관관계를 파악한다. 상관관계는 한 변수가 증가하면 다른 변수도 증가하는 관계를 양(+)의 상관관계라고 하고, 한 변수가 증가하면 다른 변수는 감소하는 관계를 음(−)의 상관관계, 그리고 한 변수가 증감하는데 다른 변수는 증감에 거의 영향을 받지 않는 관계를 무(zero)의 상관관계라고 한다.

설문조사의 자료가 구간 형태인 "출근소요시간(X)"과 "월 교통비(Y)"는 어떤 관계가 있는지 알아보자. "출근소요시간"의 도수분포표 〈표 2-8〉과 "월 교통비"의 도수분포표 〈표 2-9〉를 이용하여 상관표를 작성하면 〈표 2-12〉와 같다.

〈설문자료〉

출근 시간(X)	교통비 (Y)
4	4
6	6
2	2
3	3
:	:
:	:
:	:
3	3
4	4
7	7

표 2-12 ▮ "출근소요시간"과 "월 교통비"의 상관표

	5만 원 미만	Y<10	Y<15	Y<20	Y<25	Y<30	30만 원 이상	합계
90분 이상						6	12	18
X<90			5	6	16	35	22	84
X<80				2	2	16	9	59
X<70			28	4	4	3	4	88
X<60		13	71	24	24	16	4	163
X<50	29	74	87	7	7	6		274
X<40	25	47	38	51	51	3		258
30분 미만	30		8					56
합계	84	134	237	305	104	85	51	1,000

"출근소요시간(X)"이 증가하면 "월 교통비(Y)"도 어느 정도 증가하고 있음을 보이므로 양의 상관관계가 있어 보인다.

한편, 두 자료가 개별로 조사된 경우를 예로 들어 살펴보자. [그림 2-16]은 학생들의 키와 체중을 조사한 자료를 산점도로 작성한 것이다. 키가 커질수록 체중도 무거워지는 관계를 나타내고 있다.

쉬어가기

몇 년 전 모 일간지에 키와 질투심과의 관계를 연구한 결과를 보도한 것에 따르면 남자는 키가 큰 사람일수록 질투심이 적고, 여자는 중간키인 사람일수록 질투심이 적다고 합니다. 물론 외국의 연구 결과입니다만 과연 우리나라는?

키(cm)	체중(kg)
168	62
160	54
165	48
175	72
158	50
172	68
178	78
162	55
165	70
156	52

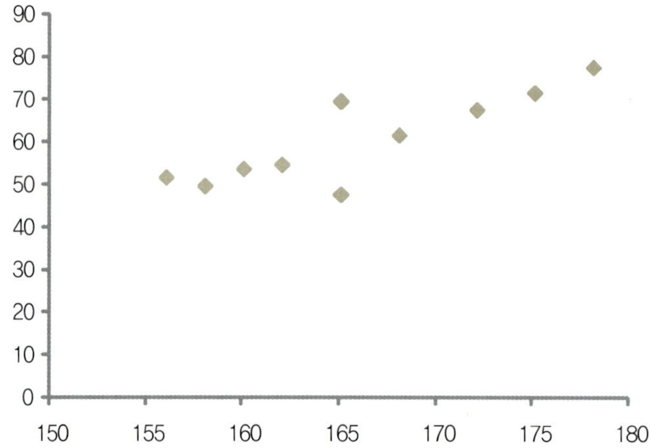

그림 2-16 ▌키와 체중의 산점도(산포도)

두 변수 간의 상관관계는 선형관계의 강도를 의미한다. 전형적인 상관관계의 산점도는 [그림 2-17]과 같다.

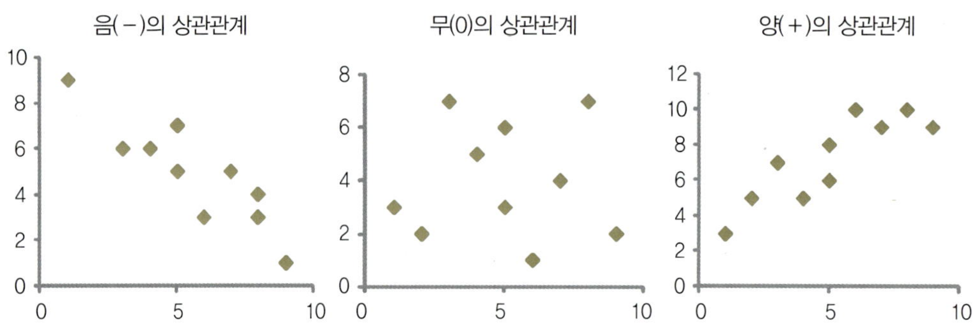

그림 2-17 ▌상관관계에 따른 산점도 모양

다른 예를 들어보자. 자동차를 운전할 때 속도를 올리려면 가속 페달을 깊이 밟아 주면 된다. 속도와 가속 페달의 관계는 양(+)의 상관관계라고 할 수 있다. 자동차의 제동거리는 브레이크 페달을 어느 정도의 힘으로 밟아 주느냐에 따라 길어지거나 짧아지거나 한다. 제동거리와 브레이크 페달을 밟는 힘은 음(−)의 상관관계라고 할 수 있다. 한편, 無(0)의 상관관계는 자동차 주행 도중에 브레이크 페달을 세게 또는 약하게 밟는데도 감속되지 않는 경우이다. 브레이크 장치에 고장이 발생했기 때문이다. 무의 상관관계는 문제가 있거나 연관성이 전혀 없음을 암시한다. 세상살이에서는 어떤 상관관계가 바람직할까?

2장 단원평가

2-1 다음 자료를 정리하는 목적이라고 볼 수 없는 것은?

(가) 현상 또는 실태를 파악하기 위하여

(나) 문제점이 어느 정도인가를 알기 위하여

(다) 적합한 의사결정을 하기 위하여

(라) 책임전가를 위하여

2-2 각 속성에 해당한 자료를 세어서 표로 작성한 것을 무엇이라고 하는가?

(가) 도수표 (나) 히스토그램

(다) 연관도표 (라) 분산분석표

2-3 두 질적 변수 간의 연관성을 분석하기 위하여 작성되는 표를 무엇이라고 하는가?

(가) 빈도표 (나) 도수분포표

(다) 교차표 (라) 상관표

2-4 다음 양적 자료를 도수분포표로 정리하고 이것을 그래프로 그린 것을 무엇이라고 하는가?

(가) 막대그래프 (나) 히스토그램

(다) 꺾은선그래프 (다) 산점도

2-5 자료를 도수분포표와 히스토그램으로 정리하는 목적이라고 할 수 없는 것은?

(가) 개별자료의 특성을 알기 위하여

(나) 자료의 중심경향(위치)을 알기 위하여

(다) 자료의 전체 모양을 알기 위하여

(라) 자료의 흩어져 있는 정도를 알기 위하여

2-6 다음 두 양적 변수 중에서 한 변수가 감소하면 다른 변수는 증가하는 관계를 무엇이라고 하는가?

(가) 양의 상관관계 (나) 無의 상관관계

(다) 음의 상관관계 (라) 회귀관계

2-7 다음 도수표에서 여행이 차지하는 비율은 얼마인가?

취미	빈도	상대도수(%)
운동	25	
영화관람	48	
등산	27	
여행	15	
기타	35	
합 계	150	

2-8 다음 도수분포표에서 40 미만인 비율은 얼마인가?

구간	빈도	상대도수(%)	누적도수(%)
10 이상 20 미만	24		
20 이상 30 미만	56		
30 이상 40 미만	62		
40 이상 50 미만	42		
50 이상 60 미만	16		
합 계	200		

정답과 풀이

2-1 (라) 2-2 (가) 2-3 (다) 2-4 (나) 2-5 (가) 2-6 (다)

2-7 10%

2-8 71%

2장 연습문제

2.1 다음 설문 응답 결과를 보고 물음에 답하시오.

설문 내용과 응답자 결과는 아래와 같다.
(1) 결혼 여부에 대한 도수표를 작성하시오.
(2) 회식장소에 대한 막대그래프를 그리시오.
(3) 결혼 상태와 회식장소 간 교차표를 작성하시오.
(4) 결혼 상태별 막대그래프를 그리고 분석하시오.

1. 결혼 여부는?
(1) 기혼
(2) 미혼

2. 회식장소로 선호하는 곳은?
(1) 호프집
(2) 삼겹살집
(3) 한정식집
(4) 일식집

응답자	결혼 여부	회식장소
A	2	1
B	2	2
C	2	1
D	1	3
E	2	1
F	1	2
G	1	3
H	2	4
I	1	1
J	2	2

2.2 다음 키와 체중자료로 각각 도수분포표의 빈 칸을 작성하여 해석하시오. 그리고 키와 체중의 상관표를 작성하고 어떤 관계인지 설명하시오.

키(cm)	체중(kg)
168	62
160	54
165	58
175	72
158	50
172	68
178	78
162	55
165	70
156	52
172	65
185	88

도수분포표(키)

계급구간	중앙값	도수	상대도수(%)	누적상대도수(%)
150 이상~160 미만				
160 이상~170 미만				
170 이상~180 미만				
180 이상~190 미만				
합계				

도수분포표(체중)

계급구간	중앙값	도수	상대도수(%)	누적상대도수(%)
50 이상~60 미만				
60 이상~70 미만				
70 이상~80 미만				
80 이상~90 미만				
합계				

〈상관표〉

체중 \ 키	150 이상~160 미만	160 이상~170 미만	170 이상~180 미만	180 이상~190 미만	합계
80 이상~90 미만					
70이상~80 미만					
60이상~70 미만					
50이상~60 미만					
합계					

제3장

수치를 이용한 자료정리

제3장 수치를 이용한 자료정리

[학습목표]

- 중심위치의 통계량을 계산하고 그 의미를 이해할 수 있다.
- 산포의 의미와 그 통계량을 이해하고 계산할 수 있다.
- 상관계수를 계산할 수 있고 관계를 설명할 수 있다.
- 엑셀의 통계함수를 이용할 수 있다.

제2장에서는 자료의 설명, 분석을 위해 표와 그래프를 이용한 정리 방법을 소개하였다. 이 방법은 수치로 표현하는 방법보다 정확하지 못하여 주관적인 해석을 할 가능성이 많다. 또한 통계적 추측을 할 경우에는 모집단이나 표본의 여러 가지 특성을 수치로 나타내야 할 필요가 있다. 이 장에서는 분포의 중심위치의 척도, 산포의 척도 그리고 상관관계의 척도를 설명하고 그 값을 구한다.

3.1 중심위치의 척도

우리나라 직장인의 연봉을 표본조사를 했을 경우 어떤 금액을 전체 연봉을 대표할 수 있는 척도로 정하면 좋은가? 최고 연봉이나 최저 연봉을 척도로 정할 수 없을 것이다. 척도는 자료의 특성 그리고 조사 목적에 알맞게 정해져야 한다. 전체 자료의 특성을 하나의 수치로 대표하는 중심위치의 척도는 산술평균(arithmetic mean), 중앙값(median) 그리고 최빈값(mode)이 있다. 이 외에도 자료의 특성에 따라 조화평균(harmonic mean), 기하평균(geometric mean), 이동평균(moving average) 등이 있다.

중심위치의 척도는 모집단의 모수와 표본의 통계량으로 구분되며 각각의 명칭을 나타내면 [그림 3-1]과 같다.

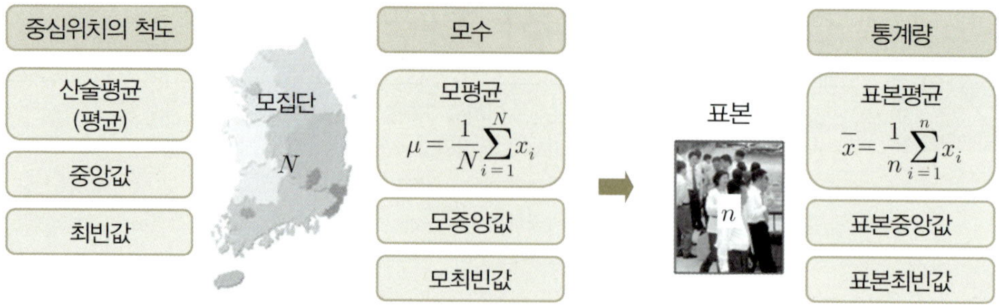

그림 3-1 ▌중심위치의 척도에 의한 모수와 통계량

1. 산출평균(평균)

정의

평균은 자료를 모두 더한 값을 그 자료의 수로 나눈 값이다.

공식

모평균: $\mu=\frac{1}{N}\sum_{i=1}^{N}x_i$ 표본평균: $\bar{x}=\frac{1}{n}\sum_{i=1}^{n}x_i$

- 수량으로 얻은 자료(양적 자료)에 적용한다.
- 극단값(outlier)에 영향을 받는다.

예제 3-1 **평균 출근소요시간**

다음은 표본으로 추출된 10명의 직장인의 출근소요시간이다. 표본평균을 계산하라.

출근소요시간(분)	45	80	25	60	50	40	50	40	30	70

풀이

$$\bar{x}=\frac{1}{n}\sum_{i=1}^{n}x_i=\frac{1}{10}(45+80+25+60+50+40+50+40+30+70)=49\text{분}$$

예제 3-2 **조선왕조 임금 자료(〈표 1-3〉 참조)**

(1) 조선왕조 임금 전체의 평균 수명을 구하시오.

(2) 5명의 임금이 표본으로 추출되었다. 평균 수명을 구하시오.

임금	정종	단종	중종	인조	정조
수명	62	17	57	55	49

풀이

(1) $\mu = \frac{1}{N}\sum_{i=1}^{N} x_i = \frac{1}{27}(74+62+56+ \cdots +53) = 47$ (모평균)

(2) $\bar{x} = \frac{1}{n}\sum_{i=1}^{n} x_i = \frac{1}{5}(62+17+57+55+49) = 48$ (표본평균)

평균은 어떤 경우에는 단위당 값을 의미하기도 한다. 예를 들면, A, B 두 회사는 두루마리 화장지를 개당 각각 380원과 420원씩 판매하고 있다. 개당 길이가 같다면 B회사 제품이 비싸다. 그러나 A, B회사의 화장지의 길이가 각각 70m와 80m이면 어느 제품이 더 비싼가? 이 경우에는 단위, 즉 1m당 가격을 비교하는 것이 올바르다. 1m당 가격을 계산하면 A사가 5.42원, B사가 5.25원이므로 A사의 제품이 비싸다.

또 다른 경우를 보자. 피자점에서 20,000원짜리 피자 한 판을 친구 4명이 먹고 1인당 5,000원씩 지불했다면 각자 먹은 양이 다를 수 있음에도 불구하고 모두 같은 양을 먹은 것(동일한 가중치)으로 여긴 것이다. 이 경우의 1인당 5,000원은 평균이다. 만약 4명이 먹은 양만큼씩 지불하기로 한다면 얼마씩 내야 하는가? 다음 [그림 3-2]를 참고하여 구해보기 바랍니다.

가중평균(weighted mean)

가중평균은 중요도에 따라 측정한 값의 가중치를 고려한 평균이다. 대학생의 평점평균과 물가지수 등을 구할 때 사용한다.

공식

$$\bar{x} = \frac{\sum_{i=1}^{n} w_i x_i}{\sum_{i=1}^{n} w_i}$$ (단, w_i: i번째 자료의 가중치)

교과목명	학점(가중치)	점수	등급	평점
건축학개론	3	80	B0	3.0
기초통계	3	64	D0	1.0
마케팅원론	3	78	C+	2.5
건축법	2	82	B0	3.0
현장실습	4	96	A+	4.5
계	15	400	–	14.0

그림 3-2 ▌가중평균 구하기

이 학생의 점수와 평점으로 각각 산술평균을 계산하면

$$\bar{x}=\frac{1}{n}\sum_{i=1}^{n}x_i = \frac{1}{5}(400)=80\text{점}$$

$$\bar{x}=\frac{1}{n}\sum_{i=1}^{n}x_i = \frac{1}{5}(14)=2.8$$

이다. 평균 점수 80점에 해당하는 평점평균은 3.0이어야 하는데 2.8이므로 같지 않다. 원인은 전 과목을 동일한 가중치로 보고 계산했기 때문이다. 따라서 평점평균을 올바르게 계산하기 위해서는 학점을 가중치로 고려한 가중평균을 구해야 한다.

$$\bar{x}=\frac{\sum_{i=1}^{n}w_i x_i}{\sum_{i=1}^{n}w_i}=\frac{(3\times3.0)+(3\times1.0)+(3\times2.5)+(2\times3.0)+(4\times4.5)}{3+3+3+2+4}=2.9$$

참고로 기하평균은 자료가 기하급수적으로 변화하는 경우나 시간의 경과에 따라 변화하는 비율 등의 평균을 구할 때 사용한다. 예를 들어, 성장률, 임금인상률, 물가상승률 등과 같은 자료는 기하평균을 구해야 한다. 조화평균은 평균 속도나 평균 가격 등을 구하는 데 사용한다.

2. 중앙값

정의

중앙값은 자료를 크기 순으로 나열했을 때 중앙에 위치한 값이다.

공식

중앙값 = 자료의 수가 홀수 개 일 경우는 중앙에 위치한 값이고, 자료의 수가 짝수 개 일 경우에는 중앙에 이웃한 두 자료의 평균값

- 수량으로 얻은 자료(양적 자료)에 적용한다.
- 극단값에 영향을 받지 않는다.
- 확장성이 없다.

예제 3-3 **출근소요시간의 중앙값**

표본으로 추출된 10명의 직장인의 출근소요시간이다. 표본중앙값을 구하라.

출근소요시간(분)	45	80	25	60	50	40	50	40	30	70

풀이

크기 순으로(내림차순 또는 올림차순)으로 자료를 나열하면 다음과 같다.

순서	1	2	3	4	5	6	7	8	9	10
출근소요시간(분)	25	30	40	40	**45**	**50**	50	60	70	80

자료의 수가 짝수($n=10$)이므로 순서가 5번째 자료 45분과 6번째 자료 50분과의 평균 47.5분이 중앙값이다.

예제 3-4 조선왕조 임금 자료(〈표 1-3〉 참조)

(1) 조선왕조 임금 수명의 중앙값을 구하시오.

(2) 5명의 임금이 표본으로 추출되었다. 중앙값을 구하시오.

임금	정종	단종	중종	인조	정조
수명	62	17	57	55	49

풀이

(1) 자료의 수가 홀수($n=27$)이므로 $\frac{n+1}{2}=\frac{27+1}{2}=14$번째 임금인 정조의 49세가 중앙값이다.
(모중앙값)

(2) 자료의 수가 홀수($n=5$)이므로 $\frac{n+1}{2}=\frac{5+1}{2}=3$번째 임금인 인조 55세가 중앙값이다.
(표본중앙값)

3. 최빈값

정의

최빈값(mode)은 출현 빈도(도수)가 가장 많은 관측값이다.

- 범주형 자료와 양적 자료 모두에 적용한다.
- 극단값에 영향을 받지 않는다.
- 확장성이 없다.
- 최빈값은 없거나 하나 이상 여러 개가 있을 수 있다.

최빈값은 유행(mode)이라는 단어의 의미를 생각하면 개념을 이해할 수 있다.
최빈값은 등간이나 비율척도로 측정된 변수값들에 사용될 뿐만 아니라 주로 명목척도나 서열척도로 측정된 질적 변수의 대표값을 구하는 경우에 사용된다. 예를 들면, 주부들이 선호하는 자동차 색상을 조사했더니 〈표 3-1〉과 같이 나타났다.

이 경우 명목척도로 조사된 자료이므로 평균이나 중앙값을 구하는 것은 의미가 없고 선호 빈도수가 가장 많은 은색이 자동차의 대표색이 된다. 한편, 도수분포표에서는 최대도수를 가진 계급구간의 중앙값이 최빈값이다.

표 3-1 ▌자동차 색상 조사 자료

자동차 색상	빨강	흰색	검정	군청색	은색
명 수	150	350	320	250	630

예제 3-5 출근소요시간의 최빈값

표본으로 추출된 10명의 직장인의 출근소요시간이다. 표본최빈값을 구하시오.

출근소요시간(분)	45	80	25	60	50	40	50	40	30	70

풀이

각각 2회씩 나타난 40분과 50분이 최빈값이다.

예제 3-6 조선왕조 임금 자료(〈표 1-3〉 참조)

(1) 조선왕조 임금 수명의 최빈값을 구하시오.

(2) 5명의 임금이 표본으로 추출되었다. 표본최빈값을 구하시오.

임금	정종	단종	중종	인조	정조
수명	62	17	57	55	49

풀이

(1) 빈도가 2회인 31세가 최빈값이다.(모최빈값)

(2) 모두 빈도가 1회씩이므로 최빈값은 없다.

예제 3-7 조선왕조 임금 자료(〈표 1-3〉 참조)

조선왕조 임금 부인 수의 최빈값을 구하시오.

풀이

9명의 왕이 부인을 2명 두었다. 따라서 최빈값은 2명이다.

이상의 예제의 결과를 각 척도별로 정리하면 〈표 3-2〉와 같다.

그러면 평균, 중앙값, 최빈값 중에서 어느 것이 가장 좋은 중심위치의 척도인가?

〈표 3-2〉를 보면 각 척도의 값이 모두 다르다. 가장 많이 이용되는 척도는 평균이지만 극단값에 영향을 크게 받을 경우에는 중앙값이 더 바람직한 척도가 된다. 최빈값은 없거나 여러 개가 있을 수 있어서 중심위치의 척도로는 부적합하다. 따라서 중심위치의 척도는 유용한 정보를 얻을 수 있는지 그 장 · 단점을 고려하여 선택해야 한다.

표 3-2 ▌중심위치의 척도별 비교

척도 예제	평균	중앙값	최빈값
출근소요시간	49	47.5	40과 50
조선왕조 임금 나이(모집단)	47	49	31
조선왕조 임금 나이(표본)	48	55	없다.

3.2 산포의 척도

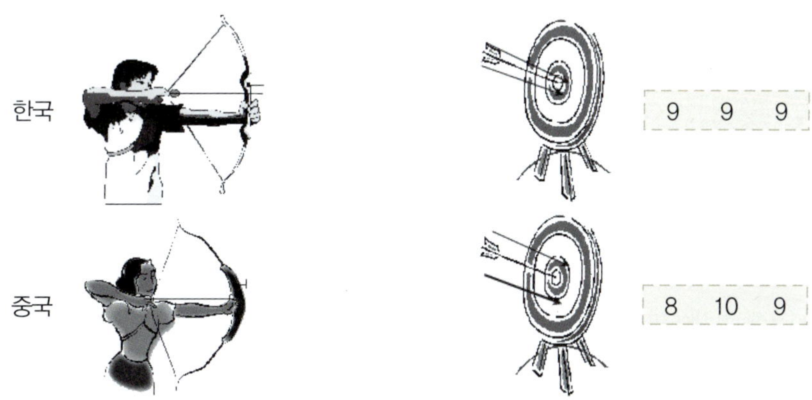

그림 3-3 ▌산포의 개념

퀴즈 1

세상에서 활을 제일 잘 쏘는 사람은?

풀이

답은 단원평가 답란에 있음

중심위치의 척도는 자료의 흩어진 정도까지 알려주지 않는다. 만약 강의 평균 수심만 알고 있는 사람과, 추가로 얕은 곳과 깊은 곳까지 알고 있는 사람이 있을 경우 어느 사람이 과감히 강을 건널까? 만일 두 변수의 중심척도가 같다면 특성도 같다고 할 수 있을까? 예를 들어, 올림픽 양궁 여자 개인 결승전에서 한국과 중국선수가 3 엔드의 평균이 9점으로 동점이었다. 이 평균 점수만으로 두 선수의 활 쏘는 실력이 같다고 판단할 수 있을까? 어느 선수가 우승할 수 있을지 판단할 수 있는 기준이 있다면 바람직할 것이다. 그 기준 중 하나가 개별 점수의 흩어져 있는 정도, 즉 산포를 아는 것이다. 이렇게 우리가 자료를 분석할 때에는 평균뿐만 아니라 산포도 함께 고려해야 올바른 의사결정을 할 수 있다.

산포는 자료의 변동성을 뜻한다. 산포의 척도는 분산(variance), 표준편차(standard deviation), 범위(range), 변동계수(coefficient of variance) 등이 있다. 산포의 척도도 모집단의 모수와 표본의 통계량으로 구분되며 각각의 명칭을 나타내면 [그림 3-4]와 같다.

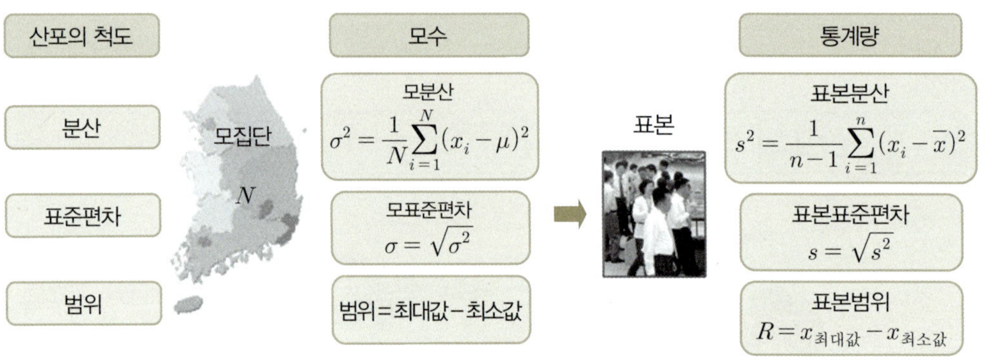

그림 3-4 ▌산포의 척도에 의한 모수와 통계량

분산을 구하기 전에 편차(deviation)와 편차제곱의 합(sum of square)을 알아보자. 다음 자료는 지난 주에 학생 5명의 인터넷 사용시간이다.

$$x_1 = 8,\ x_2 = 4,\ x_3 = 9,\ x_4 = 11,\ x_5 = 3$$

평균 사용시간은 $\bar{x} = \frac{1}{5}\sum_{i=1}^{5} x_i = \frac{1}{5}(8+4+9+11+3) = 7$이다.

자료의 흩어진 정도를 알려면 편차를 구해야 한다. 이 평균값(7)과 각 자료와의 편차 $(x_i - \bar{x})$를 보이면 [그림 3-5]와 같다.

[그림 3-5]에서 확인되듯이 편차들의 합은 항상 "0"이 되므로 산포의 척도로 사용할 수 없다. 편차제곱의 합은 이러한 문제점을 방지할 수 있다. 편차제곱의 합을 정의하면 다음과 같

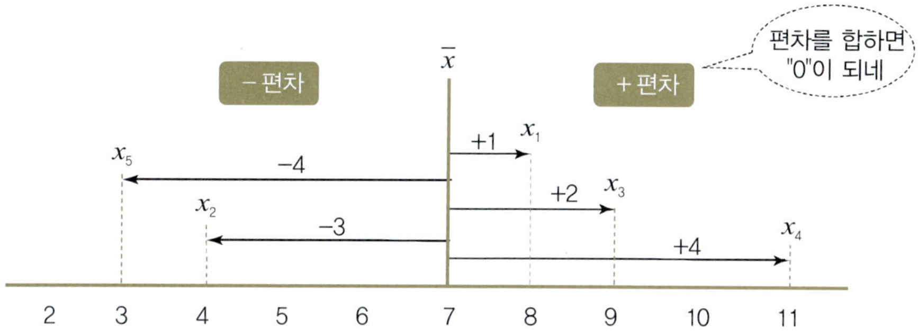

그림 3-5 ▌편차

다. 편차제곱의 합을 변동이라고도 부른다. 편차제곱의 합을 계산할 경우에는 정의식보다 계산식을 많이 사용한다.

정의식	계산식
$S=\sum_{i=1}^{n}(x_i-\bar{x})^2$	$S=\sum_{i=1}^{n}x_i^2-\frac{(\sum_{i=1}^{n}x_i)^2}{n}$

1. 분산

● **정의**

분산(variance)은 편차제곱의 합을 자료의 수로 나눈 값이다.

통계량이면 편차제곱의 합을 자유도$(n-1)$로 나눈 값이다.

● **공식**

모분산: $\sigma^2=\frac{1}{N}\sum_{i=1}^{N}(x_i-\mu)^2$　　　표본분산: $s^2=\frac{1}{n-1}\sum_{i=1}^{n}(x_i-\bar{x})^2$

● **표본분산의 계산식**

$$s^2=\frac{1}{n-1}\left(\sum_{i=1}^{n}x_i^2-\frac{\left(\sum_{i=1}^{n}x_i\right)^2}{n}\right)$$

다음 예제를 가지고 분산을 계산해 보자.

예제 3-8

인터넷 사용시간의 분산

다음은 지난 주 학생 5명의 인터넷 사용시간을 조사한 자료이다. 표본분산을 구해보자.

인터넷 사용시간(시간): 8 4 9 11 3

풀이

$$\bar{x} = \frac{1}{n}\sum_{i=1}^{n} x_i = \frac{1}{5}(8+4+9+11+3) = \frac{1}{5}(35) = 7$$

정의식을 사용하면

$$s^2 = \frac{1}{n-1}\sum_{i=1}^{n}(x_i - \bar{x})^2$$

$$= \frac{1}{5-1}\left[(8-7)^2 + (4-7)^2 + (9-7)^2 + (11-7)^2 + (3-7)^2\right] = 11.5\ (\text{시간}^2)$$

계산식을 이용하면

$$s^2 = \frac{1}{n-1}\left[\sum_{i=1}^{n} x_i^2 - \frac{\left(\sum_{i=1}^{n} x_i\right)^2}{n}\right] = \frac{1}{5-1}\left[291 - \frac{35^2}{5}\right] = 11.5\ (\text{시간}^2)$$

이다.

예제 3-9

다음은 우리 대학 앞에 있는 커피점의 아메리카노 한 잔의 용량을 측정한 자료이다. 표본평균과 표본분산을 구하시오.

커피점	MONSTER	STARBUCKS	TWOSOME	EDIYA
용량(ml)	180	200	250	240

풀이

커피점	MONSTER	STARBUCKS	TWOSOME	EDIYA	합계
용량(ml)X	180	200	250	240	870
x^2	32,400	40,000	62,500	57,600	192,500

$$\bar{x} = \frac{1}{n}\sum_{i=1}^{n} x_i = \frac{1}{4}(870) = 217.5(ml)$$

$$s^2 = \frac{1}{n-1}\left[\sum_{i=1}^{n} x_i^2 - \frac{\left(\sum_{i=1}^{n} x_i\right)^2}{n}\right] = \frac{1}{4-1}\left[192{,}500 - \frac{870^2}{4}\right] = 1{,}091.67(ml^2)$$

이다.

분산은 편차제곱의 합을 이용하여 계산되기 때문에 자료의 단위도 제곱이 된다. 그래서 실제 산포 정도가 너무 크게 나타난다. 이런 문제점을 해결한 척도가 표준편차이다.

2. 표준편차

정의

표준편차(standard deviation)는 분산의 양의 제곱근이다.

공식

모표준편차: $\sigma = \sqrt{\sigma^2}$ 표본표준편차: $s = \sqrt{s^2}$

예제 3-10 **인터넷 사용시간의 표준편차**

다음은 지난 주 학생 5명의 인터넷 사용시간을 조사한 자료이다. 표본표준편차를 구해보자.

인터넷 사용시간(시간): 8 4 9 11 3

풀이

$s^2 = 11.5$ 이므로

$s = \sqrt{s^2} = \sqrt{11.5} = 3.39$시간이다.

예제 3-11

다음은 우리 대학 앞에 있는 커피점에서 판매하는 아메리카노 한 잔의 용량을 측정한 자료이다. 표본표준편차를 구하시오.

커피점	MONSTER	STARBUCKS	TWOSOME	EDIYA
용량(ml)	180	200	250	240

풀이

$s^2 = 1{,}091.67(ml^2)$ 이므로

$s = \sqrt{s^2} = \sqrt{1{,}091.67} = 33.04(ml)$ 이다.

표준편차의 단위는 자료의 단위와 동일하다.

3. 범위

정의

범위(range)는 최대 자료에서 최소 자료를 뺀 값이다.

공식

$R = x_{최대값} - x_{최소값}$

범위는 비교적 간단히 계산된다. 범위는 자료 중에서 가장 큰 값과 가장 작은 값만을 사용하므로 나머지 자료는 무시된다. 범위가 산포경향을 측정하는 데 많이 사용되지는 않지만 주가지수의 일간 변동폭이나 품질관리의 관리도에서는 종종 사용된다.

예제 3-12 인터넷 사용시간의 범위

다음은 지난 주 학생 5명의 인터넷 사용시간을 조사한 자료이다. 표본범위를 구해보자.

인터넷 사용시간(시간): 8 4 9 11 3

풀이

최대값은 11, 최소값은 3이므로

$R = x_{최대값} - x_{최소값} = 11 - 3 = 8$ 이다.

예제 3-13

다음은 우리 대학 앞에 있는 커피점에서 판매하는 아메리카노 한 잔의 용량을 측정한 자료이다. 범위 구하시오.

커피점	MONSTER	STARBUCKS	TWOSOME	EDIYA
용량(ml)	180	200	250	240

풀이

최대 용량은 TOWSOME의 250, 최소 용량은 MONSTER의 180이므로 범위는

$R = x_{최대값} - x_{최소값} = 250 - 180 = 70(ml)$

4. 변동계수

- **정의**

변동계수(coefficient of variance)는 표준편차를 평균으로 나눈 상대적 크기이다.

- **공식**

모변동계수: $CV = \frac{\sigma}{\mu} \times 100$　　　표본변동계수: $CV = \frac{s}{\bar{x}} \times 100$

• 측정단위가 다른 두 집단의 상대적 산포를 비교하는 데 사용한다.

예제 3-14 **변동계수 계산**

다음은 생후 1개월 된 신생아의 체중과 40세 성인남자의 키의 자료이다. 두 집단의 산포도(변동성)를 비교하시오.

신생아	5.6	5.5	5.8	5.0	4.8	5.1	4.9	5.3	4.7	5.2
성인남자	166	175	170	172	168	178	167	170	178	164

풀이

신생아의 체중과 성인의 키에 대한 평균과 표준편차를 구하여 변동계수를 구하면

	신생아	성인남자
평균	5.19	170.8
표준편차	0.360	4.894
변동계수	$CV = \frac{s}{\bar{x}} = \frac{0.36}{5.19} \times 100\%$ $= 6.936\%$	$CV = \frac{s}{\bar{x}} = \frac{4.894}{170.8} \times 100\%$ $= 2.865\%$

따라서 신생아가 성인남자에 비하여 산포의 정도가 더 크다고 할 수 있다.

3.3 상관관계의 척도

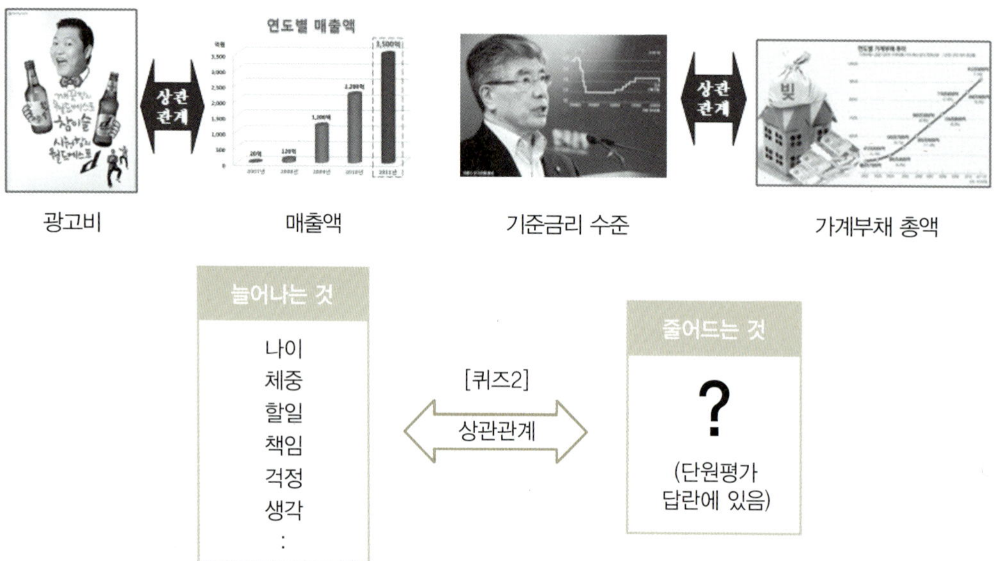

그림 3-6 ▌상관관계의 개념

두 변수 사이의 관계가 선형적인 관계를 가지면 상관관계라고 한다. 제2장에서는 두 변수 간의 연관성을 상관표와 산점도로 정리하여 개략적인 관계 정도만 파악하였다. 상관 정도를 수치로 나타내는 척도로써 상관계수는 어떻게 정의되고 어떻게 평가하는지 알아보기로 하자. [그림 3-7]은 상관관계의 척도에 따라 모수와 통계량을 구분하여 요약한 것이다.

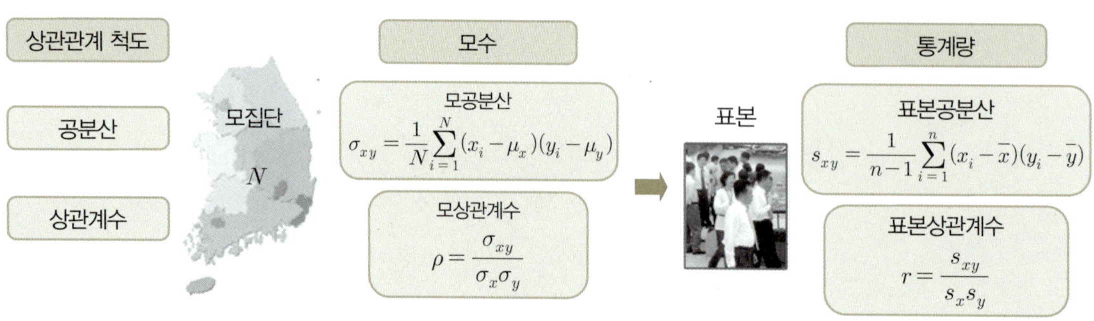

그림 3-7 ▌상관관계의 척도에 의한 모수와 통계량

1. 공분산

연관성의 척도인 상관계수를 구하려면 공분산(covariance)을 구해야 한다. 공분산은 두 변수가 동시에 변하는 정도를 나타낸다. 다시 말하면, 한 변수가 증가할 때 다른 변수도 함께 증가하느냐, 감소하느냐 또는 변화가 없느냐의 방향성(−, 0, +)을 의미한다. 한 변수를 X(예: 광고비)로 이에 상응하는 다른 변수를 Y(예: 매출액)로 나타내자. 공분산은 다음과 같이 정의된다.

정의

공분산(covariance)은 두 변수의 편차를 곱하여 모두 합한 값을 자료 수로 나눈 것이다.

공식

모공분산: $\sigma_{xy} = \frac{1}{N}\sum_{i=1}^{N}(x_i - \mu_x)(y_i - \mu_y)$　　　표본공분산: $s_{xy} = \frac{1}{n-1}\sum_{i=1}^{n}(x_i - \bar{x})(y_i - \bar{y})$

• 공분산이 양수이면 양의 상관, 음수이면 음의 상관, 0(zero)이면 無상관관계이다.

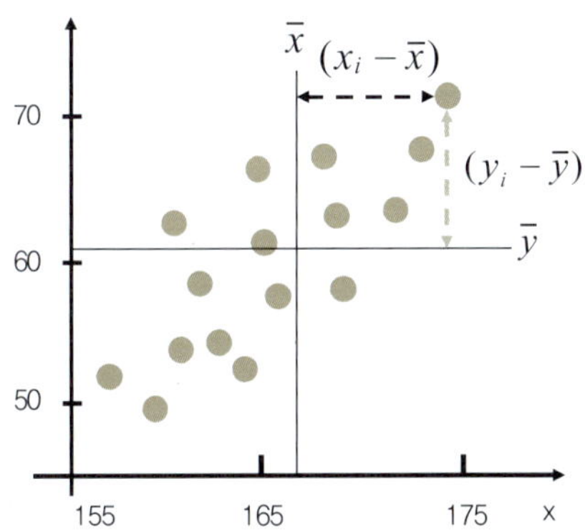

그림 3-8 ▌x와 y편차

표본공분산의 계산식은 다음과 같다.

표본공분산의 계산식

$$s_{xy} = \frac{1}{n-1}\left[\sum_{i=1}^{n} x_i\, y_i - \frac{\left(\sum_{i=1}^{n} x_i\right)\left(\sum_{i=1}^{n} y_i\right)}{n}\right]$$

예제 3-15 키와 체중의 공분산

다음 <표 3-3>은 대학생 10명의 키와 체중을 조사한 결과이다. 공분산을 구하시오.

풀이

$$s_{xy} = \frac{1}{n-1}\left[\sum_{i=1}^{n} x_i y_i - \frac{\left(\sum_{i=1}^{n} x_i\right)\left(\sum_{i=1}^{n} y_i\right)}{n}\right] = \frac{1}{10-1}\left[101{,}628 - \frac{(1{,}659)(609)}{10}\right] = 66.1$$

공분산값이 (+)이므로 키와 체중은 양의 상관관계로 판단된다.

표 3-3 ▌키와 체중 자료

대학생	키(x)	체중(y)	xy
1	168	62	10,416
2	160	54	8,640
3	165	48	7,920
4	175	72	12,600
5	158	50	7,900
6	172	68	11,696
7	178	78	13,884
8	162	55	8,910
9	165	70	11,550
10	156	52	8,112
합계	1,659	609	101,628

2. 상관계수

상관계수를 정의하면 다음과 같다. 모상관계수는 그리스 문자 rho(ρ)로, 표본상관계수는 영문자 r로 나타낸다.

정의

상관계수(coefficient of correlation)는 공분산을 두 변수의 표준편차의 곱으로 나눈 값이다.

공식

모상관계수: $\rho = \dfrac{\sigma_{xy}}{\sigma_x \sigma_y}$　　　　표본상관계수: $r = \dfrac{s_{xy}}{s_x s_y}$

- $-1 \leq \rho \leq +1$　　　　$-1 \leq r \leq +1$
- 측정단위나 수치변환과 관계없다.

상관계수를 평가하는 기준은 〈표 3-4〉와 같다.

표 3-4 ▌상관계수 평가기준

상관계수의 절대값	해 석
0.2 이하	관계가 거의 없음
0.2~0.4	낮은 상관관계
0.4~0.6	보통관계
0.6~0.8	높은 상관관계
0.8 이상	매우 높은 관계

예제 3-16 키와 체중의 상관계수

〈표 3-3〉을 이용하여 표본상관계수를 구하고 평가하시오.

풀이

대학생	키(x)	체중(y)	x^2	y^2	xy
1	168	62	28,224	3,844	10,416
2	160	54	25,600	2,916	8,640
3	165	48	27,225	2,304	7,920
4	175	72	30,625	5,184	12,600
5	158	50	24,964	2,500	7,900
6	172	68	29,584	4,624	11,696
7	178	78	31,684	6,084	13,884
8	162	55	26,244	3,025	8,910
9	165	70	27,225	4,900	11,550
10	156	52	24,336	2,704	8,112
합계	1,659	609	275,711	38,085	101,628

키와 체중 간의 공분산은

$$s_{xy} = \frac{1}{n-1}\left[\sum_{i=1}^{n} x_i y_i - \frac{\left(\sum_{i=1}^{n} x_i\right)\left(\sum_{i=1}^{n} y_i\right)}{n}\right] = \frac{1}{10-1}\left[101{,}628 - \frac{(1{,}695)(609)}{10}\right] = 66.1$$

이고, 키(x)의 표본분산은

$$s_x^2 = \frac{1}{n-1}\left[\sum_{i=1}^{n} x_i^2 - \frac{\left(\sum_{i=1}^{n} x_i\right)^2}{n}\right] = \frac{1}{10-1}\left[275{,}711 - \frac{1{,}695^2}{10}\right] = 53.7$$

이므로 키의 표준편차는 $s_x = 7.32$이다.

체중의 표본분산은

$$s_y^2 = \frac{1}{n-1}\left[\sum_{i=1}^{n} y_i^2 - \frac{\left(\sum_{i=1}^{n} y_i\right)^2}{n}\right] = \frac{1}{10-1}\left[38{,}085 - \frac{609^2}{10}\right] = 110.8$$

이므로, 체중의 표본표준편차는 $s_y = 10.52$이다.

따라서 표본상관계수는

$$r = \frac{s_{xy}}{s_x \, s_y} = \frac{66.1}{7.32 \times 10.52} = 0.858$$

이다. 평가기준에 따르면 매우 높은 양의 상관관계에 있다고 할 수 있다.

3. 순위상관계수

순위상관분석은 서열척도로 측정한 2개의 질적 변수 간의 연관성, 즉 순위상관관계를 분석하는 방법으로 순위상관계수로 그 결과를 나타낸다.

- **스피어만의 순위상관계수**

$$r_s = 1 - \frac{6\sum_{i=1}^{n} d_1^2}{n(n^2-1)}$$

순위 차 = x항목의 순위 − y항목의 순위

$$d_i = x_i - y_i$$

- **평가기준**(해석): 상관계수의 기준과 같다.

적용례

10명의 대통령 후보에 대한 선호도와 도덕성을 평가한 순위자료를 이용하여 선호 순위와 도덕성 순위 간에 상관관계가 있는지를 분석해 보자. 단, 순위는 임의 자료이다.

대선후보	선호 순위(x)	도덕성 순위(y)	순위차이 $d=x-y$	순위차이 제곱
정동영	2	1	1	1
이명박	1	4	−3	9
권영길	5	6	−1	1
이인제	3	2	1	1
문국현	7	5	2	4
정근모	4	3	1	1
허경영	9	8	1	1
진관	6	10	−4	16
금민	8	7	1	1
이회창	10	9	1	1
합계	−	−	0	36

$$r_s = 1 - \frac{6\sum_{i=1}^{n} d_i^2}{n(n^2-1)}$$

$$= 1 - \frac{6 \times 36}{10(10^2-1)} = 0.782$$

선호 순위와 도덕성 순위 간에 높은 상관관계가 있다.

3.4 도수분포표의 평균과 분산

〈표 3-5〉는 도수분포표를 일반적인 기호로 나타낸 것이다. 이를 참조하여 평균과 분산을 구하는 공식을 알아보자.

표 3-5 ▌도수분포표 계산 양식

계급의 경계치	중앙값 (m_i)	도수(f_i)	$m_i f_i$	$m_i^2 f_i$
$c_1 \sim c_2$	m_1	f_1	$m_1 f_1$	$m_1^2 f_1$
$c_2 \sim c_3$	m_2	f_2	$m_2 f_2$	$m_2^2 f_2$
:	:	:	:	:
$c_i \sim c_{i+1}$	m_i	f_i	$m_i f_i$	$m_i^2 f_i$
:	:	:	:	:
$c_k \sim c_{k+1}$	m_k	f_k	$m_k f_k$	$m_k^2 f_k$
합계	–	$n = \sum_{i=1}^{k} f_i$	$\sum_{i=1}^{k} m_i f_i$	$\sum_{i=1}^{k} m_i^2 f_i$

공식

평 균	분 산
$\bar{x} = \frac{1}{n} \sum_{i=1}^{k} m_i f_i$	$s^2 = \frac{1}{n-1} \sum_{i=1}^{k} (m_i - \bar{x})^2 f_i = \frac{1}{n-1} \left[\sum_{i=1}^{k} m_i^2 f_i - \frac{(\sum_{i=1}^{k} m_i f_i)^2}{n} \right]$

예제 3-17 도수분포표의 평균과 분산 계산

다음은 <표 2-11>의 도수분포표이다. 평균과 분산을 구해보자.

계급의 경계치	중앙값(m_i)	도수(f_i)	$m_i f_i$	$m_i^2 f_i$
4.65 ~ 4.85	4.75	4	19	90.25
4.85 ~ 5.05	4.95	5	24.75	122.5125
5.05 ~ 5.25	5.15	10	51.5	265.225
5.25 ~ 5.45	5.35	14	74.9	400.715
5.45 ~ 5.65	5.55	8	44.4	246.42
5.65 ~ 5.85	5.75	6	34.5	198.375
5.85 ~ 6.05	5.95	3	17.85	106.2075
계		50	266.9	1,429.705

풀이

$$n = \sum_{i=1}^{k} f_i = 50,\ \sum_{i=1}^{k} m_i f_i = 266.9,\ \sum_{i=1}^{k} m_i^2 f_i = 1{,}429.705$$

이므로 평균은 $\overline{x} = \frac{1}{n}\sum_{i=1}^{k} m_i f_i = \frac{1}{50}(266.9) = 5.338$

이고, 분산은 $s^2 = \frac{1}{n-1}\left[\sum_{i=1}^{k} m_i^2 f_i - \frac{(\sum_{i=1}^{k} m_i f_i)^2}{n}\right]$

$$= \frac{1}{50-1}\left[1{,}429.705 - \frac{(266.9)^2}{50}\right] = 0.102$$

이다. 따라서 표준편차는 $s = \sqrt{0.102} = 0.319$ 이다.

참고로 개별 데이터의 평균, 분산을 도수분포표의 평균, 분산과 비교하면 <표 3-6>과 같다. 도수분포표로 계산된 통계량값은 개별 자료가 구간 자료화 된 것이기 때문에 차이가 발생한다.

표 3-6 ▌개별 자료와 도수분포표 자료의 통계량 비교

	평 균	분 산
개별 자료	5.308	0.113
도수분포표 자료	5.333	0.102

Excel 통계함수

다음은 지금까지 배운 통계량값을 구하는 Excel 통계함수이다.
많은 이용 바랍니다.

통계량	Excel 통계함수	비 고
평 균	AVERAGE(데이터 범위)	산술평균
중 앙 값	MEDIAN(데이터 범위)	
최 빈 수	MODE(데이터 범위)	
제 곱 합	DEVSQ(데이터 범위)	
분 산	VAR.S(데이터 범위)	표본분산
표 준 편 차	STDEV.S(데이터 범위)	표본표준편차
최 소 값	MIN(데이터 범위)	
최 대 값	MAX(데이터 범위)	
상 관 계 수	CORREL(데이터 범위)	
순위상관계수	RSQ(데이터 1, 데이터 2)	순위상관계수의 제곱임

3장 단원평가

3-1 다음 자료의 중심위치(경향)를 나타내는 척도로 잘못 된 것은?

(가) 평균　　(나) 중앙값
(다) 최빈값　　(라) 표준편차

3-2 다음 자료의 산포경향을 나타내는 척도로 잘못 된 것은?

(가) 평균　　(나) 분산
(다) 범위　　(라) 표준편차

3-3 두 양적 변수 간의 상관계수를 계산하는 데 필요하지 않은 것은?

(가) 각 변수의 평균　　(나) 각 변수의 최빈값
(다) 각 변수의 공분산　　(라) 각 변수의 분산

3-4 다음 자료의 중요도가 다를 경우에 계산하는 평균은?

(가) 산술평균　　(나) 기하평균
(다) 가중평균　　(라) 조화평균

3-5 다음 4개 학과의 통계학 성적의 평균과 분산이다. 잘못 된 설명은?

학과	평균	분산
테크노경영과	70	100
세무회계과	80	80
마케팅과	70	120
부동산과	75	50

(가) 최고 점수를 받은 학생이 있는 전공은 세무회계과이다.
(나) 학생들의 성적의 산포가 큰 학과는 마케팅과이다.
(다) 학생들의 성적의 분포가 가장 균일한 전공은 부동산과이다.
(라) 학생들의 평균성적이 높은 학과는 세무회계과이다.

3-6 다음 상관계수에 대한 설명 중 잘못된 것은?

(가) 상관계수의 범위는 $-1 \leq r \leq +1$이다.

(나) 상관계수를 제곱한 값을 기여율이라고 한다.

(다) 상관계수는 두 자료 간의 선형관계의 강도를 설명해 준다.

(라) 상관계수는 두 자료간의 곡선관계를 설명해 준다.

3-7 8개 자료의 평균이 $\bar{x}= 82$이었다. 총자료의 합은?

(가) 8.2 (나) 820

(다) 656 (라) 782

3-8 10개의 자료에서 $\sum x_i = 50, \sum x_i^2 = 310$을 얻었다. 표본분산은 얼마인가?

(가) 5.0 (나) 6.7

(다) 6.0 (라) 3.5

3-9 두 변수 x와 y의 자료를 정리한 값이 아래와 같다. 공분산을 구하면 얼마인가?(단, n=11)

$$\sum x_i = 125,\ \sum x_i^2 = 1{,}548,\ \sum y_i = 56,\ \sum y_i^2 = 562,\ \sum x_i y_i = 1{,}056$$

(가) 12.6 (나) 42.0

(다) 25.6 (라) 59.6

3-10 두 변수 x, y의 통계량값이 $s_{xy} = 256,\ s_x^2 = 358,\ s_y^2 = 584$ 이었다. 상관계수를 구하면 얼마인가?

(가) -0.846 (나) 0.782

(다) -0.125 (라) 0.560

3-11 다음 설문조사 자료에서

- 평균 저축액을 구하시오.
- 저축액의 중앙값을 구하시오.
- 취미생활을 대표하는 것은 무엇인가?

• 좋아하는 취미는?
1. 운동
2. 영화감상
3. 등산
4. 여행
5. TV시청

응답자	취미	저축액(백만 원)	응답자	취미	저축액(백만 원)
A	1	62	F	5	68
B	1	54	G	3	78
C	2	48	H	2	55
D	3	72	I	3	70
E	4	50	J	3	52

3-12 다음은 어느 지역의 단독주택 가격(단위: 억원)을 조사한 자료이다. 분산과 표준편차 및 범위를 구하시오.

지역	A	T	M	D	E	F	G	H	K	P
가격	2.2	5.4	4.8	7.2	5.0	6.8	7.8	5.5	3.5	5.2

3-13 기온(x)과 일일 물 사용량(y) 사이의 상관계수를 구하시오.

날짜	온도(섭씨)	사용량(리터/인)
7월 21일	32.0	150.5
7월 22일	29.0	142.4
7월 23일	33.0	158.5
7월 24일	31.0	156.5
7월 25일	30.0	137.0
7월 26일	29.5	148.5
7월 27일	32.8	146.0

정답과 풀이

3-1 (라) **3-2** (가) **3-3** (나) **3-4** (다) **3-5** (가) **3-6** (라)

3-7 (다) **3-8** (나) **3-9** (나) **3-10** (라)

퀴즈 1 활명수 퀴즈 2 자신감

3-11 (1) 평균 저축액: $\overline{x} = \frac{1}{n}\sum x = \frac{1}{10}(609) = 60.9$

(2) 중앙값: 48 50 52 54 **55 62** 68 70 72 78

크기 순서로 나열하면 자료의 수가 짝수이므로 5번째 자료와 6번째 자료의 산술평균값이 중앙값이 된다.

중앙값 $= \frac{55+62}{2} = 58.5$

(3) 취미생활을 대표하는 것

등산 (빈도가 가장 많은 4회로 나타났다.)

3-12 (1) 표본분산: $s^2 = \frac{1}{n-1}\sum(x_i - \overline{x})^2 = \frac{1}{10-1}(25.344) = 2.816$

(2) 표본표준편차: $s = \sqrt{\frac{1}{n-1}\sum(x_i - \overline{x})^2} = \sqrt{2.816} = 1.678$억 원

(3) 표본범위: $R =$ 최대값 $-$ 최소값 $= 7.8 - 2.2 = 5.6$억 원

3-13 기온(x)의 분산: $s_x^2 = \frac{1}{n-1}\sum(x_i - \bar{x})^2 = \frac{1}{7-1}(15.48) = 2.58$

물 사용량(y)의 분산: $s_y^2 = \frac{1}{n-1}\sum(y_i - \bar{y})^2 = \frac{1}{7-1}(343.71) = 57.28$

공분산: $s_{xy} = \frac{1}{n-1}\sum(x_i - \bar{x})(y_i - \bar{y}) = \frac{1}{7-1}(41.202) = 6.867$

따라서 표본상관계수는

$$r = \frac{S_{xy}}{\sqrt{S_x^2 \times S_y^2}} = \frac{6.867}{\sqrt{2.58 \times 57.28}} = 0.565$$

3장 연습문제

3.1 조선왕조 임금 자료인 <표 1-3>에서 왕의 수명과 부인 수 자료에 대하여 다음 각 통계량을 구하시오.

(1) 평균 부인 수를 구하시오.

(2) 부인 수의 중앙값과 최빈값을 구하시오.

(3) 부인 수의 분산과 표준편차 그리고 범위를 구하시오.

(4) 수명과 부인 수 간의 상관계수를 구하시오.

3.2 다음은 1주일 동안 운동을 한 후 측정한 콜레스테롤 농도를 조사한 자료이다.

운동시간	60	45	15	66	24	34	26	24	65	45
콜레스테롤 농도	158	236	270	198	167	217	268	310	248	180

(1) 운동시간의 평균을 구하시오

(2) 운동시간의 중앙값과 최빈값을 구하시오.

(3) 운동시간의 분산과 표준편차를 구하시오.

(4) 콜레스테롤 농도의 분산과 표준편차 그리고 범위를 구하시오.

(5) 운동시간과 콜레스테롤 농도 사이의 상관계수를 구하시오.

3.3 다음은 우리 대학 학생 25명의 일주일간 스마트폰 사용시간을 조사한 자료를 도수분포표로 작성한 것이다.

사용시간	도수 (학생수)
1시간 미만	4
1시간 이상 2시간 미만	9
2시간 이상 3시간 미만	12
3시간 이상 4시간 미만	5
4시간 이상 5시간 미만	2
계	32

(1) 평균 사용시간을 구하시오.

(2) 사용시간의 표준편차를 구하시오.

3.4 기준금리와 가계부채액을 조사한 가상의 자료이다. 상관계수를 구하시오.

기준금리(%)	5	4.5	4	4.25	3.5	3.25	3	3	2.75
가계부채액(조)	158	236	270	298	267	317	368	390	548

제4장
확 률

제4장 확 률

[학습목표]

- 확률을 배우는 이유를 이해할 수 있다.
- 확률의 종류와 공리를 알 수 있다.
- 확률의 공리를 이용하여 확률연산을 할 수 있다.
- 교차표를 결합확률분포표로 만들어 분석할 수 있다.

표본은 모집단에 대한 극히 부분적인 정보만을 제공하기 때문에 모집단 특성에 대한 추측을 할 경우에는 옳은 결정인지 아닌지 확실하지 않다. 제한된 표본정보에 입각하여 모집단에 대한 결론을 내리는 데 이용되는 도구가 바로 확률이다. 확률은 통계학이나 조사방법론에서 매우 중요한 개념이다. 확률개념이 중요한 이유는 대부분의 통계분석은 모집단 전체 자료를 분석하는 것이 아니라 모집단으로부터 추출한 표본의 자료를 분석하여 모집단을 추측하기 때문이다. 우리가 확률을 배우는 이유가 여기에 있다.

4.1 확률의 기본개념

삶에는 확실한 것이 아무것도 없습니다. 대부분의 역사에서 가능성 법칙인 확률을 공식적으로 연구한 것은 도박이라는 단 한 가지 일에서만 사용되었다.

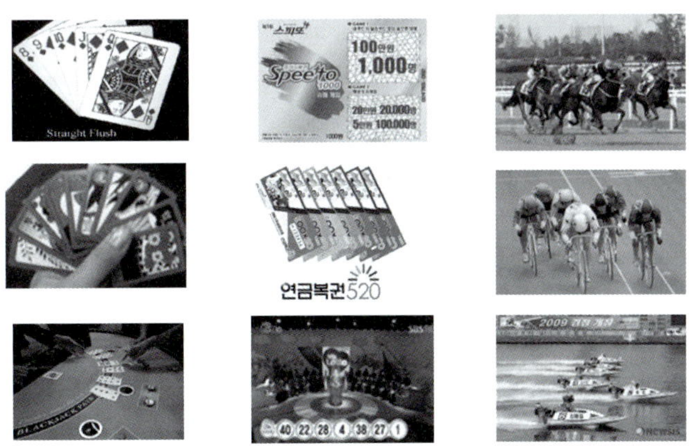

그림 4-1 ▌확률과 관련된 사행성 게임, 복권 및 경기

확률은 우리 생활 주변에서 흔히 가능성, 가망성 및 확실성이라는 의미로 사용하고 있다. 즉, 우연하게 일어나는 일에 대하여 어느 정도 기대를 걸 수 있는가를 수량적으로 나타내는 척도라고 할 수 있다. [그림 4-1]에서 보는 것처럼 카드게임에서 다이아몬드 카드가 5장 들어오거나, 로또복권에서 숫자가 40, 22, 28, 4, 38, 27이 나오거나, 경마경기에서 5번 경주마가 1등으로 들어오는 것을 관측할 수 있는데 이러한 관측값을 얻거나 생성하는 과정을 통계적 실험(experiment)이라고 한다. 통계적 실험과 그 결과를 예로 들면 〈표 4-1〉과 같다.

표 4-1 ‖ 통계적 실험의 예

실 험	결 과
입학시험을 치르다.	합격, 불합격
제품을 한 개 검사하다.	적합품, 부적합품
주사위를 던지다.	1, 2, 3, 4, 5, 6
주식가격의 종가를 측정하다.	셀 수 없고 구간 표시로 가능
설문에 답하다.	각 설문 문항의 세부 내용
경마 경기(8마리)에서 우승마	1번, 2번, 3번, 4번, 5번, 6번, 7번, 8번
카드 5장을 받는다.	52장 중에서 5장씩인 경우의 수
출근소요시간을 측정하다.	셀 수 없고 구간표시로 가능
가족 수를 조사하다.	1, 2, 3, 4, 5, 6, 7 …

확률을 정의하기 전에 3가지 용어에 대한 이해가 필요하다. 첫째, **실험**이란 어떤 행위(시행)의 결과를 관찰(측정)하여 그 결과에 대한 구체적인 값을 부여하는 것을 말한다. 예를 들면, 주사위를 한 개 던졌을 때 나온 숫자를 기록한다든지, 매일 종합주가지수의 변동을 관찰한다든지, 조립라인에서 제품을 표본추출하여 불량품인지 검사하는 것 등이다. 둘째, **표본공간**은 실험을 통해서 얻을 수 있는 모든 가능한 근원사상들의 집합을 말한다. 셋째, **사상(사건)**은 표본공간의 일부분을 의미한다.

따라서 조사대상(모집단)으로부터 표본을 추출하는 것도 실험행위이며 추출된 표본은 하나의 근원사상이며 수많은 표본점 중에 하나가 된다. 그러므로 표본공간은 모집단과, 사상은 표본과 대응이 된다. 각 용어와 개념을 살펴보자.

1. 표본공간과 사상

주사위 한 개를 던지는 실험을 생각하자. 사상(event: 사건)은 실험의 결과로 나타나는 모든 현상을 의미한다. 이때 관찰할 수 있는 결과는 오직 한 가지만을 관찰할 수 있고, 다른 결과들에 의해 분해될 수 없는 경우의 사상을 근원사상이라고 한다. 한편, 짝수가 나온 결과는 근원사상들의 부분적인 모임이다. 이런 사상을 복합사상이라고 한다.

- **근원사상**(elementary event)은 실험의 기본 결과이다.
  - 더 이상 다른 결과에 의해 분해되지 않는다.
  - 단순사상(simple event)이라고도 한다.

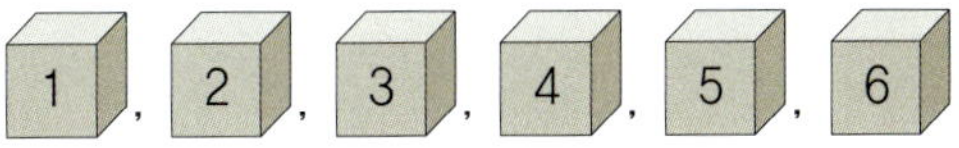

그림 4-2 ▌근원사상의 예

예제 4-1 **조선왕조 임금 자료(〈표 1-3〉 참조)**

조선왕조 임금 부인 수의 근원사상을 구하시오.

풀이

1명, 2명, 3명, 5명, 6명, 7명, 8명, 10명, 12명

- **표본공간**(sample space)은 모든 근원사상의 집합이다.
  - 표본공간은 기호 S로 나타낸다.

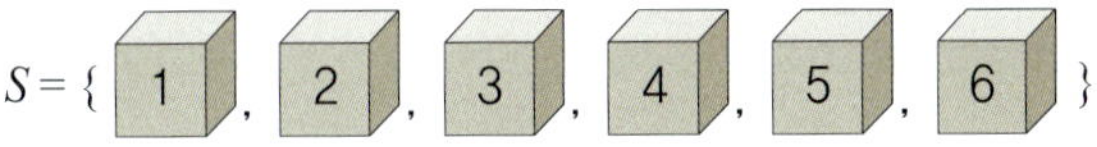

그림 4-3 ▌표본공간의 예

예제 4-2 **조선왕조 임금 자료(〈표 1-3〉 참조)**

조선왕조 임금의 부인 수를 표본공간으로 나타내시오.

풀이

S = { 1명, 2명, 3명, 5명, 6명, 7명, 8명, 10명, 12명 }

- **사상**(event)은 표본공간의 부분집합이다.
  - 근원사상들의 특정한 집합이다.
  - (예) 짝수가 나오는 집합을 사상 A라고 하면

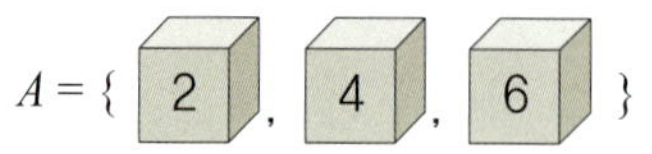

그림 4-4 ▌사상의 예

예제 4-3 **조선왕조 임금 자료(〈표 1-3〉 참조)**

조선왕조 임금 중 부인 수가 홀수인 사상(B)을 나타내시오.

풀이

B = { 1명, 3명, 5명, 7명 }

예제 4-4

백 원짜리 동전 한 개를 던지는 실험에서 근원사상과 표본공간, 그리고 앞면이 나오는 사상을 나타내시오.

풀이

동전 한 개를 던지는 실험에서 동전을 던지는 행위 자체는 시행이고, 그 결과는 앞면 또는 뒷면이 될 것이다. 따라서 근원사건은 각각 앞면과 뒷면이다. 표본공간은 모든 시행의 결과의 집합이므로 S={ 앞면, 뒷면 }됨을 알 수 있다.

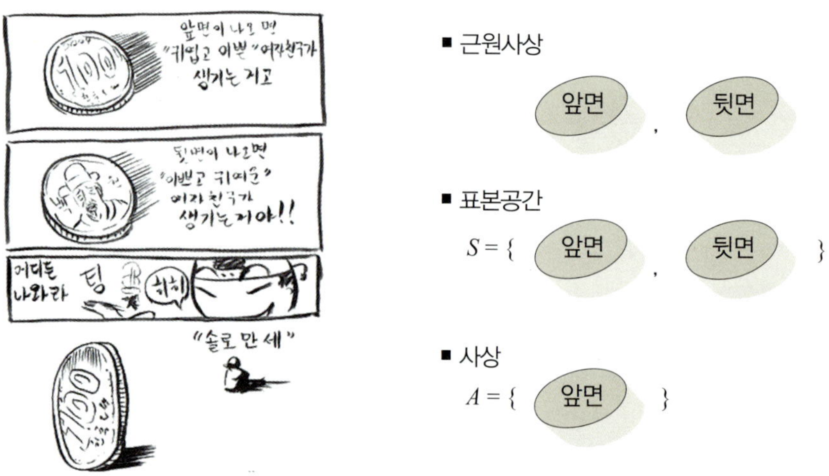

그림 4-5 ▌동전 1개를 던지는 실험의 근원사상, 표본공간 및 사상

그러면 복합사상을 나타내는 경우를 살펴보자.

- **공통사상**(intersection event)은 표본공간 내의 두 사상 A와 B가 동시에 발생하는 사상이다. 교사상, 곱사상이라고도 한다.
  - $A \cap B$로 나타내며 AND의 의미이다.

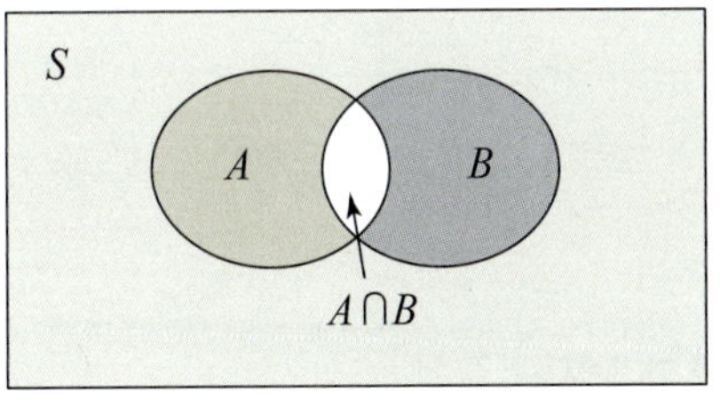

그림 4-6 ▌공통사상과 벤다이어그램

예제 4-5 **주사위 한 개 던지는 실험**

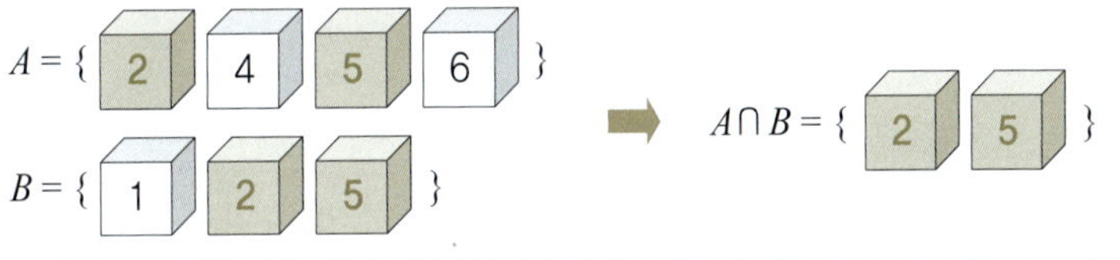

공통사상의 개념을 벤다이어그램으로 나타내면 [그림 4-6]과 같고 예를 들어 설명하면 다음과 같다. 어느 기업의 사원모집 광고에서 지원 자격조건이 학력은 대졸 이상(사상 A)이면서 경력도 3년 이상(사상 B)으로 제시되었다고 하자.

학력이 고졸이면서 경력은 10년인 사람이나, 학력은 대졸이나 경력이 2년인 사람은 지원할 수 없다. 즉, 학력이나 경력을 동시에 만족시키지 못하기 때문이다. 오직 학력도 대졸 이상이면서 동시에 경력도 3년 이상($A \cap B$)인 사람만이 지원할 수 있다.

- **합사상**(union event)은 사상 A 또는 B가 발생하거나 또는 사상 A와 사상 B가 모두 발생하는 사상이다. $A \cup B$로 나타내며 OR의 의미이다.

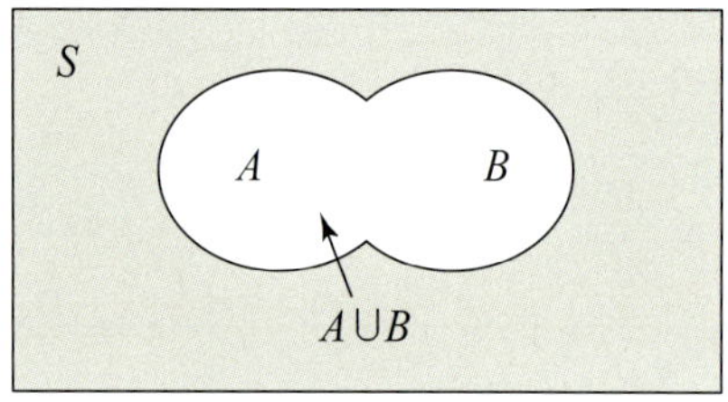

그림 4-7 ▮ 합사상과 벤다이어그램

예제 4-6

주사위 한 개 던지는 실험

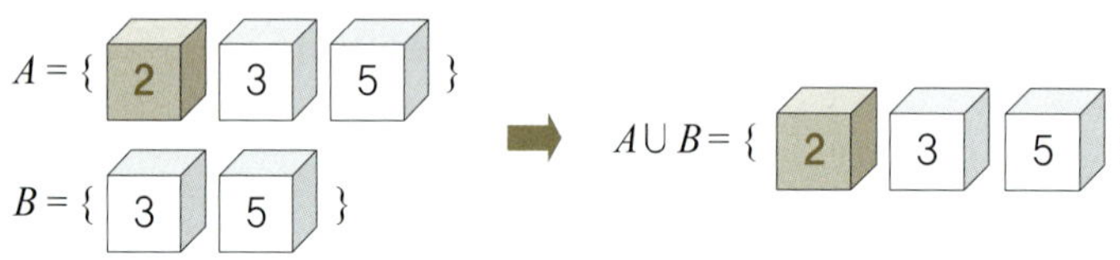

합사상은 여러 사건 중에서 적어도 하나의 사상에 속하는 모든 단일사상들의 집합을 말한다. 벤다이어그램은 [그림 4-7]과 같다. 예를 들어, 어느 기업 사원모집 광고에서 지원자격조건이 학력은 대졸 이상(A)이거나 또는 경력이 3년 이상(B)이라고 제시되었다고 하자. 학력은 고졸이지만 경력이 10년(B)인 사람이나, 학력은 대졸(A)이지만 경력이 2년인 사람은 모두 지원할 수 있다. 더불어 학력이 대졸이면서 경력이 5년인 사람(공통사상 $A \cap B$)도 지원할 수 있다. 학력이나 경력 중 한 조건만 만족시키면 지원 가능하기 때문이다.

- **여사상**(complement event)은 표본공간 내의 사상 A가 있을 때 A가 발생하지 않는 사상이다.
  - A^C로 나타내며 not A를 의미한다.

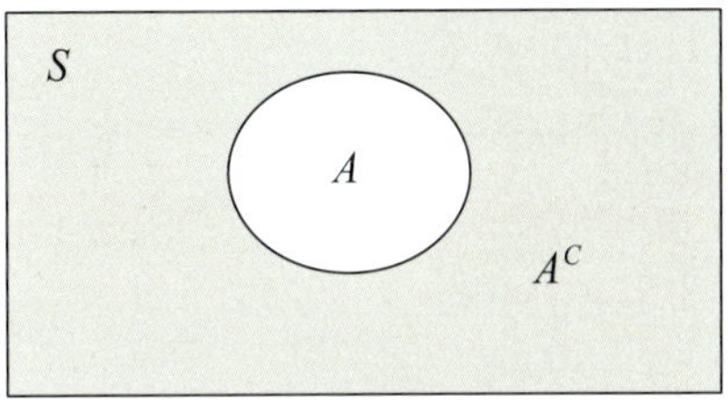

그림 4-8 ‖ 여사상과 벤다이어그램

예제 4-7 주사위 한 개 던지는 실험

여사상의 의미는 해당 사건 이외의 나머지를 뜻한다. 벤다이어그램으로 나타내면 [그림 4-8]과 같다. 예를 들면, 사원모집에 지원 자격이 있는 사람의 사상을 A라고 하면 나머지 지원할 수 없는 사람들은 여사상 A^c가 된다.

- **공사상**(empty event)은 표본공간 S내에서는 발생할 수 없는 사상이다.
  - ϕ로 나타낸다.
  - 예를 들면, 주사위 숫자가 8이 나오는 사상이거나, 동전을 던졌을 때 똑바로 서서 측면이 발생하는 사상이다.

- **상호 배반사상**(mutually exclusive event)은 표본공간 S내에서 두 사상 A와 B의 곱사상이 공사상이 될 경우를 말한다.
  - $A \cap B = \phi$로 나타낸다.
  - 두 사상 A와 B는 상호 배반관계에 있다고 한다.

예제 4-8

주사위 한 개 던지는 실험

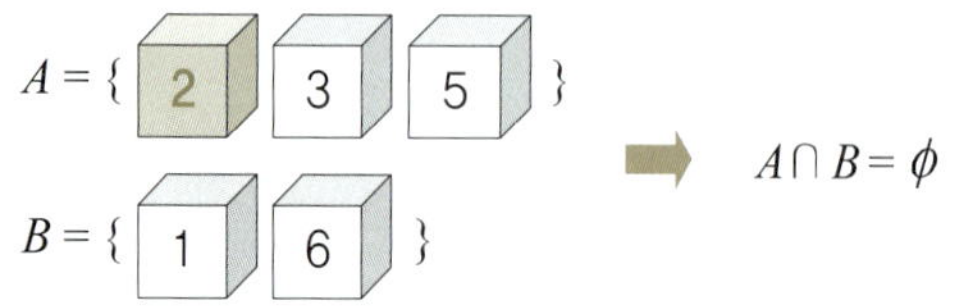

이므로 사상 A와 B는 상호 배반사상이다.

2. 확률의 분류

사상에 확률을 부여하는 방법에는 세 가지가 있다. 판단기준에 따라서 주관적 확률과 객관적 확률로 나누어진다. 객관적 확률은 평가 성격에 따라 고전적 확률과 상대도수(빈도)의 확률로 나뉜다. 이 관계를 나타낸 것이 [그림 4-9]이다.

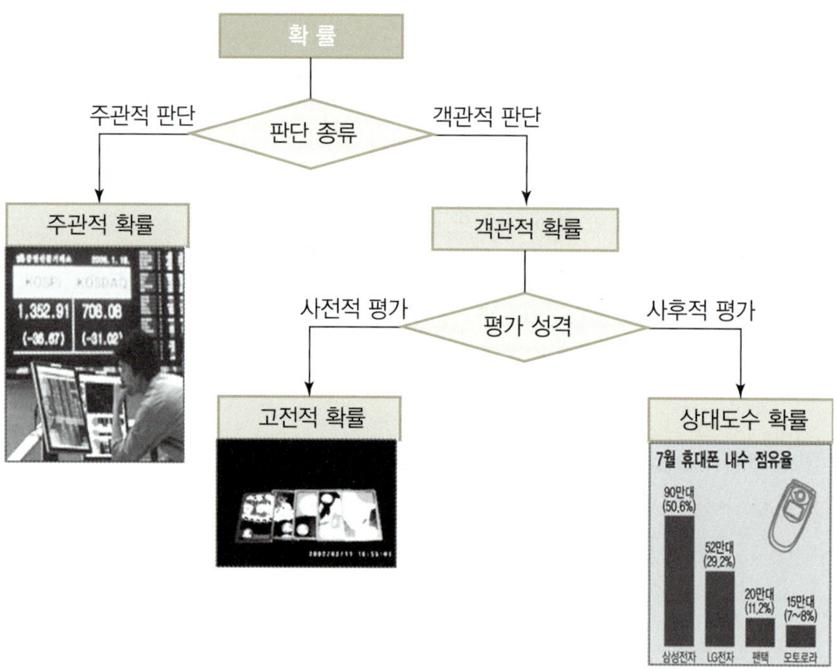

그림 4-9 ▌확률의 분류

주관적 확률은 의사결정자의 지식, 경험을 바탕으로 한 주관적 판단에 의해 결정되는 확률을 의미한다. 내일 비가 올 확률이나 다음 브라질 월드컵에서 한국 대표팀이 8강에 진출할 가능성에 대한 답변 같은 것은 다분히 주관적 확률에 근거한다.

객관적 확률은 특정 사건의 발생 가능성이 객관적으로 명확하여 누구나 알 수 있거나, 동일한 실험을 무수히 많이 수행할 경우 특정한 사건이 발생할 수 있는 확률을 의미한다. 전자를 고전적 확률이라고 하고 후자를 상대도수확률 또는 경험적 확률이라고 한다.

고전적 확률은 실제적인 경험에 의한 것이 아니고 특정한 결과가 발생할 가능성을 객관적·논리적으로 판단한 확률이다. 예를 들면, 러시안 룰렛게임에서 사망할 확률은 총알이 6곳 중에 한 곳에 장전되어 있으므로 1/6이다. 포커에서 에이스가 4장 들어올 확률이나, 로또복권, 즉석복권, 연금복권의 1등 당첨확률 등은 사전에 당첨확률을 계산하여 알 수 있으므로 전형적인 고전적 확률 분야에 해당하는 사행성 게임이다.

반면에 상대빈도(도수)확률은 실제 실험(조사)이나 경험에 근거한 확률로 동일한 실험을 장기간 반복했을 때 특정 사건이 관측되는 상대적 빈도로 확률을 파악하는 방법이다.

$$\text{사상 } A\text{의 확률} = \frac{\text{사건 } A\text{의 발생횟수}}{\text{실험의 총반복횟수}} = \lim_{N\to\infty}\frac{n(A)}{N}$$

경마에서 우승마를 맞출 확률이나 시장점유율, 부적합품률 등이 이에 해당한다고 볼 수 있다. 의사결정을 할 때에는 주관적 확률과 객관적 확률을 함께 고려해야 한다.

3. 확률의 공리

확률의 연산을 위하여 증명이 없이 누구나 인정하는 자명한 진리(無證明命題)인 확률의 공리는 다음과 같다.

- **확률의 공리**(probability axioms)

  S: 표본공간, A, B: 임의의 사상일 때

  〈공리 1〉 $0 \le P(A) \le 1$

  〈공리 2〉 $P(S) = 1$

  〈공리 3〉 $P(A \cup B) = P(A) + P(B)$. 단, 사상 A와 B는 배반사상을 만족하는 $P(A)$를 사상 A의 확률이라고 한다.

• 콜모고로프(Kolmogorov)의 정의

〈공리 1〉은 확률실험에서 어떤 특정 사건이 발생할 확률의 크기는 수치로 나타낼 때 최소 0부터 최대 1 사이의 값을 갖는다는 법칙이다. 여기서 확률이 "0"이라는 것은 그 사건이 발생할 개연성은 없다. 즉, 불가능하다는 의미이며, 확률이 "1"이라는 것은 100% 확실히 그 사건이 발생한다는 뜻이다.

〈공리 2〉는 표본공간 전체의 확률의 크기는 "1"로 규정한 것이다. 다시 말하면 표본공간을 구성하는 근원사건들의 확률을 모두 합하면 "1"이 된다는 법칙이다.

〈공리 3〉은 두 사건이 서로 배반사상이면 두 사건의 합사상의 확률은 각 사건의 확률을 각각 합하면 된다는 의미이다. 따라서 집합 형태로 표현되는 사상은 이 3가지 공리에 의하여 0과 1 사이의 값으로 변환된다. 이 결과로 근원사상이나 복합사상의 확률이 계산된다.

적용례

흰색 주사위와 붉은색 주사위를 동시에 던지는 확률실험의 표본 공간은 아래와 같다. 이를 이용하여 확률의 공리를 확인해 보기로 합시다.

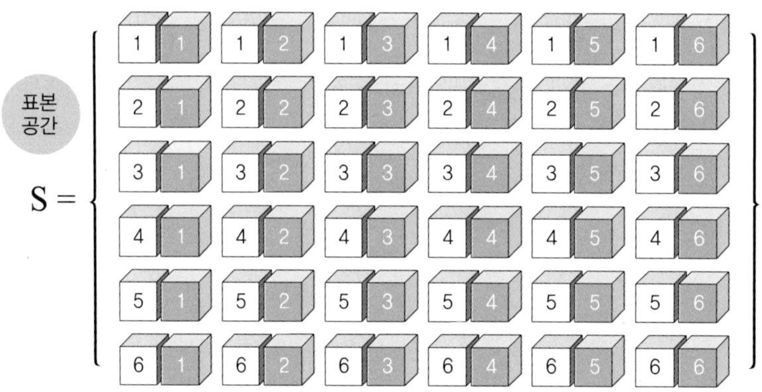

P(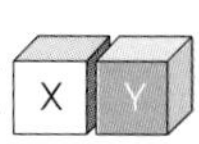) $= \frac{1}{36}$ 단, $X, Y = 1, 2, 2, 4, 5, 6$

그림 4-10 ▌표본공간과 근원사상의 확률

〈공리 1〉 $0 \le P(A) \le 1$

사상 A를 두 주사위 숫자가 같은 경우라고 하면

$A = \{$ 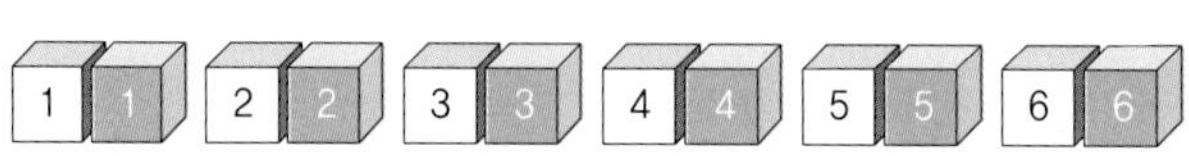 $\}$

이므로 $P(A) = \frac{6}{36} = \frac{1}{6}$ 이다.

즉, $0 \le P(A) = \frac{1}{6} \le 1$ 로 0과 1 사이의 값을 가진다.

〈공리 2〉 $P(S) = 1$

사상 A를 표본공간 S라고 하자.

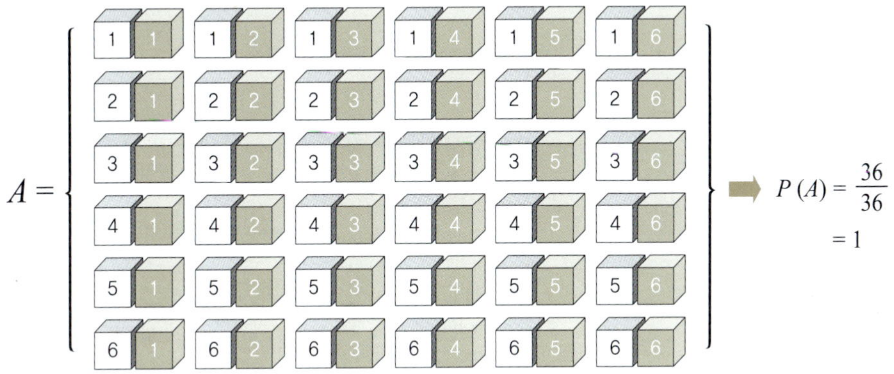

이므로 $P(A) = P(S) = 1$로 표본공간의 크기는 항상 1이다.

〈공리 3〉 $P(A \cup B) = P(A) + P(B)$ 단, A, B는 배반사상

사상 A: 흰색 주사위 숫자가 $X = 3$, 붉은색 주사위 숫자 $Y =$ 짝수인 사상

사상 B: 흰색 주사위 숫자가 $X =$ 짝수, 붉은색 주사위 숫자 $Y = 2$인 사상

이라고 하면 사상 A와 B는 상호 배반사상이다.

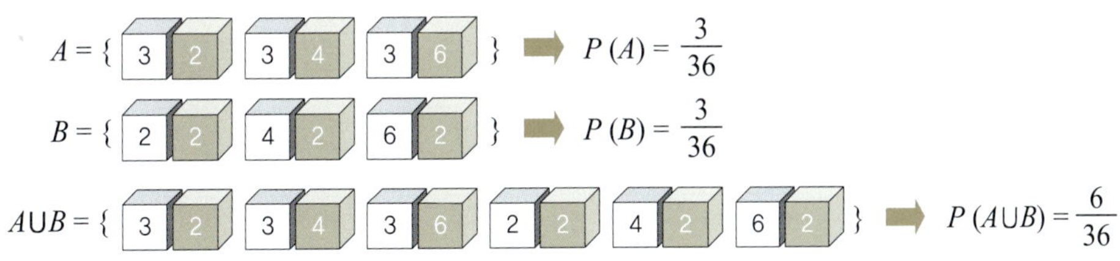

이므로

$P(A \cup B) = P(A) + P(B) = \frac{3}{36} + \frac{3}{36} = \frac{6}{36}$ 이 성립한다.

4.2 확률의 계산법칙

이 절에서는 다음 두 가지 예를 이용하여 확률의 연산을 설명하기로 한다. 첫 번째 예는 "흰색 주사위와 붉은색 주사위 두 개를 던지는 실험"이다. 표본공간은 [그림 4 - 10]과 같다. 여기서

- **사상** A: 두 주사위 숫자를 더하면 3이 되는 경우

➡ $A = \{$ 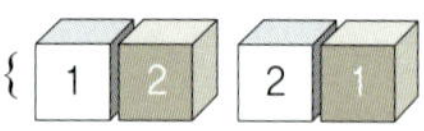

$\}$

- **사상** B: 흰색 주사위 숫자만 1인 경우

➡ $B = \{$ 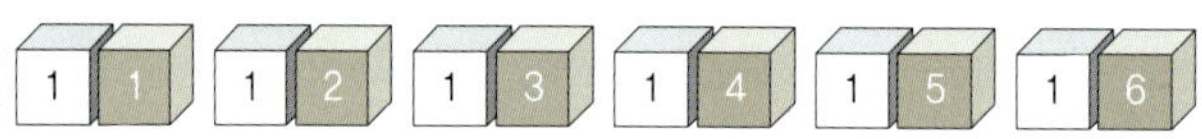

$\}$

라고 하자. 그러면

$(A \cap B) = \{$ 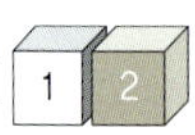

$\}$

$(A \cup B) = \{$ 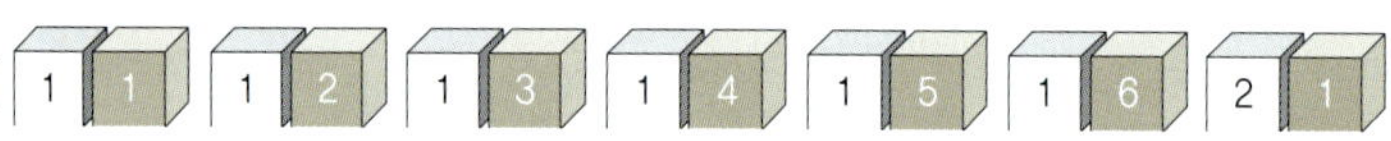

$\}$

이다.

두 번째 예는 "성별과 직무만족도 사이의 교차표"이다. (〈표 2-4〉 참조)

	매우 불만	불만	보통	만족	매우 만족	합계
남	32	86	247	60	53	478
여	13	34	279	175	21	522
합계	45	120	526	235	74	1,000

1. 덧셈법칙

덧셈법칙은 임의의 두 사상이 서로 배반인 경우가 아닐 때 성립하는 법칙이다.

- **확률의 덧셈법칙**(additional rule)

  S: 표본공간, A, B: 임의의 사상일 때

  $P(A\cup B)=P(A)+P(B)-P(A\cap B)$

  을 확률의 덧셈법칙이라고 한다. 만약, 사상 A, B가 상호 배반이면

  $P(A\cup B)=P(A)+P(B)$이 성립한다.

예제 4-9

"흰색 주사위와 붉은색 주사위 두 개를 던지는 실험"에서 $P(A\cup B)$를 구하시오.

풀이

$P(A)=\frac{2}{36}$, $P(B)=\frac{6}{36}$, $P(A\cap B)=\frac{1}{36}$ 이므로

$$P(A\cup B)=P(A)+P(B)-P(A\cap B)$$
$$=\frac{2}{36}+\frac{6}{36}-\frac{1}{36}=\frac{7}{36}$$ 이다.

예제 4-10

"성별과 직무만족도 사이의 교차표"에서 임의로 한 명을 뽑을 때

- 사상 A: 남자이다.
- 사상 B: 직무만족도가 불만이다.

(1) $P(A)$와 $P(B)$를 구하시오.

(2) $P(A\cap B)$를 구하시오.

(3) $P(A\cup B)$를 구하시오.

풀이

(1) $P(A)=\frac{478}{1{,}000}=0.478$, $P(B)=\frac{120}{1{,}000}=0.12$

(2) $P(A\cap B)=\frac{86}{1{,}000}=0.086$

(3) $P(A\cup B)=P(A)+P(B)-P(A\cap B)$
$=0.478+0.12-0.086=0.512$

2. 여사상의 확률

여사상의 확률

A가 임의의 사상일 때 여사상의 확률은

$P(A^C) = 1 - P(A)$

예제 4-11

"흰색 주사위와 붉은색 주사위 두 개를 던지는 실험" 에서 $P(A^C)$를 구하시오.

풀이

사상 $A = \{$ 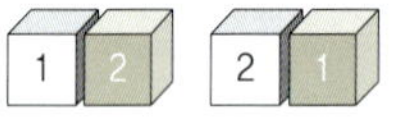 $\}$ 이므로 $P(A) = \frac{2}{36}$ 이다.

$A^C =$ 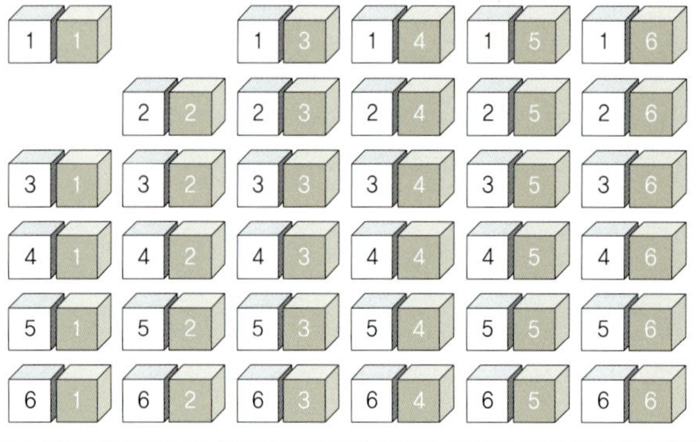

$$P(A^C) = 1 - P(A) = 1 - \frac{2}{36} = \frac{34}{36}$$

예제 4-12 **조선왕조 임금 자료(〈표 1-3〉 참조)**

왕명이 "군"인 경우(예: 광해군)을 사상 A라고 하자. $P(A^C)$를 구하시오.

풀이

A = {연산군, 광해군}이므로 $P(A) = \frac{2}{27}$ 이다.

$$P(A^C) = 1 - P(A) = 1 - \frac{2}{27} = \frac{25}{27}$$

예제 4-13

"성별과 직무만족도 사이의 교차표"에서 임의로 한 명을 뽑을 때

사상 A: 남자이다.

사상 B: 직무만족도가 불만이다.
이 경우 $P(A^C)$와 $P(B^C)$를 구하시오.

풀이

$P(A) = \frac{478}{1,000} = 0.478$, $P(B) = \frac{120}{1,000} = 0.12$ 이므로
$P(A^C) = 1 - P(A) = 1 - 0.478 = 0.522$
$P(B^C) = 1 - P(B) = 1 - 0.12 = 0.88$

3. 조건부확률

두 사상이 밀접한 관계가 있어서 한 사상의 확률이 다른 사상의 발생에 영향을 받는 경우에는 확률계산이 달라진다. 예를 들어, 어린이가 고등교육을 받을 기회를 갖는 사상은 부모의 경제사정이라는 사상에 영향을 받는 것이나, 내일 종합주가지수가 미국의 다우지수에 영향을 받는 것과 같다.

"흰색 주사위와 붉은색 주사위 두 개를 던지는 실험"의 예를 보면 흰색 주사위의 숫자가 "1이 나왔다는 사상(A)"의 조건 하에 두 번째 붉은색 주사위의 숫자 중 흰색 주사위의 숫자와의 합이 "3이 되는 사상(B)"이 발생할 확률은 사상 A의 확률에 영향을 받고 있다. 즉, 사상 A가 새로운 표본공간이 된다. 이를 나타내면 [그림 4-11]과 같다.

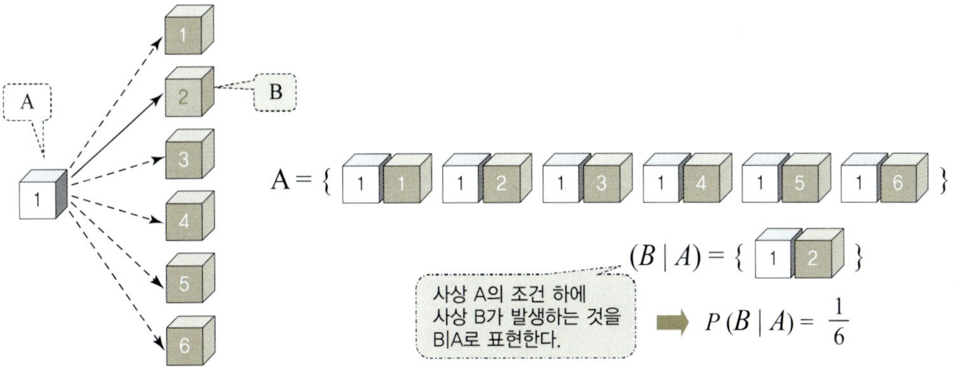

그림 4-11 ▌조건부확률 개념

- **조건부확률**(conditional probability)

사상 A가 발생한 후 사상 B가 발생할 조건부확률은 다음과 같다.

$$P(B|A) = \frac{P(A\cap B)}{P(A)}$$

예제 4-14

"흰색 주사위와 붉은색 주사위 두 개를 던지는 실험"에서

사상 A: 흰색 주사위 숫자가 1이 나온다.

사상 B: 사상 A가 발생한 조건 하에 붉은색 주사위가 2가 나온다.

이 경우에 $P(B|A)$를 구하시오. [그림 4-11] 참조

풀이

$P(A) = \frac{6}{36}$, $P(A\cap B) = \frac{1}{36}$ 이므로

$$P(B|A) = \frac{P(A\cap B)}{P(A)} = \frac{\frac{1}{36}}{\frac{6}{36}} = \frac{1}{6}$$

이다.

예제 4-15

"성별과 직무만족도 사이의 교차표"에서 임의로 1명을 뽑을 때

사상 A: 남자가 뽑힌다.

사상 B: 직무만족도가 불만이다.

이 경우에 $P(B|A)$를 구하시오.

풀이

$P(A) = \frac{478}{1,000}$, $P(A\cap B) = \frac{86}{1,000}$ 이므로

$$P(B|A) = \frac{P(A\cap B)}{P(A)} = \frac{\frac{86}{1,000}}{\frac{478}{1,000}} = \frac{86}{478} = 0.1799$$

4. 곱셈법칙

확률의 곱셈법칙은 두 사상 A와 B의 공통적인 사상이 발생할 확률을 구하는 데 적용한다. 곱셈법칙은 조건부확률의 정의에 기초하고 있으며, 두 사상이 종속적인 경우와 독립적인 경우로 분류된다.

● **확률의 곱셈법칙**(multiplication rule)

사상 A가 발생하고 사상 B가 동시에 발생할 확률, 즉 결합확률은 다음과 같다.

(1) 사상 A와 B가 종속적인 경우

$$P(A \cap B) = P(A) \cdot P(B \mid A) \text{ 또는 } P(A \cap B) = P(B) \cdot P(A \mid B)$$

(2) 사상 A와 B가 독립적인 경우

$$P(A \cap B) = P(A) \cdot P(B)$$

예제 4-16

상자 안에 경품권이 10장 들어 있다. 이 중에 제주여행 경품권이 7장, 유럽여행경품권이 3장 섞여 있다. 첫 번째 추첨자가 유럽여행 경품권을, 두 번째 추첨자도 유럽여행 경품권을 뽑을 확률은 얼마인가?

풀이

사상 A: 첫 번째 추첨자가 유럽여행 경품권을 뽑는다.
사상 B: 두 번째 추첨자도 유럽여행 경품권을 뽑는다.

$P(A \cap B) = P(A) \cdot P(B \mid A) = \frac{3}{10} \times \frac{2}{9} = \frac{1}{15} = 0.067$

이런 추출 방식을 비복원추출이라고 한다. 만약 복원추출이면

$P(A \cap B) = P(A) \cdot P(B \mid A) = \frac{3}{10} \times \frac{3}{10} = \frac{9}{100} = 0.09$이다.

● **독립사상**(independent event)

사상 A의 확률이 다른 사상 B의 발생으로 인해 영향을 받지 않으면 두 사상은 서로 독립관계이다.

$$P(A \cap B) = P(A) \cdot P(B)$$

● **종속사상**(dependent event)

사상 A의 확률이 다른 사상 B의 발생으로 인해 영향을 받으면 두 사상은 종속관계이다.

$$P(A \cap B) \neq P(A) \cdot P(B)$$

예제 4-17

"흰색 주사위와 붉은색 주사위 두 개를 던지는 실험"에서

사상 A: 흰색 주사위 숫자가 1이 나온다.

사상 D: 붉은색 주사위 숫자가 6이 나온다.

두 사상 A와 D는 독립관계인가?

풀이

$P(A) = \frac{6}{36} = \frac{1}{6}$, $P(D) = \frac{6}{36} = \frac{1}{6}$ 이고 $P(A \cap D) = \frac{1}{36}$ 이다.

$P(A \cap D) = P(A) \cdot P(D)$ 이므로 성립하므로 사상 A와 D는 서로 독립관계이다.

예제 4-18

"성별과 직무만족도 사이의 교차표"에서 임의로 1명을 뽑을 때 (표 2-4 참조)

사상 A: 남자가 뽑힌다.

사상 B: 직무만족도가 불만이다.

두 사상 A와 B는 독립관계인가?

풀이

$P(A) = \frac{478}{1{,}000} = 0.478$, $P(B) = \frac{120}{1{,}000} = 0.12$ 이므로

$P(A) \cdot P(B) = 0.478 \times 0.12 = 0.05736$ 이다. $P(A \cap B) = \frac{86}{1{,}000} = 0.086$ 와 같지 않으므로 사상 A와 B는 독립이 아니다. 즉, 종속관계이다.

5. 베이즈 정리

지금까지는 어떤 사상의 발생할 확률을 사전에 구하는 개념이었다. 이 절에서는 사건 발생의 원인에 대한 확률을 사건 발생 이전에 알고 있는 정보를 이용하여 구하는 방법을 알아본다.

예를 들어 설명해 보자. 스포츠용품회사는 3곳 공장에서 골프공을 각각 생산하고 있다. 아무개 선수가 이 회사 골프공으로 티샷을 했는데 불행하게도 골프공이 깨지면서 OB가 났다. 이 공은 세 공장 중의 한 곳에서 생산되었을 것이다. 각 공장의 불량률에 대한 사전확률 정보를 이용한다면 이 불량 골프공이 어느 공장에서 생산되었을 확률을 구할 수 있다. A, B, C 세 공장의 생산비율은 각각 50%, 30%, 20%이고, 각 공장의 불량률은 차례로 7%, 4%, 3%이다. 아무개 선수가 티샷한 골프공이 불량품인 사실을 사상 D로 하자. 그러면 이 공이 각 공장에서 생산되었을 확률(사후확률)을 구할 수 있다. [그림 4-12]는 이 상황을 나타낸 그림이다.

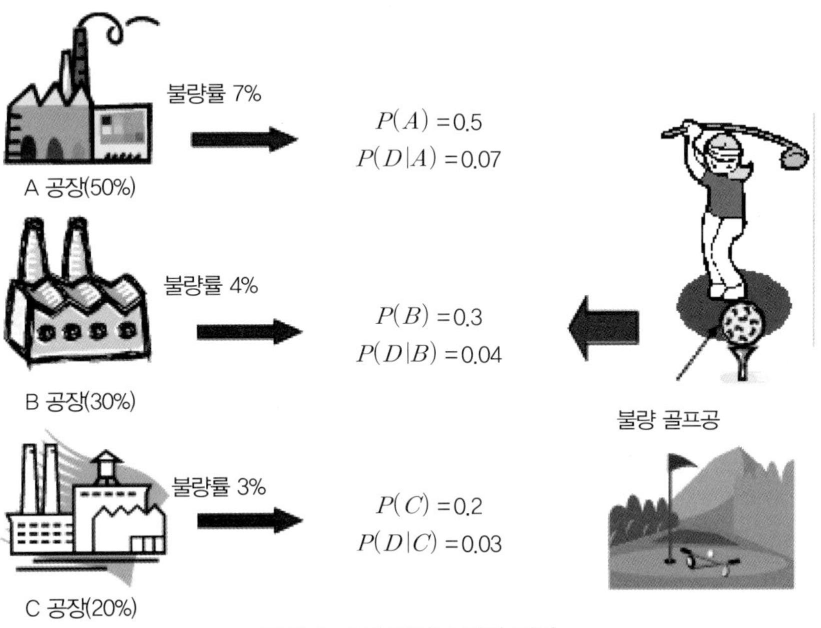

그림 4-12 ▌베이즈 정리 개념

● **베이즈 정리**(Bayes' theorem)

사상 D가 발생하였다. 이 원인이 A 공장에서 생산되었을 확률은 다음 식으로 구한다.

$$P(A|D) = \frac{P(A\cap D)}{P(D)}$$

$$= \frac{P(A)\,P(D|A)}{P(A)\,P(D|A)+P(B)\,P(D|B)+P(C)\,P(D|C)}$$

예제 4-19

불량 골프공(D)이 A공장에서 생산되었을 확률을 구하시오.

풀이

베이즈 정리에 대입하면

$$P(A|D)=\frac{P(A\cap D)}{P(D)}=\frac{P(A)P(D|A)}{P(A)P(D|A)+P(B)P(D|B)+P(C)P(D|C)}$$

$$=\frac{(0.5\times0.07)}{(0.5\times0.07)+(0.3\times0.04)+(0.2\times0.03)}=0.66$$

만약 불량 골프공이 B와 C공장에서 각각 생산되었을 확률은 베이즈 정리식의 분자를 $P(B\cap D)$, $P(D\cap C)$로 각각 바꾸어 놓으면 된다.

4.3 교차표를 이용한 확률 계산

이 절에서는 지금까지 학습한 확률에 대한 내용이 어떻게 적용되는지 다음 예제를 가지고 정리한다.

예제 4-20

백화점에서 최근 100명의 고객에 대하여 성별과 구매상품의 대금결제 방식 관계를 정리하였더니 <표 4-2>와 같았다.

표 4-2 ▌고객의 성별과 대금결제 방식 교차표

결제 방식(B) / 성별(A)	현금(B_1)	신용카드(B_2)	직불카드(B_3)	합 계
남성(A_1)	15	20	10	45
여성(A_2)	25	25	5	55
합 계	40	45	15	100

풀이

먼저 고객이 남성과 여성일 확률은

$P(A_1) = \frac{45}{100} = 0.45$, $P(A_2) = \frac{55}{100} = 0.55$

이며 이 두 사상은 서로 배반관계이다. 이 확률을 성별에 대한 주변확률(marginal probability)이라고 한다.

같은 방법으로 고객의 결제 방식이 현금, 신용카드, 직불카드일 확률은

$P(B_1) = \frac{40}{100} = 0.40$, $P(B_2) = \frac{45}{100} = 0.45$, $P(B_3) = \frac{15}{100} = 0.15$

이다. 이 확률도 결제 방식에 대한 주변확률(marginal probability)이라고 한다.

이번에는 두 사상이 동시에 발생할 확률, 즉 공통사상의 확률을 구해보자.

고객이 남성이면서 동시에 각 결제 방식 간의 확률은

$P(A_1 \cap B_1) = \frac{15}{100} = 0.15$, $P(A_1 \cap B_2) = \frac{20}{100} = 0.20$, $P(A_1 \cap B_3) = \frac{10}{100} = 0.10$

이고, 고객이 여성이면서 동시에 각 결제 방식 간의 확률은

$P(A_2 \cap B_1) = \frac{25}{100} = 0.25$, $P(A_2 \cap B_2) = \frac{25}{100} = 0.25$, $P(A_2 \cap B_3) = \frac{5}{100} = 0.05$

이다. 이 확률들을 성별과 결제 방식의 결합확률(joint probability)이라고 한다.

이 결과를 교차표로 나타내면 〈표 4-3〉과 같이 결합확률분포표가 만들어진다. 이 표는 상대도수로 나타낸 것과 같은 방식이다.(참조: 〈표 2-5〉)

표 4-3 ▌결합확률분포표

결제 방식(B) / 성별(A)	현금(B_1)	신용카드(B_2)	직불카드(B_3)	합 계
남성(A_1)	0.15	0.20	0.10	0.45
여성(A_2)	0.25	0.25	0.05	0.55
합 계	0.40	0.45	0.15	1.00

주변확률과 결합확률을 이용하여 확률의 덧셈법칙을 살펴보자.

남성고객이 구매하거나 또는 결제 방식은 직불카드로 결제할 확률을 구해보자.

$$P(A_1 \cup B_3) = P(A_1) + P(B_3) - P(A_1 \cap B_3)$$
$$= 0.45 + 0.15 - 0.10 = 0.5$$

이다. 한편, 여성고객이 반드시 구매하고 결제 방식은 현금결제로 할 확률은 어떻게 구할까? 즉, 조건부확률을 구하면

$$P(B_1|A_2) = \frac{P(A_2 \cap B_1)}{P(A_2)} = \frac{0.25}{0.55} = 0.455$$

이다. 같은 원리로 남성고객이 반드시 구매하며 결제 방식은 신용카드로 할 확률은

$$P(B_2|A_1) = \frac{P(A_1 \cap B_2)}{P(A_1)} = \frac{0.20}{0.45} = 0.444$$

이다. 이번에는 확률의 곱셈법칙을 알아보자.

여성고객이 구매하고 결제 방식은 신용카드로 할 확률은, 즉 결합확률은

$$P(A_2 \cap B_2) = P(A_2) \cdot P(B_2|A_2)$$

이다. $P(A_2 \cap B_2) = 0.25$ 이고, $P(A_2) \cdot P(B_2|A_2) = 0.55 \times \dfrac{0.25}{0.55} = 0.25$ 로 같으므로 곱셈법칙이 성립한다.

그러면 두 사상이 서로 독립관계인지 종속관계인지를 살펴보자.

여성고객이 구매하고 결제 방식은 직불카드로 할 경우에 이 두 사상은 서로 독립인가?

두 사상이 독립일 조건은 $P(A_2 \cap B_3) = P(A_2) \cdot P(B_3)$ 이다.

$P(A_2 \cap B_3) = 0.05$

$P(A_2) \cdot P(B_3) = 0.55 \times 0.15 = 0.0825$

이므로 독립인 조건을 만족시키지 않는다. 즉, 여성이 구매하고 결제 방식이 직불카드인 경우는 서로 독립이 아니고 종속관계에 있다. 따라서 고객의 성별과 결제 방식 간에는 서로 독립이 아님을 알 수 있다.

마지막으로 베이지안 확률을 구해보기로 하자. 백화점에서 상품을 구매하고 결제한 고객 중에서 임의로 한 사람을 선택하여 결제 방식을 물었더니 신용카드로 하였다고 답하였다. 그러면 이 고객이 남성일 확률은 얼마인가?

사전확률, 즉 이미 알고 있는 확률은 $P(A_1) = 0.45$, $P(A_2) = 0.55$ 이고,

$$P(B_2|A_1) = \frac{P(A_1 \cap B_2)}{P(A_1)} = \frac{0.20}{0.45} = 0.444$$

$$P(B_2|A_2) = \frac{P(A_2 \cap B_2)}{P(A_2)} = \frac{0.25}{0.55} = 0.455$$

이므로 베이지안 공식을 적용하면

$$P(A_1|B_2) = \frac{P(A_1 \cap B_2)}{P(B_2)} = \frac{P(A_1) \cdot P(B_2|A_1)}{P(A_1) \cdot P(B_2|A_1) + P(A_2) \cdot P(B_2|A_2)}$$

$$= \frac{0.45 \times 0.444}{(0.45 \times 0.444) + (0.55 \times 0.455)} = 0.444$$

4장 단원평가

4-1 다음 확률에 사용되는 용어가 잘못된 것은?

(가) 통계적 실험이란 관측이나 측정을 유발하는 과정을 의미한다.

(나) 사상이란 확률실험으로 얻는 하나 또는 많은 결과들의 집합이다.

(다) 표본공간이란 실험의 실시로 관찰할 수 있는 모든 가능한 근원사상의 집합을 말한다.

(라) 합사상은 모든 사상에 공통적으로 속하는 근원사상의 집합이다.

4-2 경부고속도로에서 속도위반을 한 횟수를 조사한 결과 다음과 같은 자료를 얻었다. 잘못 설명한 것은?

위반횟수	운전자 수
0	1,000
1	45
2	30
3	18
4	4
5회 이상	3
계	1,100

(가) 통계적 실험은 위반횟수를 기록하는 것이다.

(나) 위반횟수가 없는 확률은 0.9091이다.

(다) (나)의 확률은 고전적(이론적) 방법으로 구한 확률이다.

(라) 5회 이상 위반한 것은 하나의 사상이다.

4-3 어느 음식점에서 고객들의 취향을 조사한 결과 75%는 김치를 추가 주문하고 80%는 깍두기를 추가 주문하며 65%는 두 반찬을 모두 추가 주문하는 것으로 조사되었다. 다음과 같이 정의하자.

> 사상 A: 고객은 김치를 추가 주문한다.
> 사상 B: 고객은 깍두기를 추가 주문한다.

어느 특정 고객이 두 반찬 중 적어도 하나를 추가 주문할 확률은 얼마인가?

(가) 0.90　　(나) 0.65

(다) 0.75　　(라) 0.80

4-4 다음 설명 중 잘못된 것은?

(가) $P(A \cap B) = P(A) \cdot P(B)$ 이면 A와 B는 서로 독립사상이다.

(나) $P(A \cup B) = P(A) + P(B)$ 이면 A와 B는 서로 배반관계이다.

(다) $P(B|A) = P(A) + P(B) - P(A \cap B)$ 이다.

(라) $P(A^c) = 1 - P(A)$ 이다.

4-5 다음은 어느 일식집에서 매일 광어회가 판매된 횟수와 그 비율을 나타낸 표이다.

마릿수	확 률
3	0.08
4	0.24
5	0.41
6	0.20
7	0.07
계	1.00

사상 A는 4마리 이상 판매될 것으로, 사상 B는 6마리 이상은 판매되지 않을 것으로 정의하자. 각 물음에 답하시오.

(1) $P(A)$를 구하시오.

(2) A^c 를 설명하고 $P(A^c)$를 구하시오.

(3) $A \cap B$를 설명하고 $P(A \cap B)$를 구하시오.

4-6 다음 교차표를 보고 물음에 답하시오.

	남자(M)	여자(F)	계
승진(R)	200	150	350
탈락(D)	600	350	950
계	800	500	1,300

(1) 성별의 주변확률을 구하시오.

(2) 성별과 승진 여부의 결합확률을 구하시오.

(3) 남자라는 사실을 알고 있을 경우에 남자가 승진할 확률은?

(4) 여자라는 사실을 알고 있을 경우에 여자가 승진할 확률은?

4-7 100원짜리 동전 1개와 500원 짜리 동전 1개를 동시에 던지는 실험을 생각해 보자. 다음 물음에 답하시오.

(1) 표본공간을 구하시오.

(2) 두 동전의 앞면이 모두 나올 확률을 구하시오.

(3) 두 동전 중 하나만 앞면이 나올 확률을 구하시오.

4-1 ㈑ **4-2** ㈐ **4-3** ㈎ **4-4** ㈐

4-5 (1) 0.92

(2) 4마리 미만(3마리 이하) 판매 0.08

(3) 4, 5마리 판매 0.65

4-6 (1)과 (2)는 결합확률분포표를 참조하시오.

	남자(M)	여자(F)	계(주변확률)
승진(R)	2/13	3/26	7/26
탈락(D)	6/13	7/26	19/26
계(주변확률)	8/13	5/13	1.0

(3) $P(R|M) = \dfrac{P(R \cap M)}{P(M)} = \dfrac{2/13}{8/13} = \dfrac{1}{4} = 0.25$

(4) $P(R|F) = \dfrac{P(R \cap F)}{P(F)} = \dfrac{3/26}{5/13} = \dfrac{3}{10} = 0.30$

4-7 사상 A: 100원 동전 앞면, 사상 B: 100원 동전 뒷면

사상 C: 500원 동전 앞면, 사상 D: 500원 동전 뒷면

라고 정의하면

(1) 표본공간은 $S = \{AC,\ AD,\ BC,\ BD\}$

(2) $P(A \cap C) = \dfrac{1}{4}$

(3) $P(A \cup C) = \dfrac{2}{4}$

4장 연습문제

4.1 한국대학교 경영과 신입생 80명을 대상으로 MT장소는 대성리로 가자는 학생이 50명이었고, 강촌으로 가자는 학생이 30명이었다. 동시에 두 장소를 모두 원하는 학생은 15명이었다. 임의로 한 학생을 선택했을 경우 대성리 또는 강촌을 원하는 확률은 얼마인가?

4.2 통계학 수강생 중에서 30%가 A학점을 받았는데 이 중에서 여학생은 전체 수강생의 10%이다. 임의로 선택한 한 학생이 A학점을 받았을 때 그 학생이 여학생일 확률은 얼마인가?

4.3 다음은 교수 승진에 대한 결합확률분포표이다.

	승진	승진 탈락
남성	0.03	0.12
여성	0.17	0.68

(1) 여성의 승진률은 얼마인가?
(2) 남성의 승진률은 얼마인가?
(3) 승진에 성차별이 있다고 볼 수 있겠는가?

4.4 다음은 남성호르몬 테스토스테론과 범죄행위 간의 결합확률분포이다.

테스토스테론 수준	살인자	기타 범죄
평균 이상	0.27	0.24
평균 미만	0.21	0.28

(1) 평균 이상의 테스토스테론 수준을 가지고 있는 살인자의 비율은 얼마인가?
(2) 테스토스테론 수준과 범죄 형태는 독립인가? 설명하시오.

4.5 다음 고객의 성별과 결제 방식의 교차표를 보고 답하시오.

결제 방식(B) / 성별(A)	현금 (B_1)	신용카드 (B_2)	직불카드 (B_3)	합 계
남성 (A_1)	15	20	10	45
여성 (A_2)	25	25	5	55
합 계	40	45	15	100

(1) $P(B_1|A_2)$을 구하시오.

(2) $P(A_2|B_1)$을 구하시오.

(3) 임의로 한 고객의 성별을 알아보았더니 남성이었다. 이 남성고객이 현금으로 결제했을 확률은 얼마인가?

4.6 다음은 성별과 직무만족도 사이의 교차표이다.

	매우 불만	불만	보통	만족	매우 만족	합계
남	32	86	247	60	53	478
여	13	34	279	175	21	522
합계	45	120	526	235	74	1,000

(1) 임의로 선택한 직장인이 여성이면서 직무만족도가 보통일 확률은 얼마인가?

(2) 임의로 선택한 직장인이 남성이었다. 직무만족도가 매우 불만일 확률은?

(3) 임의로 선택한 직장인이 보통 이상의 직무만족도일 확률을 구하시오.

(4) 임의로 선택한 직장인의 직무만족도는 불만이었다. 이 직장인이 남성일 확률은 얼마인가?

4.7 100원짜리 동전 1개와 500원짜리 동전 1개를 동시에 던지는 실험을 생각해 보자. 다음 물음에 답하시오.

(1) 표본공간을 구하시오.

(2) 두 동전의 앞면이 모두 나올 확률을 구하시오.

(3) 두 동전 중 하나만 앞면이 나올 확률을 구하시오.

제5장
확률변수와 확률분포

제5장 확률변수와 확률분포

[학습목표]

- 확률변수가 의미하는 것을 이해한다.
- 확률분포가 무엇인지 알 수 있다.
- 확률변수의 기댓값과 분산을 계산할 수 있다.

변수는 관심대상의 속성을 척도로 측정한 자료를 대표하는 의미였고, 확률은 경험이나 실험결과로 특정한 사상(사건)이 발생할 가능성을 0에서 1까지의 수치로 표현한 것이었다. 이와 같이 확률실험은 일반적으로 그 결과에 부여할 수 있는 수치를 유발한다. 이제 확률과 변수의 두 개념을 결합시킨 확률변수를 알아보자.

5.1 확률변수

제2장의 〈표 2-2〉를 다시보자. 직장인 1,000명의 설문조사에서 직무만족도(변수)는 "매우 만족, 만족, 보통, 불만, 매우 불만" 등과 같이 질적 자료로 표현하고 조사 결과는 "매우 만족=5, 만족=4, 보통=3, 불만족=2, 매우 불만족=1"처럼 수치자료로 대체한 후 도수표를 작성하고 상대도수 등 도수분석을 하였다. 만약, 임의로 한 직장인에게 직무만족도를 물었을 때 보통으로 응답할 가능성은 얼마일까? 여기서 직무만족도를 변수 X라고 정의하자. 그러면 "변수 X의 값이 3인 확률은 얼마인가?"로 표현하는 것과 같다. 그 확률은 도수표에서 직무만족도(변수)가 보통으로 나타내는 숫자 3인 곳의 상대도수 0.526이 된다.(상대도수의 확률개념). 이를 표현하면 [그림 5-1]과 같다.

여기서 직무만족도라는 변수 X는 숫자 "3"에 100%로 대응하지 않고 0.526의 확률로만 대응하고 있다. 즉, 직무만족도라는 변수 X는 정의된 값을 일정한 확률(가중치)로 대응하기 때문에 확률변수(random variable)라고 부른다. 이것은 확률변수가 특정한 값을 취할 때에는 확률이 그림자처럼 따라 다닌다는 것을 의미한다. 이 사실이 일반함수의 정의와 다른 점이다.

다음은 주사위 두 개를 던지는 확률실험이다. 이 실험에서 두 주사위 숫자의 합이 9가 될 확률은 얼마인가? 여기서 두 주사위의 숫자의 합을 변수 X라고 정의하자. 그러면 이 질문은

"변수 X의 값이 9인 확률은 얼마인가?"와 같다. 이 경우의 확률(고전적 확률개념)은 4/36이다. 이를 표현하면 [그림 5-2]와 같다.

직무만족도	도수	상대도수
매우 불만=1	45	0.045
불만=2	120	0.12
보통=3	526	0.526
만족=4	235	0.235
매우 만족=5	74	0.074
합 계	1,000	1,000

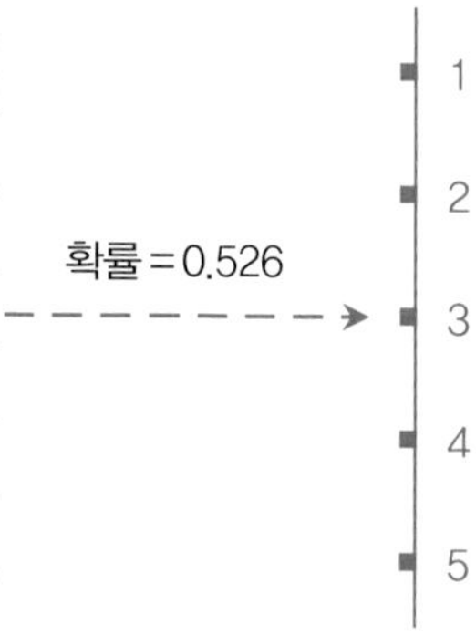

그림 5-1 ▌설문조사에서 정의된 확률변수 개념

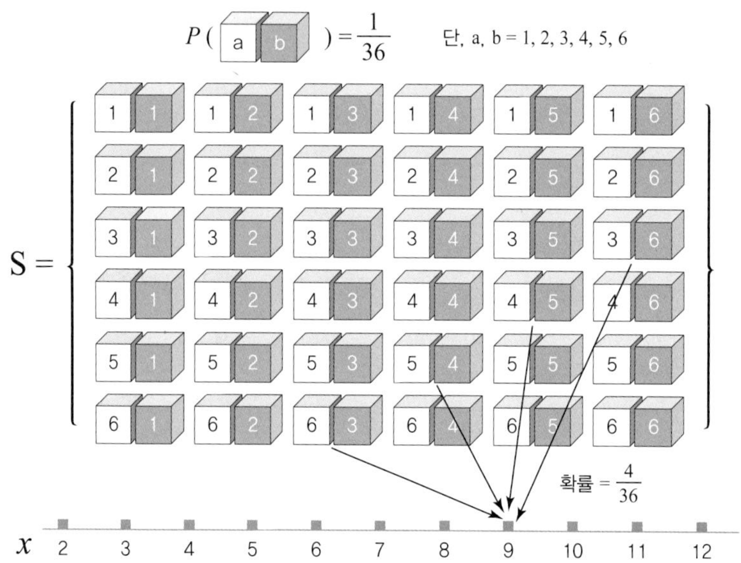

그림 5-2 ▌두 개 주사위 숫자의 합으로 정의된 확률변수 개념

두 주사위 숫자의 합은 두 주사위를 던질 때마다 변한다. 이렇게 정의된 변수 X가 "9"의 값을 가질 확률은 근원사상 36개 중에서 4개의 근원사상이 대응하기 때문에 4/36이다. 따라서 두 주사위 숫자의 합으로 정의된 변수 X는 확률변수가 된다.

그런데 확률실험에서 키, 체중, 출근소요시간, 매출액 등과 같이 일정한 구간 내에서 연속적인 값을 취하는 변수인 경우는 어떻게 될까?

직장인의 키를 측정하는 실험을 살펴보자. 키는 측정 대상마다 무수히 많은 실수값을 취하므로 변수가 된다. 그런데 172.512처럼 소수점 이하의 값도 측정될 수 있어서 키는 셀 수 없고 무한히 많은 값이 된다. 따라서 키를 측정한 모든 값의 집합인 표본공간은 일정 구간으로 나타낼 수밖에 없다. 키와 같은 변수는 특정 구간 내의 값을 가질 확률을 구해야 한다.

■ 표본공간(S)

$0 < 키(X) < \infty$

■ 확률변수

X: 키

Y: 체중

그림 5-3 ▌표본공간에서 키로 정의된 확률변수

확률변수는 영문자 대문자로 나타내고 확률변수가 취하는 실수값은 소문자로 표시한다. 예를 들면, 확률변수가 X이면 취하는 실수값은 x, 확률변수가 Y이면 취하는 실수값은 y로 나타낸다. 이제 확률변수를 정의해 보자.

확률변수(random variable)의 정의

(1) 확률실험의 결과들에 하나의 실수(實數)를 부여하는 함수이다.

(2) 표본공간에서 정의된 실수함수이다.

(3) 표본공간의 모든 근원사상에 수치를 부여하는 규칙이다.

• 확률변수는 영문자 대문자로 나타내고 영문자 소문자는 확률변수의 값을 나타낸다.

표본공간이 모집단과 대응이 되는 개념이고, 확률변수는 표본공간에서 모든 근원사건들에게 수치를 부여하는 규칙으로 정의되므로 표본공간과 대응된다고 할 수 있다. 따라서 모집단, 표본공간 그리고 확률변수는 결국 같은 대상 전체를 다른 각도에서 정의한 것이다. 확률변수는 현실 상황에 대한 정의를 간편하게 만들어 줄 뿐만 아니라 수학적 이론의 전개를 가능하게 해준다.

예제 5-1

100원짜리 동전과 500원짜리 동전을 동시에 던지는 확률실험을 생각하자. 확률변수 X를 "앞면이 나타나는 갯수"로 정의할 경우 X의 값과 이 값을 가질 확률을 나타내시오.

풀이

앞면을 H(head), 뒷면을 T(tail)이라고 하면 [그림 5-4]와 같다.

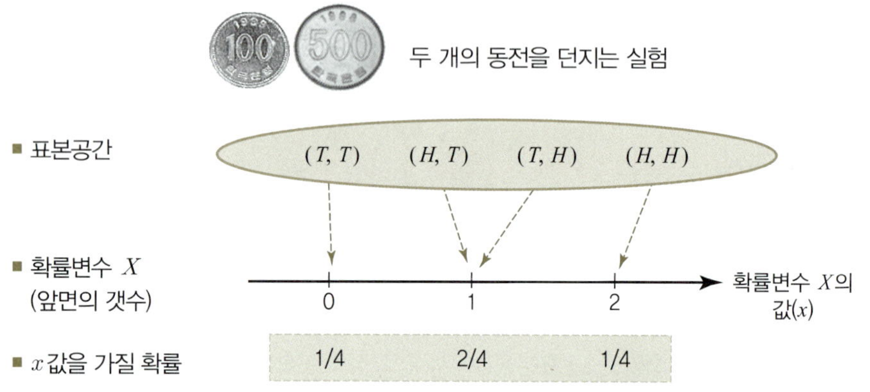

그림 5-4 ▌표본공간에서 정의된 확률변수

확률변수의 분류

(1) 이산형 확률변수란 하나, 둘 셀 수 있는 값(계수치)을 가지는 확률변수이다.

(2) 연속형 확률변수란 셀 수 없고 연속적인 값(계량치)을 가지는 확률변수이다.

일반적으로 변수가 이산형 변수와 연속형 변수로 나뉘어지는 것처럼 확률변수도 이산형 확률변수(discrete random variable)와 연속형 확률변수(continuous random variable)로 나뉜다. 이산형 확률변수는 0, 1, 2, 3 ⋯ 등 셀 수 있는 정수값을 취하는 변수이고, 연속형 확률변수는 일정한 실수 구간 내에서 연속적인 값을 취하는 변수이다. 예를 들면, 다음과 〈표 5-1〉과 같다.

표 5-1 ▌확률변수의 분류

실 험	확률변수(X)	가능한 값(x)	비고
고객을 만나다.	고객 수	$x=0,1,2,3,\cdots$	이산형
부품 5개를 검사하다.	부적합품 수	$x=0,1,2,3,4,5$	이산형
영화 관람객을 조사하다.	관람객의 성별	$x=1$(남성), 2(여성)	이산형
자녀 수를 조사하다.	자녀 수	$x=0,1,2,3,4,5,6,\cdots$	이산형
근무시간을 조사하다.	근무시간	$0 \le x \le 24$	연속형
주행속도를 측정하다.	속도	$0 \le x \le 150$	연속형
통계 성적을 조사한다.	점수	$0 \le x \le 100$	연속형
체중을 측정하다.	체중	$x > 0$	연속형

5.2 확률분포

수집한 자료를 표나 그래프 및 통계량으로 정리하는 것처럼 확률변수가 특정한 실수값에 대응되는 확률을 정리한 것을 확률분포라고 한다.

- **확률분포**(probability distribution)

  확률변수가 실수값을 가질 확률을 표, 그래프 그리고 함수로 나타낸 것이다.

  • 확률변수 X가 x의 값을 가질 확률은 $P(X=x)$ 또는 간단히 $P(x)$로 표시한다.

예를 들면, 주사위 두 개를 던지는 경우 확률변수 X를 "두 주사위 숫자의 합"으로 정의하자. 이 확률변수 X의 확률분포를 확률분포표와 확률그래프로 나타내면 〈표 5-2〉와 [그림 5-5]와 같다. 확률함수는

$$P(x) = \frac{x}{36}, x = 2,3,4,5,6,7,8,9,10,11,12$$

이 된다.

두 주사위를 던지는 확률실험에서 확인한 것처럼 확률변수 X는 실험의 결과치를 실수에 대응시키는 함수이지만 확률함수는 확률변수에 대해 정의된 실수를 0에서 1까지의 수치 또는 확률에 대응시키는 함수이다.

표 5-2 ▌확률분포표

x	2	3	4	5	6	7	8	9	10	11	12	계
$P(x)$	1/36	2/36	3/36	4/36	5/36	6/36	5/36	4/36	3/36	2/36	1/36	1

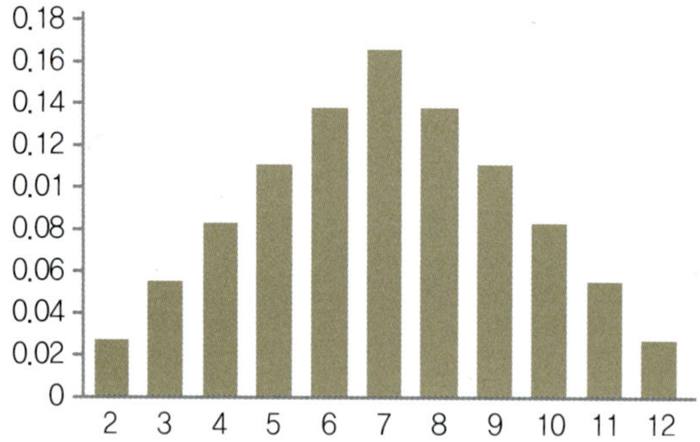

그림 5-5 ▌확률그래프

일반적으로 확률분포는 표나 그래프보다는 확률함수(probability function)로 나타내는 것이 사용하기 편리하다. 확률함수는 확률변수가 이산형이면 확률(질량)함수(probability mass function: pmf)로, 연속형이면 확률밀도함수(probability density function: pdf)로 구분하여 부른다.

1. 이산형 확률분포와 확률함수

- **확률함수**(probability function)

  이산형 확률변수 X가 취할 수 있는 각 실수값 x에 확률을 대응시키는 함수이다.

  - $P(X=x)=P(x)$로 표시한다.
  - 성질 (1) $0 \le P(x) \le 1$

    (2) $\sum_{\text{모든}x} p(x)=1$

    (3) $p(a \le X \le b)=\sum_{x=a}^{b} P(x)$

이산형 확률분포의 성질을 설명하면 다음과 같다.

(1) 확률변수 X가 취하는 특정 값의 확률은 0과 1 사이의 값이다.

(2) 확률변수 X가 취하는 모든 값의 확률을 합하면 1이다.

(3) 확률변수 X가 취하는 값이 a 이상에서 b 이하의 확률은 이 구간에 해당하는 값의 확률을 모두 합한 것이다.

이러한 확률함수의 성질은 제2장에서 작성한 〈표 2-2〉의 상대도수에도 동일하게 적용되고, 제4장의 확률의 공리와도 일치한다.

예제 5-2

"조선왕조 임금 자료" 중 부인 수를 확률변수 X라고 정의하고 X의 확률분포표를 작성하시오.

풀이

표 5-3 ‖ 조선왕조 임금 부인 수의 확률분포표

x	1	2	3	5	6	7	8	10	12	합계
$P(x)$	3/27	9/27	3/27	1/27	4/27	1/27	3/27	1/27	2/27	1

예제 5-3

100원짜리 동전과 500원짜리 동전을 동시에 던지는 확률실험에서 확률변수 X를 앞면이 나타나는 갯수로 정의하자.(〈예제 5-1〉 참조) X의 값과 이 값을 가질 확률을 확률분포표와 확률함수로 나타내시오.

풀이

표 5-4 ‖ 확률분포표

x	0	1	2	합계
$P(x)$	$\frac{1}{4}$	$\frac{2}{4}$	$\frac{1}{4}$	1

한편 이를 확률함수로 나타내면

$$P(x) = \begin{cases} \frac{1}{4}, & x = 0, 2 \\ \frac{2}{4}, & x = 1 \end{cases}$$

이다. 이 결과로부터 확률함수의 각 성질을 확인할 수 있다.

(1) $P(0) = \frac{1}{4}, P(1) = \frac{2}{4}, P(2) = \frac{1}{4}$로 모든 $P(x)$는 0과 1사이의 값(확률)을 가진다.

(2) $\sum_{\text{모든 } x} P(x) = P(-1) + P(0) + P(1) + P(2) + P(3) = 0 + \frac{1}{4} + \frac{2}{4} + \frac{1}{4} + 0 = 1$

(3) $P(1 \leq X \leq 2) = \sum_{x=1}^{2} P(x) = P(1) + P(2) = \frac{3}{4}$

한편, 확률함수를 이용하면 여사상의 확률도 아래와 같이 쉽게 구할 수 있다.

$P(X < 1) = P(0) = \frac{1}{4}$

이므로 $P(X \geq 1) = 1 - P(X < 1) = 1 - \frac{1}{4} = \frac{3}{4}$

이다.

예제 5-4

두 개 던지는 실험에서 두 숫자의 합을 확률변수 X라고 하자. 다음 확률을 구하시오.(<표 5-2>참조)

(1) $P(X = -3)$ (2) $P(X = 15)$ (3) $P(X = 5.8)$

(4) $P(X \leq 3)$ (4) $P(8 \leq X \leq 10)$ (5) $P(X \geq 4)$

풀이

x	2	3	4	5	6	7	8	9	10	11	12	합계
$P(x)$	1/36	2/36	3/36	4/36	5/36	6/36	5/36	4/36	3/36	2/36	1/36	1

$P(x) = \frac{x}{36}$, $x = 2, 3, 4, 5, 6, 7, 8, 9, 10, 11, 12$

(1) 확률변수 X가 -3인 값을 가질 수 없으므로 $P(X = -3) = 0$

(2) $P(X = 15) = 0$

(3) $P(X = 5.8) = 0$

(4) $P(X \leq 3) = P(2) + P(3) = \frac{1}{36} + \frac{2}{36} = \frac{3}{36} = \frac{1}{12}$

(5) $P(8 \leq X \leq 10) = \sum_{x=8}^{10} P(x) = P(8) + P(9) + P(10) = \frac{5}{36} + \frac{4}{36} + \frac{3}{36} = \frac{12}{36} = \frac{1}{3}$

(6) $P(X \geq 4) = 1 - P(X \leq 3) = 1 - \frac{1}{12} = \frac{11}{12}$

2. 연속형 확률분포와 확률밀도함수

확률밀도함수(probability density function)

연속형 확률변수 X가 취할 수 있는 어떤 구간 내의 실수값 x에 확률을 대응시키는 함수이다.

- $f(x)$로 표시한다.
- 성질 (1) $f(x) \geq 0$, all x

  (2) $\int_{-\infty}^{\infty} f(x)dx = 1$

  (3) $P(a \leq X \leq b) = \int_a^b f(x)dx$

[그림 5-6]은 확률밀도함수와 이를 그래프로 나타낸 것이다. 이를 이용하여 확률밀도함수의 성질을 확인하자. 이런 분포를 균일분포(uniform distribution)라고 한다.

$$f(x) = \begin{cases} \frac{1}{5}, & 0 \leq x \leq 5 \\ 0, & \text{다른 곳에서} \end{cases}$$

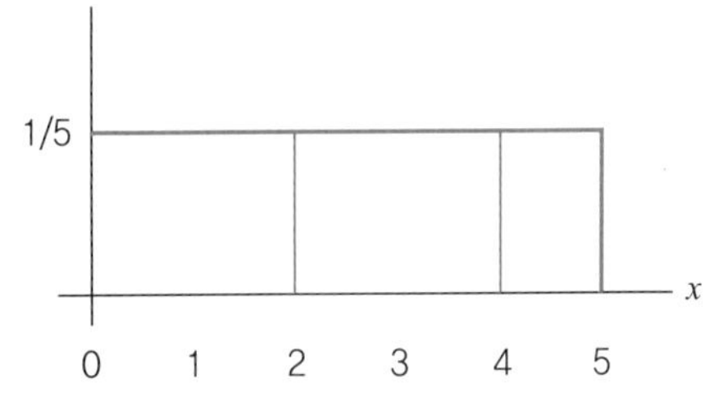

그림 5–6 ▌확률밀도함수

(1) $f(x) = \frac{1}{5} \geq 0$ (모든 x에 대하여)

(2) $\int_{-\infty}^{\infty} f(x)dx = \int_0^5 \frac{1}{5}dx = \frac{1}{5}[x]_0^5 = \frac{1}{5}[5-0] = 1$

(3) $P(2 \leq X \leq 4) = \int_2^4 \frac{1}{5}dx = \frac{1}{5}[x]_2^4 = \frac{1}{5}(4-2) = \frac{2}{5}$

이 성립함을 알 수 있다.

지금까지 확률변수와 확률분포를 설명한 것을 요약하면 [그림 5-7]과 같다. 추측통계학 분야의 통계적 추정과 가설검정 등에 사용되는 대표적인 확률분포는 이어지는 장에서 학습한다.

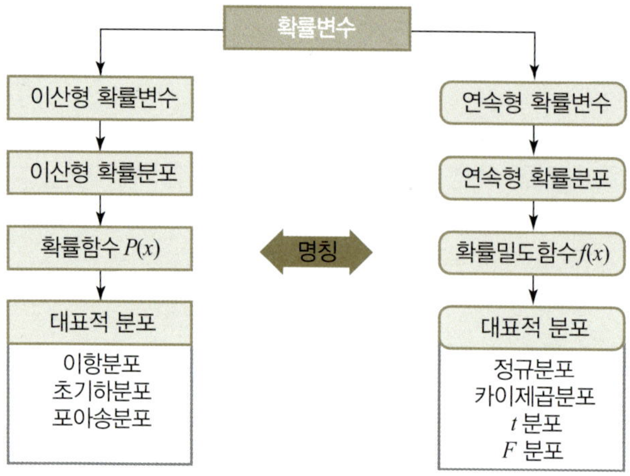

그림 5-7 ▎확률변수와 확률분포 요약

5.3 기댓값과 분산

확률분포는 모집단의 특성을 대표적으로 나타내는 도구로도 사용되기 때문에 중요하다. 〈예제 5-2〉의 확률분포는 부인 수로 구성된 모집단에서 임금 한 명당 부인이 몇 명인지 알 수 있는 정보를 제공해 준다.

또한 〈예제 5-4〉의 확률분포도 두 주사위의 숫자의 합으로 구성된 모집단에 대한 정보를 제공한다. 이 사실은 확률분포가 모집단의 평균과 분산을 계산하는데 사용될 수 있음을 의미한다. 확률분포의 평균과 분산을 정의하자.

1. 기댓값

확률변수의 기댓값(expected value)은 확률변수가 가질 수 있는 값들의 가중평균이라고 할 수 있다. 이때 가중치는 확률변수가 가질 수 있는 값이 실현될 확률이다.

● **기댓값(expected value)의 정의**

확률변수의 평균값이며 확률분포의 중심위치를 나타낸다.

• 공식

$$E(X)=\mu=\begin{cases}\displaystyle\sum_{\text{모든}x} xP(x) & \cdots\cdots\cdots\cdots \text{ 이산형 확률분포} \\ \displaystyle\int_{-\infty}^{\infty} xf(x)dx & \cdots\cdots\cdots\cdots \text{ 연속형 확률분포}\end{cases}$$

• 성질(법칙) (1) $E(a)=a$ 단, a, b는 상수

(2) $E(aX)=aE(X)$

(3) $E(aX\pm b)=aE(X)\pm b$

(4) $E(X\pm Y)=E(X)\pm E(Y)$

예제 5-5

주사위 한 개를 던지는 실험에서 확률변수 X를 [그림 5-8]과 같이 각 숫자에 대응하는 동전금액이라고 정의하자. 확률분포표를 작성하고 기댓값을 구해보자.

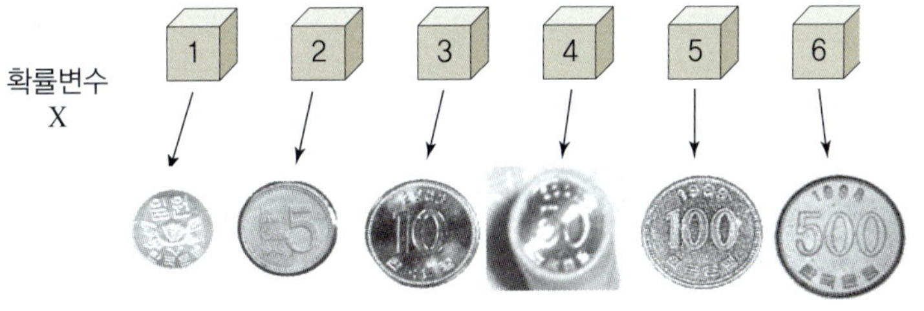

그림 5-8 ▌주사위 숫자에 따른 상금

풀이

확률변수 X가 가질 값은 1, 5, 10, 50, 100, 500이며 이 금액을 취할 확률은 각각 1/6 씩이다. 따라서 확률분포표는 〈표 5-5〉와 같다.

표 5-5 ▌확률분포표

x	1	5	10	50	100	500	합계
$P(x)$	$\frac{1}{6}$	$\frac{1}{6}$	$\frac{1}{6}$	$\frac{1}{6}$	$\frac{1}{6}$	$\frac{1}{6}$	1

$$E(X)=\sum_{\text{모든}x} xP(x)=\left(1\times\frac{1}{6}\right)+\left(5\times\frac{1}{6}\right)+\left(10\times\frac{1}{6}\right)+\left(50\times\frac{1}{6}\right)+\left(100\times\frac{1}{6}\right)+\left(500\times\frac{1}{6}\right)$$
$$=111(\text{원})$$

이 경우의 기대상금은 확률변수 X가 취하는 모든 값들의 산술평균과 같다. 일반적으로 기댓값은 확률변수가 취하는 값들의 확률이 같지 않으므로 가중평균과 같다. 실험을 무한히 반복할 때 확률변수가 취하는 장기적인 평균값이라고 볼 수 있다.

예제 5-6

"조선왕조 임금 자료"중 부인 수를 확률변수 X라고 정의할 경우 X의 기댓값을 구하시오. 〈표 5-3〉을 참조하시오.

풀이

$$E(X) = \sum_{\text{모든}\,x} xp(x) = \left(1 \times \frac{3}{27}\right) + \left(2 \times \frac{9}{27}\right) + \left(3 \times \frac{3}{27}\right) + \cdots + \left(12 \times \frac{2}{27}\right) = 4.6(\text{명})$$

조선왕은 평균 4.6명의 부인과 살았다는 사실을 알 수 있다. 직접 모집단 자료를 이용하여 모평균을 구하면

$$\mu = \frac{1}{N}\sum_{i=1}^{N} x_i = \frac{1}{27}(124) = 4.6(\text{명})$$

이므로 기댓값은 모평균과 같음을 알 수 있다. 즉, $\mu = E(X)$이다.

예제 5-7

주사위를 두 개 던지는 실험에서 두 숫자의 합을 확률변수 X라고 하자. 기댓값을 구하시오.(〈표 5-2〉참조)

풀이

$$E(X) = \sum_{x=2}^{12} xp(x) = \left(2 \times \frac{1}{36}\right) + \left(3 \times \frac{2}{36}\right) + \left(4 \times \frac{3}{36}\right) + \cdots + \left(12 \times \frac{1}{36}\right) = 7$$

주사위 두 개를 던질 때 기대되는 숫자의 합은 7이다.

예제 5-8

100원짜리 동전과 500원짜리 동전을 동시에 던지는 확률실험에서 확률변수 X를 앞면이 나타나는 갯수로 정의하자. X의 기댓값을 구하시오 〈표 5-4〉참조

풀이

$$E(X) = \sum_{x=0}^{2} xp(x) = \left(0 \times \frac{1}{4}\right) + \left(1 \times \frac{2}{4}\right) + \left(2 \times \frac{1}{4}\right) = 1$$

동전 두 개를 던질 때 기대되는 앞면의 갯수는 1개이다.

예제 5-9

연속형 확률변수의 확률밀도함수가 다음과 같다. 기댓값을 구하시오.

$$f(x) = \begin{cases} \frac{1}{5}, & 0 \le x \le 5 \\ 0, & \text{다른 곳에서} \end{cases}$$

풀이

$$E(X) = \int_{-\infty}^{\infty} xf(x)dx = \int_{0}^{5} \frac{1}{5}xdx = \frac{1}{10}\left[x^2\right]_0^5 = \frac{1}{10}[25-0] = 2.5$$

기댓값의 적용례

스피또1000 즉석복권은 2,000만 장을 발행한다. 당첨매수와 당첨금, 당첨확률은 뒷면에 나와 있다. 기대상금을 구하시오.

등위	당첨금(x)	당첨매수	당첨확률 $p(x)$	$xp(x)$
1	500,000,000	4	0.0000002	100
2	20,000,000	20	0.0000010	20
3	100,000	11,000	0.0005500	55
4	5,000	500,000	0.0250000	125
5	1,000	6,000,000	0.3000000	300
6(꽝)	0	13,488,976	0.6744488	0
합계	–	20,000,000	1.0000000	기대상금 600원

$$E(X) = \sum(\text{당첨금}) \times (\text{당첨확률}) = \sum xp(x) = 600\text{원}$$

퀴즈 3

발매된 2,000만 장이 전량 판매되었다면 지급된 상금은 얼마이고, 발행기관의 이익은 얼마일까?

풀이

정답은 단원평가 답란에 있음

그러면 기댓값은 어떤 성질, 즉 법칙을 가지는지 알아보자. 〈예제 5-5〉를 이용하여 설명한다.

(1) $E(a) = a$ 단, a는 상수

만약 주사위 6면에 모두 5의 숫자만 있다면 주사위를 던질 때마다 항상 5만 나타난다. 그러면 5에 해당하는 상금 $a = 100$원만 받으므로 상수의 기댓값은 상수이다.

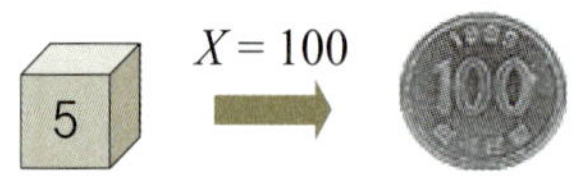

x	100	100	100	100	100	100	계
$p(x)$	1/6	1/6	1/6	1/6	1/6	1/6	1

$$E(X) = \sum_{\text{모든 } x} xP(x)$$

$$= \left(100 \times \frac{1}{6}\right) + \left(100 \times \frac{1}{6}\right) + \left(100 \times \frac{1}{6}\right) + \left(100 \times \frac{1}{6}\right) + \left(100 \times \frac{1}{6}\right) + \left(100 \times \frac{1}{6}\right) = 100(\text{원})$$

(2) $E(aX) = aE(X)$ 단, a는 상수

이 성질은 상금액을 몇 배 인상한다는 뜻이다. 그러면 몇 배 인상된 상금액의 기댓값은 인상 전의 기댓값에 인상비율을 곱한 값과 같다는 성질이다. 예를 들어, 상금을 10배 인상한 상금액을 확률변수 Y로 놓으면 $Y = 10X$이다.

x	1	5	10	50	100	500	계
$p(x)$	1/6	1/6	1/6	1/6	1/6	1/6	1

$Y = 10X$ (10배 인상)

y	10	50	100	500	1,000	5,000	계
$p(y)$	1/6	1/6	1/6	1/6	1/6	1/6	1

$$E(Y) = \sum_{\text{모든 } y} yP(y)$$

$$= \left(10 \times \frac{1}{6}\right) + \left(50 \times \frac{1}{6}\right) + \left(100 \times \frac{1}{6}\right) + \left(500 \times \frac{1}{6}\right) + \left(1{,}000 \times \frac{1}{6}\right) + \left(5{,}000 \times \frac{1}{6}\right)$$

$$= 1{,}110(\text{원})$$

이 값은 기댓값의 성질(2)를 적용한 값과 동일하다.

$$E(10X) = 10E(X) = 10 \times 111 = 1{,}110(\text{원})$$

(3) $E(aX \pm b) = aE(X) \pm b$ 단, a와 b는 상수

이 성질은 (1)과 (2)의 성질을 결합한 것이다. 즉, 기본상금에다 몇 배 인상한 상금액을 합한 총상금의 기댓값을 의미한다.

x	1	5	10	50	100	500	계
$p(x)$	1/6	1/6	1/6	1/6	1/6	1/6	1

$Z = 10X + 100$(기본상금 100에 10배 인상)

z	110	150	200	600	1,100	5,100	계
$p(z)$	1/6	1/6	1/6	1/6	1/6	1/6	1

$$E(Z) = \sum_{\text{모든 } z} zP(z)$$

$$= \left(110 \times \frac{1}{6}\right) + \left(150 \times \frac{1}{6}\right) + \left(200 \times \frac{1}{6}\right) + \left(600 \times \frac{1}{6}\right) + \left(1{,}100 \times \frac{1}{6}\right) + \left(5{,}100 \times \frac{1}{6}\right)$$

$$= 1{,}210(\text{원})$$

이 결과는 성질(3)을 적용한 값과 같다.

$$E(10X + 100) = 10E(X) + 100 = (10 \times 111) + 100 = 1{,}210(\text{원})$$

(4) $E(X \pm Y) = E(X) \pm E(Y)$

흰색 주사위를 던지는 경우에 나타나는 숫자를 확률변수 X로 정의하자. 그러면 기댓값은 $E(X) = 3.5$이다. 붉은색 주사위를 던지는 경우에 나타나는 숫자를 확률변수 Y로 정의하면 역시 기댓값은 $E(Y) = 3.5$이다. 여기서 두 숫자의 합을 확률변수 K로 놓으면 $K = X + Y$가 된다.

K	2	3	4	5	6	7	8	9	10	11	12	계
$P(k)$	1/36	2/36	3/36	4/36	5/36	6/36	5/36	4/36	3/36	2/36	1/36	1

$$E(X + Y) = E(K) = \sum_{\text{모든 } k} kP(k) = \left(2 \times \frac{1}{36}\right) + \left(3 \times \frac{2}{36}\right) + \cdots + \left(12 \times \frac{1}{36}\right) = 7$$

이 결과는 성질(4)를 적용한 결과와 같다.

$$E(X + Y) = E(X) + E(Y) = 3.5 + 3.5 = 7$$

예제 5-10

다트게임에서 손님이 각 상품을 딸 확률은 아래와 같다.

(1) 노점상은 손님이 다트를 한 번 던질 때 최소 얼마 이상을 받아야 이익이 날까?

(2) 손님에게 기본상품으로 200원짜리 아이스크림을 지급한다면 얼마씩 받아야 이익이 날까?

X (상품)	0	500	1,000	2,500	계
$p(x)$	3/8	2/8	2/8	1/8	1

풀이

(1) 기댓값을 구하면 된다.

$$E(X)=\Sigma xp(x)=\left(0\times\frac{3}{8}\right)+\left(500\times\frac{2}{8}\right)+\left(1{,}000\times\frac{2}{8}\right)+\left(2{,}500\times\frac{1}{8}\right)=687.5\text{원}$$

즉, 노점상은 한 번 던지는데 687.5원 이상 받으면 이익을 낼 수 있다.

(2) $E(X+200)=E(X)+200=687.5+200=887.5$원 이상 받아야 한다.

예제 5-11

캔맥주 한 개의 무게(g)를 확률변수 X라고 하자. 그리고 캔맥주 6개 들이 포장용 박스 한 개의 무게(g)를 확률변수 Y라고 하자. X의 평균 무게는 360g이고 Y의 평균 무게는 50g이다. 다음 값을 구하시오.

(1) 캔맥주 5개의 무게는 얼마인가?

(2) 캔맥주 5개만 들어 있는 한 박스의 총무게는 얼마인가?

(3) 캔맥주 6개들이 한 박스의 무게는 얼마인가?

(4) 캔맥주가 6개씩 포장된 박스 5개의 총무게는 얼마인가?

풀이

(1) $E(5X)=5E(X)=5(360)=1{,}800\text{g}$

(2) $E(5X+Y)=5E(X)+E(Y)=5(360)+50=1{,}850\text{g}$

(3) $E(6X+Y)=6E(X)+E(Y)=6(360)+50=2{,}210\text{g}$

(4) $E(30X+5Y)=30E(X)+5E(Y)=10{,}800+250=11{,}050\text{g}$

2. 분산

분산(variance)의 정의

확률변수의 분산이며 확률분포의 산포를 나타낸다.

• 공식

$$V(X) = \sigma^2 = E(X^2) - \mu^2 = \begin{cases} \sum_{\text{모든}x} (x-\mu)^2 P(x) & \cdots\cdots\cdots\cdots \text{이산형 확률분포} \\ \int_{-\infty}^{\infty} (x-\mu)^2 f(x)dx & \cdots\cdots\cdots\cdots \text{연속형 확률분포} \end{cases}$$

• 성질(법칙)

(1) $V(a) = 0$ 　　단, a, b는 상수

(2) $V(aX) = a^2 V(X)$

(3) $V(aX \pm b) = a^2 V(X)$

(4) $V(X \pm Y) = V(X) + V(Y)$ 　　단, X, Y는 독립

분산의 계산식은 다음과 같다.

분산의 계산식

$$V(X) = \sigma^2 = E(X^2) - \mu^2$$

또한 표준편차는 다음과 같으며 모표준편차를 의미한다.

표준편차

$$\sigma = \sqrt{\sigma^2}$$

예제 5-12

<표 5-5>의 확률분포로부터 분산과 표준편차를 구하시오.

x	1	5	10	50	100	500	합계
$P(x)$	$\frac{1}{6}$	$\frac{1}{6}$	$\frac{1}{6}$	$\frac{1}{6}$	$\frac{1}{6}$	$\frac{1}{6}$	1

풀이

$$E(X) = \sum_{\text{모든}x} xP(x) = \left(1\times\frac{1}{6}\right)+\left(5\times\frac{1}{6}\right)+\left(10\times\frac{1}{6}\right)+\left(50\times\frac{1}{6}\right)+\left(100\times\frac{1}{6}\right)+\left(500\times\frac{1}{6}\right)$$

$$=111(\text{원})$$

$$V(X) = \sum_{\text{모든}x} x^2 p(x) - \mu^2$$

$$= \left[\left(1^2\times\frac{1}{6}\right)+\left(5^2\times\frac{1}{6}\right)+\left(10^2\times\frac{1}{6}\right)+\left(50^2\times\frac{1}{6}\right)+\left(100^2\times\frac{1}{6}\right)+\left(500^2\times\frac{1}{6}\right)\right] - 111^2$$

$$= 43{,}771 - 12{,}321 = 31{,}450(\text{원}^2)$$

표준편차는

$$\sigma = \sqrt{V(X)} = \sqrt{31{,}450} = 177.3(\text{원})$$

이다.

이번에는 분산의 성질을 알아본다.

(1) $V(a)=0$ 단, a는 상수

마술사가 두 개의 동전을 던질 때마다 앞면만 2번 100%로 나오고 0, 1개는 전혀 나오지 않도록 눈속임을 한다면 아래와 같은 확률분포를 가진다.

x	0	1	2	계
$P(x)$	0	0	1	1

- 기댓값: $E(X)=2$
- 분산: $V(X) = \Sigma(x-\mu)^2 p(x)$

$$= (0-2)^2(0)+(1-2)^2(0)+(2-2)^2(1)=0$$

- 성질: $V(2)=0$

(2) $V(aX) = a^2 V(X)$ 단, a는 상수

마술사가 앞면의 갯수가 5배로 증가한 갯수로 나타나도록 했다면 분산은 원래의 분산의 5배의 제곱, 즉 25배가 된다는 의미이다.

x	0	1	2	계
$p(x)$	1/4	2/4	1/4	1

$Y = 5X$

$y = 5x$	0	5	10	계
$p(y)$	1/4	2/4	1/4	1

- 기댓값: $E(5X) = 5(1) = 5$
- 분산: $V(Y) = (0-5)^2\left(\frac{1}{4}\right) + (5-5)^2\left(\frac{2}{4}\right) + (10-5)^2\left(\frac{1}{4}\right) = 12.5$
- 성질: $V(5X) = 5^2 V(X) = 25(0.5) = 12.5$

(3) $V(aX \pm b) = a^2 V(X)$ 단, a, b는 상수

마술사가 앞면의 갯수를 5배로 증가시킨 값에 2개를 더한 값으로 나타나도록 했다면 분산은 더한 값에는 영향을 받지 않고, 5배 한 것에만 영향을 받는다는 성질이다. 즉, 성질 (1)과 (2)를 모두 나타낸 성질이다.

x	0	1	2	계
$p(x)$	1/4	2/4	1/4	1

$Y = 5X + 2$

$y = 5x + 2$	2	7	12	계
$p(y)$	1/4	2/4	1/4	1

- 기댓값: $E(5X+2) = 5(1) + 2 = 7$
- 분산: $V(Y) = (2-7)^2\left(\frac{1}{4}\right) + (7-7)^2\left(\frac{2}{4}\right) + (12-7)^2\left(\frac{1}{4}\right) = 12.5$
- 성질: $V(5X+2) = 5^2 V(X) = 25(0.5) = 12.5$

(4) $V(X \pm Y) = V(X) + V(Y)$ 단, X, Y는 독립

이 성질은 만두 무게의 분산은 만두피 무게의 분산에다 만두속 무게의 분산을 합하면 된다는 의미이다. 분산은 선형결합에서 항상 (+)값만 가진다. 이 성질을 분산의 가법성이라고 한다.

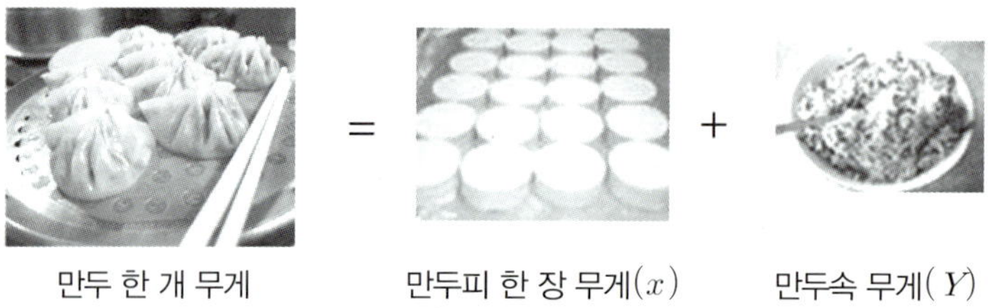

그림 5-9 ▎분산의 가법성

예제 5-14

포장된 피자 한 판의 무게(g)를 확률변수 X라고 하자. 그리고 콜라 1병의 무게(g)를 확률변수 Y라고 하자. X의 평균 무게는 950g, 분산은 $9\,(g^2)$이다. Y의 평균 무게는 1,000g이, 분산은 $4\,(g^2)$이다. 다음 값을 구하시오.

(1) 주문한 피자 2판을 배달할 때 총무게의 평균과 분산은 얼마인가?

(2) 주문한 피자 5판과 콜라 2병을 배달할 때 총무게의 평균과 분산은 얼마인가?

(3) 주문한 피자 10판과 콜라 5병의 총무게는 얼마인가?

풀이

(1) $E(2X) = 2E(X) = 2(950) = 1{,}900g,\quad V(2X) = 2^2\,V(X) = 4(9) = 36\,(g^2)$

(2) $E(5X+2Y) = 5E(X) + 2E(Y) = 5(950) + 2(1{,}000) = 6{,}750g$

(3) $V(5X+2Y) = V(5X) + V(2Y) = 5^2\,V(X) + 2^2\,V(X) = 25(9) + 4(4) = 241\,(g^2)$

5장 단원평가

5-1 다음 중 이산형 확률변수로 정의하기 어려운 것은?

(가) 불량품 수　　(나) 가족 수
(다) 통근시간　　(라) 농구 한 경기에서 3점 슛 갯수

5-2 다음 중 연속형 확률변수로 정의하기 어려운 것은?

(가) 연봉　　(나) 일일 교통사고 건수
(다) 근무시간　　(라) 키

5-3 다음 중 설명이 잘못된 것은?

(가) 확률변수란 표본공간의 모든 근원사상에 수치를 부여하는 규칙이다.
(나) 이산형 확률분포를 확률밀도함수라고 한다.
(다) 확률변수는 모집단의 다른 측면에서 볼 때 같은 것이다.
(라) 확률변수의 평균을 기댓값이라고 한다.

5-4 다음 중 기댓값의 성질 중 잘못된 것은?

(가) $E(a)=a$ 단, a는 상수이다.
(나) $E(X)=10$일 때 $E(2X+5)=25$이다.
(다) $E(X)$는 모평균과 같다.
(라) $E(X)$는 확률변수의 분산을 의미한다.

5-5 다음 중 확률변수의 분산에 대한 설명 중 잘못된 것은?

(가) 확률변수의 분산은 산포경향을 나타내는 척도이다.
(나) $V(X)=10$ 일 때 $V(5X-8)=42$이다.
(다) 확률변수의 분산은 모분산과 같다.
(라) 확률변수의 분산은 항상 양(+)의 값만 가진다.

5-6 다음 확률분포표의 설명이 잘못 된 것은?

x	2	5	8	10	계
$p(x)$	0.1	0.2	0.5	a	1.0

㈎ a의 확률은 0.2이다.

㈏ 3보다 클 확률, 즉 $P(X>3)$은 0.9이다.

㈐ $P(4 \le X \le 9) = 0.7$이다.

㈑ 기댓값은 $E(X) = 5$이다.

5-7 다음은 서울주유소에서 지난 달 주유차량을 요일별로 정리한 표이다.

요일	월	화	수	목	금	토	일	계
주유차량 댓수	170	90	140	100	150	200	150	1,000

주유차량 댓수를 확률변수 X로 정의하고 확률분포표를 작성하시오.

5-8 한 서점의 경영자는 매 5분마다 계산대에 도착하는 고객의 수를 기록하였다. 그 결과 다음과 같은 확률분포를 구하였다. 이 확률변수의 평균과 분산을 구하시오,

x	0	1	2	3	4	합계
$p(x)$	0.10	0.20	0.25	0.25	0.20	1.00

정답과 풀이

5-1 ㈐ **5-2** ㈏ **5-3** ㈏ **5-4** ㈑ **5-5** ㈏ **5-6** ㈑

5-7

x	90	100	140	150	170	200	계
$p(x)$	0.09	0.1	0.14	0.3	0.17	0.2	1.0

5-8 $E(X) = \sum_{x=0}^{4} xp(x) = (0\times 0.1) + (1\times 0.2) + (2\times 0.25) + (3\times 0.25) + (4\times 0.2) = 2.25(\text{명})$

$$V(X) = \sum_{x=0}^{4} x^2 p(x) - \mu^2$$
$$= [(0^2\times 0.1) + (1^2\times 0.2) + (2^2\times 0.25) + (3^2\times 0.25) + (4^2\times 0.2)] - 2.25^2$$
$$= 1.5875(\text{명}^2)$$

표준편차는 $\sigma = \sqrt{V(X)} = \sqrt{1.5875} = 1.26(\text{명})$

퀴즈3 상금총액＝120억

이익＝80억

5장 연습문제

5.1 우리 대학 9호관 4층에 있는 자동판매기에서 매 시간당 판매되는 캔커피 갯수는 확률변수이다. 각 물음에 답하시오.

(1) 이 변수가 가질 수 있는 값들은 무엇인가?

(2) 이 값들은 셀 수 있는가?

(3) 이 확률변수는 이산형 확률변수인가 또는 연속형 확률변수인가?

5.2 우리 대학 9호관 4층에 있는 자동판매기에서 매 시간당 판매되는 캔커피의 양은 확률변수이다. 각 물음에 답하시오.

(1) 이 변수가 가질 수 있는 값들은 무엇인가?

(2) 이 값들은 셀 수 있는가? 설명하시오.

(3) 이 값들은 유한개인가 무한개인가? 설명하시오.

(3) 이 확률변수는 이산형 확률변수인가 또는 연속형 확률변수인가?

5.3 다음은 통계학 교수가 한 학기 동안 조사한 결석생 수 X의 확률분포이다.

x	0	1	2	3	4	5	6	7
$p(x)$	0.15	0.02	0.19	0.24	0.22	0.08	0.09	0.01

(1) 다음 확률을 구하시오.

(가) $P(2 \le X \le 5)$ (나) $P(X > 5)$ (다) $P(X < 4)$

(2) 모평균을 구하시오.

(3) 모표준편차를 구하시오.

제6장
이산형 확률분포

제6장

이산형 확률분포

[학습목표]

- 베르누이 사건이 어떤 것인지 알 수 있다.
- 이항분포를 이해하고 활용할 수 있다.
- 초기하분포를 이해하고 활용할 수 있다.
- 포아송분포를 이해하고 활용할 수 있다.

이산형 확률분포는 확률변수가 0, 1, 2, …와 같이 유한적이고 셀 수 있는 수로 이루어진 분포로서 제5장에서는 기본개념과 관련된 이론만 다루었다. 이 번 장에서는 부적합품 갯수, 교통사고 건수, 가격하락 품목 수, 야구경기에서 홈런 수 등 계수치 데이터에 현실적으로 응용할 수 있는 베르누이분포, 이항분포, 초기하분포 그리고 포아송분포를 다룬다.

6.1 베르누이분포

(a) 나로호 발사(성공, 실패)

(b) 대통령 선거(당선, 낙선)

(c) 페널티 킥(골인, 노골인)

(d) 운전면허시험(합격, 불합격)

그림 6-1 ▌베르누이 시행의 사례

베르누이 시행(Bernoulli trial)이란 [그림 6-1]의 예와 같이 그 결과가 단 2가지만 발생하는 실험(관찰)을 의미한다. 베르누이 시행에서는 두 가지 결과 중 하나를 성공(success), 다른 하나를 실패(failure)라고 표현한다. 예를 들면, 성공에 해당하는 결과는 골인, 합격, 당선, 적합 등이고 실패에 해당하는 결과는 노골, 불합격, 낙선, 부적합 등이다. 경우에 따라서는 성공과 실패가 바뀔 수도 있다.

● **베르누이분포**(Bernoulli distribution)

베르누이 시행에서 성공이면 "1", 실패이면 "0"의 값만 가지는 확률변수 X의 분포를 의미한다.

- 확률함수: $p(x)=p^x(1-p)^{1-x},\ x=0,\ 1$
- 기댓값과 분산: $E(X)=p$

  $V(X)=p(1-p)$
- 특징
  (1) 단 한 번만 실험이 이루어지며, 항상 "0" 또는 "1"의 값만 가진다.
  (2) 성공확률 p와 실패확률 $1-p$를 합하면 항상 1이 된다.
  (3) 여러 번의 베르누이 시행은 서로 독립적이다.

이러한 베르누이 시행과 분포를 먼저 살펴본 이유는 모집단에서 표본을 추출할 때 실험 결과 또는 관찰 조사한 결과가 2개로 분류되는 경우가 많기 때문이다. 어느 대선 후보자에 대한 지지와 비지지, 정부의 감세정책에 대한 찬성과 반대, 그리고 제품검사에서 적합, 부적합 등과 같은 경우가 이에 해당한다.

베르누이분포의 평균과 분산은 다음과 같다.

$$\mu=E(X)=\sum_{x=0}^{1}xp(x)=[(0)\times(1-p)]+[(1)\times(p)]=p$$

$$\sigma^2=V(X)=\sum_{x=0}^{1}(x-\mu)^2p(x)=[(0-p)^2\times(1-p)]+[(1-p)^2\times(p)]=p(1-p)$$

예제 6-1

어느 신혼부부는 자녀를 딱 1명만 낳기로 하였다. 딸을 낳으면 성공, 아들을 낳으면 실패라고 생각하고 있다. 딸을 낳으면 1명이고, 아들을 낳으면 0명이라는 의미이다. 딸을 낳을 확률이 p=0.5일 때 평균과 분산을 구하시오.

풀이

성공확률 $p=0.5$, 실패확률 $=1-p=1-0.5=0.5$이므로

$\mu = E(X) = p = 0.5$

$\sigma^2 = V(X) = p(1-p) = 0.5 \times (1-0.5) = 0.25$

이다.

그런데 나로호 발사처럼 베르누이 시행이 단 한 번이 아니고 여러 번 독립적으로 반복되는 경우가 발생한다. 이런 경우를 설명하는 데 적합한 분포가 이항분포이다.

6.2 이항분포

여러 번 독립적으로 반복되는 베르누이 시행을 이항실험(binomial experiment)이라고 한다. 이항실험을 이해하기 위하여 매달 3명의 임신부가 출산하는 순풍산부인과의 경우를 살펴보자.

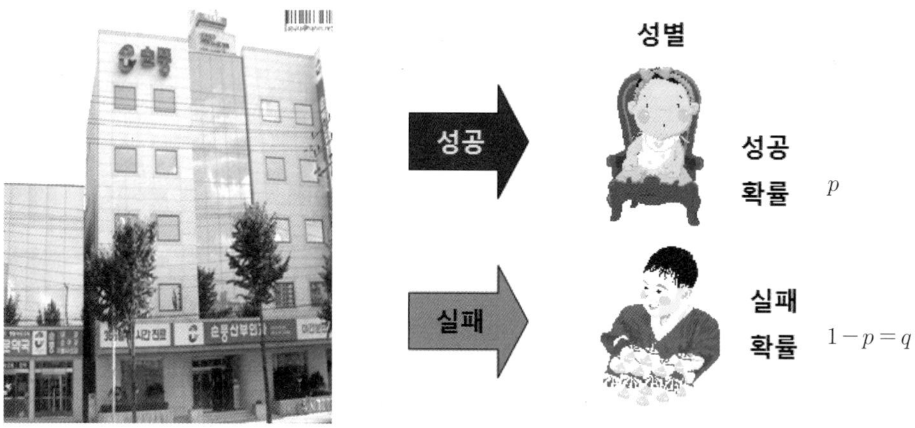

그림 6-2 ▌이항실험 예

베르누이 시행은 임신부가 출산하는 것이고, 그 결과는 딸(성공)과 아들(실패)이다. 그리고 성공할 확률, 즉 딸이 출생할 확률은 p로 일정하다. 그러면 3명의 임신부가 출산한다는 것은 이러한 베르누이 시행이 3번 독립적으로 반복되는 것이며 각각의 임신부는 딸(성공)과 아

들(실패)이라는 상호 배타적인 결과를 갖는다. 상호 배타적인 결과란 첫 번째 임신부가 딸을 출산했다고 두 번째 임신부도 그 영향을 받아(예를 들면 샘이 나서) 딸을 출산하는 관계는 아닌 것을 의미한다. 따라서 이 상황은 이항실험에 해당된다.

이제 이항실험을 이해하였으므로 딸이 2명 출생할 확률을 어떻게 구하는지 살펴보자. 3명의 임신부가 출산하는 딸과 아들의 모든 경우를 나열해 보면 알 수 있다.

딸의 수(x):	0명	1명	2명	3명
경우의 수	${}_3C_0 = 1$	${}_3C_1 = 3$	${}_3C_2 = 3$	${}_3C_3 = 1$
각 경우의 확률	$q\ q\ q$	$p\ q\ q$ $q\ p\ q$ $q\ q\ p$	$p\ p\ q$ $q\ p\ p$ $p\ q\ p$	$p\ p\ p$
	↓	↓	↓	↓
	$p^0\ q^3$	$p^1\ q^2$	$p^2\ q^1$	$p^3\ q^0$

그림 6-3 ▮ 경우의 수와 확률

[그림 6-3]에서 딸의 출산이 0명인 것은 임신부 3명이 모두 아들을 출산하는 경우이다. 한편, 딸의 출산이 2명인 것은 첫 번째 임신부가 딸, 두 번째도 딸, 세 번째는 아들을 낳거나, 또는 첫 번째 임신부가 딸, 두 번째는 아들, 세 번째가 딸을 낳거나 또는 첫 번째 임신부는 아들, 두 번째가 딸, 세 번째도 딸을 낳는 3가지 경우 중 하나에 해당한다. 따라서 딸이 2명 출생한다는 것은 누가 딸을 낳든 관계가 없이 단지 3명의 임신부 중에서 2명만 딸을 출산하면 된다. 이러한 경우의 수는 모든 경우를 나열하지 않고 조합(combination)을 이용하면 편리하게 구할 수 있다.

n개 중에서 x개를 조합하는 경우의 수는 다음 식으로 구한다.

$$ {}_nC_x = \frac{n!}{x!\,(n-x)!}, \quad \text{단}, n! = n \times (n-1) \times ,,, \times 2 \times 1;\ 0! = 1 $$

예를 들어, $n=3$명의 임신부 중에서 $x=2$명이 딸을 출산하는 경우의 수는 다음과 같다.

$$_3C_2 = \frac{3!}{2!(3-2)!} = \frac{3\times2\times1}{(2\times1)\times(1)} = 3$$

먼저, 딸의 출생이 0명, 1명, 2명, 3명인 경우의 수를 구해보자.

딸의 출생이 0명인 경우의 수는 3명의 임신부가 모두 아들만 출산하는 것으로 $_3C_0=1$가지이다. 딸의 출생이 1명인 경우의 수는 3명의 임신부 중 1명만 딸을 출산하는 경우로 $_3C_1=3$가지이다. 같은 방법으로 2명의 딸을 출산하는 경우의 수는 $_3C_2=3$가지이다. 딸의 출생이 3명인 경우의 수는 임신부 3명이 모두 딸을 출산하는 경우로 $_3C_3=1$가지이다.

이번에는 딸의 출생확률이 p, 아들의 출생확률이 $q=1-p$일 때 딸의 출생이 0명, 1명, 2명, 3명일 확률을 구해보자. 딸의 출생이 몇 명일 확률은 딸이 몇 명 출생하는 경우의 수와 각 경우의 확률을 곱하면 구해진다.

따라서 딸의 출생이 0명일 확률은 3명의 임신부가 모두 딸을 낳지 못하고 아들만 낳은 경우의 수 $_3C_0=1$과 그 경우의 확률 $q\times q\times q$ 즉, p^0q^3을 곱하면 얻어진다. 즉, $_3C_0p^0q^3=1p^0q^3$이다. 같은 원리로 딸의 출생이 1명일 확률은 경우의 수 $_3C_1=3$과 그 경우의 확률 p^1q^2을 곱하면 $_3C_1p^1q^2=3p^1q^2$이다. 딸의 출생이 2명일 확률은 경우의 수 $_3C_2=3$과 그 경우의 확률 p^2q^1을 곱하면 $_3C_2p^2q^1=3p^2q^1$이고, 딸의 출생이 3명일 확률은 경우의 수 $_3C_3=1$과 그 경우의 확률 p^3q^0을 곱하면 $_3C_3p^3q^0=1p^3q^0$이다.

이제 딸의 출생확률을 $p=0.48$(48%)라고 가정하고 딸이 2명 태어날 확률을 구해보면 다음과 같다.

$$P(X=2)=p(2)={_3C_2}p^2q^1=3\times0.48^2\times(1-0.48)^1=0.3594$$

지금까지 설명한 내용을 종합하면 이항분포를 정의할 수 있다.

이항분포(Binomial distribution)

성공확률이 p인 베르누이 시행을 n번 반복했을 때 성공횟수를 확률변수 X로 놓으면 X가 따르는 분포를 이항분포라고 한다.

- 확률함수: $P(x)={_nC_x}p^x(1-p)^{n-x},\ x=0,1,\cdots,n$
- 기댓값과 분산: $E(X)=np \qquad V(X)=np(1-p)$

예제 6-2

순풍산부인과의 예에서 확률변수 X를 딸의 출생 수라고 하자. 딸의 출생확률이 p=0.48일 때

(1) 확률분포표를 작성하시오.

(2) 딸의 평균 출생 수와 분산을 구하시오.

풀이

(1) $p=0.48$, $n=3$이므로

$$P(X=0)=p(0)={}_3C_0 0.48^0(1-0.48)^3=0.141$$
$$P(X=1)=p(1)={}_3C_1 0.48^1(1-0.48)^2=0.389$$
$$P(X=2)=p(2)={}_3C_2 0.48^2(1-0.48)^1=0.359$$
$$P(X=3)=p(3)={}_3C_3 0.48^3(1-0.48)^0=0.111$$

x	0	1	2	3	합계
$p(x)$	0.141	0.389	0.359	0.111	1.000

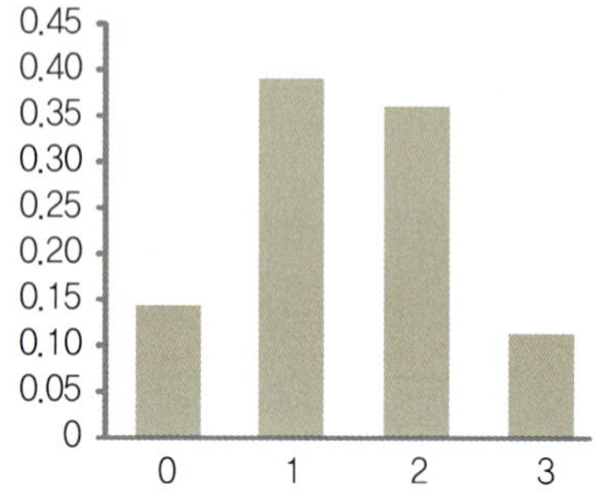

그림 6-4 ▌이항분포의 확률분포표와 그래프

(2) 기댓값과 분산은

$$E(X)=\sum_{x=0}^{3}xp(x)=(0\times 0.141)+(1\times 0.389)+(2\times 0.359)+(3\times 0.111)=1.44(\text{명})$$

공식이용: $E(X)=np=3\times 0.48=1.44(\text{명})$

$$V(X)=\sum_{\text{모든 }x}x^2p(x)-\mu^2$$
$$=[(0^2\times 0.141)+(1^2\times 0.389)+(2^2\times 0.359)+(3^2\times 0.111)]-1.44^2=0.75(\text{명}^2)$$

공식이용: $V(X)=np(1-p)=3\times 0.48\times 0.52=0.7488$

정의식과 공식의 결과의 차이는 반올림 오차 때문이다. 이항분포의 기댓값(평균)과 분산은 공식으로 구하는 것이 편리하다.

예제 6-3

나로호 우주선 발사 성공률을 80%라고 하자. 5번 발사할 경우에 2번만 성공할 확률은 얼마인가?

풀이

$P(x)={}_nC_x p^x(1-p)^{n-x}$ 에서 $n=5$, $p=0.8$, $x=2$이므로

$P(2)={}_5C_2(0.8^2)(1-0.8)^3=0.0512$ 이다.

예제 6-4

부적합률이 p=0.05인 모집단에서 n=5개의 시료(sample)를 무작위 추출했을 때

(1) 부적합품이 2개 이하 나타날 확률을 구하시오.

(2) 부적합품이 3개 이상 나타날 확률을 구하시오.

풀이

$n=5$, $p=0.05$이므로

(1) $P(X \le 2) = P(X=0) + P(X=1) + P(X=2) = \sum_{x=0}^{2} {}_5C_x(0.05^x)(1-0.05)^{5-x}$

$= 0.7738 + 0.2036 + 0.0214 = 0.9988$

(2) $P(X \ge 3) = 1 - P(X \le 2) = 1 - 0.9988 = 0.0012$

이항분포의 성질

- $p = 0.5$일 때 기댓값 $E(X) = np$에 대하여 좌우대칭이다.
- $np \ge 5$이고 $np(1-p) \ge 5$일 때 정규분포로 근사한다.
- $p \le 0.1$이고 $np = 0.1 \sim 10$일 때 포아송분포로 근사한다.

엑셀 통계함수 이용 방법

제이슨 카포너의 3점 슛 성공률이 80%이다. 어떤 게임에서 3점 슛을 5번 던진다면 이 중에서

(1) 1번 성공시킬 확률은?

(2) 4번 이하 성공시킬 확률은?

그림 6-5 ▌이항분포의 엑셀 통계함수 예제

풀이

이 문제는 3점슛을 던지는 것은 베르누이 시행에 해당되며, 슛 성공률은 80%로 일정하며, 5번 반복하여 3점슛을 던지는 것은 이항실험인 동시에 서로 독립시행이다. 따라서 확률변수를 3점슛 성공횟수라고 정의하면 이 확률변수는 다음과 같이 $n=5$, $p=0.8$인 이항분포를 따른다.

$$P(X=x) = {}_nC_x p^x q^{n-x} = {}_5C_x(0.8)^x(1-0.8)^{5-x}, \quad x = 0,1,2,3,4,5$$

(1) 1번 성공시킬 확률을 구해보자. 즉, $n=5$, $p=0.8$, $x=1$인 경우이다.

$$P(X=1) = {}_5C_1(0.8)^1(1-0.8)^{5-1} = 0.0064$$

● **초기하분포**(Hypergeometric distribution)

특정한 속성(예: 光)을 가진 것이 D개 포함된 크기 N인 유한모집단에서 n개의 표본을 임의추출했을 때 표본 중에 포함되는 속성 D의 갯수를 확률변수 X라고 하자. 이 경우 X가 따르는 확률분포를 초기하분포라고 한다.

- 확률함수: $P(X=x)=P(x)=\dfrac{{}_DC_x \times {}_{N-D}C_{n-x}}{{}_NC_n}$
- 기댓값과 분산: $E(X)=np$

$$V(X)=\left(\frac{N-n}{N-1}\right)np(1-p) \quad \text{단, } p=\frac{D}{N}$$

분산의 식에서 $\left(\dfrac{N-n}{N-1}\right)$을 유한모집단 수정계수(finite population correction factor)라고 한다.

예제 6-5

고스톱 게임에서 광이 들어오는 장수를 확률변수 X로 놓자.

(1) 확률분포표를 작성하시오. (2) 평균 몇 장의 광이 들어오는가?

(3) 분산을 구하시오.

풀이

(1) $P(X=x)=P(x)=\dfrac{{}_DC_x \times {}_{N-D}C_{n-x}}{{}_NC_n}$ 에서 $N=48$, $n=7$, $D=5$인 경우이므로

$$P(X=0)=\frac{{}_5C_0 \times {}_{43}C_7}{{}_{48}C_7}=0.43765$$

$$P(X=1)=\frac{{}_5C_1 \times {}_{43}C_6}{{}_{48}C_7}=0.41400$$

$$P(X=2)=\frac{{}_5C_2 \times {}_{43}C_5}{{}_{48}C_7}=0.13074$$

$$P(X=3)=\frac{{}_5C_3 \times {}_{43}C_4}{{}_{48}C_7}=0.01676$$

$$P(X=4)=\frac{{}_5C_4 \times {}_{43}C_3}{{}_{48}C_7}=0.00084$$

$$P(X=5)=\frac{{}_5C_5 \times {}_{43}C_2}{{}_{48}C_7}=0.00001$$

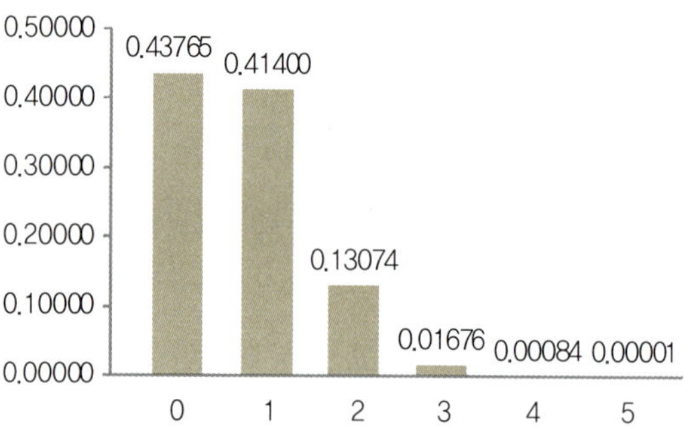

x	0	1	2	3	4	5	합계
$p(x)$	0.43765	0.4140	0.13074	0.01676	0.00084	0.00001	1.0

그림 6-7 ▌초기하분포의 확률분포표와 그래프

(2) 기댓값은 1회에 7장의 패를 받을 때 광이 들어올 평균 장수이다.

$$E(X) = np = 7 \times \frac{5}{48} = 0.729\text{장}$$

$$V(X) = \left(\frac{N-n}{N-1}\right) np(1-p) = \left(\frac{48-7}{48-1}\right) \times (7) \times \left(\frac{5}{48}\right) \times \left(1 - \frac{5}{48}\right) = 0.5698$$

예제 6-6

남성이 7명과 여성 3명이 최종 면접을 보게 되었다. 인사담당자는 10명 중 누가 채용되더라도 채용조건에 차이가 없다고 판단하고 있다. 이 경우 여성이 2명 남성이 1명 채용될 확률을 구하시오.

풀이

여성이 뽑히는 명수를 확률변수 X로 놓으면 확률변수 X는 초기하분포를 따르며 $x=2$일 확률을 구하면 된다. 즉, $N=10$ 중에서 $n=3$명을 뽑을 때 여성(D) 3명 중에 $x=2$명, 남성($N-D$) 7명 중에 $n-x=1$명이 선발되는 경우이다.

$$P(X=2) = \frac{{}_3C_2 \times {}_7C_1}{{}_{10}C_3} = 0.175$$

엑셀 통계함수 이용 방법

제1장 <표1-3>의 조선왕조 임금 자료에서 임의로 5명을 뽑을 때 왕명 끝이 다음과 같을 왕이 뽑힐 확률을 구하시오.
(1) 왕명 끝이 "조"인 왕이 2명 뽑힐 확률은?
(2) 왕명 끝이 "종"인 왕이 4명 뽑힐 확률은?
(3) 왕명 끝이 "군"인 왕이 1명 뽑힐 확률은?

그림 6-8 ▌초기하분포의 엑셀 통계함수 예제

풀이

엑셀 통계함수에서 초기하분포의 확률은 다음 함수를 적용해 구한다.

$$\text{HYPGEOM.DIST}(x, n, D, N, 0)$$

각 인수는 $x=$표본 중의 성공 개수, $n=$표본의 크기

$D=$모집단 중의 성공 갯수, $N=$모집단 크기

(1) "조"인 왕은 7명이 있다. $N=27$, $n=5$, $D=7$, $x=2$일 확률을 구하면

$$P(X=2) = \frac{{}_7C_2 \times {}_{20}C_3}{{}_{27}C_5} = \text{HYPGEOM.DIST}(2, 5, 7, 27, 0) = 0.2965$$

(2) “종”인 왕은 18명이 있다. $N=27,\ n=5,\ D=18,\ x=4$일 확률을 구하면

$$P(X=4)=\frac{{}_{18}C_4\times{}_{9}C_1}{{}_{27}C_5}=\text{HYPGEOM.DIST}(4,5,18,27,0)=0.3411$$

(3) “군”인 왕은 2명이 있다. $N=27,\ n=5,\ D=2,\ x=1$일 확률을 구하면

$$P(X=1)=\frac{{}_{2}C_1\times{}_{25}C_4}{{}_{27}C_5}=\text{HYPGEOM.DIST}(1,5,2,27,0)=0.3134$$

적용례

로또복권에서 인생역전이 되는 1등에 당첨될 확률을 구해보자.

그림 6-9 ▌초기하분포로 로또복권 당첨확률 구하기

로또복권은 1에서부터 45까지 총 45개의 숫자 중에서 구입자가 선택한 6개의 숫자를 추첨일에 뽑힌 6개의 숫자와 비교하여 몇 개가 같은지에 따라 등위가 결정되는 방식이다. 물론 인생역전의 1등은 6개 숫자 모두 일치해야 한다. 그러면 로또복권의 당첨확률이 어떻게 초기하분포에 적용되어 구해지는지 살펴보자.

초기하분포는 특정한 속성을 가진 것이 D개가 들어있는 크기 N인 유한모집단에서 n개의 표본을 비복원추출했을 때 특정한 속성인 것이 x개 뽑힐 확률을 구하는 이산형확률분포이다.

로또복권에서 특정한 속성은 구입자가 선택한 6개의 숫자가 되고, 이 숫자가 포함된 모집단은 총숫자 45개로 유한모집단이 된다. 이어서 추첨일에 추출한 6개의 공의 숫자는 표본이 되며 동시에 표본의 숫자와 구입자가 선택한 숫자가 일치하는 갯수 x는 0, 1, 2, 3, 4, 5, 6 중 하나가 된다. 따라서 1등에 당첨될 확률은 초기하분포에서 $N=45,\ n=6,\ D=6,\ x=6$일 경우와 같다.

$$P(X=6)=\frac{{}_{6}C_6\times{}_{39}C_0}{{}_{45}C_6}=\frac{1}{8{,}145{,}060}=0.0000001227$$

1등 당첨확률은 단순하게 생각하면 800만 번 구입했을 때 단 한 번 당첨되는 정도이다. 이번에는 5등에 당첨될 확률을 구해보자. 5등은 6개의 숫자 중 3개의 숫자를 맞추면 되므로 $N=45,\ n=6,\ D=6,\ x=3$인 경우이다. 따라서 5등 당첨확률은

$$P(X=3)=\frac{{}_{6}C_3\times{}_{39}C_3}{{}_{45}C_6}=\frac{20\times 9139}{8{,}145{,}060}=0.0224(2.24\%)$$

로 가끔 간밤에 돼지꿈을 꾸어서 구입한 로또복권이 당첨되는 정도라고 생각한다.

여러분도 봉황꿈을 꾸었을 때 로또복권 한 장 구입해 보세요. 물론 추첨일 전에 2등, 3등, 4등 및 꽝일 확률도 구해보면 재미있겠지요.

다음 절에서는 이산형 확률분포의 마지막으로 포아송분포를 알아보기로 하자.

6.4 포아송분포

포아송분포를 이해하기 위하여 [그림 6-10]을 보자. 일상생활에서 가끔 일정한 시간이나 거리 또는 면적 등에서 발생하는 특정한 사건이 얼마인지에 관심을 보이는 경우가 있다. 예를 들면 다음과 같다.

홀로그램 없음 냉장고 도장 흠집 옥의 티

그림 6-10 ▮ 단위당 드물게 발생하는 사건

- 새로 구입한 SUV차나 냉장고에 흠집은 몇 개나 있을까?
- 한 달간 아파트 엘리베이터가 고장이 나는 것은 몇 건일까?
- 119 전화교환대에 1분당 걸려오는 응급전화는 몇 통일까?
- 영화 한 편에는 옥의 티가 몇 개 있을까?

이러한 예처럼 시간, 구간, 면적의 측정 단위는 연속적이지만 발생 건수는 이산적이다. 이렇게 발생하는 특정한 사건의 횟수를 확률변수 값으로 하는 분포가 포아송분포(Poission distribution)이다. 포아송분포를 따르는 확률변수는 취하는 값에 제한이 없지만 이항분포를 따르는 확률변수는 최대 표본의 크기만큼, 즉 베르누이 시행의 횟수만큼 제한되는 점이 다르다. 포아송분포는 1873년에 이 분포를 처음 소개한 프랑스 수학자 S.D. Poisson의 이름을 따서 붙여진 분포명이다. 그러면 포아송분포를 정의하기로 하자.

포아송분포(Poisson distribution)

단위구간(시간, 길이, 면적 등) 내에서 발생하는 사건의 횟수를 확률변수 X라고 하면 이 변수가 취하는 값의 확률분포를 포아송분포라고 한다.

- 확률함수: $P(X=x)=p(x)=\dfrac{e^{-\mu}\mu^{x}}{x!},\quad x=0,1,2\cdots$

  $\mu=$단위당 평균 발생갯수

  $e=2.718283$(자연로그의 밑수)

- 기댓값과 분산: $E(X)=\mu,\ V(X)=\mu$

포아송분포가 적용되기 위해서는 다음 조건이 만족되어야 한다.

첫째, 단위구간마다 발생하는 특정 사건은 서로 독립이어야 한다.

예를 들면, 오전 9시에서 10시 사이에 걸려오는 핸드폰 전화 건수는 셀 수 있을 정도이며 각각 걸려오는 전화는 서로 연관성이 없으므로 독립적이라고 할 수 있다.

둘째, 극히 작은 단위구간에서 특정 사건이 발생할 확률은 0으로 간주한다.

예를 들면, 10분 동안에 식당에 오는 손님이 10명이라면 평균적으로 1분에 1명의 손님이 식당에 온 셈이다. 그러나 1초 동안에 식당에 오는 손님 수는 거의 없다. 즉, 1초 동안에 식당에 손님이 올 확률은 0이라고 할 수 있다.

셋째, 특정 사건이 발생할 확률은 구간의 길이에 비례한다.

예를 들면, 자동차 사고 건수를 조사하는 경우에 1일 사고 건수가 평균 2건이면 1주일 간의 사고건수는 14건(2건×7일)이 된다.

예제 6-7

자동차 도장공정에서 한 대당 도장결점이 평균 0.2개소 발생한다. 이 도장결점 수를 확률변수 X 라고 하자.

(1) 확률변수 X의 확률분포표와 확률그래프를 작성하시오.

(2) 평균과 분산을 구하시오.

(3) 도장결점이 2개 이하 나타날 확률을 구하시오.

풀이

(1) 확률분포표와 그래프

$$P(X=0)=\frac{e^{-0.2}(0.2)^0}{0!}=0.8187$$

$$P(X=1)=\frac{e^{-0.2}(0.2)^1}{1!}=0.1637$$

$$P(X=2)=\frac{e^{-0.2}(0.2)^2}{2!}=0.0164$$

$$P(X=3)=\frac{e^{-0.2}(0.2)^3}{3!}=0.0011$$

$$P(X=4)=\frac{e^{-0.2}(0.2)^4}{4!}=0.0001$$

$$P(X=5)=\frac{e^{-0.2}(0.2)^5}{5!}=0.0000$$

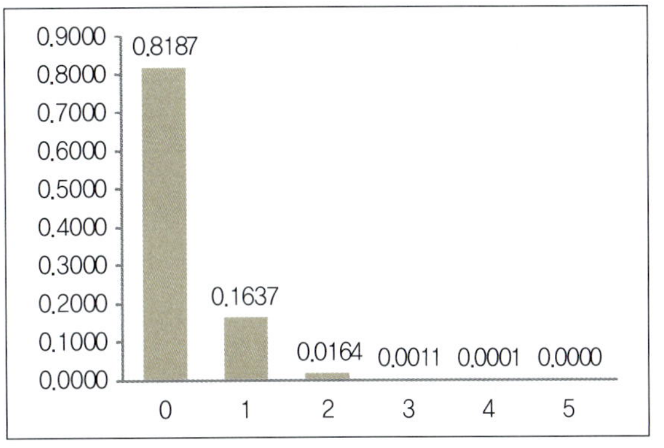

x	0	1	2	3	4	5	계
$p(x)$	0.8187	0.1637	0.0164	0.0011	0.0001	0.0000	1.00

그림 6-11 ▌포아송분포의 확률분포표와 그래프

(2) $E(X)=\mu=0.2,\ V(X)=\mu=0.2$

(3) $P(X\le 2)=P(X=0)+P(X=1)+P(X=2)$
$=0.8187+0.1637+0.0164=0.9988$

예제 6-8

어느 종합병원에 하루 동안 교통사고로 인한 응급환자가 평균 2명 정도 오며 포아송분포를 따른다고 한다.

(1) 하루 동안 응급환자가 한 명도 오지 않을 확률은?

(2) 하루 동안 응급환자가 적어도 1명 이상 올 확률은?

(3) 하루 동안 응급환자가 5명 올 확률은?

풀이

(1) $P(X=0)=\frac{e^{-2}(2^0)}{0!}=0.1353$

(2) $P(X\ge 1)=1-P(X=0)=1-\frac{e^{-2}(2^0)}{0!}=1-0.1353=0.8647$

(3) $P(X=5)=\frac{e^{-2}(2^5)}{5!}=0.0361$

엑셀 통계함수 이용 방법

강원도 산골마을에 있는 초등학교는 겨울에 폭설 때문에 겨울 동안 평균적으로 3일 휴교한다. 이 마을의 휴교일 수는 포아송확률변수를 따른다고 하자.
(1) 휴교일 수가 4일일 확률은?
(2) 휴교일 수가 6일 이하일 확률은?

그림 6-12 ▌포아송분포의 엑셀 통계함수 예제

풀이

(1) $\mu=3,\ x=4$이므로 $P(X=4)=\dfrac{e^{-3}(3^4)}{4!}$

$$\text{POISSON.DIST}(x,\mu,0)=\text{POISSON}(4,3,0)=0.1680$$

(2) $x=6$ 이하의 누적확률을 구하는 경우이다.

$$P(X\le 6)=\sum_{x=0}^{6}\frac{e^{-3}(3^x)}{x!}\ :\ \text{POISSON.DIST}(x,\mu,1)=\text{POISSON}(6,3,1)=0.9665$$

엑셀 통계함수에서 개별확률은 마지막 인수가 0으로, 누적확률은 1로 구분한다.

6장 단원평가

6-1 이승엽 선수가 평균 한 경기당 홈런을 칠 확률은 0.2이다. 이 선수가 5번 경기에서 2번 홈런을 칠 확률을 구한다면 어느 분포가 적합할까?

(가) 베르누이분포　　(나) 이항분포

(다) 초기하분포　　(라) 포아송분포

6-2 우리 부서는 남자가 7명, 여자가 3명으로 구성되어 있다. 임의로 3명을 선택하여 야근을 시킬 경우 남자 1명이 야근할 확률을 구하려고 한다. 다음 어느 분포가 적합할까?

(가) 베르누이분포　　(나) 이항분포

(다) 초기하분포　　(라) 포아송분포

6-3 다음 중 이항분포의 확률함수는 어느 것인가?

(가) $P(X=x)=\dfrac{e^{-\mu}\times\mu^{x}}{x!}$　　(나) $P(X=x)=\dfrac{{}_{D}C_{x}\times{}_{N-D}C_{n-x}}{{}_{N}C_{x}}$

(다) $P(X=x)={}_{n}C_{x}\,p^{x}(1-p)^{n-x}$　　(라) $P(X=x)=p^{x}(1-p)^{1-x}$

6-4 어느 공장에서 발생하는 안전사고는 분기당 평균 1건이 발생한다고 한다. 어느 특정 분기에 안전사고가 0건 발생할 확률을 구하는데 적합한 분포는?

(가) 베르누이분포　　(나) 이항분포

(다) 초기하분포　　(라) 포아송분포

6-5 불량률이 1%인 조립공정에서 부품 200개를 표본추출하여 검사를 한다면 예상되는 평균 불량품 수는 몇 개일까?

(가) 2　　(나) 3

(다) 4　　(라) 1

6-6 다음 이항분포에 대한 설명 중 잘못된 것은?

(가) $p=0.5$일 때 기댓값을 중심으로 좌우대칭이다.

(나) $np\geq 5,\ np(1-p)\geq 5$이면 정규분포에 근사(수렴)한다.

(다) n번 반복되는 시행은 독립적이다.

(라) 한 가지 결과가 나타날 확률 p는 같지 않다.

6-7 다음 설명 중 틀린 것은?

(가) 이산형 확률분포는 이항분포, 초기하분포 그리고 정규분포가 있다.

(나) 포아송분포의 평균과 분산은 같다.

(다) 이항분포의 평균과 초기하분포의 평균은 같다.

(라) 포아송분포는 단위당 발생하는 사건과 다른 단위당 발생하는 사건은 서로 독립이다.

6-8 가정에서 새로운 승용차를 구입할 때 모델을 선정하는 영향력을 남편이 행사하는가 또는 부인이 행사하는가를 조사한 결과 80%는 남편이 행사하는 것으로 나타났다. 네 가정에서 신차를 구입한다고 가정할 때

(가) 확률변수는 무엇이 되는가?

(나) 어떤 분포를 적용해야 하는가?

(다) 두 가정에서 남편이 영향력을 행사할 확률을 구하시오.

(라) 적어도 두 가정에서 남편이 영향력을 행사할 확률을 구하시오.

6-9 우리 부서는 남자가 7명, 여자가 3명으로 구성되어 있다. 임의로 3명 선발하여 야근조로 편성한다면 남자 3명이 야근할 확률을 구하시오.

6-10 어느 공장에서 발생하는 안전사고는 분기당 평균 1건이 발생한다고 한다. 어느 특정 분기에 안전사고가 한 건도 발생하지 않을 확률을 구하시오.

정답과 풀이

6-1 (나) **6-2** (다) **6-3** (다) **6-4** (라) **6-5** (가) **6-6** (라) **6-7** (가)

6-8 (가) 남편이 영향력을 행사하는 가정 수가 확률변수가 된다.

(나) 이항분포

(다) 이항분포의 확률함수 $P(X=x)={}_nC_x\,p^x(1-p)^{n-x}$에서

$n=4,\ p=0.8,\ x=2$인 경우이므로

$P(X=2)={}_4C_2\,(0.8)^2(1-0.8)^2=0.1536$

(라) 적어도 2 가정이므로 0명, 1명 그리고 2명까지의 확률을 모두 구하여 합하면 된다. 즉, 누적확률을 구하면 된다.

$$P(X\le 2)=P(X=0)+P(X=1)+P(X=2)$$
$$=\sum_{x=0}^{2}{}_4C_x\,(0.8)^x(1-0.8)^{4-x}=0.1808$$

6-9 모집단의 크기가 10명으로 유한모집단이므로 초기하분포를 적용한다. 이때 확률변수는 야근조 3명 중에 선택되는 남자 수가 된다.

$P(X=x)=\frac{{}_{D}C_{x}\times{}_{N-D}C_{n-x}}{{}_{N}C_{x}}$ 에서

$N=10,\ D=7,\ n=3,\ x=3$인 경우이므로

$P(X=3)=\frac{{}_{7}C_{3}\times{}_{3}C_{0}}{{}_{10}C_{3}}=0.2917$이다.

6-10 분기가 일정 단위기간에 해당하고 안전사고가 발생하는 것은 드문 사건이므로 포아송분포를 적용한다. 즉, 평균이 1인 포아송분포에서 $x=0$인 경우의 확률을 구하면

$P(X=x)=\frac{e^{-\mu}\times\mu^{x}}{x!}$ 에서

$P(X=0)=\frac{e^{-1}\times1^{0}}{0!}=0.3679$

이다.

제7장 연속형 확률분포

[학습목표]

- 정규분포와 표준정규분포에 대하여 이해할 수 있다.
- 표준정규분포표를 이용하여 정규분포의 확률을 구하는 방법을 알 수 있다.
- t분포를 이해할 수 있으며 t분포표에서 값을 찾을 수 있다.
- 카이제곱분포를 이해할 수 있으며 카이제곱분포표에서 값을 찾을 수 있다.
- F분포를 이해할 수 있으며 F분포표에서 값을 찾을 수 있다.

연속형 확률분포는 일정한 구간 내에서 모든 실수값을 가질 수 있는 확률변수의 분포를 의미한다. 정규분포는 통계학에서 가장 중요한 부분으로 비즈니스, 사회과학, 공학, 자연과학 등에서 널리 응용되고 있다. 그 이유는 많은 사회 현상이나 자연현상이 정규분포의 종 모양과 같은 형태를 취하고 있으며, 정규분포곡선이 확률변수의 분산에 따라 평평하게 또는 뾰족하게 만들어 질 수 있는 융통성을 가지고 있으며, 추측통계학의 기초가 되는 표본분포의 이론이 정규분포에 기초를 두고 있기 때문이다.

7.1 정규분포

연속형 확률변수는 특정 범위에서 무수히 많은 값을 가질 수 있으므로 이산형 확률변수처럼 모든 값과 그의 확률을 나열할 수 없다. 따라서 연속형 확률변수의 확률은 어떤 범위에 대한 확률을 구할 수 있을 뿐이다. 우리는 자료정리 단원에서 양적 자료를 도수분포표로 정리하고 그 모양을 알기 위하여 히스토그램을 그려보았다.

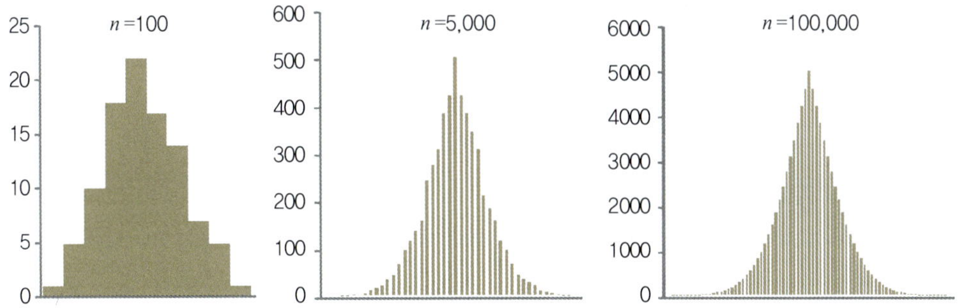

그림 7-1 ▌정규분포 개념도

[그림 7-1]에서 (a)는 100명의 키를 5cm 간격으로 (b)는 5,000명의 키를 1mm 간격, 그리고 (c)는 100,000명의 키를 μm 간격으로 그린 히스토그램이다. 여기서 주목해야 할 부분은 상대도수(%)인데 상대도수는 동시에 각 기둥의 면적을 나타낸다는 사실이다. 이 상대도수를 모두 합하면 1이 되는 사실도 기억할 것이다. 히스토그램에서 각각의 막대기둥의 높이는 도수이며, 그 도수를 전체 표본의 크기로 나누면 상대도수(%)가 된다. 이 상대도수는 각각의 막대기둥의 면적이 된다. 예를 들면, 도수분포표에서 175.0～175.5mm 구간의 도수가 15이었다고 하자. 그러면 표본의 크기가 1,000명이므로 이 구간의 상대도수는 15/1,000＝0.015(1.5%)가 된다. 따라서 히스토그램에서 이 구간 막대기둥의 면적은 상대도수 0.015와 같다. 이런 원리를 확장하면 각각 막대기둥의 면적을 합하면 각 구간의 상대도수를 합한 것과 같다. 따라서 상대도수의 합은 1이므로 히스토그램의 전체 면적은 1이 된다.

이번에는 히스토그램에서 각 막대기둥의 중앙을 연결한 모양은 (a)는 꺾은선을 연결한 모양이지만 (c)는 부드러운 곡선 모양이다. 이렇게 되는 이유는 키의 측정치가 연속형 자료이기 때문이다. 지금까지 히스토그램을 살펴 본 것은 연속형 확률변수를 기술하는데 가장 중요한 확률분포인 정규분포를 이해하려는 데 있다. 그러면 정규분포를 정의하자.

정규분포(Normal distribution)

확률변수 X가 평균을 중심으로 종형 모양의 좌우대칭인 곡선의 분포이다.

- 확률밀도함수: $f(x) = \dfrac{1}{\sigma\sqrt{2\pi}} e^{-\frac{1}{2}(\frac{x-\mu}{\sigma})^2}, \ -\infty < x < \infty$
- 기댓값과 분산: $E(X) = \mu$
  $V(X) = \sigma^2$

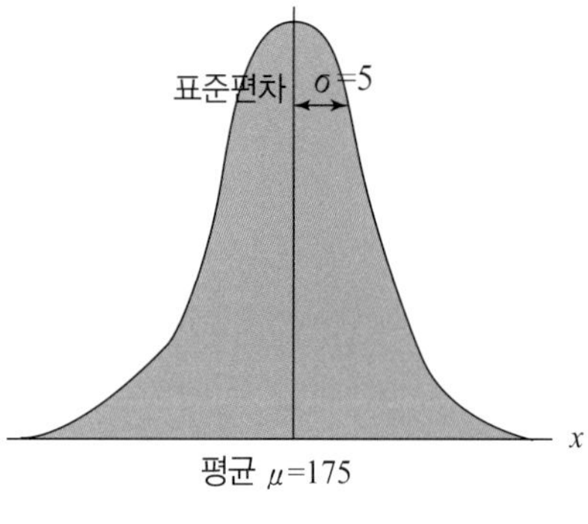

- 평균을 중심으로 좌우대칭인 종형 모양이다.
- 정규곡선 아래 면적은 항상 1이다.
- 표시: $X \sim N(\mu, \sigma^2)$
  $X \sim N(170, 5^2)$

그림 7-2 ▌정규분포곡선

정규분포의 특성을 자세히 설명하면 다음과 같다.

- 정규곡선, 즉 확률밀도함수 $f(x)$는 종 모양을 나타낸다.
- 정규분포는 평균을 중심으로 좌우대칭을 이루므로 평균, 중앙값 그리고 최빈값이 모두 같다.
- 정규분포의 위치는 평균이, 형태는 표준편차가 결정한다.
- 정규곡선이 취할 수 있는 값은 실수 전 범위이다.
- 정규곡선의 아래 면적은 항상 1이다. 따라서 평균을 중심으로 왼쪽과 오른쪽 면적은 각각 0.5씩이다.
- 정규분포에서 확률은 특정한 값만의 확률은 구할 수 없고 구간의 형태로만 구해진다.
- 확률변수 X가 평균이 μ이고, 분산이 σ^2인 정규분포를 따른다면 $X \sim N(\mu, \sigma^2)$으로 표시한다. 예를 들면, 성인의 키 X가 평균 170cm, 분산이 5^2cm인 정규분포를 따른다면 $X \sim N(170, 5^2)$로 표시한다.

(1) 형태는 같지만 위치가 다른 정규분포 모양

박지선

통학시간이 정규분포를 따를 때, 표준편차는 같고 평균이 다르다. 예를 들어, 박지선의 통학시간은 평균 60분, 표준편차 5분이며 오나미의 통학시간은 평균 80분, 표준편차 5분이다.

오나미

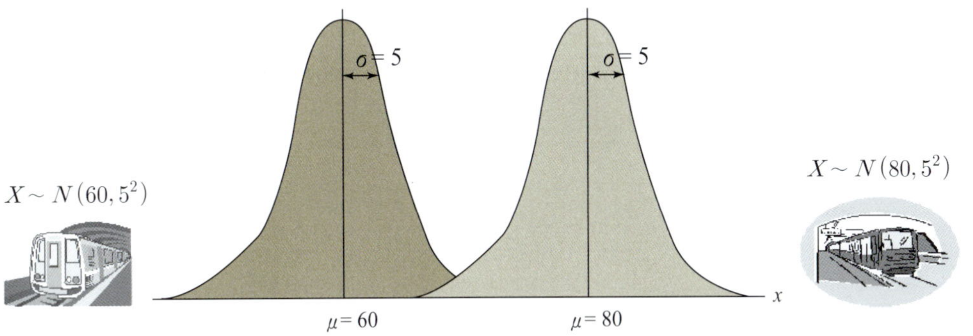

그림 7-3 ▌ $\mu_{박} < \mu_{오}$, $\sigma^2_{박} = \sigma^2_{오}$

박지선과 오나미의 통학시간의 분포에서 다음 사실을 알 수 있다.

첫째, 오나미가 박지선보다 더 일찍 일어나야 한다. 그 이유는 오나미의 평균 통학시간이 박지선의 평균 통학시간보다 20분 더 걸리기 때문이다.

둘째, 두 사람의 통학시간의 형태는 같다. 그 이유는 통학시간의 산포가 표준편차로 5분씩 같기 때문이다.

셋째, 9시에 첫 강의가 있을 때 박지선이 8시에 집에서 출발하면 지각할 가능성이 있다. 그 이유는 언제나 같은 시간에 출발하더라도 학교에 몇 분 일찍 또는 늦게 도착하게 만드는 지하철의 지연 등과 같은 변동이 발생하기 때문이다.

넷째, 박지선이 강의시간 60분 전에, 그리고 오나미가 80분 전에 집에서 출발하더라도 오나미가 먼저 도착할 가능성도 있다. 그 이유는 박지선이 이용하는 지하철이 연착 등 변동이 갑자기 발생하는데 비하여 오나미가 이용하는 지하철의 운행은 정상인 경우도 드물게 발생할 수 있기 때문이다. 이럴 가능성은 확률로 얼마나 될까?

(2) 위치는 같지만 형태가 다른 정규분포 모양

김태희

통학시간이 정규분포를 따를 때, 평균이 같고, 표준편차가 다른 경우를 살펴보자. 예를 들어, 김태희의 통학시간(전철)은 평균 60분, 표준편차 5분이고, 배용준의 통학시간(버스)은 평균 60분, 표준편차 10분이다.

배용준

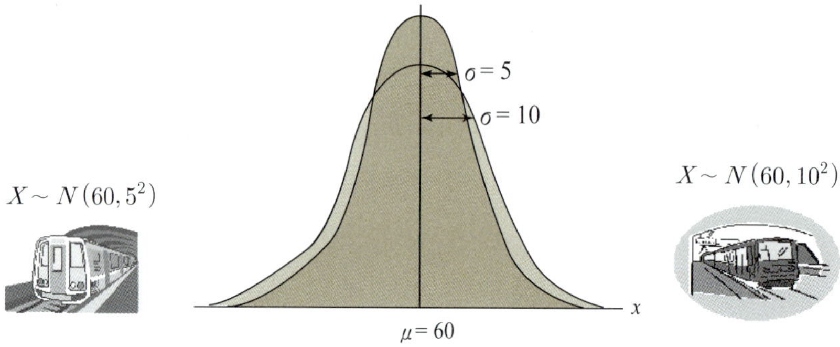

그림 7-4 ▌ $\mu_{김} = \mu_{배},\ \sigma^2_{김} < \sigma^2_{배}$

김태희와 배용준의 통학시간의 분포에서 다음 사실을 알 수 있다.

첫째, 김태희와 배용준은 통학수단이 다르지만 통학소요시간이 동일한 곳에서 학교를 다닌다. 그 이유는 두 사람의 평균 통학시간이 60분씩 같기 때문이다.

둘째, 9시에 첫 강의를 듣기 위하여 김태희와 배용준 모두 8시에 출발한다면 출석부에 지각 체크가 될 가능성은 배용준이 더 높다. 그 이유는 배용준의 통학시간의 표준편차(10)가 김태희의 표준편차(5)보다 크기 때문이다.

셋째, 배용준이 지각할 가능성을 줄이려면 통학수단을 산포(변동)가 적은 지하철로 변경해야 한다.

이러한 사실은 정량화, 즉 확률을 구함으로써 평가할 수 있다. 그러면 정규분포의 확률은 어떻게 구할까? 정규분포는 평균과 분산의 크기에 따라 여러 가지 형태를 가진다. 따라서 서로 다른 두 개의 분포를 비교하거나 확률분포상의 면적을 계산하여 확률을 알아내는 것은 쉽지 않다. 평균이 μ이고 분산이 σ^2인 정규분포에서 평균을 중심으로 표준편차의 ± 1배, ± 2배 그리고 ± 3배 떨어져 있는 구간의 확률은 [그림 7-5]와 같다.

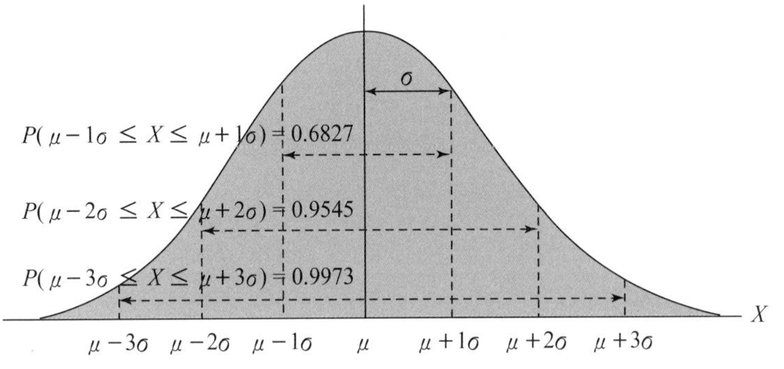

그림 7-5 ▌평균에서 표준편차의 ±1배, ±2배, ±3배 떨어진 구간의 확률

[그림 7-5]에서 각 구간의 확률은 확률밀도함수를 적분하여 구한 값이다. 어떻게 적분하는 것인지는 생략하고 그 결과만 살펴보아도 충분하다. 예를 들어, 남성 직장인의 키가 $X \sim N(170, 5^2)$라고 하자. 이때 남성 직장인의 키가 평균 키에서 1배의 표준편차만큼 작은 키 $(170-5=165)$에서 1배의 표준편차만큼 큰 키$(170+5=175)$ 사이의 확률은 얼마인가? 즉, $P(165 \leq X \leq 175)$은 얼마인가?

이 확률은 위의 그림에서 보듯이 0.6827(약 68%)임을 알 수 있다. 이 사실은 키가 165cm에서 175cm 사이에 속하는 남성 직장인이 전체의 약 68%를 차지하고 있다는 의미이다.

한편, 여성 직장인의 키가 $X \sim N(160, 4^2)$을 따른다면 평균 키에서 1배의 표준편차만큼 작은 키$(160-4=156)$에서 1배의 표준편차만큼 큰 키$(160+4=164)$ 사이의 확률, 즉 $P(156 \leq X \leq 164)$은 역시 약 68%이다. 이처럼 평균과 분산이 다른 어떠한 정규분포라 하더라도 확률변수 X가 평균을 중심으로 표준편차의 몇 배만큼 떨어진 구간의 확률은 동일하다.

이 사실로부터 우리는 평균과 분산이 다른 모든 정규분포를 하나로 통일된 분포로 변환시키는 방법이 존재함을 알 수 있다. 이러한 과정을 표준화라고 하며 그 결과로 얻어지는 표준정규분포에 대하여 알아보자.

1. 표준정규분포

정규분포는 평균과 분산의 크기에 따라 여러 가지 형태를 갖는다. 또한 서로 다른 두 개의 분포를 비교하거나 확률분포상의 면적을 계산하여 확률을 알아내는 것은 쉽지 않다. 따라서 평균과 분산에 따라 변하는 정규분포의 모양과 측정 단위에 무관하게 어떠한 정규분포이든 특정 구간의 확률값을 구하는 방법이 필요하다.

그 방법은 확률변수 X에서 평균 μ를 빼고 표준편차 σ로 나누면 가능하다. 이 과정을 표준화 과정이라고 하며, 식으로 나타내면

$$Z = \frac{X-\mu}{\sigma}$$

이다. 이 경우의 확률변수 Z는 평균이 0, 분산이 1인 정규분포가 된다. 이 정규분포를 표준정규분포(standard normal distribution)라고 한다.

예를 들면, 배용준의 통학시간이 $P(50 \le X \le 70)$일 확률은

$$P\left(\frac{50-60}{10} \le \frac{X-\mu}{\sigma} \le \frac{70-60}{10}\right) = P(-1 \le Z \le 1)$$

과 같으며, 오나미의 통학시간이 $P(75 \le X \le 85)$일 확률도

$$P\left(\frac{75-80}{5} \le \frac{X-\mu}{\sigma} \le \frac{85-80}{5}\right) = P(-1 \le Z \le 1)$$

이 되어 모두 표준정규분포의 $P(-1 \le Z \le 1)$의 확률을 구하는 것과 같다. 표준화 과정을 나타내면 [그림 7-6]과 같다.

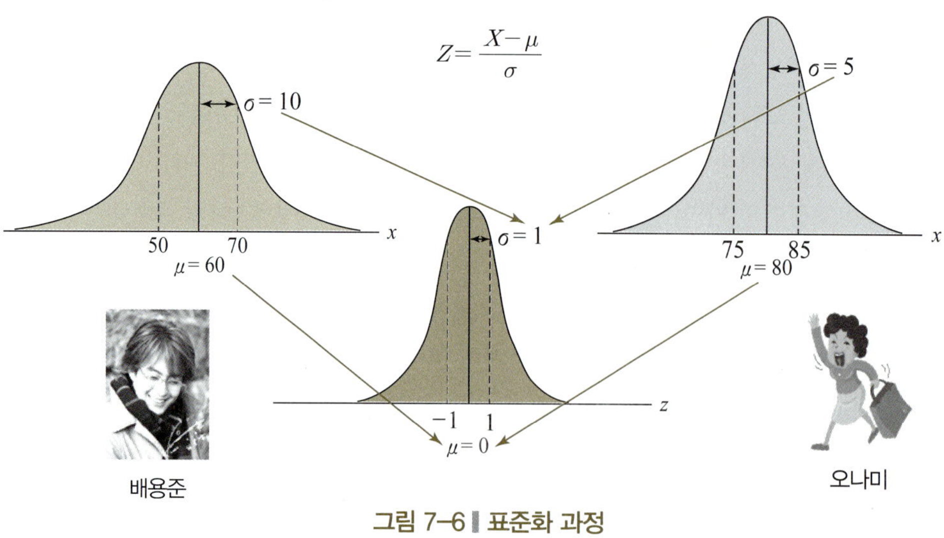

그림 7-6 ▌표준화 과정

표준정규분포(standard normal distribution)

확률변수 Z의 평균이 "0", 분산이 "1"인 정규분포이다.

- 확률밀도함수: $f(z) = \frac{1}{\sigma\sqrt{2\pi}} e^{-\frac{1}{2}z^2}, \ -\infty < z < \infty$
- 기댓값과 분산: $E(Z) = 0$

  $V(Z) = 1$

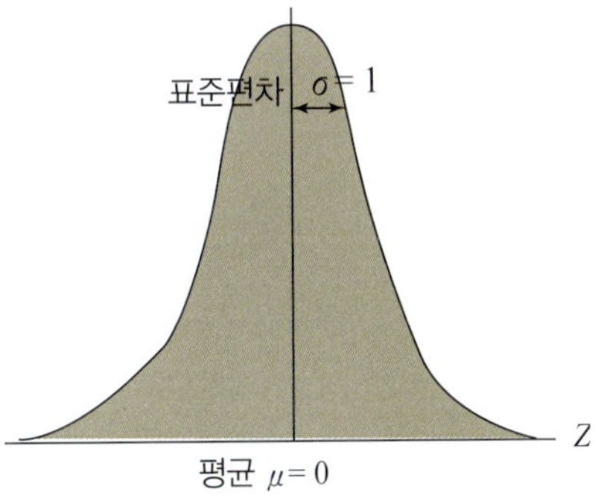

- 평균을 중심으로 좌우대칭인 종형 모양이다.
- 정규곡선 아래 면적은 항상 1이다.
- 표시: $Z \sim N(0, 1)$

그림 7-7 ▌표준정규분포곡선

모든 정규분포는 표준화 과정을 거치면 평균이 0이고 분산이 1인 표준정규분포가 됨을 알았다. 표준정규분포는 일반 정규분포와 다르게 평균과 분산에 대하여 독립이다. 왜냐하면 표준정규분포는 평균과 분산이 항상 0과 1로 그 모양이 변하지 않고 일정한 형태를 취하기 때문이다. 따라서 정규분포의 특정 구간의 확률을 구할 경우에는 표준정규분포표(부록 참조)를 이용한다.

2. 정규분포 확률 구하기

예제 7-1

김태희의 통학시간 X는 평균이 60분, 표준편차가 5분인 정규분포를 따른다. 오늘은 9시까지 강의실에 입실해야만 머리가 아픈 통계학 강의를 들을 수 있다. 7시 50분에 집에서 출발하였다면 지각하지 않을 확률은 얼마인가?

풀이

통학시간은 $X \sim N(60, 5^2)$로 표현된다. 따라서 오늘 통학시간이 70분을 넘지 않을 확률은 $P(X \le 70)$을 구하면 가능하다. 이 사실을 나타내면 [그림 7-8]과 같다.

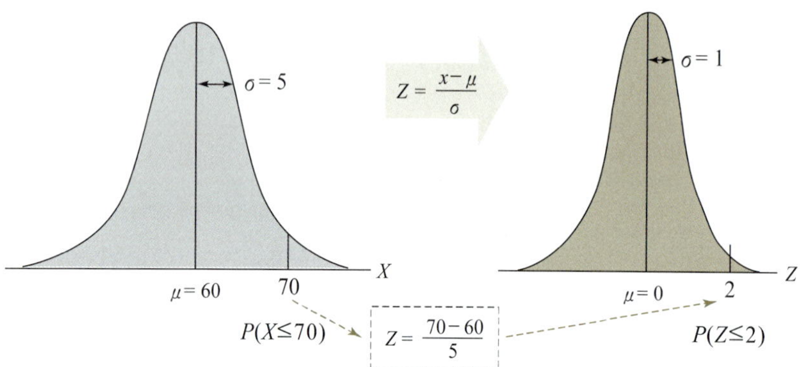

그림 7-8 ▌ $P(X \le 70)$인 확률 구하기

따라서 표준화를 하면 $P(X \le 70) = P\left(\frac{X-\mu}{\sigma} \le \frac{70-60}{5}\right) = P(Z \le 2)$

이다. 그러면 $P(Z \le 2)$은 〈표 7-1〉의 표준정규분포표에서 찾으면 0.9772이다. 즉, 김태희가 지각하지 않을 확률은 97.72%이다.

표 7-1 ▌ 표준정규분포표(부분) $P(Z \le z_\alpha) = \alpha$

z	소숫점 둘 째 자릿수									
	0.00	0.01	0.02	0.03	0.04	0.05	0.06	0.07	0.08	0.09
1.6	0.9452	0.9463	0.9474	0.9484	**0.9495**	**0.9505**	0.9515	0.9525	0.9535	0.9545
1.8	0.9641	0.9649	0.9656	0.9664	0.9671	0.9678	0.9686	0.9693	0.9699	0.9706
1.9	0.9713	0.9719	0.9726	0.9732	0.9738	0.9744	0.9750	0.9756	0.9761	0.9767
2.0	**0.9772**	0.9778	0.9783	0.9788	0.9793	0.9798	0.9803	0.9808	0.9812	0.9817
2.1	0.9821	0.9826	0.9830	0.9834	0.9838	0.9842	0.9846	0.9850	0.9854	0.9857

예제 7-2

김태희가 전날 늦은 귀가로 인하여 오늘은 8시 10분에 등교하였다. 지각할 확률은 얼마인가?

풀이

김태희가 지각할 확률은 8시 10분에 출발하였으므로 남은 시간은 50분이다. 따라서 통학시간이 50분 이상 걸리면 지각이다. 즉, $P(X \geq 50)$이 지각할 확률이다. 이를 식으로 나타내면

$$P(X \geq 50) = 1 - P(X \leq 50) = 1 - P\left(\frac{X-\mu}{\sigma} \leq \frac{50-60}{5}\right) = 1 - P(Z \leq -2)$$
$$= 1 - 0.0228 = 0.9772$$

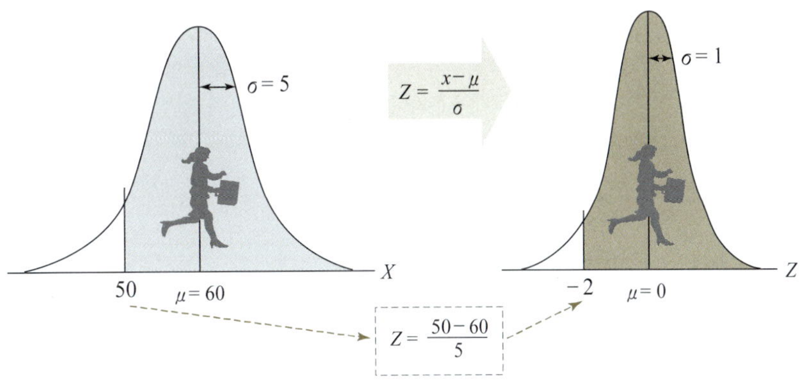

그림 7-9 ▎ $P(X \geq 50)$인 확률 구하기

표 7-2 ▎ 표준정규분포표(부분) $P(Z \leq z_\alpha) = \alpha$

	소숫점 둘 째 자릿수									
	0.00	0.01	0.02	0.03	0.04	0.05	0.06	0.07	0.08	0.09
−2.1	0.0179	0.0174	0.0170	0.0166	0.0162	0.0158	0.0154	0.0150	0.0146	0.0143
−2.0	0.0228	0.0222	0.0217	0.0212	0.0207	0.0202	0.0197	0.0192	0.0188	0.0183
−1.9	0.0287	0.0281	0.0274	0.0268	0.0262	0.0256	0.0250	0.0244	0.0239	0.0233
−1.8	0.0359	0.0351	0.0344	0.0336	0.0329	0.0322	0.0314	0.0307	0.0301	0.0294

예제 7-3

박지선의 통학시간이 $X \sim N(60, 5^2)$이다. 다음 확률을 구하시오.

(1) $P(X \leq 62)$　　(2) $P(57 \leq X \leq 62)$　　(3) $P(X \geq 62)$

풀이

(1) $P(X \leq 62) = P\left(\frac{X-\mu}{\sigma} \leq \frac{62-60}{5}\right) = P(Z \leq 0.4) = 0.6554$

(2) $P(57 \le X \le 62) = P\left(\frac{57-60}{5} \le \frac{X-\mu}{\sigma} \le \frac{62-60}{5}\right) = P(-0.6 \le Z \le 0.4)$

$= P(Z \le 0.4) - P(Z \le -0.6) = 0.6554 - 0.2743 = 0.3811$

(3) $P(X \ge 62) = 1 - P(X \le 62) = 1 - P\left(\frac{X-\mu}{\sigma} \le \frac{62-60}{5}\right) = 1 - P(Z \le 0.4)$

$= 1 - 0.6554 = 0.3446$

엑셀 통계함수를 이용한 확률 구하기

Excel 통계함수를 이용하여 정규분포의 확률을 구하는 방법을 연습해보기로 하자. 예를 들어, 배용준의 통학시간 X는 평균이 60분, 표준편차가 10분인 정규분포를 따른다.

엑셀 통계함수는 NORM.DIST$(x, \mu, \sigma, 1)$으로 x까지의 누적확률을 구해 준다.

(1) 통학시간이 70분 이하일 확률은?

(2) 통학시간이 50분에서 70분 사이일 확률은?

(3) 통학시간이 70분 이상일 확률은?

(4) 지각하지 않을 확률을 95% 이상으로 하려면 집에서 몇 분전에 출발해야 하는가?

풀이

(1) $P(X \le 70)$ = NORM.DIST(70, 60, 10, 1) = 0.8413

(2) $P(50 \le X \le 70)$ = NORM.DIST(70,60,10,1) − NORM.DIST(50,60,10,1) = 0.6827

(3) $P(X \ge 70) = 1 - P(X \le 70)$ = 1 − NORM.DIST(70, 60, 10, 1) = 0.1596

(4) $P(X \le x) = 0.95$일 x값을 구하면 된다.

95%에 해당하는 역함수값

= NORM.INV(0.95, 60, 10) = 76.45

참고

표준정규분포표에서 95% 이하일 확률을 갖는 z 값을 찾으면 1.645이다.

$\frac{x-60}{10} = z_{0.95} = 1.645$

$x = 60 + 10 \times 1.645 = 76.45$

7.2 주요 연속형 확률분포

이 절에서는 통계적 추론에 관계되는 연속형 확률분포를 소개한다. 통계적 추정과 가설검정, 분산분석 등에 기본 이론을 제공하는 분포는 카이제곱분포, t분포 그리고 F분포 등이 있다.

1. 카이제곱분포

카이세곱(χ^2)분포(Chi-square distribution)는 1899년 영국의 수리통계학자 칼 피어슨(Karl Pearson)에 의해 개발된 분포로 모분산에 대한 가설검정이나 교차분석에서 독립성검정이나 동일성검정, 적합도검정 등에 사용되는 분포이다.

카이제곱분포(Chi-square distribution)

표준정규분포를 따르는 확률변수 Z를 제곱한 것을 ν(nu)개 더하면 새로운 확률변수가 된다. 이 새로운 확률변수의 분포를 자유도가 ν인 카이제곱분포라고 한다.

즉, $Z_i \sim N(0,1)$ 단, $i=1,2,\cdots \nu$ 이면 $\chi^2 = Z_1^2 + Z_2^2 + \cdots + Z_\nu^2$

χ^2은 자유도가 ν인 카이제곱분포를 한다.

- 확률밀도함수: $f(\chi^2) = \dfrac{1}{2^{\frac{\nu}{2}}\Gamma(\frac{\nu}{2})}(\chi^2)^{\frac{\nu}{2}-1}e^{-\frac{x^2}{2}}, \ 0 \le \chi^2 < \infty$
- 평균과 분산: $E(\chi^2) = \nu, \ V(\chi^2) = 2\nu$

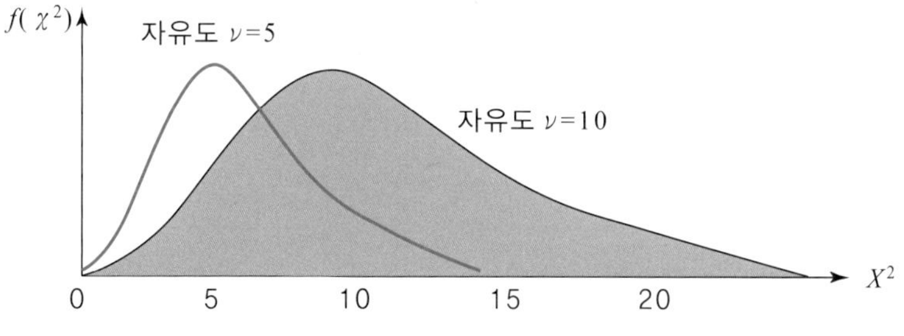

그림 7-10 | 카이제곱분포 곡선

카이제곱분포는 몇 가지 특징을 가진다. 첫째, 연속형 확률분포로서 확률변수는 항상 양(+)의 값만 가진다. 둘째, 오른쪽 꼬리를 가진 비대칭분포이다. 셋째, 자유도, 즉 표준정규 확률변수 Z를 제곱한 것을 몇 개를 더했는가에 따라 모양이 결정된다. 예를 들면, Z^2을 5개 더하여 카이제곱 확률변수를 만들었다면 자유도는 5가 된다.

우리가 꼭 알아야 할 사항은 카이제곱분포표를 보는 방법이다.

카이제곱분포표 보는 법과 엑셀 통계함수 $[P(\chi^2 \geq \chi^2_{\alpha,\nu}) = \alpha]$

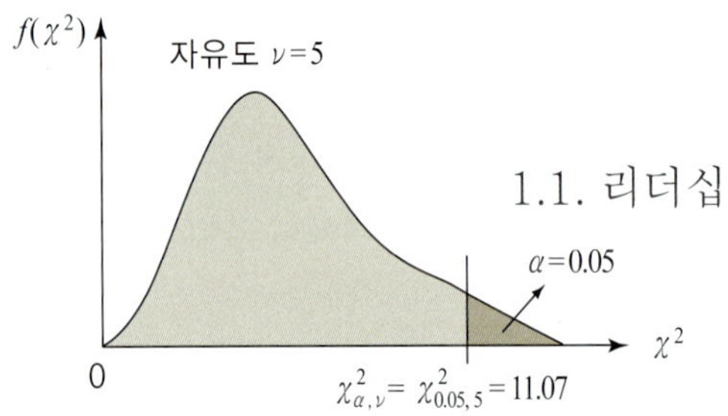

그림 7-11 ▮ 카이제곱분포표 보는 법

표 7-3 ▮ 카이제곱분포표(부분) $P(\chi^2 \geq \chi^2_{\alpha,\nu}) = \alpha$

자유도 ν	확률 α		
	0.95	0.05	0.025
1	0.004	3.841	5.024
2	0.103	5.991	7.378
3	0.352	7.815	9.348
4	0.711	9.488	11.143
5	1.145	11.07	12.833

$P(\chi^2 \geq \chi^2_{\alpha,\nu}) = \alpha$는 자유도가 ν인 카이제곱분포에서 "확률변수 χ^2이 $\chi^2_{\alpha,\nu}$ 이상의 값을 가질 확률은 α이다."라는 의미이다.

예를 들면, 자유도가 $\nu=5$인 카이제곱분포표에서 $P(\chi^2 \geq \chi^2_{0.05,5}) = 0.05$은 "확률변수 χ^2이 $\chi^2_{0.05,5}$ 이상의 값을 가질 확률은 0.05이다."라는 뜻이다.([그림 7-11] 참조)

그러면 $\chi^2_{\alpha,\nu}$값은 어떻게 구할 것인가? 먼저 카이제곱분포표를 이용하여 찾아보자. 카이제곱분포표는 $P(\chi^2 \geq \chi^2_{\alpha,\nu}) = \alpha$인 조건을 만족시키는 $\chi^2_{\alpha,\nu}$ 값을 계산해 놓은 표로서 $\chi^2_{\alpha,\nu}$ 값은 자유도 ν와 확률 α가 교차하는 곳에 있는 값이다.

예를 들면, $P(\chi^2 \geq \chi^2_{0.05,5}) = 0.05$에서 $\chi^2_{0.05,5}$값은 <표 7-3>에서 $\nu=5$, $\alpha=0.05$가 교차하는 곳에서 11.07이 찾아진다. 즉, $P(\chi^2 \geq 11.07) = 0.05$이다.

이번에는 엑셀 통계함수를 이용하여 $P(\chi^2 \geq \chi^2_{\alpha,\nu}) = \alpha$의 $\chi^2_{\alpha,\nu}$값을 구해보기로 하자. 엑셀 통계함수명은 다음과 같다.

CHISQ.INV.RT(pobability, deg_freedom)

예를 들면, $P(\chi^2 \geq \chi^2_{0.05,5}) = 0.05$에서 $\chi^2_{0.05,5}$ 값은 엑셀시트에서 =CHISQ.INV.RT(0.05, 5)

로 입력하면 11.07이 얻어진다.

이처럼 카이제곱분포표의 값을 보는 방법과 엑셀 통계함수 사용법을 알아야 하는 이유는 앞으로 모분산의 추정과 검정 그리고 적합도검정, 동일성검정 및 독립성검정 등에서 카이제곱 통계량의 값을 카이제곱분포표 값과 비교해야 하기 때문이다.

예제 7-4

자유도 $\nu = 3$인 카이제곱분포에서 χ^2값 이상일 확률이 2.5%가 되는 값을 카이제곱분포와 엑셀 통계함수를 이용하여 구하시오. 즉, $P(\chi^2 \geq \chi^2_{0.025,3}) = 0.025$에서 $\chi^2_{0.025,3}$의 값은?

풀이

부록 3의 카이제곱분포표에서 자유도가 $\nu = 3$이고, 확률 $\alpha = 0.025$가 교차하는 곳의 값을 찾으면 9.348이다. 엑셀 통계함수는 =CHISQ.INV.RT(0.025, 3)로 입력하면 된다.

예제 7-5

자유도 $\nu = 20$인 카이제곱분포에서 χ^2값 이상일 확률이 95%가 되는 값을 카이제곱분포표와 엑셀 통계함수를 이용하여 구하시오. 즉, $P(\chi^2 \geq \chi^2_{0.95,20}) = 0.95$에서 $\chi^2_{0.95,20}$의 값은?

풀이

부록 3에서 자유도가 $\nu = 20$이고, 확률 $\alpha = 0.95$가 교차하는 곳의 값을 찾으면 10.851이다.
엑셀 통계함수는 =CHISQ.INV.RT(0.95, 20)으로 입력하면 된다.

2. t분포

t분포(Student's t distribution)는 1908년 추측통계학의 창시자인 고셋(William Sealy Gosset)이 영국의 수리통계학잡지 Biometrika(1901년 창간)에 Student라는 익명으로 발표한 분포로 소표본론에 적용되는 중요한 분포이다.

● **t 분포**(Student's t distribution)

확률변수 Z는 표준정규분포를, χ^2은 자유도가 ν인 카이제곱분포를 따르며 서로 독립이면 즉,

$$Z \sim N(0,1) \text{과 } \chi^2 \sim \chi^2(\nu)$$

일 때 두 확률변수를 결합한 새로운 확률변수

$$t = \frac{Z}{\sqrt{\frac{\chi^2}{\nu}}}$$

은 자유도가 ν인 t분포를 한다.

- 확률밀도함수: $f(t) = \frac{1}{\sqrt{\pi\nu}} \frac{\Gamma\left(\frac{\nu+1}{2}\right)}{\Gamma\left(\frac{\nu}{2}\right)} \left(1+\frac{t^2}{\nu}\right)^{-\frac{(\nu+1)}{2}}, \ -\infty < t^2 < \infty$
- 평균과 분산: $E(t) = 0$

$$V(t) = \frac{\nu}{\nu-2}, \ \nu > 2$$

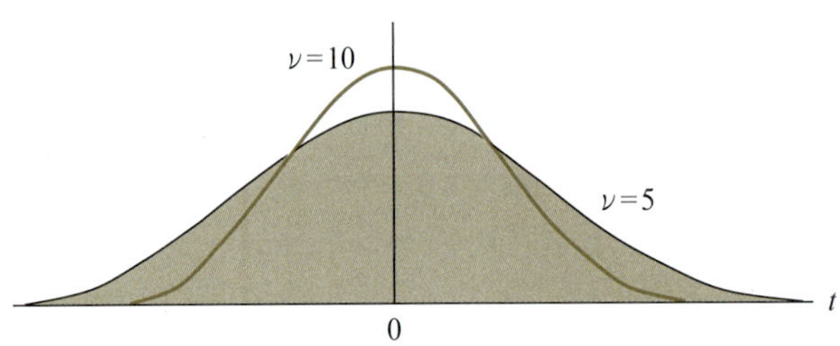

그림 7-12 ▌ t분포 곡선

t분포의 특징은 첫째, 표준정규분포와 같이 평균이 "0"이고, 평균을 중심으로 좌우대칭인 종형 모양인 분포로 표준정규분포보다 봉우리가 완만하다. 둘째, 자유도에 따라 분포 형태가 다르다. 그러나 자유도가 증가하면 표준정규분포와 거의 동일한 모양을 한다. 이 분포가 발표됨으로써 비로소 표본의 수가 30개 미만인 소표본을 사용해서도 모수의 추측이 가능하게 되었다.

t분포는 모집단의 표준편차를 모를 경우에 모집단 평균에 대한 검정과 추정에 적용된다. 그러면 t분포표를 보는 법을 알아보자.

t분포표 보는 법과 엑셀 통계함수 $[P(t \geq t_{\alpha,\nu}) = \alpha]$

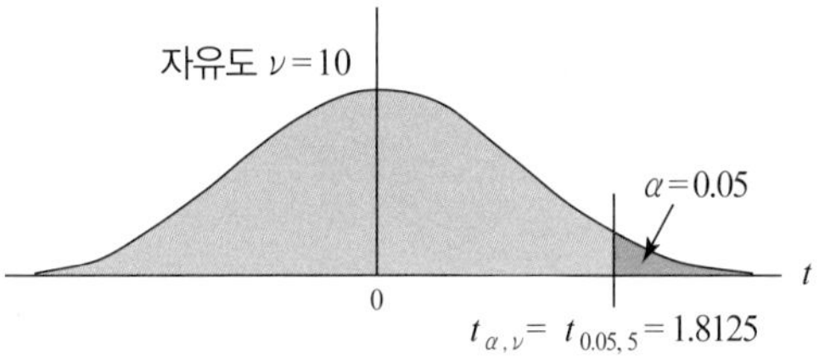

그림 7-13 ▌ t분포표 보는 법

표 7-4 ▌ t분포표(부분) $P(t \geq t_{\alpha,\nu}) = \alpha$

자유도 ν	확률 α	
	0.05	0.025
9	1.8331	2.2622
10	1.8125	2.2281
11	1.7959	2.2010
12	1.7823	2.1788
13	1.7709	2.1604

$P(t \geq t_{\alpha,\nu}) = \alpha$는 자유도가 ν인 t분포에서 "확률변수 t가 $t_{\alpha,\nu}$이상의 값을 가질 확률은 α이다."라는 의미이다. 예를 들면, 자유도가 $\nu = 10$인 t분포에서 $P(t \geq t_{0.05,10}) = 0.05$는 "확률변수 t가 $t_{0.05,10}$ 이상의 값을 가질 확률은 0.05이다."라는 뜻이다.([그림 7-13] 참조)

그러면 $t_{\alpha,\nu}$값은 어떻게 구할 것인가? 먼저 t분포표를 이용하여 찾아보자.

t분포표는 $P(t \geq t_{\alpha,\nu}) = \alpha$인 조건을 만족시키는 $t_{\alpha,\nu}$값을 계산해 놓은 표로서 $t_{\alpha,\nu}$값은 자유도 ν와 확률 α가 교차하는 곳에 있는 값이다.

예를 들면, $P(t \geq t_{0.05,10}) = 0.05$에서 $t_{0.05,10}$값은 〈표 7-4〉에서 $\nu = 10$, $\alpha = 0.05$가 교차하는 곳에서 1.8125가 찾아진다. 즉, $P(t \geq 1.8125) = 0.05$이다.

이번에는 엑셀 통계함수를 이용하여 $P(t \geq t_{\alpha,\nu}) = \alpha$의 $t_{\alpha,\nu}$값을 구해보기로 하자.

엑셀 통계함수명은 다음과 같다.

T.INV.2T(probability, deg_freedom)

예를 들면, $P(t \geq t_{0.05,10}) = 0.05$에서 $t_{0.05,10}$값은 엑셀시트에서 =T.INV.2T(2*0.05, 10)으로 입력하면 1.8125가 얻어진다. 주의할 점은 확률값은 2배로 입력해야 한다.

이처럼 t분포표의 값을 찾는 방법과 엑셀 통계함수 사용법을 알아야 하는 이유는 앞으로 모평균에 대한 검정과 추정에서 기각치 등으로 사용되기 때문이다.

예제 7-6

자유도가 $\nu = 10$인 t분포에서 t값 이상일 확률이 2.5%가 되는 값을 t분포표에서 찾고 엑셀 통계함수로 확인하시오. 즉, $P(t \geq t_{0.025,10}) = 0.025$에서 $t_{0.025,10}$의 값은?

풀이

부록 2에서 자유도가 $\nu = 10$이고, 확률 $\alpha = 0.025$가 교차하는 값을 찾으면 2.2281이다.
엑셀 통계함수는 =T.INV.2T(2*0.025, 10)로 입력하면 된다.

예제 7-7

자유도 $\nu = 12$인 t분포에서 t값 이상일 확률이 5%가 되는 값을 t분포표에서 찾고 엑셀 통계함수로 확인하시오. 즉, $P(t \geq t_{0.95,12}) = 0.95$에서 $t_{0.95,12}$의 값은?

풀이

부록 2에는 $\alpha = 0.95$인 값은 작성되어 있지 않다. t 분포가 "0"을 중심으로 좌우대칭인 분포이기 때문이다. 따라서 $P(t \geq t_{0.95,12}) = - P(t \geq t_{0.05,12})$이 성립한다. 자유도가 $\nu = 12$이고, 확률 $\alpha = 0.05$가 교차하는 값이 1.7823이므로 $P(t \geq t_{0.95,12}) = -1.7823$이 된다.
엑셀 통계함수는 =−T.INV.2T(2*0.05, 12) 또는 =T.INV(0.05,12)로 입력하면 된다.

3. F 분포

F분포(F-distribution)는 1924년 영국의 수리통계학자 피셔(Ronald A. Fisher)에 의해 최초로 고안된 것으로 두 모분산 비율의 검정과 추정 그리고 분산분석 등에서 사용되는 분포이다.

● **F분포**(F-distribution)

두 확률변수 χ_1^2과 χ_2^2이 자유도가 각각 ν_1, ν_2인 카이제곱분포를 따르고, 서로 독립이면 즉,

$$\chi_1^2 \sim \chi^2(\nu_1)$$
$$\chi_2^2 \sim \chi^2(\nu_2)$$

일 때 두 확률변수의 비로 나타낸 새로운 확률변수

$$F = \frac{\chi_1^2/\nu_1}{\chi_2^2/\nu_2}$$

은 자유도가 분자, 분모 순으로 ν_1, ν_2인 F분포를 한다.

• 확률밀도함수: $f(F)=\dfrac{\dfrac{\Gamma(\nu_1+\nu_2)}{2}}{\Gamma\left(\dfrac{\nu_1}{2}\right)\Gamma\left(\dfrac{\nu_2}{2}\right)}\nu_1^{\left(\frac{\nu_1}{2}\right)}\nu_2^{\left(\frac{\nu_2}{2}\right)}\dfrac{(F)^{\left(\frac{\nu_1}{2}-1\right)}}{(\nu_2+\nu_1F)^{\left(\frac{\nu_1+\nu_2}{2}\right)}}$ 단, $0\le F<\infty$

F분포는 [그림 7-14]에서 보는 것처럼 몇 가지 특징을 가진다.

첫째, 연속형 확률분포로서 확률변수 F는 항상 양(+)의 값만 가진다. 둘째, 오른쪽 꼬리를 가진 비대칭분포로 분자의 자유도와 분모의 자유도 (ν_1,ν_2)에 따라 분포의 모양이 변한다. F분포의 면적은 자유도가 변하더라도 항상 1이다.

그러면 F분포표에서 값을 찾는 방법을 알아보자.

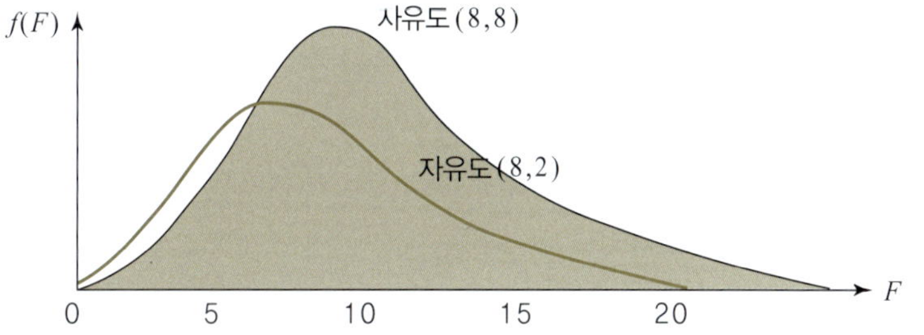

그림 7-14 ‖ F 분포 곡선

F분포표 보는 법과 엑셀 통계함수 $[P\{F\ge F(\nu_1,\nu_2;\alpha)\}=\alpha]$

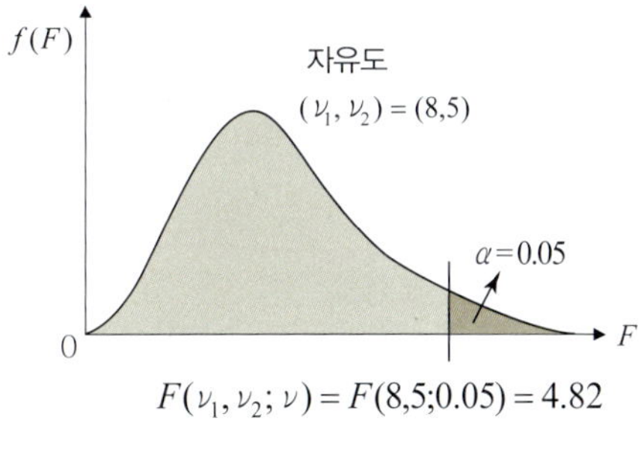

그림 7-15 ‖ F 분포표 보는 법

표 7-5 ‖ F 분포표(부분) $P[F\ge F(\nu_1,\nu_2)]=0.05$

분모의 자유도 ν_2	분자의 자유도 ν_1		
	7	8	9
3	8.89	8.85	8.81
4	6.09	6.04	6.00
5	4.88	4.82	4.77
6	4.21	4.15	4.10
7	3.79	3.73	3.68

$P\{F\ge F(\nu_1,\nu_2;\alpha)\}=\alpha$는 자유도가 (ν_1,ν_2)인 F분포에서 "확률변수 F가 $F(\nu_1,\nu_2;\alpha)$ 이상의 값을 가질 확률은 α이다."라는 의미이다.

예를 들면, 자유도가 $(\nu_1,\nu_2)=(8,5)$인 F분포에서 $P\{F\ge F(8,5;0.05)\}=0.05$는 "확률변수 F가 $F(8,5;0.05)$ 이상의 값을 가질 확률은 0.05이다."라는 뜻이다.([그림 7-15] 참조)

그러면 $F(\nu_1,\nu_2;\alpha)$ 값은 어떻게 구할 것인가? 먼저 F분포표를 이용하여 찾아보자.

F분포표는 $P\{F \geq F(\nu_1,\nu_2;\alpha)\} = \alpha$인 조건을 만족시키는 $F(\nu_1,\nu_2;\alpha)$값을 계산해 놓은 표로서 $F(\nu_1,\nu_2;\alpha)$값은 α가 확정된 상태에서 분자의 자유도와 분모의 자유도 (ν_1,ν_2)가 교차하는 곳에 있는 값이다.

예를 들면, $P\{F \geq F(8,5;0.05)\} = 0.05$에서 $F(8,5;0.05)$값은 〈표 7-5〉에서 $(\nu_1,\nu_2) = (8,5)$가 교차하는 곳에서 4.82가 찾아진다. 즉, $P\{F \geq 4.82\} = 0.05$이다.

이번에는 엑셀 통계함수를 이용하여 $P\{F \geq F(\nu_1,\nu_2;\alpha)\} = \alpha$의 $F(\nu_1,\nu_2;\alpha)$값을 구해보기로 하자.

엑셀 통계함수명은 다음과 같다.

F.INV.RT(probability, deg_freedom, deg_freedom,)

예를 들면, $P\{F \geq F(8,5;0.05)\} = 0.05$의 $F(8,5;0.05)$값은 엑셀시트에서 =F.INV.RT(0.05,8,5)로 입력을 하면 4.82가 얻어진다.

이처럼 F분포표의 값을 찾는 방법과 엑셀 통계함수 사용법을 알아야 하는 이유는 앞으로 두 모분산을 비교(검정과 추정)하거나 분산분석에서 기각치로 사용되기 때문이다.

F분포표를 보면 각각의 자유도에 따른 값이 모두 1보다 크다. 이 사실은 F분포표가 항상 분자가 분모보다 큰 값인 경우를 기준으로 작성되었기 때문이다. 따라서 두 표본분산 비와 같은 F통계량을 만들 때에는 표본분산이 큰 것을 분자로 놓으면 F분포표를 그대로 이용할 수 있다. 그러나 분자와 분모의 자유도가 바뀌는 경우는 다음 관계식을 이용한다.

$$F(\nu_1,\nu_2;\alpha) = \frac{1}{F(\nu_2,\nu_1;1-\alpha)}$$

이 관계는 F분포의 식을 역수로 만들면 이해할 수 있다.

예제 7-8

자유도가 $\nu_1 = 9$, $\nu_2 = 6$인 F분포에서 F(9,6;0.05)값 이상일 확률이 5%가 되는 값을 F분포표에서 찾고 그 값을 엑셀 통계함수로 확인하시오. 즉, $P\{F \geq F(9,6;0.05)\}$=0.05에서 $F(9,6;0.05)$의 값은?

풀이

부록 4에서 $\alpha = 0.05$인 F분포표를 찾고 분자의 자유도가 9와 분모의 자유도가 6이 교차하는 값을 찾으면 4.10이다. 엑셀 통계함수는 =F.INV.RT(0.05,9,6)로 입력하면 된다.

예제 7-9

$P\{F \geq F(6,9;0.95)\}$=0.95에서 F(6,9;0.95) 값을 찾으시오.

풀이

부록 4에는 $\alpha = 0.95$인 F분포표가 없다. 따라서 $F(\nu_1, \nu_2; \alpha) = \dfrac{1}{F(\nu_2, \nu_1; 1-\alpha)}$ 관계식을 이용하면 구할 수 있다. 즉, $F(6,9;0.95) = \dfrac{1}{F(9,6;0.05)} = \dfrac{1}{4.1} = 0.2439$이다.

엑셀 통계함수는 =F.INV.RT(0.95,6,9)로 입력하면 된다.

7장 단원평가

7-1 다음 정규분포에 대한 설명 중 잘못된 것은?

(가) 평균을 중심으로 좌우대칭인 종형 모양이다.

(나) 이산형 확률분포이다.

(다) 확률밀도함수의 아래 면적은 1이다.

(라) 정규분포의 위치는 평균, 형태는 분산에 따라 달라진다.

7-2 표준정규분포에 대한 설명 중 잘 못된 것은?

(가) 평균은 0, 분산은 1이다.

(나) 정규분포를 따르는 확률변수를 표준화시킨 분포이다.

(다) 확률밀도함수의 아래 면적은 1이다.

(라) 표준정규분포의 위치는 평균, 형태는 분산에 따라 달라진다.

7-3 다음 통계학 점수는 평균이 75이고 분산이 9인 정규분포를 따른다. 어떤 학생의 점수가 84점이었다. 이 점수를 표준화한 값은 얼마인가?

(가) -1　　(나) 0

(다) 1　　(라) 3

7-4 다음 분포 중 비대칭분포로 이루어진 것은?

(가) 정규분포와 t분포

(나) 표준정규분포와 F분포

(다) 카이제곱분포와 t분포

(라) 카이제곱분포와 F분포

7-5 다음 각 분포에 대한 설명 중 잘못된 것은?

(가) 정규분포는 자유도에 따라 모양이 달라진다.

(나) t분포는 자유도에 따라 모양이 달라진다.

(다) 카이제곱분포는 자유도에 따라 모양이 달라진다.

(라) F분포는 자유도에 따라 모양이 달라진다.

7-6 다음 t분포에 대한 설명 중 잘못된 것은?

(가) "0"을 중심으로 좌우대칭인 분포이다.

(나) 자유도가 무한대로 커지면 정규분포로 수렴한다.

(다) 표준편차는 "1"이다.

(라) Student's t분포라고도 한다.

7-7 정규분포에서 확률을 구하는 문제-통계학 성적은 평균이 75점, 표준편차가 10점인 정규분포를 따른다. 다음 각 물음에 답하시오.

(1) 85점(B+) 이상 성적을 받는 비율은?

(2) 60점 미만(F학점) 성적을 받는 비율은?

(3) 70점에서 90점 사이 성적을 받는 비율은?

(4) 상위 5% 이상 학생들이 A+ 받는다면 최소 몇 점 이상 받아야 하는가?

7-8 다음 각 분포의 값 a를 표에서 찾으면 얼마인가?

(1) 표준정규분포에서 $P(Z \leq a) = 0.975$

(2) 자유도가 12인 t분포에서 $P(t \geq a) = 0.05$

(3) 자유도가 3인 카이제곱분포에서 $P(\chi^2 \geq a) = 0.05$

(4) 자유도가 $(\nu_1, \nu_2) = (9, 6)$인 F분포에서 $P(F \geq a) = 0.05$

7-9 다음 각 분포의 확률 α를 표에서 찾으면 얼마인가?

(1) 표준정규분포에서 $P(Z \leq 1.96) = \alpha$

(2) 자유도가 12인 t분포에서 $P(t \geq 1.7823) = \alpha$

(3) 자유도가 3인 카이제곱분포에서 $P(\chi^2 \geq 7.815) = \alpha$

(4) 자유도가 $(\nu_1, \nu_2) = (9, 6)$인 F분포에서 $P(F \geq 4.10) = \alpha$

정답과 풀이

7-1 (나) **7-2** (라) **7-3** (라) **7-4** (라) **7-5** (가) **7-6** (다)

7-7 (1) $P(X \geq 85) = P\left(\dfrac{X-\mu}{\sigma} \geq \dfrac{85-75}{10}\right) = P(Z \geq 1) = 1 - P(Z \leq 1) = 1 - 0.8413 = 0.1587$

$= 1 - \text{NORM.DIST}(85, 75, 10, 1) \Leftrightarrow$ 통계함수

(2) $P(X < 60) = P\left(\dfrac{X-\mu}{\sigma} < \dfrac{60-75}{10}\right) = P(Z < -1.5) = 0.0668$

$= \text{NORM.DIST}(60, 75, 10, 1) \Leftrightarrow$ 통계함수

(3) $P(70 \leq X \leq 90) = P\left(\dfrac{70-75}{10} \leq \dfrac{X-\mu}{\sigma} \leq \dfrac{90-75}{10}\right) = P(-0.5 \leq Z \leq 1.5)$

$= P(Z \leq 1.5) - P(Z \leq -0.5) = 0.9332 - 0.0668 = 0.8664$

= NORM.DIST(90, 75, 10, 1) − NORMDIST(70, 75, 10, 1) ⇔ 통계함수

(4) $P(X \geq x) = 0.05$인 x값을 구하면 된다. 그런데 이 x 값은 $P(X < x) = 0.95$인 x 값과 같으므로 표준정규분포표에서 95% 이하일 확률을 갖는 z 값을 찾으면 1.645이다. 따라서 $\frac{x-75}{10} = 1.645$에서 $x = 91.45$점이다.

엑셀 통계함수는 NORM.INV(0.95, 75, 10)처럼 인수를 입력하면 91.45가 얻어진다.

7-8 (1) 1.96, (2) 1.7823, (3) 7.815, (4) 4.10

7-9 (1) 0.975, (2) 0.05, (3) 0.05, (4) 0.05

7장 연습문제

7.1 직장인들의 출근소요시간은 평균이 50분, 표준편차가 10분인 정규분포를 따른다.

(1) 출근소요시간이 40분 이하일 확률을 구하시오.

(2) 출근소요시간이 60분 이상일 확률을 구하시오.

(3) 출근소요시간이 55분에서 65분 사이일 확률을 구하시오.

7.2 연료 절약형 자동차를 개발한 K자동차(주)에서 이 차의 연비가 평균 25km, 표준편차가 2km라고 광고하고 있다. 이 광고를 보고 여러분이 이 차를 구입하기로 결정했다고 가정하자. 연비는 정규분포를 따른다고 할 때 다음 물음에 답하시오.

(1) 운이 나쁘게도 여러분이 연비가 20km 이하인 차를 구입할 확률을 구하시오.

(2) 운이 좋게도 연비가 28km 이상일 차를 구입할 확률을 구하시오.

7.3 국내 유명 가전제품의 수명시간은 평균 10년이고 표준편차는 1년인 정규분포를 따른다고 한다. 이 회사 마케팅 팀에서는 판촉효과를 위해서 구입 후 6년을 사용하지 못하고 고장이 날 경우, 제품 구입 가격을 전액 보상하겠다는 품질보증을 하고자 한다. 판촉기간 중에 목표 판매량이 10만 대일 때 품질보증에 따른 보상액은 최대 얼마나 예상될까? 단, 제품가격은 120만 원이다.

7.4 수년간 학생들의 통계학 점수는 평균이 70점, 표준편차는 10점인 정규분포를 따른다고 한다.

(1) 상위 10% 학생에게 A+를 준다면 최소 몇 점을 받아야 할까?

(2) 하위 5% 학생에게 F학점을 준다고 한다. 50점을 받은 학생은 F학점을 받을까 아니면 살아날까?

제8장
표본추출과 표본분포

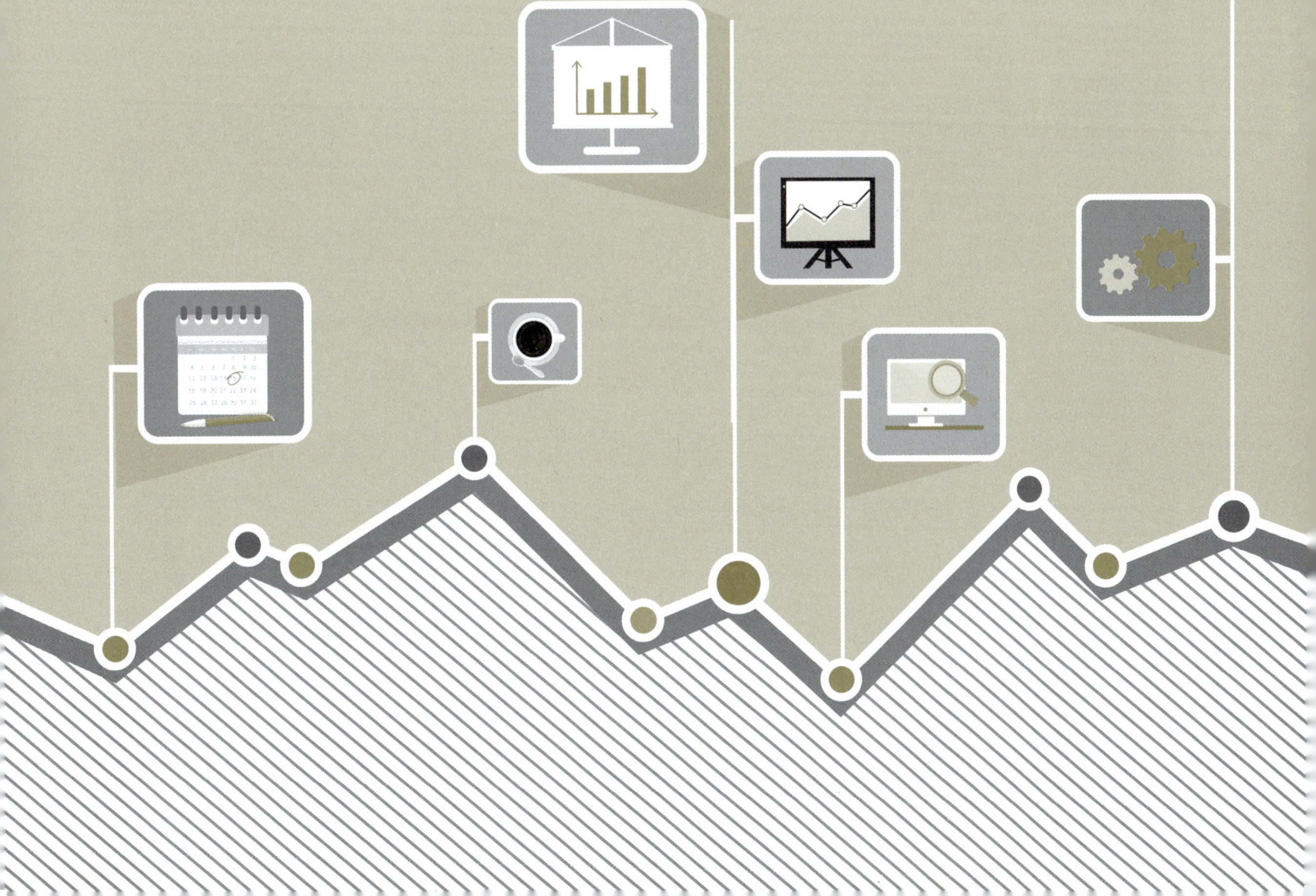

제8장 표본추출과 표본분포

[학습목표]

- 표본조사와 그 절차를 알 수 있다.
- 표본추출의 종류와 방법을 예를 통하여 알 수 있다.
- 표본분포를 이해할 수 있다.
- 표본비율, 표본평균, 중심극한정리 그리고 통계량의 분포를 이해할 수 있다.

모집단의 규모가 대단히 큰 경우에 전수조사를 실시하여 모집단의 정보를 파악하려는 것은 특수한 목적(예: 인구주택총조사) 이외에는 거의 없다. 필연적으로 표본조사(sampling survey)를 할 수밖에 없다. 이 장에서는 표본조사를 힐 때 모집단에서 표본을 추출하는 방법과 추출된 표본의 분포를 다룬다.

8.1 표본추출

표본조사는 통계조사를 위해 관심을 가진 모집단에서 일부 대상, 즉 표본을 과학적인 방법으로 추출하고 조사하여 얻은 정보를 토대로 모집단에 대한 특성을 알아내려고 실시하는 조사 방법이다. 이때 모집단으로부터 표본을 확률적 또는 비확률적인 방법으로 추출하는 것을 표본추출(sampling)이라고 한다.

그림 8-1 ‖ 표본추출

전수조사와 비교하여 표본조사를 실시하는 이유는 다음과 같다.

(1) 경제성: 전수조사보다 조사량이 적으므로 시간과 비용을 줄일 수 있다.

(2) 신속성: 투표일이 5일 후인데 전수조사 시간이 10일 걸린다면 대책수립 등 의사결정에 문제 발생함

(3) 정확성: 불완전한 전수조사보다 오히려 정확하고 통계적으로 정밀도가 향상됨. 조사원 관리로 비표본 오차를 감소시킨다.

(4) 필요성: 자동차 충돌시험을 전수검사로 할 수 있는가?

일반적인 표본추출절차는 [그림 8-2]와 같다.

Step 1 : 모집단 확정	조사대상의 특성, 지역, 시간 등 고려
Step 2 : 모집단 프레임 결정	조사대상들의 명단이 수록된 목록 등(예: 전화번호부)
Step 3 : 표본추출 방법 결정	확률, 비확률 표본추출 방법 중 선택
Step 4 : 표본의 크기 결정	조사시간, 예산, 신뢰구간접근법
Step 5 : 표본추출	선정된 조사대상을 표본으로 추출

그림 8-2 ▌표본추출 절차

표본의 크기는 조사시간이나 예산 그리고 신뢰 수준에 따라 결정한다. 예를 들면, 조사시간은 3일(72시간) 이내, 예산은 100만 원으로 책정되었다고 하자. 이때 표본 수는 1,500명으로 결정되었다면 1인당 조사시간과 비용이 20분과 1,000원이라면 조사기간 내에 표본을 모두 조사할 수 있을까? 특히, 신뢰 수준을 높일수록 표본의 크기는 증가한다.

1. 표본추출 방법

표본추출 방법에는 확률 표본추출법(random sampling) 비확률 표본추출법으로 분류된다. 확률 표본추출법은 모집단의 모든 단위가 표본으로 추출될 확률이 같도록 하여 객관적으로 표본을 추출하는 방법이다.

비확률 표본추출법(purposive selection)은 모집단에서 표본을 추출할 때 조사자의 지식이나 경험을 토대로 적합한 표본을 추출하는 방법이다. 비확률 표본추출법을 유의추출법이라고도 한다. 표본추출 방법을 분류하면 [그림 8-3]과 같다.

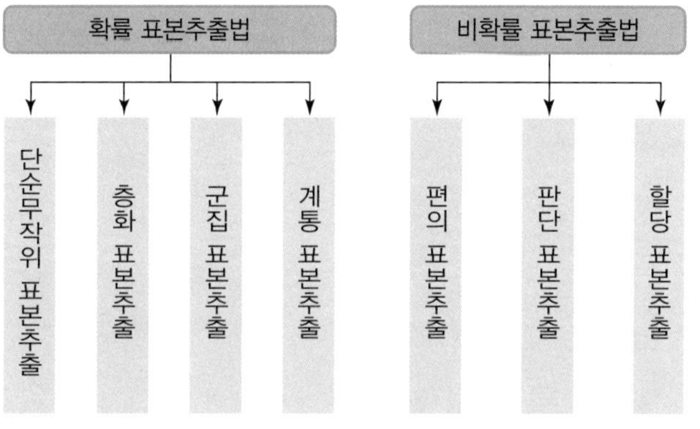

그림 8-3 ▎표본추출의 분류

확률 표본추출과 비확률 표본추출의 장 · 단점을 비교하면 〈표 8-1〉과 같다.

표 8-1 ▎확률 표본추출과 비확률 표본추출의 비교

확률 표본추출	비교내용	비확률 표본추출
알려져 있다.	추출확률	알려져 있지 않다
무작위 표본추출	방법	인위적 표본추출
많이 든다.	시간, 비용	적게 든다
추정 가능	표본오차	추정 불가능
일반화 가능	분석결과	일반화 제약
조사자 주관성 개입 불가능	모수 추정	조사자 주관성 개입 가능

2. 표본추출의 분류

각 표본추출법에 따른 분류된 추출법은 예를 통하여 설명한다.

결혼 의식 조사

> 우리 대학 재학생을 대상으로 "학생들의 결혼 의식"에 대한 가상의 표본조사를 통하여 표본추출 방법을 알아보자.

Step 1 모집단 확정

Step 2 모집단 프레임 결정

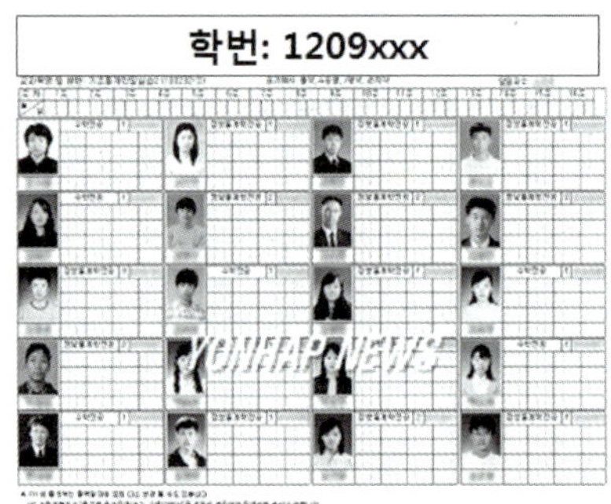

그림 8-4 ▍모집단과 모집단 프레임

모집단은 우리 대학 전체 재학생이고 모집단 프레임은 재학생의 학번이 된다.

Step 3 표본추출 방법 결정

(1) 단순무작위 표본추출

단순무작위 표본추출(simple random sampling)은 모집단 전체의 구성원이 표본으로 선택될 확률이 동일하도록 설계된 추출 방법이다. 예를 들어, 모든 재학생이 표본으로 추출될 확률은 동일하다. 따라서 정해진 표본의 크기만큼 무작위로 추출한다. 단순무작위 표본추출은 특정 학과의 학생이 표본으로 추출되지 않아 전 학과의 학생의 의견이 수집되지 않는 경우나 결혼한 학생이 선택될 수 있는 단점이 있다.

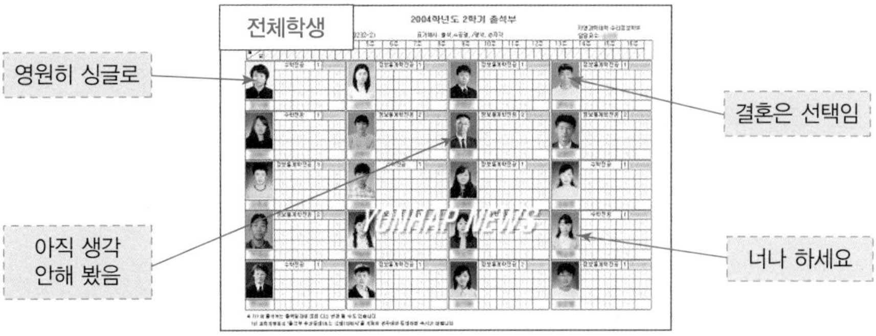

그림 8–5 ‖ 단순무작위 표본추출의 예

(2) 층화 표본추출

층화 표본추출(stratified random sampling)은 모집단을 같은 성질을 가진 것끼리 몇 개의 층(지표)으로 나누어 각 층으로부터 규칙에 따라 표본을 추출하는 방법이다. 층별 표본추출이라고도 한다. 성별, 나이, 직업, 지역, 행정구역 등이 층이 될 수 있다. 단순무작위 표본추출에서 발생할 수 있는 단점을 보완하는 표본추출 방법이다. 현실적으로 가장 많이 사용되는 표본추출 방식이다.

예를 들면, 전체 재학생을 학과별로 구분하고 각 학과에서 학생 수에 비례하여 정해진 표본을 무작위로 추출한다.

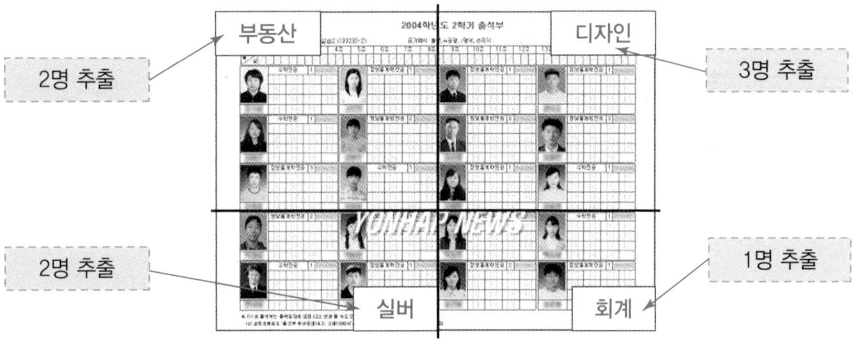

그림 8–6 ‖ 층화 표본추출의 예(학과별로 층별함)

(3) 군집 표본추출

군집 표본추출(cluster sampling)은 모집단을 군집(cluster)이라는 몇 개의 집단으로 분류하고 그 군집 가운데 몇 개의 군집을 임의로 추출하여 추출된 군집을 전수조사하거나 그 군집에서만 표본을 추출하는 방법이다. 군락 또는 취락 표본추출이라고도 한다. 중·고등학교 학생들의 흡연 실태를 조사하기 위해 전국을 대도시 중·소도시, 농·어촌으로 군집화하고 각 군집에서 중·고등학교를 몇 개씩 임의로 선택한 후 선택된 학교의 학생 전체를 조사하는 경우도 군집 표본추출이다.

예를 들면, 어느 학과가 전공 특성상 남학생이나 여학생만으로 구성되었다면 결혼관에 대한 생각이 어느 한쪽만 조사될 수 있다. 이런 경우에는 남녀 학생이 혼성된 학과를 선택하여 그 학과의 학생 모두를 표본으로 추출하면 된다.

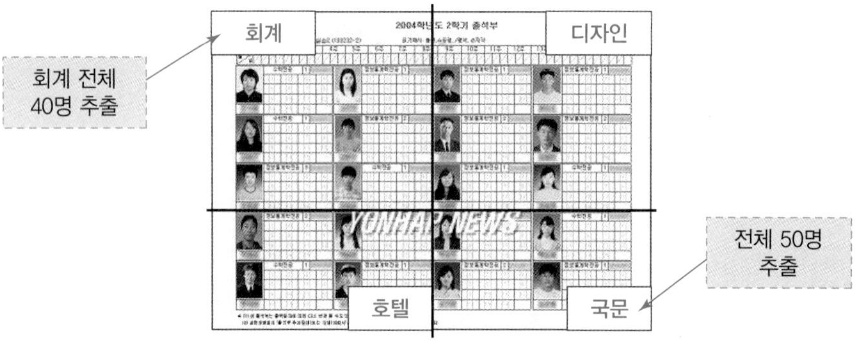

그림 8-7 ▌군집 표본추출의 예(학과별로 군집화)

(4) 계통 표본추출

계통 표본추출(systematic sampling)은 모집단을 시간적·공간적으로 일정한 간격을 두고 계통적으로 추출하는 방법이다. 모집단 전체에서 표본이 골고루 추출되는 장점이 있다. 대통령 선거일에 투표소 출구에서 투표를 마치고 나오는 사람을 6명마다 1명씩 조사하는 출구조사가 계통 표본추출이 적용된 예이다.

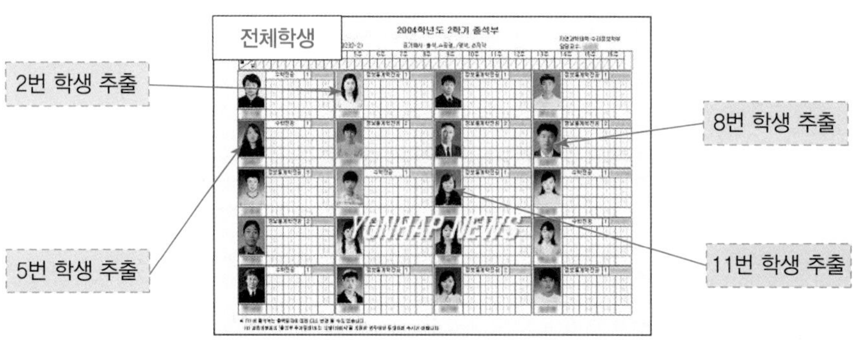

그림 8-8 ▌계통 표본추출의 예(3명 간격으로)

예를 들어, 전체 학생을 학번 순서로 나열하고 표본추출 간격을 3명으로 정하고 첫 간격에서 무작위로 선택한 학생이 2번 학생이었다. 그러면 두 번째 간격 이후로는 간격 3을 더한 5번, 8번 등등 체계적으로 표본을 선택하는 방식이다.

이 번에는 비확률 표본추출법을 알아보자.

(5) 편의 표본추출

편의 표본추출(convenience sampling)은 조사자의 편의에 따라 이용 가능한 대상을 마음대로 선정하는 방법이다. 방송 기자가 광화문 네거리나 명동 거리에 나가 퇴근하는 직장인을 인터뷰하는 것이 한 예이다.

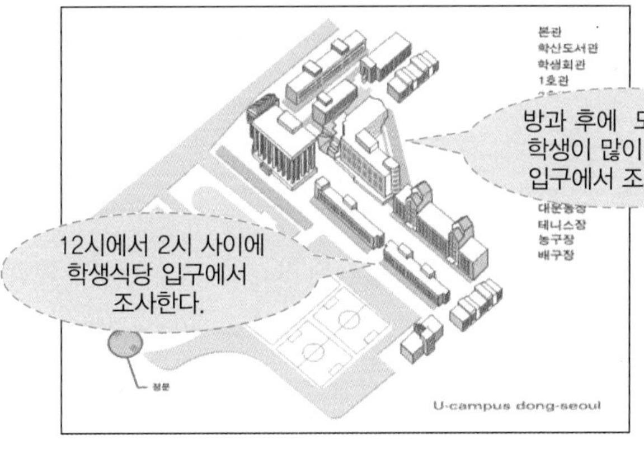

그림 8-9 ▌편의 표본추출의 예

예를 들면, 조사자가 강의시간에 조사하기 곤란하므로 학생들이 많이 왕래하는 점심시간에 학생식당 입구나 오후 4시 이후 도서관 입구에서 조사하는 방법이다.

(6) 판단 표본추출

판단 표본추출(judgement sampling)은 연구자가 조사목적과 관련하여 주관적 판단을 기준으로 표본을 선정하는 방법이다. 목적 표본추출(purposive sampling)이라고도 한다. 모집단에 대한 자료가 충분해야 한다. 주로 전문가 집단에 의해 표본을 선정할 때 많이 적용된다. 축구 국가대표선수 선발, 행동장애의 특성조사 등이 한 예이다.

조사목적이 아직 결혼에 대한 의식을 갖지 않는 학생을 대상으로 한다면 신입생만을 대상으로 한다든지, 군 미필자만을 대상으로 한다든지 하는 방식으로 조사목적에 부합되는 표본을 선택한다.

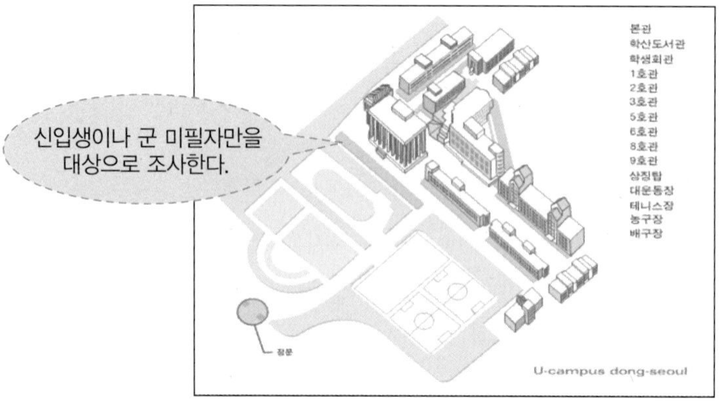

그림 8-10 ‖ 판단 표본추출의 예

(7) 할당 표본추출

할당 표본추출(quota sampling)은 모집단의 특성을 고려하여 층별한 후 각 층으로부터 구성원 수에 비례하여 표본의 크기를 할당하고, 할당된 표본을 편의 표본추출법으로 추출하는 방법이다. 층화 표본추출은 각 층으로부터 표본을 무작위로 추출하지만 할당 표본추출은 각 층에서 편의 표본추출을 하는 점이 다르다. 이 방법은 사회과학조사에서 가장 널리 사용되는 방법이다.

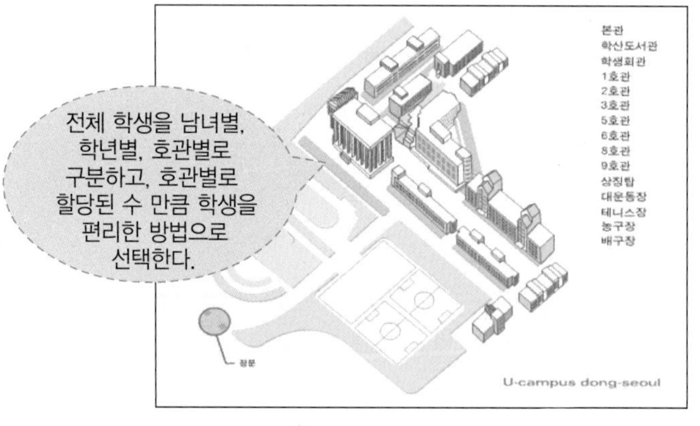

그림 8-11 ‖ 할당 표본추출의 예

Step 4 표본의 크기 결정

예를 들어, 전체 학생 6,000명의 10%인 600명을 표본의 크기로 정한다.

Step 5 표본추출

예를 들어, Step 3에서 정한 표본추출법 중에서 선택한 방법에 따라 600명의 학생을 추출한다.

8.2 표본분포

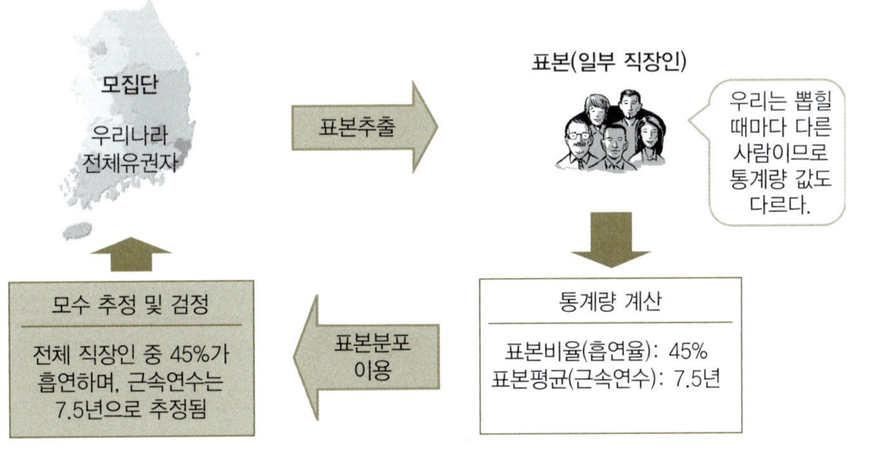

그림 8-12 ▌귀납적 추론

표본조사의 목적은 모집단의 모수, 즉 모비율, 모평균, 모분산 등을 표본조사한 결과로 추정하려는 데 있다. 예를 들어, 대학생의 결혼 의식에 대한 표본조사도 전체 대학생(모집단)의 특성(독신비율, 평균 결혼 연령 등)을 표본조사의 결과(통계량)로 추정하려는 것이다.

대통령 선거일 전에 각 언론사에서는 대통령 후보자들의 지지율에 대한 여론조사를 여러 번 실시하고 있다. 그런데 TV토론 후 각 여론조사기관이 발표한 후보들의 지지율에는 조금씩 차이가 있다. 즉, 동일한 모집단에서 같은 크기의 표본을 무작위로 추출하여 구한 특정한 값(예: 비율, 평균, 분산 등)은 구할 때마다 변한다는 사실이다. 그 차이는 추출된 표본은 무수히 많은 가능한 표본 중의 하나에 불과하기 때문에 발생한다. 예를 들어, 5명에서 3명을 뽑는 경우의 수는 모두 10가지가 된다. 즉, 10가지 종류의 표본이 가능하며, 이들 가능한 10개의 표본들의 특성은 조금씩 다르므로 어떤 분포를 이루게 된다.

표본분포(sampling distribution)

표본의 특성인 통계량의 확률분포를 표본분포라고 한다.

- 모집단과 표본과의 관계를 파악하여 모집단에 대한 추론을 하고자 함.

1. 표본비율의 분포

표본을 이용한 통계적 분석은 모집단의 어떤 비율(proportion), 평균 그리고 분산과 같은 모수를 추정하는 데 그 목적이 있다. 먼저 비율부터 알아보자. 일반적으로 비율은 어떤 속성을 가진 갯수가 전체 갯수에서 차지하는 상대도수(상대백분율)를 나타내는 척도이다.

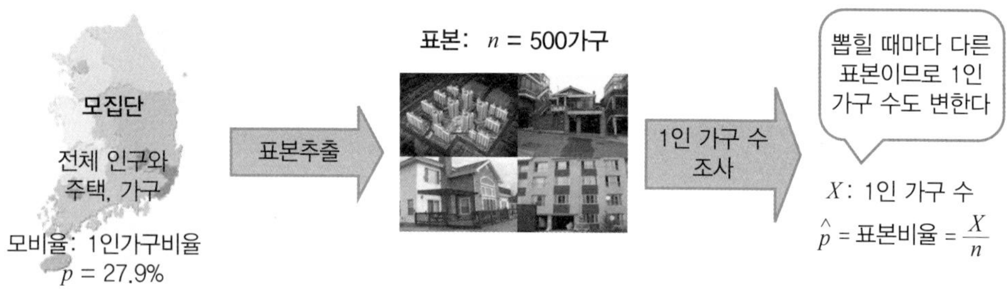

그림 8-13 ▌모비율과 표본비율의 관계

〈표 1-5〉의 연도 및 가구원 수별 가구 규모 통계자료에서 2016년도 일반가구 19,368천 가구 중 1인가구는 5,398천 가구로 그 비율은 27.9%로 조사되었다. 만약, 일반가구 중에서 500가구를 표본추출하여 1인가구비율(표본비율)을 조사한다면 모비율 27.9%와 같을까? 한편, 〈표 1-1〉 2016년 인구주택총조사 전수집계결과표에서 여성가구주 비율이 30%로 조사되었다. 마찬가지로 전체 가구주 중에서 임의로 1,000가구를 추출하여 여성가구주비율(표본비율)을 조사한다면 모비율 30%와 같은 결과가 나올까?

이처럼 표본비율은 같은 크기의 표본을 추출하여 그 값을 계산할 때마다 같지 않을 것이다. 즉, 표본비율은 확률변수로 어떤 확률분포를 따를 것이다. 이 밖에도 비율은 지지율, 도시

화율, 시장점유율, 불량률, 아파트 청약률, 취업률, 설비가동률, 반품률, 출석률, 상환율, 교통사고율 등과 같이 관련된 이산형 자료(계수치)로 계산된다.

모비율(이항분포에서 성공률)이 p인 이항모집단으로부터 n개의 표본을 추출할 때 특정 속성을 가진 것이 X개 발견될 확률은 이항분포를 따른다. 이때 표본비율은 $\hat{p}=\dfrac{X}{n}$ 이 된다. 이 표본비율은 n개의 표본을 추출하여 조사할 때마다 X의 값이 달라지는 변수이다. 따라서 표본비율은 확률변수로 다음의 평균과 분산을 가지는 분포를 한다.

$$E(\hat{p}) = E\left(\frac{X}{n}\right) = \frac{1}{n}E(X) = \frac{1}{n}(np) = p \quad \because\ E(X) = np$$

$$V(\hat{p}) = V\left(\frac{X}{n}\right) = \frac{1}{n^2}V(X) = \frac{1}{n^2}[np(1-p)] = \frac{p(1-p)}{n} \quad \because\ V(X) = np(1-p)$$

그런데 이항분포는 $np \geq 5$, $np(1-p) \geq 5$인 조건이 만족되면 정규분포로 근사하므로 표본비율도 정규분포로 근사한다. 이 과정을 나타낸 것이 [그림 8-14]이다. 표본비율의 분포는 모비율에 대한 신뢰구간 추정과 검정에 사용된다.

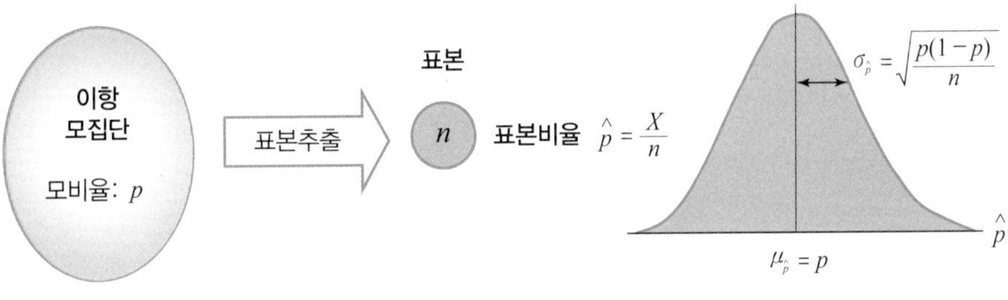

그림 8-14 ▌표본비율의 분포

표본비율의 분포

어떤 속성을 가진 비율이 p인 모집단에서 크기 n인 표본을 추출했을 때 해당 속성을 가진 것이 X개가 나타났다면

표본비율 $\hat{p}=\dfrac{X}{n}$은 $np \geq 5$, $np(1-p) \geq 5$ 이면

$$\hat{p}=\frac{X}{n} \sim N\left(p,\ \frac{p(1-p)}{n}\right)$$

$$Z=\frac{\hat{p}-p}{\sqrt{\dfrac{p(1-p)}{n}}} \sim N(0,1)$$

를 따른다.

예제 8-1

2016년도 우리나라 일반가구 중 1인가구비율이 p=27.9%이다. 500가구씩 표본추출하여 1인가구비율 $\hat{p}$를 구하는 것을 반복하면 1인가구비율(표본비율) $\hat{p}$는 어떤 분포를 따르는가?

풀이

$np = 500 \times 0.279 = 139.5 > 5$이고, $np(1-p) = 500 \times 0.279 \times (1-0.279) = 100.58 > 5$ 이므로 표본 1인가구비율 $\hat{p}$는

$$E(\hat{p}) = p = 0.279,$$

$$V(\hat{p}) = \frac{p(1-p)}{n} = \frac{0.279(1-0.279)}{500} = 0.000402$$

인 정규분포로 근사한다.

예제 8-2

부적합품률이 p=2%인 부품조립공정에서 검사를 목적으로 500개씩의 부품을 랜덤샘플링하여 부적합품률을 계산한다면 표본부적합품률은 어떤 분포를 따르겠는가?

풀이

$E(\hat{p}) = p = 0.02,\ V(\hat{p}) = \frac{p(1-p)}{n} = \frac{0.02(1-0.02)}{500} = 0.0196$ 이므로

$\hat{p} \sim N(0.02,\ 0.096)$이다.

2. 표본평균의 분포

표본을 이용한 통계적 분석은 모집단의 어떤 비율, 평균 그리고 분산과 같은 모수를 추정하데 그 목적이 있는데 이번 절에서는 평균에 대하여 알아보자.

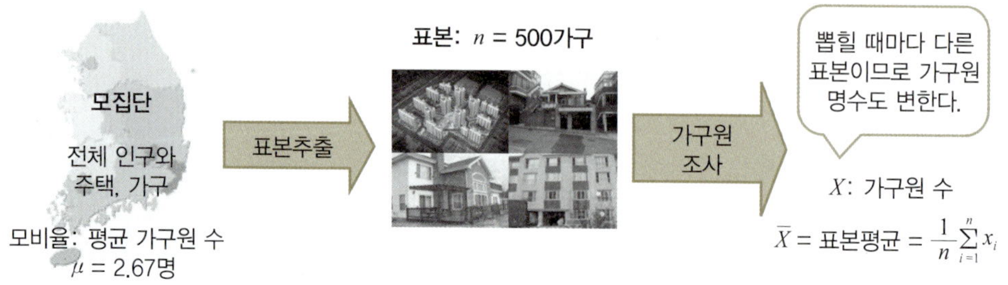

그림 8-15 ▌모평균과 표본평균의 관계

〈표 1-1〉의 인구주택총조사 총괄표에서 2010년도 가구당 평균 가구원 수는 2.67명으로 나타나 있다. 이 값은 모평균이다. 만약 전국 가구 중에서 임의로 500가구를 표본추출하여 평균 가구원 수를 구하면 이 값은 표본평균값이 될 것이다. 그러면 이 표본평균값은 모평균 2.67명과 같을까?

이 사실로부터 표본평균은 같은 크기의 표본을 추출하여 그 값을 구할 때마다 다른 값을 가진다는 것을 알 수 있다. 즉, 표본평균은 확률변수로 어떤 확률분포를 따른다. 다음 예를 가지고 모평균과 표본평균의 관계를 설명한다.

"대통령 카페"는 전체 종업원이 4명이고 각 종업원의 시급은 아래 표와 같다. 전체 종업원 중 2 명씩을 표본추출하여 평균 시급을 구하자. 이 평균 시급의 평균과 분산은 얼마일까? 이 결과는 전체 종업원의 평균 시급(모평균)과 분산(모분산)과 어떤 관계를 가지는지 알아보자.

표 8-2 ▌전 종업원의 시급표

종업원 시급($)	 아베 3	 마크롱 5	 메이 7	 트럼프 9

시급 x	3	5	7	9	계
확률 $p(x)$	1/4	1/4	1/4	1/4	1

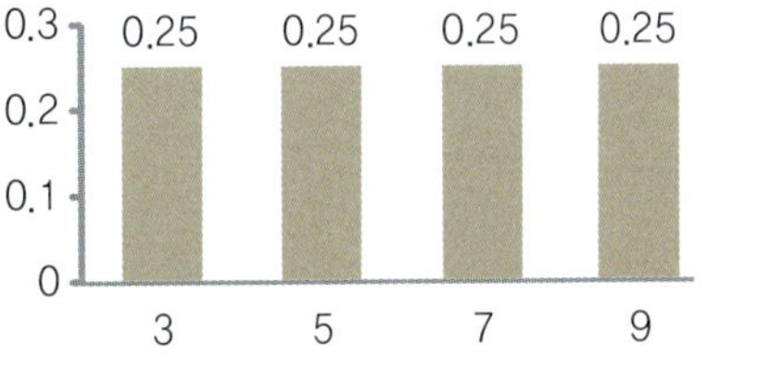

그림 8-16 ▌확률분포표와 확률그래프

전 종업원 $N=4$명의 시급의 확률분포를 나타내면 [그림 8-16]과 같고, 전종업원의 평균 시급과 분산은 다음과 같다.

$$E(X)=\mu=\frac{1}{N}\sum_{i=1}^{N}x_i=\frac{1}{4}(3+5+7+9)=6$$

$$V(X)=\sigma^2=\frac{1}{N}\sum_{i=1}^{N}(x_i-\mu)^2=\frac{1}{4}[(3-6)^2+(5-6)^2+(7-6)^2+(9-6)^2]=5$$

즉, 모평균 $\mu=6$이고, 모분산은 $\sigma^2=5$이다.

(1) 무한모집단인 경우

대통령 카페의 종업원 $N=4$명(유한모집단) 중에서 한 명을 무작위로 뽑고 복원추출로 또 한 명을 무작위로 $n=2$명(표본)을 추출하여 평균 시급(표본평균)을 구해보자. 복원추출을 하면 유한모집단이 무한모집단화 되기 때문이다. 이러한 복원추출의 경우의 수는 총 16가지가 된다. 이제 복원추출된 종업원 2명의 평균 시급과 그 확률을 구해보자. 예를 들면, 2명의 평균 시급이 5가 되는 것은 (메이, 아베)=(7, 3), (마크롱, 마크롱)=(5, 5) 그리고 (아베, 메이)=(3, 7)인 3가지 경우로 그 확률은 3/16이 된다. [그림 8-17]을 참조하세요.

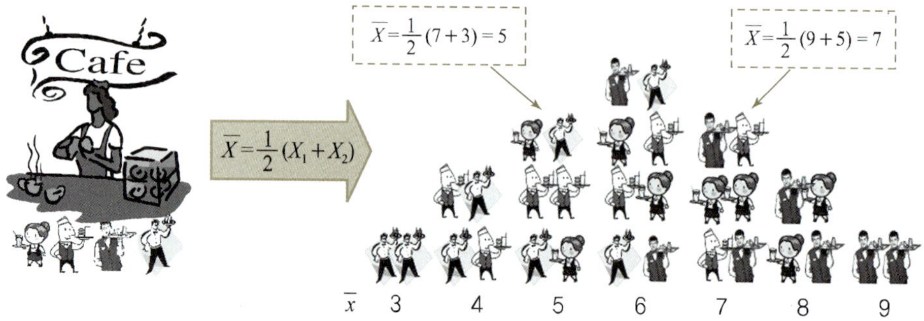

그림 8-17 ▌복원추출된 종업원 2명의 경우의 수와 평균 시급

따라서 복원추출된 종업원 2명씩의 평균시급에 대한 확률분포표는 [그림 8-18]과 같이 된다.

$\overline{x}$	3	4	5	6	7	8	9	계
$P(\overline{x})$	1/16	2/16	3/16	4/16	3/16	2/16	1/16	1

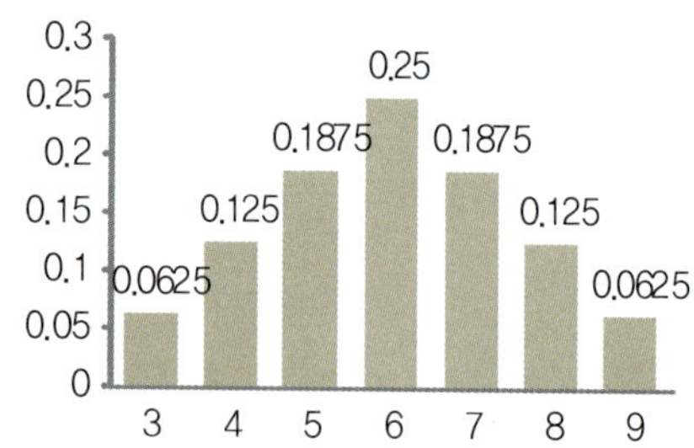

그림 8-18 ▌평균 시급의 확률분포표와 확률그래프(무한모집단)

복원추출된 종업원 2명씩의 평균 시급의 확률분포를 알았으니 기댓값과 분산을 구할 수 있게 되었다. 먼저 이 평균 시급에 대한 기댓값은 다음과 같이 구해진다.

$$E(\overline{X})=\mu_{\overline{X}}=\sum\overline{x}\,P(\overline{x})=\left[\left(3\times\frac{1}{16}\right)+\left(4\times\frac{1}{16}\right)+\cdots+\left(9\times\frac{1}{16}\right)\right]=6$$

이 기댓값은 전체 종업원 4명의 평균 시급과 같다. 이 사실로부터 표본평균의 기댓값(평균)은 모평균과 같아짐을 알 수 있다. 즉, $E(\overline{X}) = \mu_{\overline{X}} = \mu = 6$

한편, 복원추출된 종업원 2명씩의 평균 시급의 분산을 구하면 다음과 같다.

$$V(\overline{X}) = \sigma^2_{\overline{X}} = \sum(\overline{x} - \mu_{\overline{X}})^2 P(\overline{x})$$
$$= [(3-6)^2 \times \frac{1}{16} + (4-6)^2 \times \frac{2}{16} + \cdots + (9-6)^2 \times \frac{1}{16}] = \frac{5}{2} = 2.5$$

이 분산값은 전체 종업원 4명의 분산 $\sigma^2 = 5$보다 적어졌다. 그렇지만 전체 종업원의 분산을 표본의 크기 $n = 2$로 나누면 같아진다.

$$V(\overline{X}) = \sigma^2_{\overline{X}} = \frac{\sigma^2}{n} = \frac{5}{2} = 2.5$$

이 사실로부터 표본평균의 분산은 모분산을 표본의 크기로 나눈 값과 같아짐을 알 수 있다. 특히 표본평균의 표준편차 $\frac{\sigma}{\sqrt{n}}$를 표준오차(standard error)라고 한다.

(2) 유한모집단인 경우

대통령 카페의 종업원 $N = 4$명(유한모집단) 중에서 한 명을 무작위로 뽑고 비복원추출로 또 한 명을 무작위로 $n = 2$명(표본)을 추출하여 평균 시급(표본평균)을 구해보자. 이러한 비복원추출의 경우의 수는 총 12가지가 된다. 이제 비복원추출된 종업원 2명의 평균 시급과 그 확률을 구해보자. 예를 들면, 2명의 평균 시급이 5가 되는 것은 (메이, 아베) = (7, 3), (아베, 아베) = (3, 7)인 2가지 경우로 그 확률은 2/12가 된다. 그러면 평균 시급의 확률분포는 [그림 8-19]와 같이 된다.

$\overline{x}$	4	5	6	7	8	계
$p(\overline{x})$	2/12	2/12	4/12	2/12	2/12	1

그림 8-19 ▌평균 시급의 확률분포표(유한모집단)

이 평균 시급에 대한 기댓값과 분산은 다음과 같다.

$$E(\overline{X}) = \mu_{\overline{X}} = \sum \overline{x}\, P(\overline{x}) = \left[\left(4\times\frac{2}{12}\right)+\left(5\times\frac{2}{12}\right)+\ \cdots\ +\left(8\times\frac{2}{12}\right)\right]=6$$

$$V(\overline{X}) = \sigma^2_{\overline{X}} = \sum(\overline{x}-\mu_{\overline{X}})^2 P(\overline{x})$$
$$= \left[(4-6)^2\times\frac{2}{12}+(5-6)^2\times\frac{2}{12}+\dots+(8-6)^2\times\frac{2}{12}\right]=\frac{5}{3}$$

이 결과로부터 평균 시급의 기댓값은 무한모집단인 경우의 평균 시급과 같으나 분산은 다르다. 그렇지만 유한모집단 수정계수 $(N-n)/(N-1)$를 곱하면 같아진다.

$$V(\overline{X}) = \sigma^2_{\overline{X}} = \left(\frac{N-n}{N-1}\right)\frac{\sigma^2}{n} = \left(\frac{4-2}{4-1}\right)\frac{5}{2} = \frac{5}{3}$$

● **표본평균의 분포**(일반모집단)

모평균이 μ, 모분산이 σ^2인 무한모집단 또는 복원추출한 유한모집단으로부터 임의추출한 크기 n의 표본평균 $\overline{X}$의 기댓값과 분산은 다음과 같다.

$$E(\overline{X}) = \mu$$
$$V(\overline{X}) = \frac{\sigma^2}{n}$$

• 크기 N인 유한모집단에서 비복원추출일 경우

$$E(\overline{X}) = \mu$$
$$V(\overline{X}) = \left(\frac{N-n}{N-1}\right)\frac{\sigma^2}{n}$$

예제 8-3

모평균이 $\mu=50$, 모분산이 $\sigma^2=5^2$인 무한모집단에서 크기 n=5인 표본을 추출하여 평균 $\overline{X}$를 구한다. 표본평균 $\overline{X}$의 평균과 분산은 얼마일까?

풀이

$E(\overline{X}) = \mu_{\overline{X}} = \mu = 50,$

$V(\overline{X}) = \sigma^2_{\overline{X}} = \dfrac{\sigma^2}{n} = \dfrac{5^2}{5} = 5$

예제 8-4

모평균이 $\mu=50$, 모분산이 $\sigma^2=5^2$인 크기 N=500인 유한모집단에서 크기 n=5인 표본을 비복원추출하여 평균 $\overline{X}$를 구한다. 표본평균 $\overline{X}$의 평균과 분산은 얼마일까?

풀이

$E(\overline{X})=\mu_{\overline{X}}=\mu=50,$

$V(\overline{X})=\sigma^2_{\overline{X}}=\left(\frac{N-n}{N-1}\right)\frac{\sigma^2}{n}=\left(\frac{500-5}{500-1}\right)\frac{5^2}{5}=4.96$

● **표본평균의 분포**(정규모집단)

모평균이 μ, 모분산이 σ^2인 정규모집단으로부터 표본추출한 크기 n의 표본평균 $\overline{X}$는 정규분포를 한다.

$$\overline{X}\sim N\left(\mu,\ \frac{\sigma^2}{n}\right)$$

따라서 표본평균을 표준화한 확률변수 Z는 표준정규분포를 한다.

$$Z=\frac{\overline{X}-\mu}{\frac{\sigma}{\sqrt{n}}}\sim N(0,1)$$

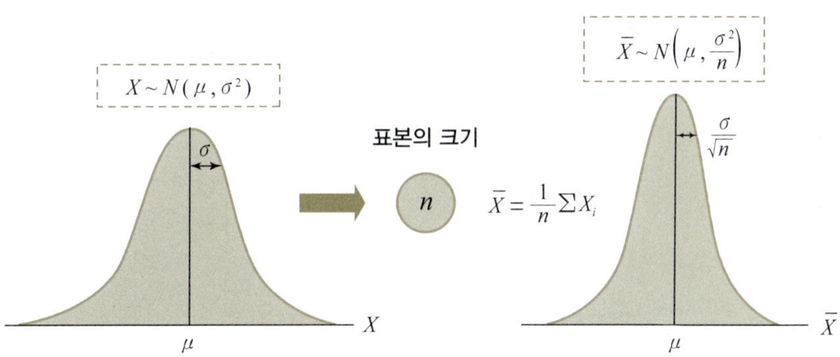

그림 8-20 ▌정규분포와 표본평균의 분포

표본평균을 표준화한 표준정규확률변수 $Z=\frac{\overline{X}-\mu}{\frac{\sigma}{\sqrt{n}}}$는 표준정규분포를 따른다.

예제 8-5

$X \sim N(170, 8^2)$ 인 정규모집단에서 크기 n=10인 확률표본을 추출하여 표본평균 $\overline{X}$의 분포를 알려고 한다.

(1) 평균과 분산은 얼마인 무슨 분포를 하는가?

(2) 이 표본평균이 172 이하일 확률은 얼마인가?

풀이

(1) $E(\overline{X}) = \mu_{\overline{X}} = \mu = 170$, $V(\overline{X}) = \sigma^2_{\overline{X}} = \dfrac{\sigma^2}{n} = \dfrac{8^2}{10} = 6.4$ 인 정규분포를 따른다.

즉, $\overline{X} \sim N(170, 6.4)$

(2) $P(\overline{X} \le 172) = P\left(\dfrac{\overline{X} - \mu}{\dfrac{\sigma}{\sqrt{n}}} \le \dfrac{172 - 170}{\dfrac{8}{\sqrt{10}}}\right) = P(Z \le 0.79) = 0.7852$

중심극한정리

중심극한정리(central limit theorem)란 모집단이 어떠한 분포를 하는가에 관계없이 모집단으로부터 추출한 표본크기(n)가 커질수록 표본평균은 정규분포를 따른다. 일반적으로 n은 30개 이상이다.

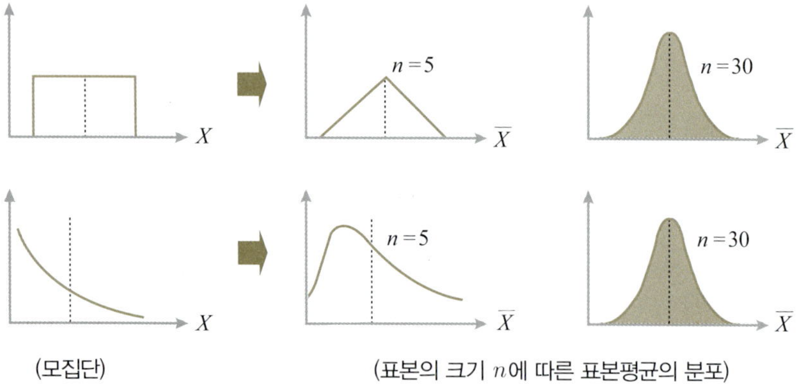

그림 8-21 ▌중심극한정리 개념

3. 카이제곱 통계량의 분포

- 정규모집단으로부터 크기 n의 표본을 무작위추출했을 때 표본분산이

$$S^2 = \frac{1}{n-1}\sum(X_i - \overline{X})^2$$

이면 다음의 통계량

$$\chi^2 = \frac{(n-1)S^2}{\sigma^2}$$

은 자유도가 $\nu = n-1$인 카이제곱분포를 따른다.

- 모분산의 검정과 추정에 사용된다.

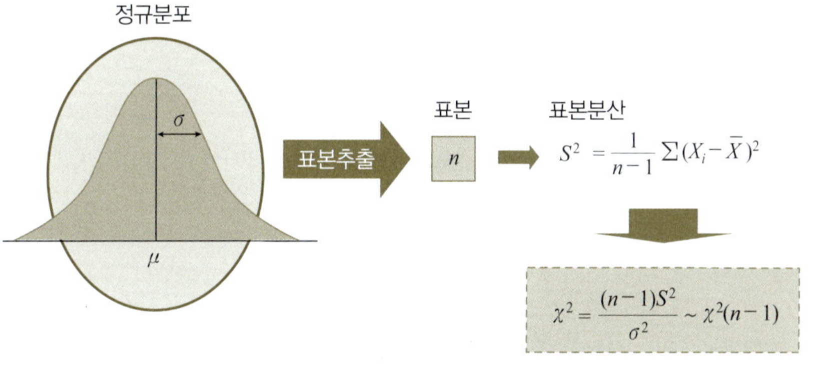

그림 8-22 ▮ 카이제곱 통계량의 분포 설명

참고

$$\sum_{i=1}^{n}(X_i - \mu)^2 = \sum_{i=1}^{n}\left[(X_i - \overline{X}) + (\overline{X} - \mu)\right]^2 = \sum_{i=1}^{n}(X_i - \overline{X})^2 + n(\overline{X} - \mu)^2$$

에서 양변을 σ^2으로 나누고 정리하면

$$\sum_{i=}^{n}\left(\frac{X_i - \mu}{\sigma}\right)^2 = \frac{\sum_{i=1}^{n}(X_i - \overline{X})^2}{\sigma^2} + \left(\frac{\overline{X} - \mu}{\frac{\sigma}{\sqrt{n}}}\right)^2$$

이 된다.

$$\sum_{i=}^{n} Z_i^2 = \frac{\sum_{i=1}^{n}(X_i - \overline{X})^2}{\sigma^2} + Z^2 = \frac{(n-1)S^2}{\sigma^2} + Z^2$$

좌변의 $\sum_{i=1}^{n} Z_i^2$은 자유도가 n인 카이제곱분포를 따르므로 우변도 카이제곱분포를 따른다. 따라서 카이제곱분포의 가법성에 따라 $\frac{(n-1)S^2}{\sigma^2}$은 자유도 $n-1$인 카이제곱분포를 따른다. 왜냐하면 Z^2은 자유도가 1인 카이제곱분포를 따르기 때문이다.

예제 8-5

$X \sim N(170, 8^2)$인 정규모집단에서 크기 n=20인 확률표본을 추출하여 표본분산 S^2를 구한다.

(1) 통계량 $\frac{(n-1)S^2}{\sigma^2}$은 무슨 분포를 따르는가?

(2) 표본분산 S^2이 특정한 값 이상 나올 확률이 2.5%이라고 한다. 이때의 S^2값은 얼마인가?

풀이

(1) $\chi^2 = \frac{(n-1)S^2}{\sigma^2} \sim \chi^2(n-1)$ 이므로 자유도는 $\nu = n-1 = 20-1 = 19$인 카이제곱분포를 따른다.

(2) $P\left(\frac{(n-1)S^2}{\sigma^2} \geq \chi^2_{0.025,19}\right) = 0.025$이다. 〈표 8-3〉 카이제곱분포표로부터 $\chi^2_{0.025,\,19} = 32.852$을 찾을 수 있다. 그러면 $P\left[\frac{(n-1)S^2}{\sigma^2} \geq 32.852\right] = 0.025$이므로 $n-1 = 20-1 = 19$, $\sigma^2 = 8^2$을 대입하면 $S^2 = 110.659$이다.

표 8-3 ▌카이제곱분포표(부분) $P(\chi^2 \geq \chi^2_{\alpha,\nu}) = \alpha$

자유도 ν	우측 꼬리 확률(α)							
	0.99	0.975	0.95	0.9	0.1	0.05	0.025	0.01
16	5.812	6.908	7.962	9.312	23.542	26.296	28.845	32.000
17	6.408	7.564	8.672	10.085	24.769	27.587	30.191	33.409
18	7.015	8.231	9.390	10.865	25.989	28.869	31.526	34.805
19	7.633	8.907	10.117	11.651	27.204	30.144	**32.852**	36.191

4. t 통계량의 분포

● 정규모집단으로부터 크기 n의 표본을 무작위추출했을 때 표본평균과 표본표준편차가

$$\overline{X}=\frac{1}{n}\sum x_i \qquad s=\sqrt{\frac{1}{n-1}\sum(X_i-\overline{X})^2}$$

이면 다음의 통계량

$$t=\frac{\overline{X}-\mu}{s/\sqrt{n}}$$

은 자유도가 $\nu=n-1$인 t 분포를 따른다.

- 모표준편차를 모를 경우에 모평균의 검정과 추정에 사용된다.

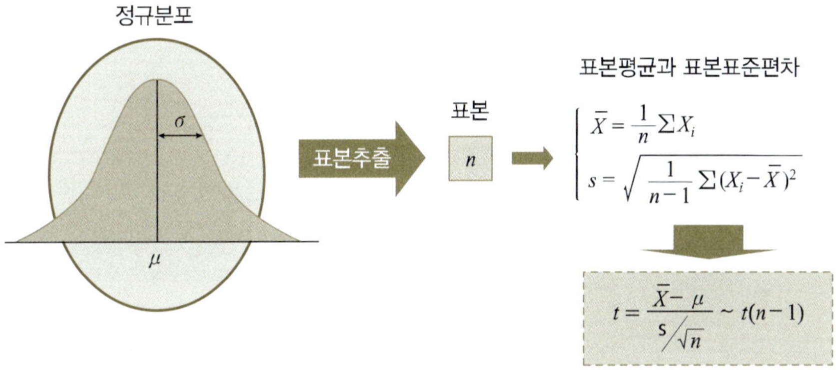

그림 8-23 ▌ t 통계량의 분포 설명

참고

$Z=\dfrac{\overline{X}-\mu}{\dfrac{\sigma}{\sqrt{n}}}\sim N(0,1)$ 이고, $\chi^2=\dfrac{(n-1)S^2}{\sigma^2}\sim\chi^2(n-1)$ 이므로

$t=\dfrac{Z}{\sqrt{\dfrac{\chi^2}{\nu}}}=\dfrac{\dfrac{\overline{X}-\mu}{\sigma/\sqrt{n}}}{\sqrt{\dfrac{\dfrac{(n-1)S^2}{\sigma^2}}{n-1}}}=\dfrac{\overline{X}-\mu}{s/\sqrt{n}}$ 는 자유도가 $\nu=n-1$인 t분포가 된다.

예제 8-6

$X \sim N(170, 8^2)$인 정규모집단에서 크기 n=20인 확률표본을 추출하여 표본평균 $\overline{X}$와 표본분산 S^2를 구한다.

(1) 통계량 $\dfrac{\overline{X}-\mu}{s/\sqrt{n}}$은 어떤 분포를 따르는가?

(2) 표본평균 $\overline{X}=171$일 때 표본표준편차 s의 값이 얼마 이상 나올 확률이 2.5%이라고 한다. 이 때의 표본표준편차값을 구하시오.

풀이

(1) $\dfrac{\overline{X}-\mu}{s/\sqrt{n}}$은 자유도 $\nu=n-1=20-1=19$인 t분포를 따른다.

(2) $P\left(\dfrac{\overline{X}-\mu}{s/\sqrt{n}} \geq t_{0.025,19}\right)=0.025$이다. 〈표 8-4〉로부터 $t_{0.025,19}=2.093$이다.

따라서 $P\left(\dfrac{\overline{X}-\mu}{s/\sqrt{n}} \geq 2.093\right)=0.025$으로부터 $\overline{X}=171$, $\mu=170$, $n=20$을 대입하면 $s=2.137$이다.

표 8-4 ‖ t분포표(부분) $P(T \geq t_\alpha)=\alpha$

자유도	t(0.05)	t(0.025)	t(0.01)	t(0.005)
16	1.7459	2.1199	2.5835	2.9208
17	1.7396	2.1098	2.5669	2.8982
18	1.7341	2.1009	2.5524	2.8784
19	1.7291	**2.093**	2.5395	2.8609
20	1.7247	2.0860	2.5280	2.8453

5. F통계량의 분포

- 두 정규모집단으로부터 크기 n_1과 n_2인 표본을 무작위추출했을 때 표본분산이 각각

$$S_1^2=\frac{1}{n_1-1}\sum(X_i-\overline{X}_1)^2 \qquad S_2^2=\frac{1}{n_2-1}\sum(X_i-\overline{X}_2)^2$$

이면 다음의 통계량

$$F = \frac{s_1^2}{s_2^2}\frac{\sigma_2^2}{\sigma_1^2}$$

은 자유도가 $\nu_1 = n_1 - 1$, $\nu_2 = n_2 - 1$인 F분포를 따른다.

- 두 모분산비율에 대한 검정과 추정에 사용된다.

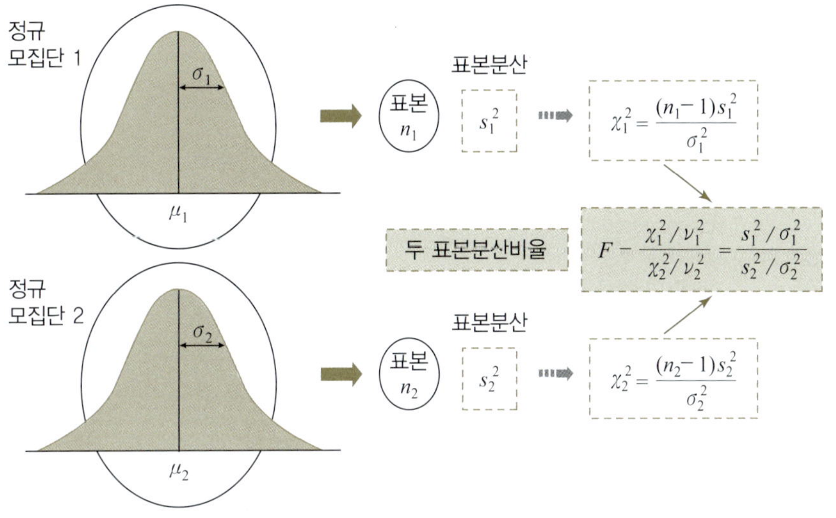

그림 8-24 ∥ F통계량의 분포 설명

참고

$X_1 \sim N(\mu_1, \sigma_1^2)$에서 n_1개의 확률표본을 추출하고. $S_1^2 = \frac{1}{n_1-1}\sum(X_i - \overline{X_1})^2$을 구할 수 있다. 그러면

$$\chi_1^2 = \frac{(n_1-1)S_1^2}{\sigma_1^2} \sim \chi^2(n_1-1)$$

이다. 같은 원리로

$X_2 \sim N(\mu_2, \sigma_2^2)$에서 n_2개의 확률표본을 추출하고, $S_2^2 = \frac{1}{n_2-1}\sum(X_i - \overline{X_2})^2$을 구할 수 있다.

그러면

$$\chi_2^2 = \frac{(n_2-1)S_2^2}{\sigma_2^2} \sim \chi^2(n_2-1)$$

이다. 이 두 카이제곱 통계량은 서로 독립이므로 F분포 정의식에 대입하면

$$F=\frac{\chi_1^2/\nu_1}{\chi_2^2/\nu_2}=\frac{\dfrac{(n_1-1)S_1^2}{\sigma_1^2}/(n_1-1)}{\dfrac{(n_2-1)S_2^2}{\sigma_2^2}/(n_2-1)}=\frac{S_1^2/\sigma_1^2}{S_2^2/\sigma_2^2}=\frac{S_1^2}{S_2^2}\cdot\frac{\sigma_2^2}{\sigma_1^2}\sim F(n_1-1,n_2-1)$$

을 얻는다.

예제 8-7

$X_1\sim N(170,8^2)$인 정규모집단에서 크기 $n_1=10$ 확률표본을 추출하여 표본분산 S_1^2를 구하고, $X_2\sim N(160,5^2)$인 정규모집단에서 크기 $n_2=10$ 확률표본을 추출하여 S_2^2을 구한다

(1) 통계량 $\dfrac{S_1^2}{S_2^2}\cdot\dfrac{\sigma_2^2}{\sigma_1^2}$은 어떤 분포를 따르는가?

(2) 두 표본분산의 비율 $\dfrac{S_1^2}{S_2^2}$ 값이 얼마 이상 나올 확률이 5%이라고 한다. 이때의 $\dfrac{S_1^2}{S_2^2}$값을 구하시오.

풀이

(1) 통계량 $\dfrac{S_1^2}{S_2^2}\cdot\dfrac{\sigma_2^2}{\sigma_1^2}$은 자유도가 $\nu_1=n_1-1=10-1=9$, $\nu_2=n_2-1=10-1=9$ 인 F분포를 따른다.

(2) $P\left(\dfrac{S_1^2}{S_2^2}\cdot\dfrac{\sigma_2^2}{\sigma_1^2}\geq F(9,9;0.05)\right)=0.05$이다. 〈표 8-5〉로부터 $F(9,9;0.05)=3.18$이다.

따라서 $P\left(\dfrac{S_1^2}{S_2^2}\cdot\dfrac{\sigma_2^2}{\sigma_1^2}\geq 3.18\right)=0.05$로부터 $\sigma_1^2=8^2$, $\sigma_2^2=5^2$을 대입하면 $\dfrac{S_1^2}{S_2^2}=8.1408$이다.

표 8-5 ‖ F분포표(부분) $P\{F \geq F(\nu_1, \nu_2)\} = 0.05$

ν_2 \ ν_1	1	2	3	4	5	8	9	10
1	161.45	199.50	215.71	224.58	230.16	238.88	240.54	241.88
2	18.51	19.00	19.16	19.25	19.30	19.37	19.38	19.40
3	10.13	9.55	9.28	9.12	9.01	8.85	8.81	8.79
4	7.71	6.94	6.59	6.39	6.26	6.04	6.00	5.96
5	6.61	5.79	5.41	5.19	5.05	4.82	4.77	4.74
6	5.99	5.14	4.76	4.53	4.39	4.15	4.10	4.06
7	5.59	4.74	4.35	4.12	3.97	3.73	3.68	3.64
8	5.32	4.46	4.07	3.84	3.69	3.44	3.39	3.35
9	5.12	4.26	3.86	3.63	3.48	3.23	3.18	3.14
10	4.96	4.10	3.71	3.48	3.33	3.07	3.02	2.98

8장 단원평가

8-1 다음 중 확률표본추출에 해당하지 않는 표본추출 방법은?

(가) 단순무작위 표본추출　　(나) 층화 표본추출
(다) 군집 표본추출　　(라) 편의 표본추출

8-2 일반적으로 전수조사에 비해 표본조사의 이점으로 보기 어려운 것은?

(가) 경제성　　(나) 신속성
(다) 부정확성　　(라) 필연성

8-3 여론조사를 하기 위하여 전국을 특별시, 광역시, 도로 나누고 각 구역에서 인구비례로 표본을 추출하는 방법은?

(가) 단순무작위 표본추출　　(나) 층화 표본추출
(다) 체계적 표본추출　　(라) 할당 표본추출

8-4 주어진 모집단으로부터 크기 n인 확률표본을 반복하여 추출한 결과로 얻는 표본통계량의 분포를 무엇이라고 하는가?

(가) 표본분포　　(나) 모집단분포
(다) 정규분포　　(라) t분포

8-5 연구대상인 모집단이 어떤 분포인지 모르더라도 표본을 30개 이상 추출하면 표본평균의 분포는 정규분포에 수렴하는 것을 무엇이라고 하는가?

(가) 표본비율의 정리　　(나) 표본평균의 정리
(다) 통계량의 정리　　(라) 중심극한정리

8-6 평균이 100, 분산이 25인 무한모집단에서 표본을 5개씩 추출하여 구한 표본평균들은 얼마의 평균과 분산을 가지는 분포를 할까?

(가) 평균 100, 분산 25　　(나) 평균 100, 분산 5
(다) 평균 20, 분산 25　　(라) 평균 25, 분산 5

8-7 $X \sim N(50, 2^2)$ 인 정규모집단에서 크기 $n = 15$ 인 확률표본을 추출하여 표본분산 S^2를 구한다. 통계량 $\dfrac{(n-1)S^2}{\sigma^2}$ 은 무슨 분포를 따르는가?

(가) 자유도 15인 카이제곱분포 (나) 자유도 14인 카이제곱분포

(다) 자유도 15인 t분포 (라) 자유도 14인 t분포

8-8 $X \sim N(200, 2^2)$ 인 정규모집단에서 크기 $n = 5$ 인 확률표본을 추출하여 표본평균 $\overline{X}$와 표본분산 S^2를 구한다. 통계량 $\dfrac{\overline{X} - \mu}{s/\sqrt{n}}$ 은 무슨 분포를 따르는가?

(가) 자유도 5인 카이제곱분포 (나) 자유도 4인 카이제곱분포

(다) 자유도 5인 t분포 (라) 자유도 4인 t분포

8-9 $X_1 \sim N(60, 6^2)$ 인 정규모집단에서 크기 $n_1 = 8$ 확률표본을 추출하여 표본분산 S_1^2를 구하고, $X_2 \sim N(50, 5^2)$ 인 정규모집단에서 크기 $n_2 = 10$ 확률표본을 추출하여 S_2^2을 구한다. 통계량 $\dfrac{S_1^2}{S_2^2} \cdot \dfrac{\sigma_2^2}{\sigma_1^2}$ 은 어떤 분포를 따르는가?

(가) 자유도 9인 카이제곱분포 (나) 자유도 8, 10인 F분포

(다) 자유도가 7, 9인 F분포 (라) 자유도 7, 9인 t분포

8-10 지난 총선에서 강후보는 53%의 지지를 받고 당선되었다. 선거가 끝난 1년 후에 다음 선거에서도 강후보를 지지할 것인가를 알아보기 위하여 500명의 유권자를 대상으로 여론조사를 실시하고자 한다. 그에 대한 지지율는 국회의원에 당선되었을 때와 변함이 없다고 한다. 다음 각 물음에 답하시오.

(1) 500명의 유권자를 추출하는 방법으로 적합하지 않은 것은?

(가) 단순랜덤샘플링 (나) 층화 표본추출

(다) 군집 표본추출 (라) 할당 표본추출

(2) 표본비율의 평균과 분산은 얼마가 되겠는가?

(3) 표본비율의 정규분포에 수렴하는 조건 $np > 5$, $p(1-p) > 5$이 만족된다. 500명의 유권자 중 50% 이하가 그를 지지할 확률을 구하시오.

8-11 캔 커피의 양은 실제로 평균이 201ml, 표준편차가 2ml인 정규분포를 따른다고 한다. 다음 각 물음에 답하시오.

(1) 캔을 4개씩 묶어서 판매하는 경우 그 양의 평균 $\overline{X}$의 평균과 분산은?

(2) 고객이 캔 4개짜리 한 묶음을 샀을 때 그 양의 평균이 200ml 이하일 확률은?

8-1 (라) **8-2** (다) **8-3** (나) **8-4** (가) **8-5** (라) **8-6** (나)

8-7 (나) **8-8** (라) **8-9** (다)

8-10 (1) (라)

(2) 평균: $E(\hat{p}) = p = 0.53(53\%)$

분산: $V(\hat{p}) = \frac{p(1-p)}{n} = \frac{0.53(1-0.53)}{500} = 0.0004982$

(3) $P(\hat{p} \le 0.5) = P\left(\frac{\hat{p}-p}{\sqrt{\frac{p(1-p)}{n}}} \le \frac{0.5-0.53}{\sqrt{\frac{0.53(1-0.53)}{500}}}\right) = P(Z \le -1.34) = 0.0901$

8-11 (1) 표본평균의 평균: $E(\overline{X}) = \mu = 201ml$

표본평균의 분산: $V(\overline{X}) = \frac{\sigma^2}{n} = \frac{2^2}{4} = 1$

(2) $P(\overline{X} \le 200) = P\left(\frac{\overline{X}-\mu}{\frac{\sigma}{\sqrt{n}}} \le \frac{200-201}{\frac{2}{\sqrt{4}}}\right) = P(Z \le -1) = 0.1587$

8장 연습문제

8.1 우리 대학교 신입생 3,000명 중에 여학생은 1,200명이다. 크기 50명의 표본을 뽑아서 여학생의 비율을 조사한다고 하자. 가능한 표본으로부터 뽑힌 여학생의 비율에 대한 평균과 분산을 구하시오.

8.2 다음 어떤 전기부품제조회사는 평균 저항이 40Ω, 표준편차가 2Ω인 저항계를 생산하고 있다. 확률표본으로 $n=16$개를 추출하였을 때

(1) 평균 저항(표본평균)의 평균과 분산은 얼마인가?

(2) 저항계의 저항의 분포가 정규분포를 따른다면 표본 $n=16$의 평균 저항이 38Ω과 42Ω 사이의 확률을 구하시오.

8.3 한국전자에서는 소비자 중 최소한 25%는 자사제품을 선호한다고 주장하고 있다. 이 주장이 맞는다고 가정하고 임의로 소비자 100명을 조사했을 때 이 회사 제품에 대한 선호비율이 30% 이상일 확률을 구하시오.

8.4 $X \sim N(60, 6^2)$인 정규모집단에서 크기 n=18인 확률표본을 추출하여 표본분산 S^2를 구한다.

(1) 통계량 $\frac{(n-1)S^2}{\sigma^2}$ 은 무슨 분포를 따르는가?

(2) 표본분산 S^2이 특정한 값 이상 나올 확률이 5%라고 한다. 이 경우 S^2값은 얼마인가?

8.5 $X \sim N(70, 5^2)$인 정규모집단에서 크기 n=18인 확률표본을 추출하여 표본평균 $\overline{X}$와 표본분산 S^2를 구한다.

(1) 통계량 $\dfrac{\overline{X}-\mu}{s/\sqrt{n}}$ 은 어떤 분포를 따르는가?

(2) 표본평균 $\overline{X}=71$일 때 표본표준편차 s의 값이 얼마 이상 나올 확률이 5%이라고 한다. 이때의 표본표준편차값을 구하시오.

8.6 $X_1 \sim N(60, 6^2)$인 정규모집단에서 크기 $n_1 = 8$ 확률표본을 추출하여 표본분산 S_1^2를 구하고, $X_2 \sim N(50, 5^2)$인 정규모집단에서 크기 $n_2 = 10$ 확률표본을 추출하여 S_2^2을 구한다.

(1) 통계량 $\dfrac{S_1^2}{S_2^2} \cdot \dfrac{\sigma_2^2}{\sigma_1^2}$ 은 어떤 분포를 따르는가?

(2) 두 표본분산의 비율 $\dfrac{S_1^2}{S_2^2}$ 값이 얼마 이상 나올 확률이 5%이라고 한다. 이때의 $\dfrac{S_1^2}{S_2^2}$ 값을 구하시오.

8.7 맥주 한 캔의 용량(단위: ml)은 평균이 360, 분산이 5^2인 정규분포를 따른다고 한다. 여러분이 마트에서 4개로 포장된 한 묶음의 캔맥주를 구입했다고 하자.

(1) 4캔의 평균 용량이 362ml 이상일 확률은 얼마일까?

(2) 4캔의 평균 용량이 357ml 이하일 확률은 얼마일까?

(3) 4캔의 평균 용량이 358에서 362 사이일 확률은 얼마일까?

제9장
통계적 추정

제9장 통계적 추정

[학습목표]

- 통계적 추정이 무엇인지 이해할 수 있다.
- 추정량이 지녀야 할 성질을 알 수 있다.
- 모비율에 대한 신뢰구간을 구하는 방법을 알 수 있다.
- 모평균에 대한 신뢰구간을 조건에 따라 구하는 방법을 알 수 있다.
- 모분산에 대한 신뢰구간과 표본의 크기를 구하는 방법을 알 수 있다.

표본분포를 공부한 이유는 추측통계학에 기초이론을 제공하기 때문이다. 대부분의 경우 모집단의 특성은 알 수 없으므로 표본의 특성을 분석함으로써 모집단의 특성을 추측할 수밖에 없다. 즉, 통계량을 통하여 모수를 추론해야 한다. 통계적 추측에는 추정(estimation)과 가설검정(hypothesis test)의 두 가지 방법이 있다.

추정이란 연구자가 모수에 대해 알고 있는 정보가 거의 없는 상황에서 모수(모비율, 모평균, 모분산 등)의 값은 얼마인가?에 대한 답을 표본을 추출한 정보를 이용하여 통계적으로 답하는 것이다. 예를 들어, 우리나라 특정 지역의 가구원 수를 조사하여 추정하는 경우이다.

반면에 가설검정은 모집단에 대해 약간의 정보를 가지고 있지만 그 정보가 확실한지 검증하기 위하여 모집단에 대한 가설을 수립하고 추출한 표본의 통계량값으로 가설의 채택 여부를 결정하는 통계적 방법이다. 예를 들어, 어느 회사에서 신제품을 개발했다면 신제품의 성능을 기존 제품의 성능과 비교해 보아야 한다. 즉, 신제품의 성능이 기존 제품의 성능보다 좋다는 가설의 통계적 검정을 거쳐야 한다.

이번 장에서는 추정을 설명하고 다음 장에서 가설검정을 설명한다.

9.1 기본개념

일반적 추정

일반적 추정은 확실하지 않은 사실을 그 반대 증거가 제시될 때까지 진실한 것으로 인정하여 법적 효과를 발생시키는 일을 뜻한다.

가짜 양주? 명성황후 추정? 위작? 박수근의 빨래터 진범? 살인의 추억

그림 9-1 ▌ 일반적 추정

통계적 추정

모집단은 크기가 너무 크기 때문에 전수조사에 비용과 시간이 많이 소요되며, 어떤 모집단은 전수조사가 불가능한 경우도 있다. 그렇기 때문에 대부분의 경우 표본을 추출하여, 그 표본의 통계량으로 모수를 추정할 수밖에 없다. 통계적 추정이란 모집단에서 추출한 표본의 통계량을 이용하여 모수를 추정하는 일련의 과정이다.

그림 9-2 ▌ 통계적 추정의 개념

용어

추정량, 추정치

모수 추정에 사용되는 표본통계량을 **추정량**(estimator), 추정량을 계산한 값을 **추정치**(estimate)라고 한다.

그림 9-3(a) ▌추정량과 추정치

전국 청소년들이 "투미하다"란 단어의 뜻을 모르는 비율은 얼마일까? 이를 알기 위해서 표본통계량인 표본비율이 사용되면 이 표본비율은 추정량이 된다. 표본을 추출하여 표본비율을 계산한 값이 94%이면 이 값은 추정치가 된다.

그림 9-3(b) ▌추정량과 추정치

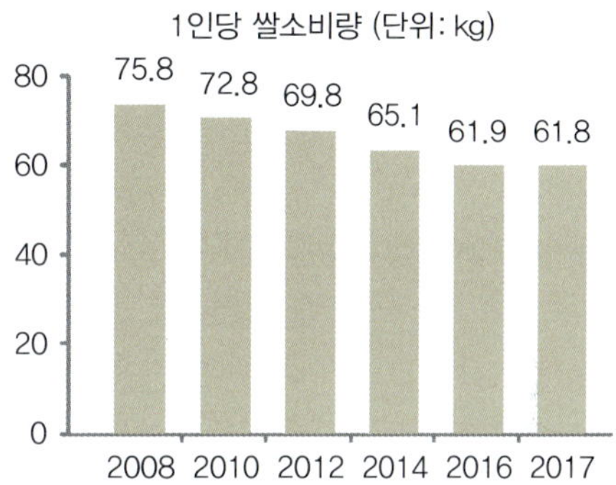

국민 1인당 연간 쌀 소비량은 얼마일까? 이를 알기 위하여 표본통계량인 표본평균이 사용 되면 이는 추정량이다. 표본을 추출하여 평균 소비량을 계산한 값이 72.8kg이라면 이 값은 추정치이다.

점추정, 구간추정

통계적 추정은 점추정과 신뢰구간 추정으로 나뉜다. **점추정**(point estimation)은 추정하고자 하는 모수를 하나의 값으로 추정하는 방법이다. 반면에 **구간추정**(interval estimation)은 모수가 존재하리라 예상되는 구간을 신뢰수준 하에서 추정하는 방법이다

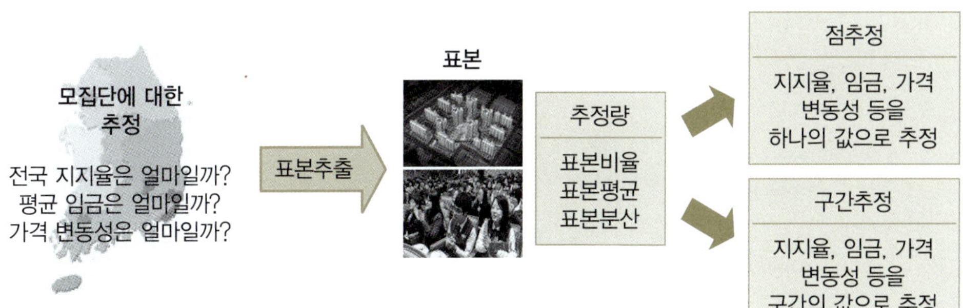

그림 9-4(a) ▌점추정과 구간추정

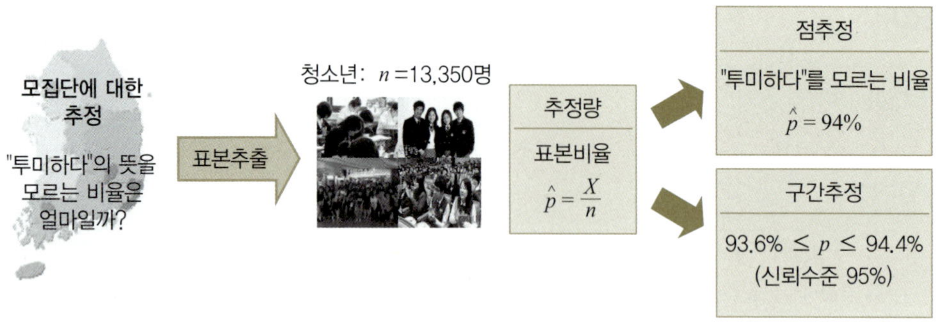

그림 9-4(b) ▌점추정과 구간추정의 예

1. 점추정

하나의 값으로 모수를 추정하는 점추정에 사용되는 추정량은 여러 개 있다. 모평균을 추정하기 위해서 표본평균, 중앙값, 최빈값 등을 사용할 수 있다. 이 중에서 치우침이 없고 정밀도가 좋은 추정량이 있다면 그 추정량이 모수추정에 사용되어야 한다. 나무를 자르는 도구로 톱이 가장 적합한 것처럼 점추정에 사용되는 추정량도 적합한 것을 사용해야 한다.

적합한 점추정량이 되기 위한 조건은 불편성(unbiasedness), 유효성(efficiency), 일치성(consistency) 그리고 충족성(sufficiency) 등 4가지가 있다.

이 네 가지 성질을 설명하기 위한 임의의 추정량을 $\hat{\theta}$, 이 추정량의 모수를 θ로 나타내자.

(1) 불편성

불편성은 추정량의 기댓값이 추정할 모수와 일치하는 성질을 말하며, 이 조건을 만족시키는 추정량을 불편추정량이라고 한다. 즉, $E(\hat{\theta})=\theta$이다.

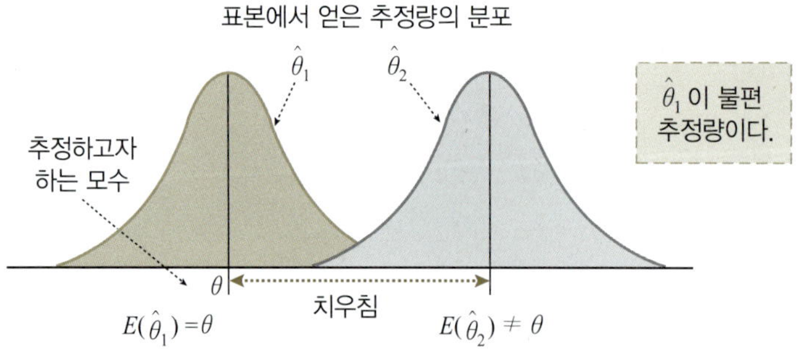

그림 9-5 ▌점추정량의 불편성

(2) 유효성

유효성을 만족시키는 추정량이어야 한다. 유효성은 불편성을 만족시키면서 분산이 최소인 성질을 말하며 이 조건을 만족시키는 추정량을 유효추정량이라고 한다. 즉,

$$V(\hat{\theta}_1) < V(\hat{\theta}_2) \Rightarrow \hat{\theta}_1\text{이 유효추정량이다.}$$

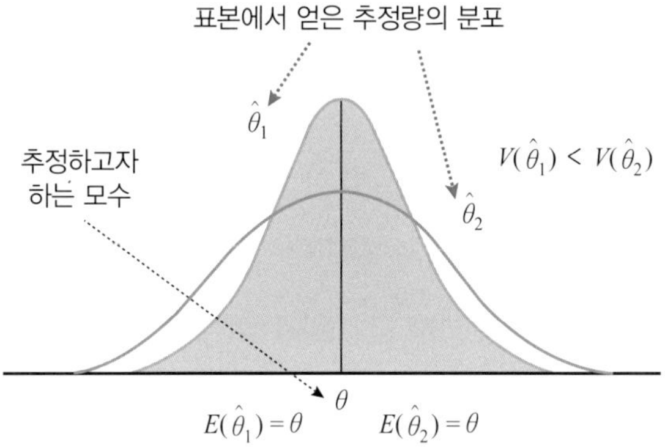

그림 9-6 ▌점추정량의 유효성

유효성은 기댓값이 같은 추정량이지만 변동성이 적은 추정량이 모수추정에 더 안정적이어서 유효하다는 의미이다.

(3) 일치성

일치성은 표본의 크기가 증가할수록 추정량이 모수에 수렴하는 성질을 말하며, 이러한 추정량을 일치추정량이라고 한다. 표본이 증가할수록 추정량을 보다 신뢰할 수 있다는 의미이다.

일치성은 표본의 크기가 큰 경우가 적은 경우보다 모집단에 대하여 더 정확한 정보를 얻을 수 있다는 성질이다. 마치 프로야구의 코리언 시리즈에서 우승팀을 단 한 번의 경기 결과로 결정하지 않고 7전 4선승제로 결정하는 것과 같다. 단 한 번의 경기로 우승팀을 결정하면 경기력과 무관한 우연이나 행운에 의해 우승할 수도 있어 우승팀에 대한 신뢰를 떨어뜨릴 수 있다.

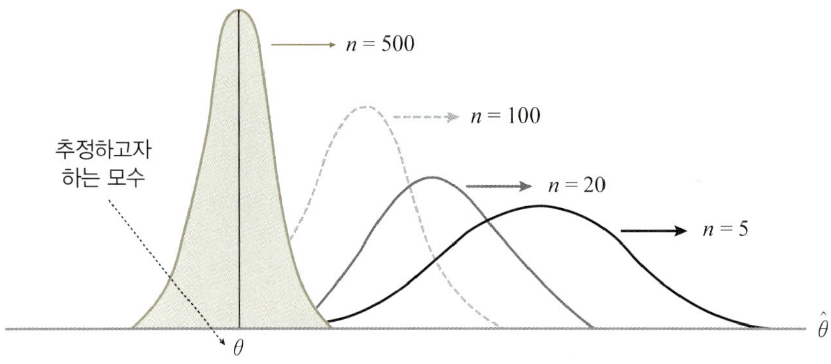

그림 9-7 ▌점추정량의 일치성

(4) 충족성

추정량이 모수에 관한 정보를 충분히 제공할 수 있는 정도를 충족성(충분성)이라고 말하며, 이러한 조건을 가진 추정량을 충족추정량이라고 한다.

자료를 수집하여 표본비율, 표본평균, 표본분산을 계산하는 이유는 이들 추정량이 4가지 성질을 모두 만족시키기 때문이다. 따라서 불편성, 유효성, 일치성, 충족성을 모두 만족시키는 점추정량과 점추정치를 정리하면 [그림 9-8]과 같다.

한편, 모표준편차의 추정에는 표본이 크다면 표본표준편차가 사용된다.

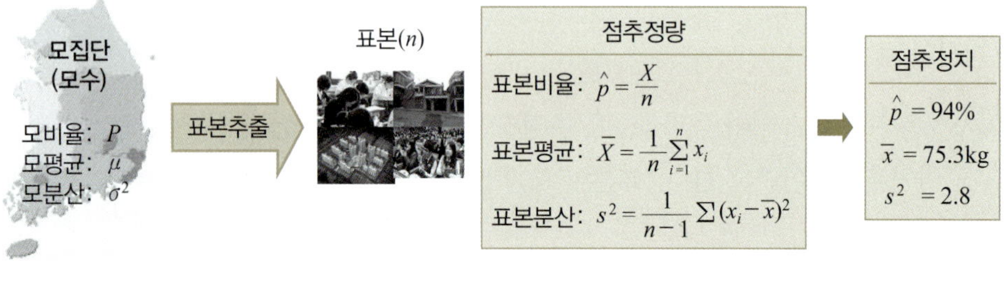

그림 9-8 ▌점추정량과 점추정치의 예시

예제 9-1

대통령 선거에 출마한 후보가 유권자 1,000명을 대상으로 여론조사를 실시하였다. 설문 대상자 중에서 235명이 이 후보를 지지하는 것으로 나타났다. 이 후보에 대한 전체 유권자의 지지율을 점추정하시오.

풀이

지지자 수를 X라고 하면 $\hat{P} = \frac{X}{n} = \frac{235}{1,000} = 0.235\ (23.5\%)$이다.

따라서 전체 유권자의 지지율(모비율)의 점추정치는 23.5%이다.

예제 9-2

우리 학과 학생들의 지난 달 교통비를 추정하려고 10명의 학생을 무작위로 추출하여 조사하였다. 조사 결과는 〈표 9-1〉과 같다. 학과 전체 학생의 평균과 분산을 점추정하시오.

표 9-1 ‖ 지난달 교통비

(단위: 천원)

학생	A	B	C	D	E	F	G	H	K	M
요금/월	65	70	52	43	80	76	46	54	66	45

풀이

표본평균이 $\bar{x} = \frac{1}{n}\sum x = \frac{1}{10}(597) = 59.7$(천원)이므로 모평균의 점추정치는 $\hat{\mu} = 59.7$이다.

표본분산이 $s^2 = \frac{1}{n-1}\left[\sum x^2 - \frac{(\sum x)^2}{n}\right] = \frac{1}{10-1}\left[37,267 - \frac{597^2}{10}\right] = 180.7$(천원^2)이므로

모분산의 점추정치는 $\widehat{\sigma^2} = 180.7$이다.

2. 구간추정

점추정은 추정할 모수 θ에 대하여 단 한 개의 추정량의 값으로 추정하므로 추정량의 값이 모수로부터 얼마나 떨어져 있는지에 대한 정보는 제공하지 못한다. 다시 말하면 점추정량의 산포의 척도인 표준편차를 이용하여 추정할 모수가 포함되어 있을 것으로 추측되는 구간을 구하는 것이 더 의미가 있다.

구간추정은 모수의 참값이 포함되어 있을 구간을 표본의 정보를 이용하여 신뢰수준(confidence coefficient) 하에 범위를 구하는 방법이다.

신뢰수준은 모수가 신뢰구간 안에 있을 확률이며 $1-\alpha$로 나타낸다. 이때 모수가 신뢰구간을 벗어날 위험률은 유의수준(level of significance)이라 하고 그 확률의 크기는 α로 나타낸다.

신뢰구간

추정할 모수

$$P(\hat{\theta}_L \le \theta \le \hat{\theta}_U) = 100(1-\alpha)\%$$

신뢰구간

신뢰하한 신뢰상한 신뢰수준

모비율과 모평균의 구간추정은 신뢰구간 또는 신뢰한계로 나타낸다. 신뢰구간은

신뢰구간: (점추정치 − 오차한계) ≤ 모비율(모평균) ≤ (점추정치 + 오차한계)

신뢰한계: 점추정치 ± 오차한계

로 나타낸다.

이때 오차한계는 추정량의 표준오차(standard error)를 이용한다.

표준오차

표준오차는 통계량의 표준편차를 의미하며 $\frac{1}{\sqrt{n}}$에 비례하는 점이 신기하다.

$$\hat{p} \pm Z_{\alpha/2}\frac{\sqrt{\hat{p}(1-\hat{p})}}{n} \quad \bar{x} \pm Z_{\alpha/2}\frac{\sigma}{\sqrt{n}} \quad \bar{x} \pm t_{\alpha/2}\frac{s}{\sqrt{n}}$$

신뢰수준 의미

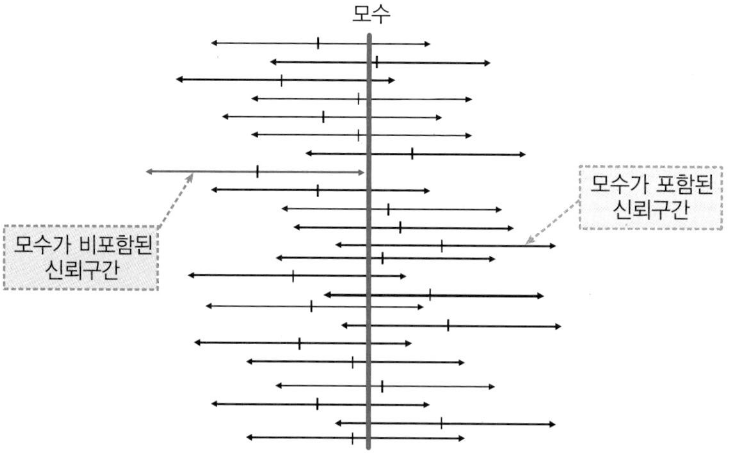

그림 9–9 ‖ 신뢰수준(신뢰율)의 의미

신뢰수준 95%라는 뜻은 크기 n의 표본을 100번 반복하여 신뢰구간을 구했을 때 신뢰구간 안에 모수가 포함되는 것이 95번 정도가 된다는 의미이다.

양적 자료의 정리를 이산형 자료(계수치)와 연속형 자료(계량치)의 순서로 한 것처럼 신뢰구간 추정도 계수치에 이어서 계량치의 순서로 설명한다. 두 모집단을 비교하는 추정과 가설검정도 같은 순서로 진행한다.

9.2 계수치의 추정

계수치는 이산형 자료의 별칭이지만 현장에서 더 익숙하게 사용되는 자료로 0, 1, 2, 3, … 셀 수 있는 자료이다. 전교 학생들의 운전면허증 취득률(비율)을 추정하려고 200명의 학생을 무작위추출하여 운전면허증 취득자를 조사하였더니 58명이었다. 이 경우 운전면허증 취득자 58명은 계수치이다.

그러면 이 결과는 조사대상자 중에서 차지하는 비율, 즉 취득률($58 \div 200 = 29\%$)로 나타낼 수 있다. 이와 같이 비율은 계수치로부터 구해지므로 이산형 자료로 분류한다.

1. 모비율의 추정

지지율, 찬성률, 합격률, 흡연율, 구매율, 취득률, 충원률 등은 속성에 따라 이름은 다르나 그 의미는 모두 비율이다. 모집단에서 표본추출한 표본으로부터 계산한 추정량인 표본비율로 모비율(모수)을 추정하는 것을 모비율의 추정이라고 한다.

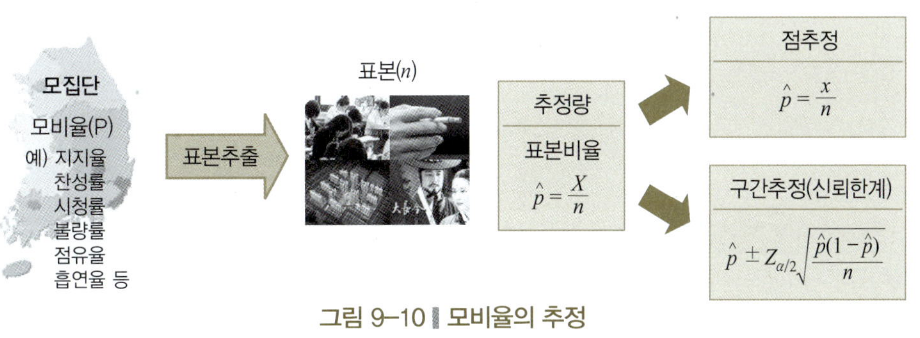

그림 9-10 ‖ 모비율의 추정

참고

표본비율 $\hat{p}=\frac{X}{n}$의 기댓값과 분산, 표준편차는 각각

$$E(\hat{p})=p,\ V(\hat{p})=\frac{p(1-p)}{n},\ \sigma_{\hat{p}}=\sqrt{\frac{p(1-p)}{n}}$$

이다. $np\ge 5, np(1-p)\ge 5$이면 정규분포로 수렴하므로 모비율의 $100(1-\alpha)\%$ 신뢰구간은

$$\hat{p}-Z_{\frac{\alpha}{2}}\sqrt{\frac{\hat{p}(1-\hat{p})}{n}}\le p\le \hat{p}+Z_{\frac{\alpha}{2}}\sqrt{\frac{\hat{p}(1-\hat{p})}{n}}$$

이며, 신뢰한계는

$$\hat{p}\pm Z_{\frac{\alpha}{2}}\sqrt{\frac{\hat{p}(1-\hat{p})}{n}}$$

이다.

모비율 추정 예제

총학생회에서 학생의 흡연율을 알기 위하여 500명을 무작위로 추출하여 흡연 유무를 조사하였다. 그 결과 흡연자는 150명으로 나타났다. 전교생의 흡연율에 대한 95% 신뢰구간을 구해보자.

그림 9-11 ▮ 모비율의 추정 예제

신뢰수준이 95%일 때 표준정규분포표에서 $Z_{\frac{\alpha}{2}}$는 $Z_{0.025}=1.96$이다.

표 9-2 ▌표준정규분포표(부분) $P(Z \leq z)$

Z	소숫점 둘 째 자릿수									
	0.00	0.01	0.02	0.03	0.04	0.05	0.06	0.07	0.08	0.09
1.8	0.9641	0.9649	0.9656	0.9664	0.9671	0.9678	0.9686	0.9693	0.9699	0.9706
1.9	0.9713	0.9719	0.9726	0.9732	0.9738	0.9744	0.9750	0.9756	0.9761	0.9767

예제 9-3

어느 지역의 직장인 1,000명을 표본추출하여 직무만족도를 조사한 결과 120명이 불만인 것으로 나타났다. 모비율(불만비율)을 신뢰수준 95%로 구간추정하시오.

풀이

표본의 불만비율이 $\hat{p}=\dfrac{X}{n}=\dfrac{120}{1,000}=0.12$ 이므로 신뢰한계는

$\hat{p}\pm Z_{\frac{\alpha}{2}}\sqrt{\dfrac{\hat{p}(1-\hat{p})}{n}}=0.12\pm 1.96\sqrt{\dfrac{0.12(1-0.12)}{1,000}}=0.12\pm 0.02$이다.

신뢰구간으로 나타내면 $0.10 \leq P \leq 0.14$이다.

2. 모부적합수(모결점수)의 추정

부적합수는 결점수를 새롭게 부르는 이름이다. 포아송분포는 단위당 드물게 발생하는 사건의 확률을 구하는데 적합한 분포이다. 부적합수도 역시 계수치이다. 부적합수는 도장 흠수, 안전사고 건수 등을 예로 들 수 있다. 모집단에서 표본추출한 표본의 부적합수로 모부적합수를 추정하는 것을 모부적합수의 추정이라고 한다.

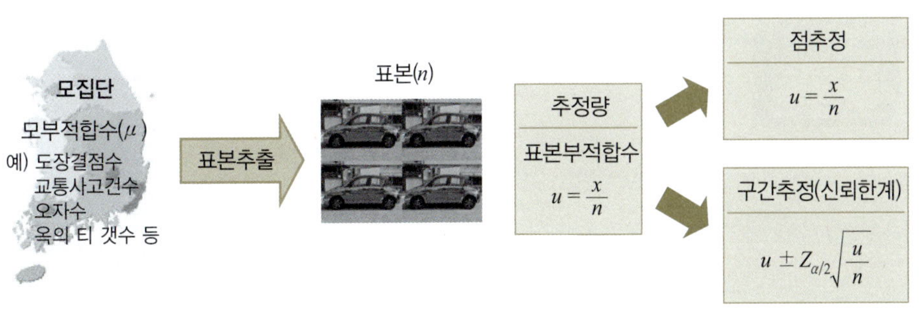

그림 9-12 ▌모부적합수의 추정

참고

포아송 모집단에서 크기 $n=1$인 표본을 추출하여 발견된 부적합수 X는 평균이 $E(X)=\mu$, 분산은 $V(X)=\mu$이다. 따라서 모부적합수의 점추정량은 $\mu=x$이다

표본의 크기가 $n \ge 2$일 경우에는 단위당 부적합수 $u=\dfrac{X}{n}$의 평균과 분산을 구하면

$$E(u)=E\left(\frac{X}{n}\right)=\frac{1}{n}E(X)=\frac{x}{n},\quad V(u)=V\left(\frac{X}{n}\right)=\frac{1}{n^2}V(X)=\frac{x}{n^2}$$

이다. $\mu \ge 5$이면 정규분포로 수렴하므로 모부적합수의 $100(1-\alpha)\%$ 신뢰구간은

$$u-z_{\frac{\alpha}{2}}\sqrt{\frac{u}{n}} \le \mu \le u+z_{\frac{\alpha}{2}}\sqrt{\frac{u}{n}}$$

이고, 신뢰한계는 $u \pm z_{\frac{\alpha}{2}}\sqrt{\dfrac{u}{n}}$ 이다. 여기서 $n=1$이면 신뢰한계는

$$x \pm z_{\frac{\alpha}{2}}\sqrt{x}$$

가 된다. 신뢰수준이 95%이면 $\alpha=5\%(0.05)$이므로 $Z_{\frac{\alpha}{2}}$는 $Z_{0.025}=1.96$이다.

모부적합수 추정 예제

자동차 4대에서 40개의 도장결점(부적합수)가 발견되었다. 자동차 1대당 도장결점의 95% 신뢰구간을 구하시오.

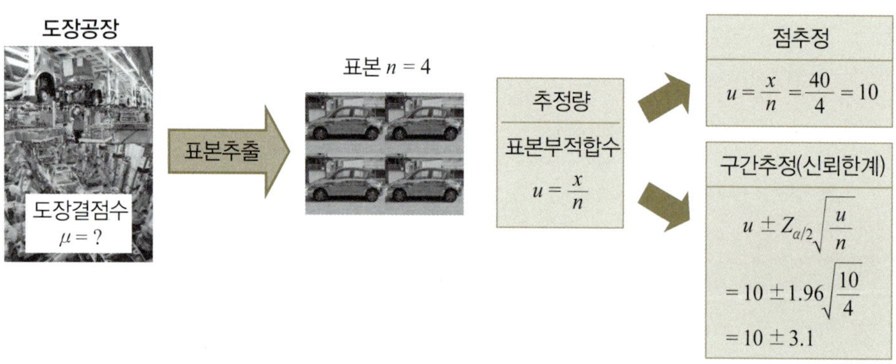

그림 9-13 ‖ 모부적합수의 추정 예제

예제 9-4

소설책에서 임의 50 페이지를 선택하여 오자 수(부적합수)를 조사하였더니 7자가 발견되었다. 모부적합수의 평균을 신뢰수준 95%로 구간추정하시오.

풀이

이 예는 50페이지를 $n=1$로 한 것이다. $x=7$, $z_{0.025}=1.96$이므로 95% 신뢰한계는

$$x \pm z_{\frac{\alpha}{2}} 1.96\sqrt{x} = 7 \pm 1.96\sqrt{7} = 7 \pm 5.2$$

이다. 50페이지당 오자는 1.8자에서 12.2자 사이에 있을 것임을 95% 신뢰한다는 의미이다.

표본의 크기 결정

표본의 크기는 $(1-\alpha)$의 신뢰수준에서 오차한계를 모비율과 표본비율의 차이, 즉 오차(E) 이하로 하는데 필요한 최소한의 크기로 결정한다.

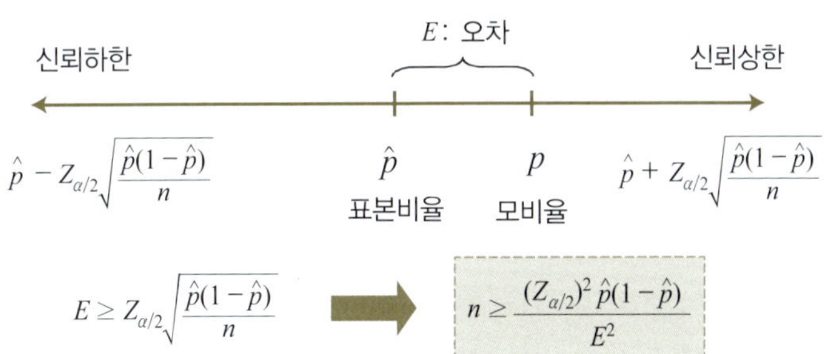

그림 9-14 ▌모비율의 추정에 필요한 표본의 크기

예제 9-5

총학생회에서 학생의 흡연율을 조사할 목적으로 500명을 무작위로 추출하여 흡연 유무를 조사하였다. 그 결과 150명이 흡연하는 것으로 나타났다. 신뢰수준이 95%일 때 오차한계를 3.1% 이하로 추정하려면 몇 명 이상을 조사해야 하는가?

풀이

$\hat{p} = \frac{x}{n} = \frac{150}{500} = 30\%$ 이므로 오차한계를 3.1% 이내로 만들기 위해서는 표본의 크기는

$$n = \frac{Z^2_{\frac{\alpha}{2}}\hat{p}(1-\hat{p})}{E^2} = \frac{1.96^2(0.3)(1-0.3)}{0.031^2} = 839.5 \Rightarrow 840$$

이상이어야 한다. 그런데 500명을 예비로 추출하였으므로 추가로 340명을 더 조사해야 한다.

참고

과거 자료도 없고 예비조사도 하지 않은 경우에는 가장 불리한 경우를 가정하여 표본의 크기를 결정해야 한다. 가장 불리한 경우는 $\hat{p}=0.5$일 때 표본의 크기가 최대가 된다. 즉,

$$n=\left[\frac{Z_{\frac{\alpha}{2}}(0.5)}{E}\right]^2$$

이다. 신뢰수준이 95%일 때 오차를 $E=3.1\%$ 이내로 한다면 $z_{\frac{\alpha}{2}}=z_{0.025}=1.96$이므로

$$n=\left[\frac{(1.96)(0.5)}{0.031}\right]^2=999.4 \Rightarrow 1,000$$

이다. 즉, 1,000명의 표본이 필요하다.

이러한 원리로 한국갤럽의 '요즘 가장 좋아하는 TV 프로그램 선호도 조사'에서 총 응답자 수가 1,001명이므로 표본오차가 신뢰수준 95%에서 ±3.1%포인트로 된 것이다.

9.3 계량치의 추정

계량치는 연속형 자료의 별칭이지만 역시 현장에서 더 익숙하게 사용되는 이름이다. 예를 들면, 통근소요시간, 키, 체중, 수면시간, 혈압, 물리 · 화학 · 전기적 특성의 자료는 측정을 통하여 얻어지므로 계량치이다. 따라서 모평균의 추정에는 정규분포와 t통계량의 분포, 모분산의 추정에는 카이제곱 통계량의 분포, 두 모분산 비의 추정에는 F통계량의 분포가 이용된다.

1. 모평균의 추정

모평균의 추정은 모집단에서 추출한 표본으로 계산한 표본평균과 표본표준편차를 이용하여 모평균을 추정하는 것을 말한다. 모평균을 추정할 경우에는 모집단의 모표준편차를 알고 있는지 여부에 따라 적용하는 신뢰구간식이 다르다. 이 조건에 따른 신뢰한계를 정리하면 [그림 9-15]와 같다.

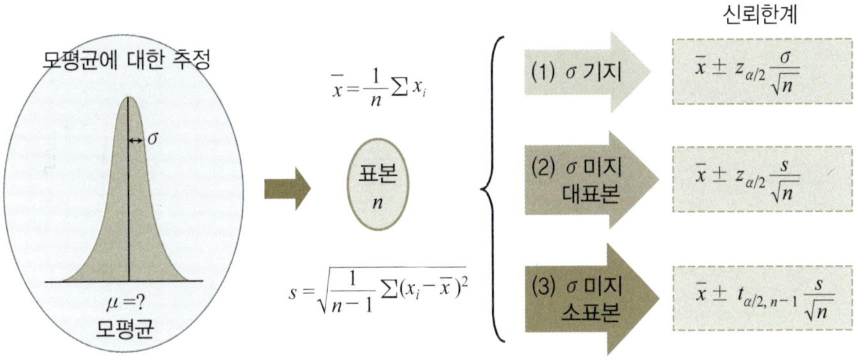

그림 9-15 ▌모평균의 추정의 개요

(1) 모표준편차(σ)를 알고 있는 경우

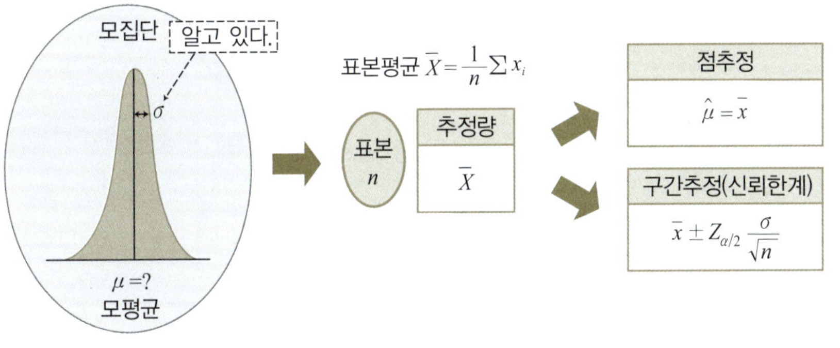

그림 9-16 ▌모평균의 추정(σ를 알고 있는 경우)

참고

$X \sim N(\mu, \sigma^2)$에서 n개의 확률표본을 추출하여 구한 표본평균은 $\bar{X} \sim N\left(\mu, \frac{\sigma^2}{n}\right)$를 따른다.

표본평균을 표준화하면 $Z = \dfrac{\bar{X} - \mu}{\dfrac{\sigma}{\sqrt{n}}} \sim N(0,1)$을 따른다. 따라서

$$P\left(-z_{\frac{\alpha}{2}} \le \frac{\bar{X} - \mu}{\frac{\sigma}{\sqrt{n}}} \le z_{\frac{\alpha}{2}}\right) = 100\,(1-\alpha)\%$$

이므로 괄호 안을 모평균 μ에 대해 정리하면 신뢰구간이 다음과 같이 얻어진다.

$$\overline{X} - z_{\frac{\alpha}{2}} \frac{\sigma}{\sqrt{n}} \le \mu \le \overline{X} + z_{\frac{\alpha}{2}} \frac{\sigma}{\sqrt{n}}$$

신뢰한계는

$$\overline{X} \pm z_{\frac{\alpha}{2}} \frac{\sigma}{\sqrt{n}}$$

이다.

모평균 추정예제(σ 기지)

직장 여성들의 키는 표준편차가 5cm인 정규분포를 따른다고 한다. 임의로 6명을 표본추출하여 키를 측정하였다. 전체 직장 여성의 키의 모평균을 추정하시오. 단, 신뢰수준은 95%이다.

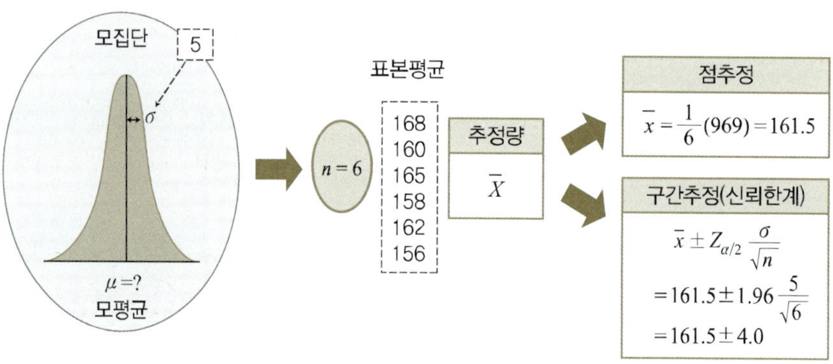

그림 9-17 ▌모평균의 추정(σ를 알고 있는 경우)의 예제

따라서 전체 직장 여성의 평균키는 $157.5 \le \mu \le 165.5$ 구간에 있을 것임을 95%로 신뢰한다.

표 9-3 ▌표준정규 분포표(부분) $P(Z \le z)$

Z	소숫점 둘 째 자릿수									
	0.00	0.01	0.02	0.03	0.04	0.05	0.06	0.07	0.08	0.09
1.8	0.9641	0.9649	0.9656	0.9664	0.9671	0.9678	0.9686	0.9693	0.9699	0.9706
1.9	0.9713	0.9719	0.9726	0.9732	0.9738	0.9744	0.9750	0.9756	0.9761	0.9767
2.0	0.9772	0.9778	0.9783	0.9788	0.9793	0.9798	0.9803	0.9808	0.9812	0.9817
2.1	0.9821	0.9826	0.9830	0.9834	0.9838	0.9842	0.9846	0.9850	0.9854	0.9857

예제 9-6

동서울 화학약품(주)에서 제조하는 수산화나트륨(NaOH)의 일일 생산량(단위: 톤)은 $\sigma^2 = 100$인 정규분포를 따른다고 한다. 일일 생산량의 모평균 μ를 추정하기 위하여 n=30일분의 생산량을 조사하였다. 계산 결과 $\bar{x} = 150$이었다. 모평균에 대한 95% 신뢰구간을 구하시오.

풀이

$\bar{x} = 150,\ \sigma = 10,\ n = 30,\ z_{\frac{\alpha}{2}} = z_{0.025} = 1.96$이므로 신뢰구간은

$$\bar{X} - z_{\frac{\alpha}{2}} \frac{\sigma}{\sqrt{n}} \le \mu \le \bar{X} + z_{\frac{\alpha}{2}} \frac{\sigma}{\sqrt{n}}$$

$$150 - 1.96\frac{10}{\sqrt{30}} \le \mu \le 150 + 1.96\frac{10}{\sqrt{30}}$$

$$146.41 \le \mu \le 153.59$$

이다.

(2) 모표준편차(σ)를 모르나 대표본인 경우

모집단의 표준편차를 모르지만 표본의 크기가 크면($n \ge 30$) 모표본편차를 알고 있는 경우의 신뢰구간 식에서 모표준편차 σ를 표본표준편차 s로 대체한 것을 적용한다.

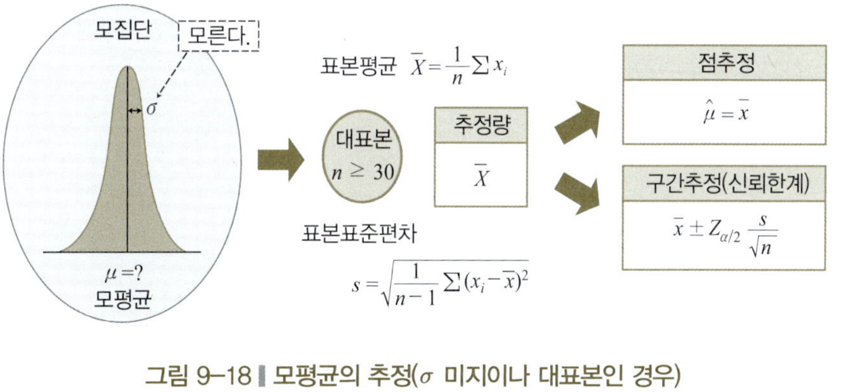

그림 9-18 ▌모평균의 추정(σ 미지이나 대표본인 경우)

이 경우는 이론적으로 t 통계량을 적용해야 하지만 표본의 크기가 크므로 위의 신뢰구간을 사용해도 오차한계에는 큰 문제가 없다. 왜냐하면 추정량인 표본평균이 일치추정량이기 때문이다.

모평균 추정 예제(σ 미지, $n \geq 30$)

표본으로 100명을 선정하여 연간 쌀 소비량을 조사한 결과 평균 75.7kg, 표준편차는 12.5kg로 나타났다. 전 국민의 1인당 쌀 소비량에 대하여 신뢰수준 95%로 구간추정을 해보자.

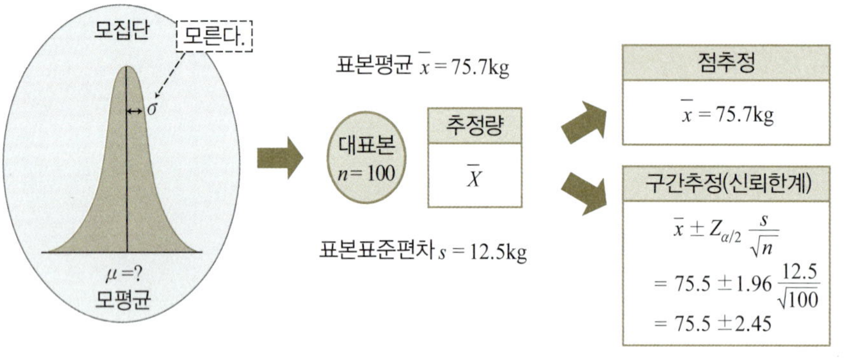

그림 9-19 ▌모평균의 추정(σ 미지이나 대표본인 경우)의 예제

1인당 평균 쌀 소비량은 $73.25 \leq \mu \leq 78.15$ 사이에 있을 것임을 95%로 신뢰한다.

예제 9-7

수도권 지역에 있는 종합병원을 대상으로 암환자의 입원기간을 조사하였다. 그 중에서 임의로 암환자 60명을 추출하여 입원일수를 조사한 결과 평균 입원기간이 90일, 표준편차는 10일이었다. 전체 암환자의 입원기간의 평균을 신뢰수준 95%로 구간추정을 하시오.

풀이

$\overline{x} = 90, s = 10$이므로 95% 신뢰한계는

$$\overline{X} \pm z_{\frac{\alpha}{2}} \frac{s}{\sqrt{n}} = 90 \pm 1.96 \frac{10}{\sqrt{60}} = 90 \pm 2.5$$

이다.

(3) 모표준편차(σ)를 모르며 소표본인 경우

모집단의 분산을 모르고 표본의 크기도 30개 미만의 소표본 경우에 모평균을 추정하는 경우로 이때에는 자유도가 $n-1$인 t분포를 따르는 통계량을 추정량으로 사용한다.

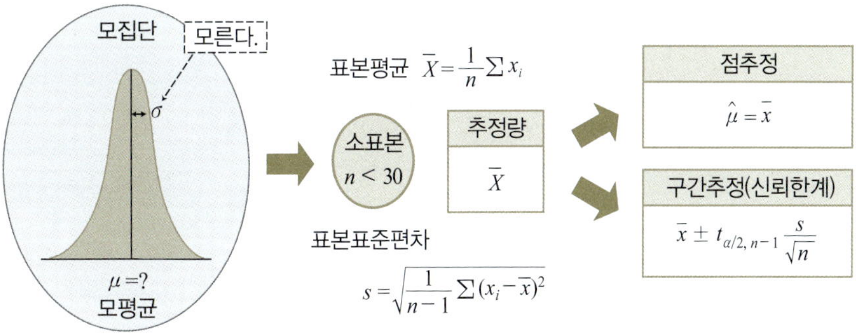

그림 9-20 ▌모평균의 추정(σ 미지이고 소표본인 경우)

참고

통계량 $t=\dfrac{\overline{X}-\mu}{\frac{s}{\sqrt{n}}}$은 자유도가 $n-1$인 t분포를 따르므로

$$P\left(-t_{\frac{\alpha}{2},n-1} \le \frac{\overline{X}-\mu}{\frac{s}{\sqrt{n}}} \le t_{\frac{\alpha}{2},n-1}\right)=100(1-\alpha)\%$$

이 된다. 괄호 안을 모평균 μ에 대해 정리하면 신뢰구간이 다음과 같이 얻어진다.

$$P\left(\overline{X}-t_{\frac{\alpha}{2},n-1}\frac{s}{\sqrt{n}} \le \mu \le \overline{X}+t_{\frac{\alpha}{2},n-1}\frac{s}{\sqrt{n}}\right)=100(1-\alpha)\%$$

이므로 신뢰한계는

$$\overline{X}\pm t_{\frac{\alpha}{2},n-1}\frac{s}{\sqrt{n}}$$

이다.

모평균 추정 예제(σ 미지, $n<30$)

직장 여성들의 월평균 잔업시간을 알기 위하여 18명을 무작위로 추출하여 조사한 결과 평균이 13.56시간, 표준편차가 7.8시간이었다. 잔업시간은 정규분포를 따른다고 할 경우 월평균 잔업시간에 대한 95% 신뢰구간을 구해보자.

직장 여성의 월평균 잔업시간은 $9.68 \le \mu \le 17.44$에 있을 것임을 95%로 확신한다. 신뢰수준이 95%이므로 〈표 9-4〉에서 $t_{\frac{\alpha}{2},n-1}=t_{0.025,17}=2.1098 \simeq 2.11$이다.

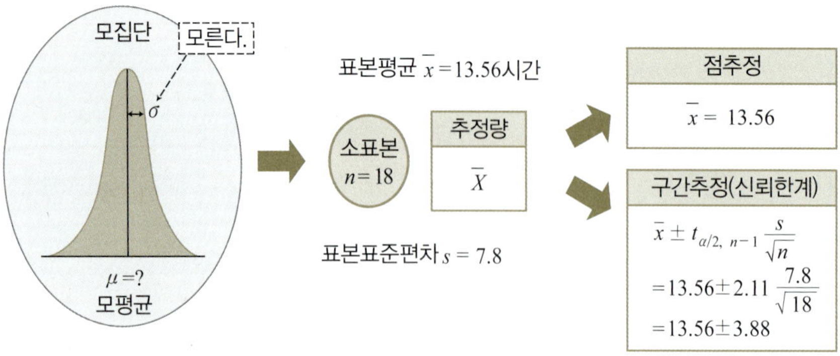

그림 9-21 ▌모평균의 추정(σ 미지이고 소표본인 경우)의 예제

표 9-4 ▌ t 분포표(부분) $P(T \geq t_\alpha) = \alpha$

자유도	t(0.05)	t(0.025)	t(0.01)	t(0.005)
3	2.3534	3.1824	4.5407	5.8409
4	2.1318	**2.7764**	3.7469	4.6041
5	2.0150	2.5706	3.3649	4.0321
6	1.9432	2.4469	3.1427	3.7074
16	1.7459	2.1199	2.5835	2.9208
17	1.7396	**2.1098**	2.5669	2.8982
18	1.7341	2.1009	2.5524	2.8784
19	1.7291	2.0930	2.5395	2.8609
20	1.7247	2.0860	2.5280	2.8453

예제 9-8

다음은 학부 학생 중에서 20명을 무작위로 추출하여 지난 주에 인터넷 사용시간을 조사한 자료이다. 학부 학생 전원의 지난 주 인터넷 사용시간의 모평균을 신뢰수준 95%로 구간추정하시오.

표 9-5 ▌인터넷 사용시간/주

9.5	10.6	24.5	8	16
5.6	9	2	5.7	4.8
6	5.8	10.5	22.8	6.7
4.2	24.2	12.3	12.7	30.7

풀이

$$\bar{x}=\frac{1}{n}\sum_{i=1}^{n}x_i = \frac{1}{20}(231.6)=11.58$$

$$s^2 = \frac{1}{n-1}\left[\sum_{i=1}^{n}x_i^2 - \frac{\left(\sum_{i=1}^{n}x_i\right)^2}{n}\right] = \frac{1}{20-1}\left[3,897.72 - \frac{231.6^2}{20}\right] = 63.989$$

이므로 표본표준편차는 $s=7.999$시간이다. 〈표 9-4〉에서 $t_{\frac{\alpha}{2},n-1}=t_{0.025,19}=2.093$

이므로 이 값을 신뢰한계에 대입하면

$$\bar{X} \pm t_{\frac{\alpha}{2}}\frac{s}{\sqrt{n}} = 11.58 \pm (2.093)\frac{7.999}{\sqrt{20}} = 11.58 \pm 3.74$$

가 된다.

표본의 크기 결정

표본의 크기는 $(1-\alpha)$의 신뢰수준에서 오차한계를 모평균과 표본평균의 차이, 즉 오차(E) 이하로 하는데 필요한 최소한의 크기로 정한다.

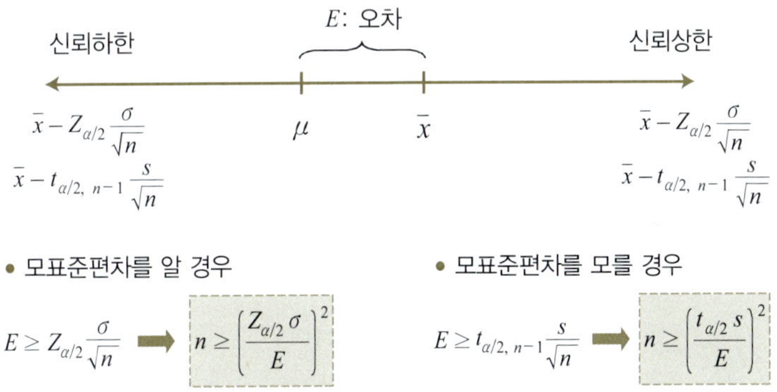

그림 9-22 ▌모평균의 추정에 필요한 표본의 크기

예제 9-9

서울시에서 각 가정의 연평균 기름 사용량을 추정하려고 한다. 오차한계는 ±50리터이고 신뢰수준은 95%이다. 과거 조사에서 모표준편차 σ는 320리터였다. 필요한 표본의 크기를 결정해 보자.

풀이

$E=50,\ \sigma=320$이므로 $n=\left[\dfrac{Z_{\frac{\alpha}{2}}\sigma}{E}\right]^2=\left[\dfrac{1.96(320)}{50}\right]^2=157.35=158$

예제 9-10

만약 과거에 조사한 모표준편차를 알 수 없어서 8가구를 표본으로 추출하여 평균과 표준편차를 구했더니 각각 $\bar{x}=885$, s=245리터이었다. 얼마나 표본을 더 추출하면 오차한계 내로 모평균을 추정할 수 있는가? 단, $t_{0.025,7}=2.365$이다.

풀이

$n=\left[\dfrac{t_{\frac{\alpha}{2}}s}{E}\right]^2=\left[\dfrac{2.365(245)}{50}\right]^2=134.29=135$이므로 $135-8=127$가구를 더 추출해야 한다.

2. 모분산의 추정

이번에는 모집단의 산포의 척도인 분산을 추정해 보기로 하자. 모집단에서 임의의 표본을 추출하여 계산한 표본분산을 이용하여 모분산을 추정하는 방법이다.

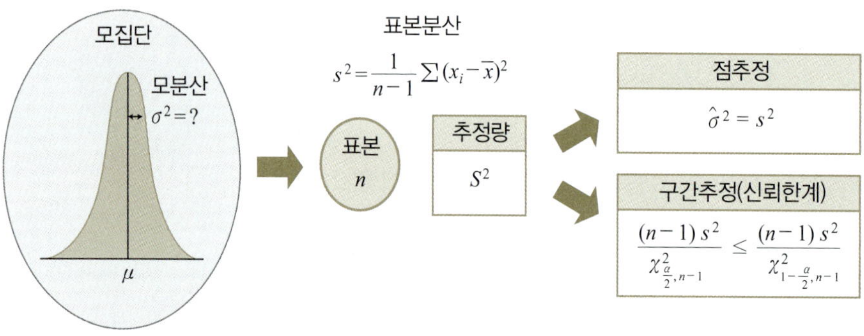

그림 9-23 | 모분산의 추정

참고

통계량 $\chi^2 = \dfrac{(n-1)S^2}{\sigma^2}$ 은 자유도가 $n-1$인 카이제곱분포를 따르므로

$$P\left(\chi^2_{1-\frac{\alpha}{2},n-1} \le \frac{(n-1)s^2}{\sigma^2} \le \chi^2_{\frac{\alpha}{2},n-1}\right) = 100(1-\alpha)\%$$

이 된다. 이 식에서 모분산 σ^2에 대하여 정리하면 신뢰구간이 얻어진다. 즉,

$$P\left(\frac{(n-1)s^2}{\chi^2_{\frac{\alpha}{2},n-1}} \le \sigma^2 \le \frac{(n-1)s^2}{\chi^2_{1-\frac{\alpha}{2},n-1}}\right) = 100(1-\alpha)\%$$

이다.

모분산 추정 예제

수술용 마취제를 생산하는 제약회사에서 마취제의 지속시간의 분산을 알고자 한다. 생산 라인에서 마취제 20개를 임의로 추출하여 흰쥐를 대상으로 실험을 한 결과, 지속시간의 분산이 90분으로 조사되었다. 마취제의 모분산에 대한 95% 신뢰구간을 구해보자.

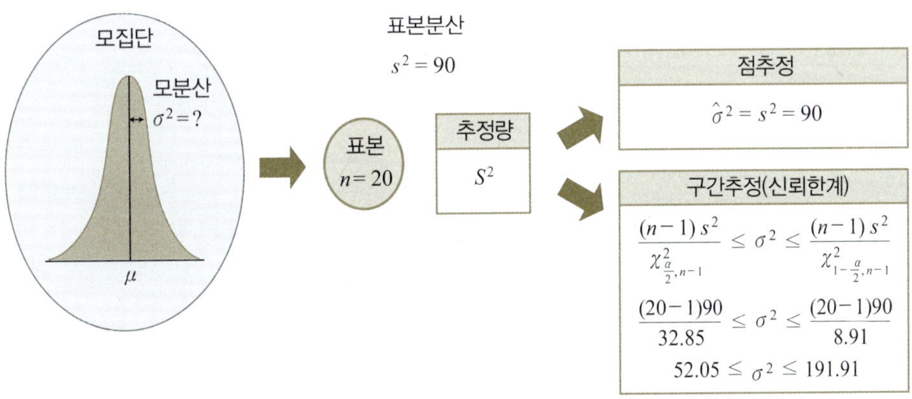

그림 9-24 ▌모분산의 추정 예제

$\alpha = 0.05$이고 자유도가 $n-1 = 20-1 = 19$이므로 〈표 9-6〉에서

$\chi^2_{\frac{\alpha}{2},n-1} = \chi^2_{0.025,19} = 32.852 \approx 32.85$와 $\chi^2_{1-\frac{\alpha}{2},n-1} = \chi^2_{0.975,19} = 8.907 \approx 8.91$이 된다.

표 9-6 ‖ 카이제곱분포표(부분) $P(\chi^2 \geq \chi^2_{\alpha,\nu}) = \alpha$

자유도 ν	우측 꼬리 확률 (α)							
	0.99	0.975	0.95	0.90	0.1	0.05	0.025	0.01
16	5.812	6.908	7.962	9.312	23.542	26.296	28.845	32.000
17	6.408	**7.564**	8.672	10.085	24.769	27.587	**30.191**	33.409
18	7.015	8.231	9.390	10.865	25.989	28.869	31.526	34.805
19	7.633	**8.907**	10.117	11.651	27.204	30.144	**32.852**	36.191
20	8.260	9.591	10.851	12.443	28.412	31.410	34.170	37.566
21	8.897	10.283	11.591	13.240	29.615	32.671	35.479	38.932
22	9.542	10.982	12.338	14.041	30.813	33.924	36.781	40.289

예제 9-11

1,000ml들이 종이팩에 우유를 투입하는 자동기계가 있다. 다음은 우유 투입량의 변동성이 얼마인지 알기 위하여 18팩의 우유를 임의추출하여 용량을 측정한 결과이다. 투입기계의 변동성을 나타내는 우유 투입량의 모분산을 신뢰수준 95%로 구간추정하시오.

표 9-7 ‖ 우유 한 팩의 측정량(ml)

1000.3	1001.3	999.5	999.3	999.8	1001.3
999.7	1000.6	999.8	1001.0	999.4	998.1
1000.7	1000.1	998.5	999.6	1000	999.5

풀이

표본분산이 $s^2 = \frac{1}{n-1}\left[\sum x_i^2 - \frac{(\sum x_i)^2}{n}\right] = \frac{1}{18-1}\left[17{,}997{,}012.87 - \frac{17{,}998.5^2}{18}\right] = 0.75$

이고 $\alpha = 0.05$이고 자유도가 $n-1 = 18-1 = 17$이므로 〈표 9-6〉의 카이제곱분포표에서

$\chi^2_{\frac{\alpha}{2},n-1} = \chi^2_{0.025,17} = 30.191$와 $\chi^2_{1-\frac{\alpha}{2},n-1} = \chi^2_{0.975,17} = 7.564$을 찾을 수 있다.

이들 값을 신뢰구간

$$\frac{(n-1)s^2}{\chi^2_{\frac{\alpha}{2},n-1}} \leq \sigma^2 \leq \frac{(n-1)s^2}{\chi^2_{1-\frac{\alpha}{2},n-1}}$$

에 대입하면

$$\frac{(18-1)\times 0.75}{30.191} \leq \sigma^2 \leq \frac{(18-1)\times 0.75}{7.564}$$

$0.422 \leq \sigma^2 \leq 1.686$이 된다.

따라서 우유 투입기계가 우유팩에 투입하는 양의 모분산은 0.422에서 $1.686(ml)^2$ 범위에 있음을 95% 신뢰한다.

9장 단원평가

9-1 모수를 추정하는데 사용되는 표본통계량을 (A)이라고 하고, A를 구한 수치를(B)라고 한다. A와 B가 올바르게 된 것은?

(가) A(추정량), B(통계치)　　(나) A(추정량), B(추정치)

(다) A(통계량), B(통계치)　　(라) A(통계량), B(추정치)

9-2 추정량이 지녀야 할 바람직한 성질이 아닌 것은?

(가) 불편성　　(나) 일치성

(다) 독립성　　(라) 유효성

9-3 신뢰구간 추정에서 신뢰구간에 대한 설명 중 잘못된 것은?

(가) 신뢰구간에는 추정할 모수가 포함되지 않을 수도 있다.

(나) 신뢰구간은 신뢰수준이 일정할 때 표본 수를 크게 하면 좁아진다.

(다) 표본크기가 같으면 신뢰수준 95%일 때의 신뢰구간이 99%일 때보다 좁다.

(라) 신뢰구간은 신뢰상한에서 신뢰하한을 더하여 구한다.

9-4 다음 모수추정에 사용되는 추정량과 연결이 잘못된 것은?

(가) 표본중앙값 → 모비율 p　　(나) 표본비율 $\hat{p}$ → 모비율 p

(다) 표본분산 s^2 → 모분산 σ^2　　(라) 표본평균 $\bar{x}$ → 모평균 μ

9-5 모분산을 모르고 소표본일 때 모평균의 추정에 이용되는 신뢰구간은?

(가) $\bar{x} \pm z_{\frac{\alpha}{2}} \frac{\sigma}{\sqrt{n}}$　　(나) $\bar{x} \pm z_{\frac{\alpha}{2}} \frac{s}{\sqrt{n}}$

(다) $\bar{x} \pm t_{\frac{\alpha}{2}, n-1} \frac{s}{\sqrt{n}}$　　(라) $\bar{x} \pm t_{\frac{\alpha}{2}, n-1} \frac{\sigma}{\sqrt{n}}$

9-6 추정량의 기댓값이 추정할 모수와 일치하는 추정량은?

(가) 불편성　　(나) 유료성

(다) 일치성　　(라) 충족성

9-7 PD수첩의 시청률을 알아보기 위하여 TV를 보유한 1,000가구를 층화표본추출을 하여 PD수첩 프로그램을 시청 여부를 조사하였다. 조사 가구 중 352가구가 시청하였다고 응답하였다. 전국의 PD수첩 시청률을 신뢰수준 95%로 구간추정하시오.

9-8 동서울 초등학교 전교 학생의 한 달 용돈을 추정하고자 무작위로 25명을 추출하여 조사하였다. 평균이 5,000원, 표준편차가 900원으로 구해졌다. 전체 학생의 한 달 용돈의 모평균에 대한 95% 신뢰구간을 구하시오.

9-9 다음은 우리 대학 학생들의 TOEIC 성적은 정규분포를 따르는 것으로 알려져 있다. 9명의 학생을 무작위로 추출하여 점수를 조사하였다. 전체 학생의 토익성적의 분산(모분산)의 95% 신뢰구간을 구하시오.

586	685	690	680	770
690	880	750	725	480

9-10 직장인들의 통근소요시간의 표준편차는 20분으로 알려져 있다. 95% 신뢰수준 하에서 오차한계가 5분 이내로 되기 위한 표본의 크기는 얼마인가?

정답과 풀이

9-1 (나) **9-2** (다) **9-3** (라) **9-4** (가) **9-5** (다) **9-6** (가)

9-7 표본시청률 $\hat{p} = \frac{x}{n} = \frac{352}{1,000} = 0.352$이고, 신뢰수준 95%일 때 $Z_{\frac{\alpha}{2}} = Z_{0.025} = 1.96$

이므로 신뢰한계는 $\hat{p} \pm Z_{\frac{\alpha}{2}}\sqrt{\frac{\hat{p}(1-\hat{p})}{n}} = 0.352 \pm 1.96\sqrt{\frac{0.352(1-0.352)}{1,000}}$

$= 0.352 \pm 0.03$

신뢰구간으로 나타내면 $0.322 \le p \le 0.382$이다.

9-8 모분산을 모르고 소표본이므로 $\bar{x} \pm t_{\frac{\alpha}{2},n-1}\frac{s}{\sqrt{n}}$을 적용한다.

$\bar{x} = 5,000,\ s = 900,\ t_{\frac{\alpha}{2},n-1} = t_{0.025,24} = 2.064$이므로

신뢰한계는

$\bar{x} \pm t_{\frac{\alpha}{2},n-1}\frac{s}{\sqrt{n}} = 5,000 \pm 2.064\frac{900}{\sqrt{25}} = 5,000 \pm 372$

이며 신뢰구간으로 나타내면 $4,628 \le \mu \le 5,372$이다.

9-9 $s^2 = \frac{1}{n-1}\left[\sum x_i^2 - \frac{(\sum x_i)^2}{n}\right] = \frac{1}{10-1}\left[4{,}913{,}046 - \frac{6{,}936^2}{10}\right] = 1{,}1359.6$

카이제곱분포표에서 $\alpha = 0.05$이고 자유도가 $n-1 = 10-1 = 9$이므로

$\chi^2_{\frac{\alpha}{2},n-1} = \chi^2_{0.025,9} = 19.023$와 $\chi^2_{1-\frac{\alpha}{2},n-1} = \chi^2_{0.975,9} = 2.7$이다. 이들 값을 신뢰구간

$$\frac{(n-1)s^2}{\chi^2_{\frac{\alpha}{2},n-1}} \le \sigma^2 \le \frac{(n-1)s^2}{\chi^2_{1-\frac{\alpha}{2},n-1}}$$

에 대입하면

$$\frac{(10-1)\times 11{,}359.6}{19.023} \le \sigma^2 \le \frac{(10-1)\times 11{,}359.6}{2.7}$$

$5{,}374.4 \le \sigma^2 \le 37{,}865.3$이다.

9-10 $n \ge \left[\frac{z_{\frac{\alpha}{2}}\sigma}{E}\right]^2 = \left[\frac{1.96\times 20}{5}\right]^2 = 61.5 \Rightarrow 62$명

9장 연습문제

9.1 사출기의 특성을 추정하기 위하여 이 기계에서 제조된 제품 1,000개를 육안검사를 하였다. 그 결과 불량품이 52개 나왔다. 이 기계의 모불량률에 대한 95% 신뢰구간을 구하시오.

9.2 한 골프장의 골프 코스는 매우 어려워서 한 라운드의 골프경기를 하는 동안 일반인은 평균 12개 이상의 공을 잃어버린다고 한다. 이 주장에 의심을 가진 한 골퍼가 방금 라운드를 마친 16명의 골퍼를 임의추출하여 잃어버린 공의 수를 조사한 결과는 다음과 같다. 잃어버린 공의 수는 표준편차가 3인 정규분포를 따른다고 가정하자. 잃어버린 평균 골프공의 수의 모평균을 신뢰수준 95%로 구간추정을 하시오.

1 14 8 15 17 10 12 8 6 14 21 9 11 4 5 6

9.3 유명 화장품회사의 화장품의 소매가격을 알아보기 위하여 10개의 소매상을 대상으로 판매가격(원)을 조사한 결과 다음의 자료를 얻었다. 이 화장품의 소매가격의 모평균을 신뢰수준 95%로 구간추정을 하시오.

5,000	5,500	5,800	6,200	6,000
6,500	5,700	6,100	5,300	5,200

9.4 어느 대기업의 건강관리부서에서는 3년 전 여성 종업원의 키는 정규분포를 따른다고 하였다. 일괄적으로 체육복을 구매하여 지급하려는 목적으로 현재의 평균 키를 추정하려고 한다. 임의로 10명을 추출하여 키를 측정한 결과는 다음과 같다. 현재의 키의 모평균에 대한 95% 신뢰구간을 구하시오.

168	159	164	157	160
165	153	161	170	155

9.5 자동차 배터리의 수명은 표준편차가 0.9년인 정규분포를 따른다고 한다. 이 배터리 10개를 임의추출하여 수명을 측정하였더니 다음과 같았다. 배터리 수명의 모분산에 대한 95% 신뢰구간을 구하시오.

4.2	5.2	5.1	4.5	4.1
4.8	4.6	5.7	5.5	5.4

제10장
통계적 가설검정

제10장 통계적 가설검정

[학습목표]

- 통계적 가설검정의 원리를 이해할 수 있다.
- 가설을 설정하고 검정하는 절차를 알 수 있다.
- 모비율에 대한 검정을 할 수 있다.
- 조건에 따른 모평균과 모분산에 대한 검정을 할 수 있다.

10.1 기본개념

이번 장에서는 모집단에 대한 새로운 주장, 예를 들어 "이번 18대 대통령 선거의 투표율은 80%가 넘을 것이다"라고 언론에서 주장하고 있다고 하자. 이와 같이 모집단에 대한 주장에 대하여 어느 정도 확신을 가질 수 있는지 표본의 정보로 평가하는 과정인 통계적 가설검정(statistical hypothesis testing)을 알아보자.

일반적 검정

행정관청이 물건의 품질이나 사람의 학력(學力) 등에 관하여 그것이 법령이 정하는 기준에 합치되는지의 여부를 검사하여 인정하는 일을 일반적 검정이라고 한다.

체력검정 학력검정

그림 10-1 ▌일반적 검정

통계적 가설검정

통계적 가설검정은 모집단의 모수에 대한 주장, 추측, 예상 등의 가설에 대하여 옳다고 판단할 수 있는지의 정도를 표본을 추출하여 평가하는 방법이다.

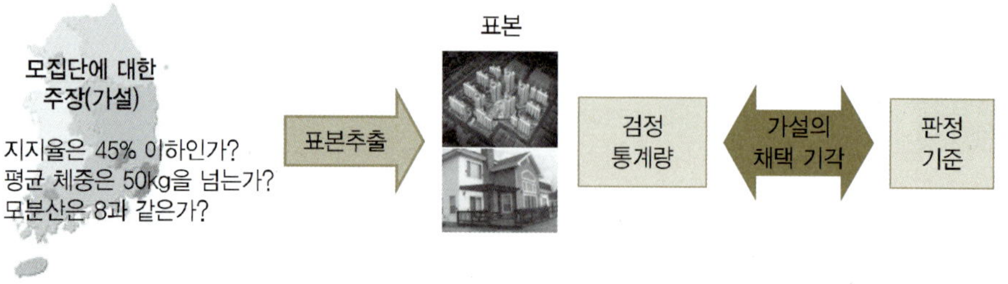

그림 10-2 ▌통계적 가설검정의 원리

"배심원단 구성에 인종적 편견이 존재한다."
즉, 배심원 자격이 있는 시민의 50%는 흑인인데, 80명의 배심원 중에 단지 4명만이 흑인이다. 통계적으로 검정하여 배심원을 재구성하자.

"설탕, 참치통조림의 중량이 표시된 양과 다르다. 소비자를 鳳으로 아는가"
소비자를 위한 모임 단체와 함께 시판중인 참치통조림 20개를 무작위로 추출하여 통계적 검정을 통하여 소비자는 봉이 아님을 입증해 보이겠다.

"건강식품에 관심이 높아졌다."
"성형 효과는 있다."
"남녀간 결혼관에 변화가 있다." 등과 같은 사회현상에 대한 주장을 표본조사를 통한 통계적 검정으로 그 의식 변화를 확인하자.

그림 10-3 ▌사회문제와 현상 사례

1. 가설이란?

가설

두 개 이상의 변수 또는 현상 간의 관계를 과학적인 조사를 통한 검정 가능한 형태로 서술한 문장을 말한다. 또는 가설이란 검정할 목적으로 설정하는 모수에 대한 잠정적인 주장이나 가정을 의미한다.

[그림 10-3]에서 주장하는 것을 가설(hypothesis)로 요약하면 [그림 10-4]와 같다.

"배심원단 구성에 인종적 편견이 존재한다."
"설탕의 중량이 표시된 양과 다르다."
"건강식품에 관심이 높아졌다."
"성형 효과가 있다."
등이 가설에 해당한다.

그림 10-4 ▌가설의 예

가설은 귀무가설(null hypothesis)과 대립가설(alternative hypothesis)로 나뉜다. 통계적 가설검정은 귀무가설과 대립가설 중 어느 것이 옳은지를 판정하는 것이 아니다. 가설에 대한 판정은 모수에 대해 정확히 알아야만 답변이 가능한 문제이다.

추측통계학에서는 전수조사를 하지 않고 표본만을 조사한 결과를 토대로 다루기 때문에 모수의 참값은 알지 못한다. 다만, 표본결과로 볼 때 대립가설에 대하여 어느 정도 확신을 가질 수 있는지 알아보는 것일 뿐이다.

반면, 귀무가설에 대해서는 확신의 정도를 분석하지 않는다. 귀무가설은 대립가설에 대한 확신의 정도를 알아보는 보조적인 가설일 뿐이다.

가설의 분류

가설은 기존에 일반적 사실로 받아들여지고 있는 내용을 나타내는 귀무가설과 연구자가 새롭게 주장하는 내용을 나타내는 대립가설(연구가설)로 나뉜다.

가설은 대립가설이 어떻게 설정되는가에 따라 단측가설과 양측가설로 분류된다.

단측가설은 대립가설이 "~은 적다.", "~은 높다."와 같이 한쪽 방향으로 설정되는 가설이다.

양측가설은 대립가설이 "~은 같지 않다.", "~은 다르다."와 같이 양쪽 방향으로 설정되는 가설이다.

일반적으로 귀무가설은 H_0, 대립가설은 H_1으로 표시한다. [그림 10-4]의 가설을 귀무가설과 대립가설로 분류하면 다음과 같다.

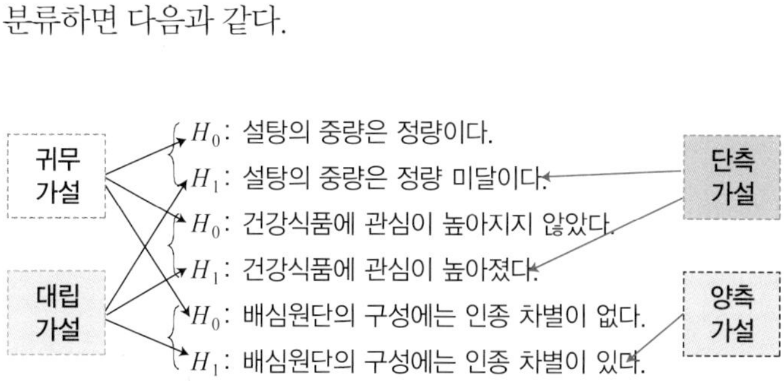

귀무가설과 대립가설을 어떻게 설정할지 불분명한 경우에 일반적으로 적용되는 지침은 다음과 같다.

첫째, 연구자가 지지하거나 증명하려는 주장은 대립가설로 설정한다.

둘째, 어떤 주장의 타당성을 검토하는 경우에는 그 주장이 일단 옳다는 가정 하에 귀무가설로 설정한다.

셋째, 어떤 표준 또는 기준보다 크거나 작으면 문제가 발생하는 경우에는 이를 대립가설로 설정한다.

2. 가설검정의 절차

가설검정은 연구자가 문제 제기를 하는 것에서 출발한다. 일종의 재판절차와 유사하다. 다음의 "유기농 채소와 과일 구입 예"를 가지고 가설검정의 절차를 살펴보자.

〈유기농 채소와 과일 구입 예〉

주부들의 모임에서는 적어도 주부의 40%가 가족의 건강을 위하여 유기농 채소나 과일을 구입한다고 주장하고 있다. 이 주장을 검정하기 위하여 1,000명의 주부를 임의추출하여 최근 1개월 동안 유기농 채소나 과일을 구입한 경험이 있는지 조사하였다. 그 결과 425명이 구입한 것으로 나타났다.

〈순서 1〉 가설을 설정한다.

주부들의 모임이 주장하는 내용이 대립가설이 되므로 귀무가설과 대립가설은

H_0: 주부들의 40% 미만이 유기농 채소나 과일을 구입한다.

H_1: 주부들의 40% 이상이 유기농 채소나 과일을 구입한다.

으로 설정된다. 전체 주부(모집단)의 유기농 채소와 과일 구입 비율(모비율)을 p라고 하면 위 가설은 다음과 같이 기호로 나타낼 수 있다.

$$H_0: p \le 0.4$$
$$H_1: p > 0.4$$

통계적 가설검정에서 가설은 모수를 이용하여 나타내는 것이 편리하다. 관심을 가지는 모집단의 모수를 θ라고 하고, 이 모수가 가정된 특정한 값 θ_0을 갖는다고 하자. 그러면 대립가설의 형태에 따라 〈표 10-1〉과 같이 세 가지 검정 형태로 분류된다.

표 10-1 ▌검정의 형태

좌측검정	우측검정	양측검정	비 고
$H_0: \theta \ge \theta_0$ $H_1: \theta < \theta_0$	$H_0: \theta \le \theta_0$ $H_1: \theta > \theta_0$	$H_0: \theta = \theta_0$ $H_1: \theta \ne \theta_0$	좌측검정과 우측검정을 단측검정이라고 한다

따라서 "유기농 채소와 과일 구입 예"는 40%를 초과한다는 주장을 대립가설로 설정해야 하므로 우측검정에 해당한다.

〈순서 2〉 유의수준을 정한다.

유의수준(significance level)이란 귀무가설을 기각시키고 대립가설을 채택할 확률의 크기를 의미한다. 즉, 귀무가설이 옳음에도 불구하고 표본추출 오류로 귀무가설을 기각하고, 대립가설을 채택하는 오류를 말한다. 이를 제1종 오류(과오)(type I error)라고 한다. 제1종 오류의 크기를 유의수준이라고 하는데 이는 제1종 오류를 범할 확률의 최대 허용한도를 말한다. 재판에서도 아주 드물지만 무죄를 유죄로 오판하는 경우가 있다. 가설검정에서 유의수준은 관례상 5%를 많이 사용하지만, 좀 더 엄격히 검정할 필요가 있을 경우에는 1%를 적용하기도 한다. 유의수준은 기호 α로 표현한다. 따라서 "유기농 채소와 과일 구입 예" 에서 유의수준은

$$\alpha = 5\%$$

로 하자. 가설검정에서 제1종 오류만 범하는 것은 아니다. 그 이유는 제한된 표본정보를 가지고 모수에 대한 결론을 내리기 때문이다. 즉, 표본오차(sampling error)로 인하여 또다른 오판을 할 가능성이 있기 때문이다. 귀무가설이 거짓임에도 불구하고 이 가설을 채택하는 오류를 제2종 오류(과오)(type Ⅱ error)라고 한다. 제2종 오류를 범할 확률의 크기는 β로 나타낸다.

표 10-2 ▌제1종 오류와 제2종 오류

모집단 / 검정결과	귀무가설(H_0) 참	귀무가설(H_0) 거짓
귀무가설(H_0) 채택	올바른 결정 신뢰수준 ($1-\alpha$)	잘못된 결정 제2종 오류 (β)
귀무가설(H_0) 기각	잘못된 결정 제1종 오류 (α)	올바른 결정 검정력 ($1-\beta$)

제1종 오류와 제2종 오류의 예를 나타내면 〈표 10-3〉과 같다.

표 10-3 ▌오류의 예

제1종 오류	제2종 오류
맞는데도 불구하고 틀린다고 판단하는 오류	틀린데도 불구하고 맞는다고 판단하는 오류
적합품인데도 불구하고 부적합품으로 판단하는 오류	부적합품인데도 불구하고 적합품으로 판단하는 오류
H_0가 채택되어야 하는데도 불구하고 기각되는 오류	H_0가 기각되어야 하는데도 불구하고 채택되는 오류

한편, 제1종 오류와 제2종 오류는 α를 감소시키면 β가 커지고, α를 증가시키면 β는 감소하는 관계를 가진다. 이 관계는 [그림 10-5]에서 확인할 수 있다.

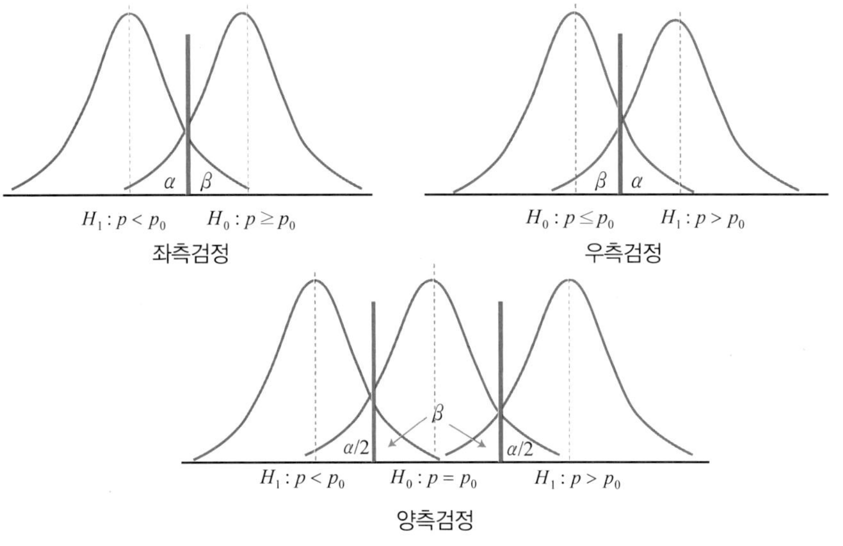

그림 10-5 ▌제1종 오류와 제2종 오류

〈순서 3〉 검정통계량과 기각역을 정한다.

귀무가설의 기각 여부를 판단하는데 적용되는 통계량을 검정통계량(test statistic)이라고 한다. "유기농 채소와 과일 구입 예"에서 적용될 검정통계량은 표본비율의 분포에서 만들어진 다음 표준정규분포를 따르는 통계량이 사용된다.

$$Z = \frac{\hat{p} - p_0}{\sqrt{\frac{p_0(1-p_0)}{n}}}$$

한편, **기각역**(rejection region 또는 critical region)은 귀무가설을 기각할 수 있는 검정통계량의 값의 영역을 말하며, 반대로 귀무가설을 기각할 수 없는 검정통계량의 값의 영역을 **채택역**(acceptance region)이라고 한다. 기각역과 채택역을 구분해 주는 경계값을 기각치(critical value) 또는 임계치라고 부른다. 기각치는 검정통계량의 분포에서 대립가설과 유의수준에 의해 정해진다.

"유기농 채소와 과일 구입 예"의 기각역은 검정통계량이 표준정규분포를 따르고 대립가설($H_1: p > 0.4$)로 인하여 표준정규분포의 오른쪽 영역으로 결정된다. 이 영역은 검정통계량의 값이 나타날 확률이 유의수준 $\alpha = 5\%$ 이하에 해당되는 부분이다. 대립가설이 옳은 경우에 나타나는 검정통계량의 값의 영역과 같은 의미이다. 기각역을 기호로 나타내면

$$Z > z_\alpha$$

즉,

$$Z > z_{0.05} = 1.645$$

이며 $z_\alpha = z_{0.05} = 1.645$를 기각치라고 한다. [그림 10-6]을 참조하시오.

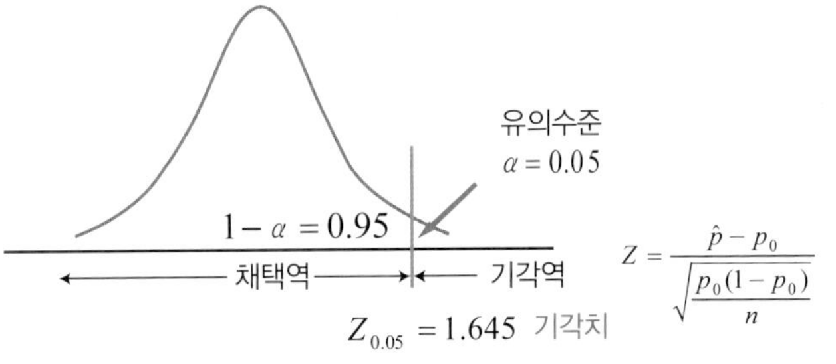

그림 10-6 ▌기각역과 기각치($H_0: p \le 0.4$, $H_1: p > 0.4$)

〈순서 4〉 검정통계량을 계산한다.

표본을 추출하여 검정통계량을 계산한다. "유기농 채소와 과일 구입 예"에서 1,000명 중에 425명이 구입하는 것으로 조사되었다. 표본의 구입비율은

$$\hat{p} = \frac{x}{n} = \frac{425}{1,000} = 0.425$$

이므로 검정통계량을 계산하면

$$Z = \frac{\hat{p} - p_0}{\sqrt{\frac{p_0(1-p_0)}{n}}} = \frac{0.425 - 0.4}{\sqrt{\frac{0.4(1-0.4)}{1,000}}} = 1.614$$

이다.

〈순서 5〉 결론을 내린다.

검정통계량의 값이 기각치보다 작으므로 귀무가설을 기각할 수 없다. 즉,

$$Z = 1.614 < 1.645$$

이므로 귀무가설을 채택한다. [그림 10-7]을 참조하시오.

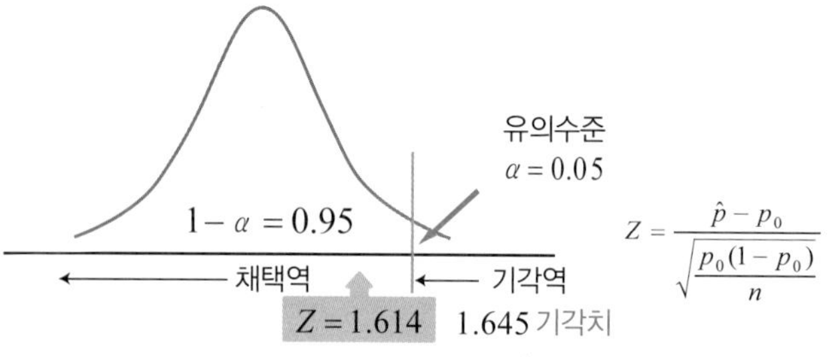

그림 10-7 ▌귀무가설 채택(H_0: $p \leq 0.4$, H_1: $p > 0.4$)

이 결론은 유기농 채소와 과일을 구입하는 주부들의 비율이 40% 이하라는 의미는 절대 아니다. 유기농 채소와 과일 구입 비율이 40%를 넘는다는 주부들의 모임의 주장을 확신할 수 없기 때문에 관용적으로 표현하는 것일 뿐이다.

3. 기각역을 설정하는 방법

단측검정의 기각역

대립가설이 단측가설로 설정된 검정을 단측검정이라고 한다. 단측검정에서 유의수준이 좌측에 모두 주어지면 좌측검정, 우측에 모두 주어지면 우측검정이라고 한다.

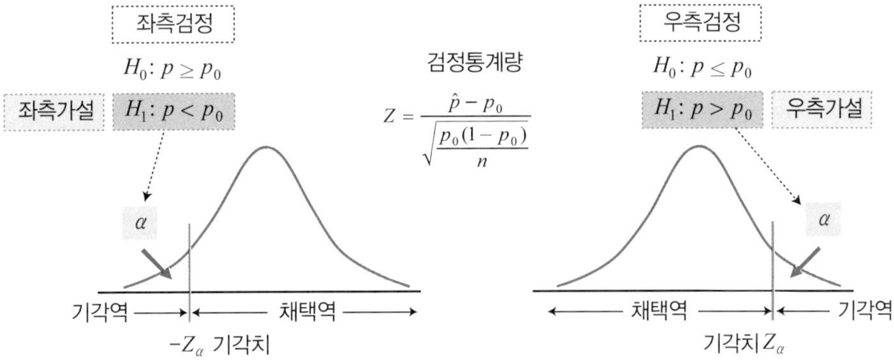

그림 10-8 ▌단측가설의 기각역

유의수준이 α이고 검정통계량이 Z인 경우에 좌측검정의 기각역은 $Z < -Z_\alpha$이며, $\alpha = 5\%$이면 기각치는 $-Z_{0.05} = -1.645$이 된다. 한편 우측검정의 기각역은 $Z > Z_\alpha$이며, $\alpha = 5\%$이면 기각치는 $Z_{0.05} = 1.645$이 된다.

양측검정의 기각역

대립가설이 양측가설로 설정된 검정을 양측검정이라고 한다. 양측검정에서는 유의수준이 양측으로 반씩 나뉜다.

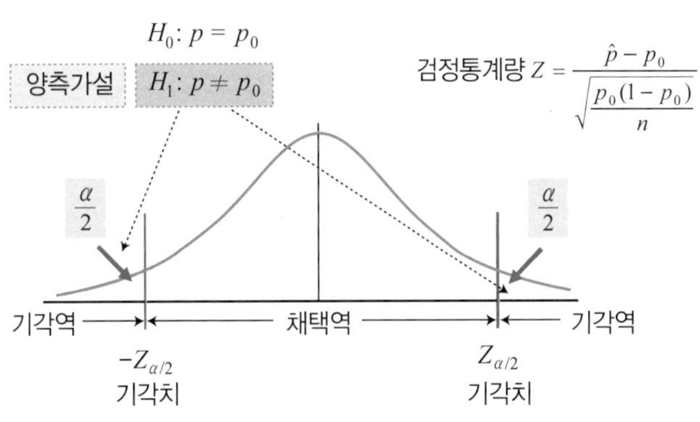

그림 10-9 ▌양측가설의 기각역

유의수준이 α이고 검정통계량이 Z인 경우의 기각역은

$$Z < -Z_{\frac{\alpha}{2}} \text{ 또는 } Z > Z_{\frac{\alpha}{2}}$$

가 된다. $\alpha = 5\%$이면 기각치는

$$-Z_{0.025} = -1.96,\ Z_{0.025} = 1.96$$

이다.

검정통계량의 분포가 t분포이면 t분포값, 카이제곱분포이면 카이제곱분포값, F분포이면 F분포값이 각각 기각치로 사용된다.

이 후부터 전개되는 가설검정은 다음과 같이 간단한 순서로 설명한다.

① 가설

② 유의수준

③ 검정통계량 및 기각역

④ 계산

⑤ 결론

10.2 계수치의 검정

앞 절에서 "유기농 채소와 과일 구입 예"를 이용하여 모비율에 대한 검정을 알아보았다. 이번 절에서는 모비율 이외에 모부적합수(모결점수)의 검정도 알아본다. 앞으로 설명할 모든 검정은 앞 절의 가설검정의 절차를 따르기로 한다.

1. 모비율의 검정

이항모집단에서 모비율에 대한 가설의 타당성을 관련된 모집단에서 추출한 표본비율을 이용하여 검정하는 것을 모비율의 검정이라고 한다.

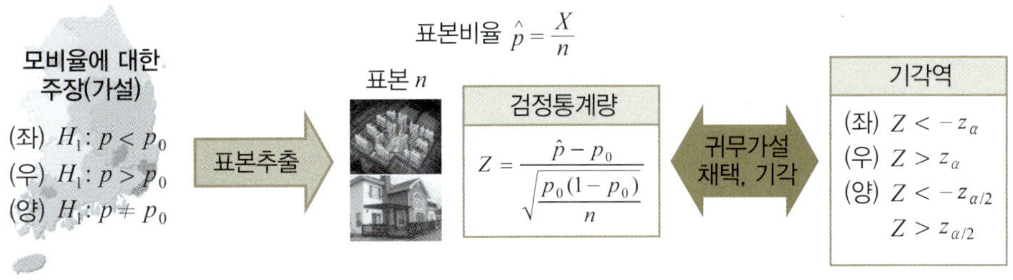

그림 10-10 ▌모비율의 검정 개요(H_0: $p = p_0$)

유의수준이 1%와 5%일 때 각 검정의 기각치는 〈표 10-4〉와 같다.

표 10-4 ▌기각치

α	좌측검정	우측검정	양측검정
0.05	$-Z_{0.05} = -1.645$	$Z_{0.05} = 1.645$	$-Z_{0.025} = -1.96$ 또는 $Z_{0.025} = 1.96$
0.01	$-Z_{0.01} = -2.326$	$Z_{0.01} = 2.326$	$-Z_{0.005} = -2.576$ 또는 $Z_{0.025} = 2.576$

모비율의 검정 예제

1960~70년대 미국 남부지역의 흑백차별을 보여주는 사례이다. 배심원 자격이 있는 시민의 50%는 흑인인데도 80명의 배심원 중에 단지 4명만이 흑인이었다. 배심원 선정에 흑백(인종)차별이 존재함을 유의수준 1%로 검정해보자.

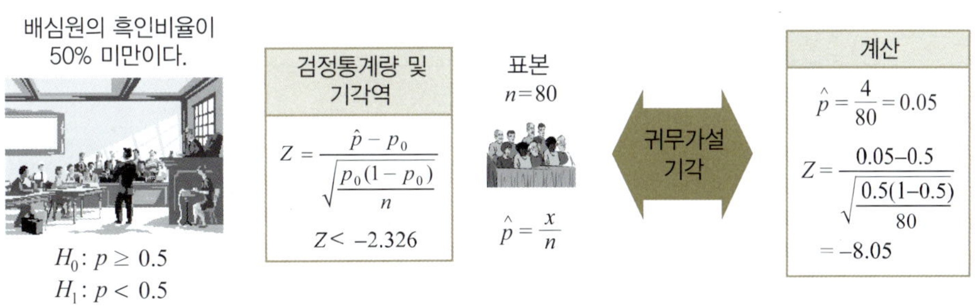

그림 10-11 ▌모비율의 검정 예제

[그림 10-11]에서 검정의 결론은 배심원단의 구성에 인종차별을 보여주고 있다는 주장을 반박할 만한 충분한 근거가 없음을 의미한다.

한편, Minitab 등 컴퓨터 통계 패키지에서는 $p-$값(P-value)을 제공하기 때문에 $p-$값과 유의수준 α와 직접 비교하여 귀무가설의 채택 여부를 결정하고 있다.

그 기준은 다음과 같다.

$$p < \alpha \text{ 이면 귀무가설 기각 }, p \geq \alpha \text{ 이면 귀무가설 채택}$$

모비율의 검정 예제의 검정통계량값에 대한 $p-$값을 구하면 4.14×10^{-16}이다. 흑백 비율이 50%인 상황에서 80명의 배심원 중 단 4명의 흑인만이 포함되는 경우의 확률이 4.14×10^{-16}라는 사실은 인종차별을 하고 있다는 강력한 증거가 된다. 즉,

$$p = 4.14 \times 10^{-16} < \alpha = 0.05$$

이다.

P값에 의한 검정

실제로 제1종 오류를 범할 확률이다. 즉, 검정통계량의 절대값보다 클 확률을 P값이라고 한다.

$$P(Z > |Z_0|) = p$$

판정기준은 다음과 같다

$$p < \alpha \Rightarrow \text{귀무가설을 기각한다.}$$

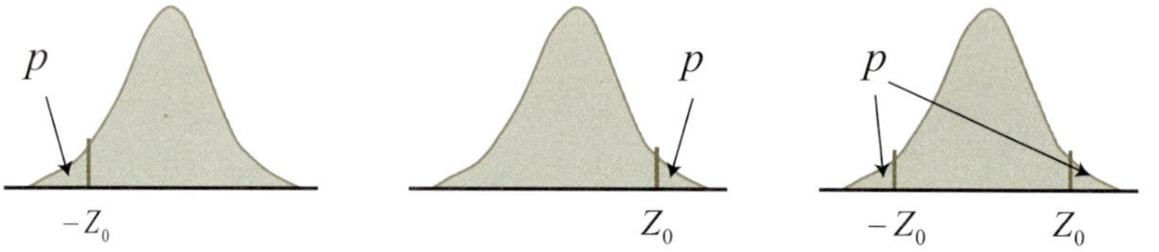

그림 10-12 ▌ P 값

예제 10-1

서울의 직장인 1,000명을 표본추출하여 직무만족도를 조사한 결과 120명이 불만인 것으로 나타났다. 전체 직장인의 불만비율(모비율)이 10%를 넘는지 유의수준 5%로 검정하시오.

풀이

① 가설: H_0: $p \leq 0.1$

$H_1: p > 0.1$

② 유의수준: $\alpha = 5\%$

③ 검정통계량 및 기각역: $Z = \dfrac{\hat{p} - p_0}{\sqrt{\dfrac{p_0(1-p_0)}{n}}}$, $Z > 1.645$

④ 계산: $\hat{p} = \dfrac{x}{n} = \dfrac{120}{1{,}000} = 0.12$, $Z = \dfrac{\hat{p} - p_0}{\sqrt{\dfrac{p_0(1-p_0)}{n}}} = \dfrac{0.12 - 0.1}{\sqrt{\dfrac{0.1(1-0.1)}{1{,}000}}} = 2.108$

⑤ 결론: $Z = 2.108 > 1.645$이므로 귀무가설을 채택할 수 없다. 즉, 귀무가설을 기각한다. 직장인의 불만비율이 10%를 넘는다는 주장을 반증할 만한 증거는 없다. 참고로 P값은 0.0218이다.

2. 모부적합수(모결점수)의 검정

모부적합수의 검정은 포아송분포의 평균이 5 이상이면 정규분포로 근사하는 조건에서 적용한다. 여기서는 포아송분포의 평균을 m으로 나타낸다. 모부적합수의 검정의 개요는 [그림 10-13]과 같다.

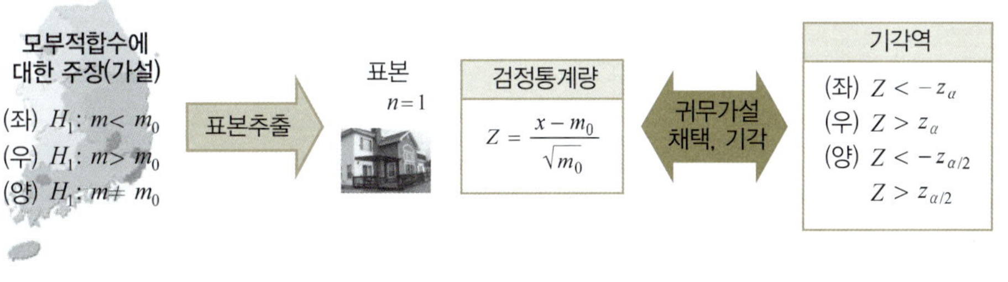

그림 10-13 ▌모부적합수의 검정 개요(H_0: $m = m_0$)

모결점수의 검정 예제

우주출판사에서 출판하는 책 중에 오타는 한 권당 7자 미만이라고 주장하고 있다. 이 주장을 확인하기 위하여 임의로 이 출판사의 책 한 권을 임의로 선택하여 오타를 조사하였더니 6자가 나왔다. 이 출판사의 주장을 유의수준 5%로 검정해 보자.

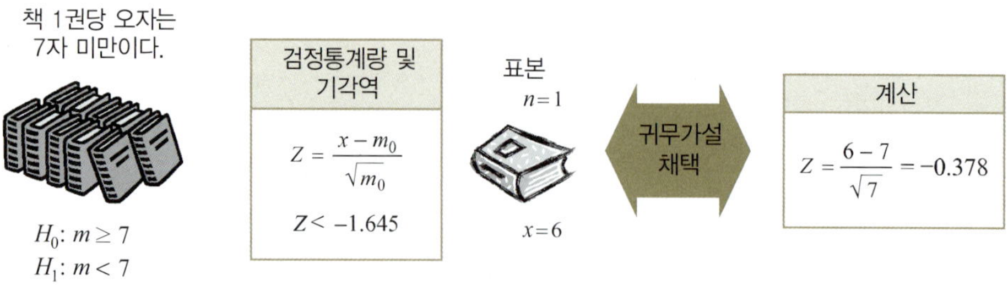

그림 10-14 ‖ 모부적합수의 검정 예제

$Z = -0.378 \rangle -1.645$이므로 귀무가설을 기각할 수 없다. 즉, 귀무가설을 채택한다. 출판사의 주장을 뒷받침할 수 있는 증거능력이 부족하다. 참고로 P값은 0.3527이다.

표 10-5 ‖ 표준정규분포표(부분) $P(Z \leq z)$

z	소숫점 둘 째 자릿수									
	0.00	0.01	0.02	0.03	0.04	0.05	0.06	0.07	0.08	0.09
−2.1	0.0179	0.0174	0.0170	0.0166	0.0162	0.0158	0.0154	0.0150	0.0146	0.0143
−2.0	0.0228	0.0222	0.0217	0.0212	0.0207	0.0202	0.0197	0.0192	0.0188	0.0183
−1.9	0.0287	0.0281	0.0274	0.0268	0.0262	0.0256	0.0250	0.0244	0.0239	0.0233
−1.8	0.0359	0.0351	0.0344	0.0336	0.0329	0.0322	0.0314	0.0307	0.0301	0.0294
−1.7	0.0446	0.0436	0.0427	0.0418	0.0409	0.0401	0.0392	0.0384	0.0375	0.0367
−1.6	0.0548	0.0537	0.0526	0.0516	**0.0505**	**0.0495**	0.0485	0.0475	0.0465	0.0455
−1.5	0.0668	0.0655	0.0643	0.0630	0.0618	0.0606	0.0594	0.0582	0.0571	0.0559

예제 10-2

과거 납품하는 판유리의 기포 수(부적합 수)는 1롯트(100장)당 m=16이었다. 작업 방법을 개선한 후로는 기포가 1롯트당 x=14 군데 발견되었다. 모결점수가 달라졌다고 할 수 있겠는가? 유의수준 5%로 검정하시오.

풀이

① 가설: H_0: $m = 16$

H_1: $m \neq 16$

② 유의수준: $\alpha = 5\%$

③ 검정통계량 및 기각역: $Z = \dfrac{x - m_0}{\sqrt{m_0}}$, $Z < -z_{0.025} = -1.96$ 또는 $Z > z_{0.025} = 1.96$

④ 계산: $x = 14$, $m_0 = 16$, $Z = \dfrac{14-16}{\sqrt{16}} = -0.5$

⑤ 결론: $Z=-0.5>-1.96$이므로 귀무가설을 채택한다. 작업 방법이 개선되었다고 입증할만한 증거는 부족하다고 할 수 있다. 참고로 P값은 0.1587이다.

10.3 계량치의 검정

계량치의 검정도 계량치의 추정과 마찬가지로 적용하는 모집단의 분포는 연속형 분포이다. 모집단의 평균 또는 분산이 변화하였다는 주장에 대하여 대상 모집단으로부터 임의표본을 추출하여 검정통계량을 계산한 후 판정기준과 비교하여 주장한 내용이 맞는지 틀리는지 확인하는 방법이다. 이 절에서는 모평균의 검정과 모분산의 검정을 다룬다. 검정의 절차는 10.1절에서 보인 순서로 이루어진다.

1. 모평균의 검정

모평균의 검정은 모집단에서 표본을 추출하고 계산한 표본평균, 표본표준편차를 이용하여 모집단의 평균에 대한 주장이나 가설에 대하여 검정하는 것을 말한다.

예를 들면, "가구당 평균 가구원 수는 2.67명이다.", "직장인의 평균 수면시간은 6시간 미만이다." 또는 "가구당 쌀 소비량이 작년보다 감소했다." 등과 같은 가설을 검정하는 것이다.

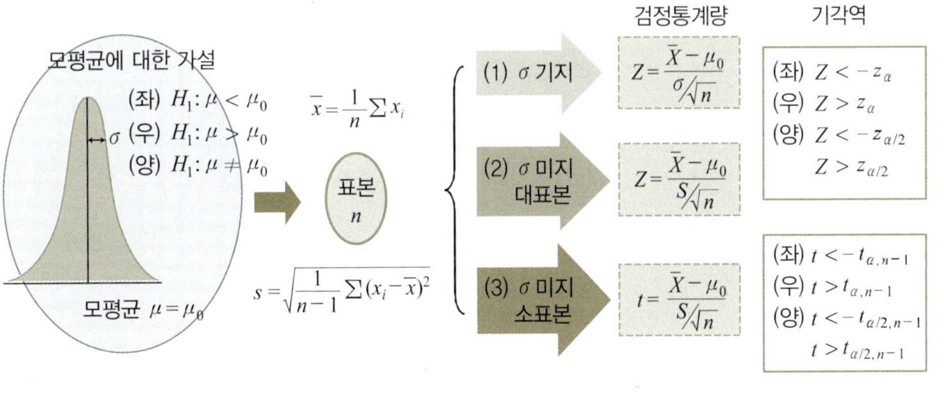

그림 10–15 ▌모평균의 검정 개요

모평균의 검정도 모집단의 표준편차를 알고 있는지에 따라 적용하는 검정통계량이 다르다. 모표준편차를 알고 있는 경우에는 정규분포, 모르는 경우에는 t분포를 적용한다.

(1) 모표준편차(σ)를 알고 있는 경우

모평균의 검정에서 모표준편차를 알고 있는 경우에 적용되는 검정통계량은 표본평균의 분포에서 표본평균을 표준화를 한 통계량이 사용된다.

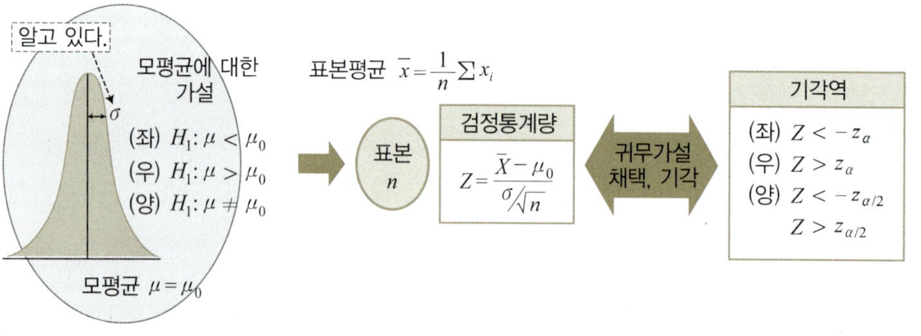

그림 10-16 ▌모평균의 검정(모표준편차를 알고 있는 경우 H_0: $\mu = \mu_0$)

모평균의 검정 예제(σ기지)

참치캔(표시중량 200g)의 중량은 표준편차가 $\sigma = 2.4$g인 정규분포를 따른다고 한다. 소비자보호과에 중량미달이라는 불만이 접수되었다. 이를 확인하기 위하여 무작위로 추출한 참치캔 25개의 중량을 측정하여 평균을 구했더니 199.5g이었다. 소비자의 불만제기가 정당한지 유의수준 5%로 검정을 해보자.

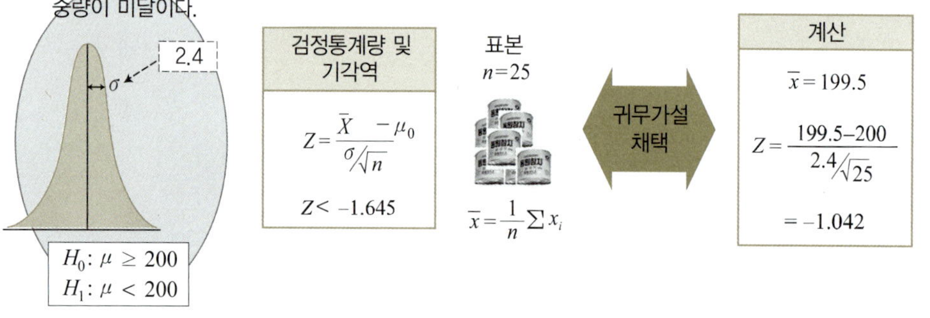

그림 10-17 ▌모평균의 검정(모표준편차를 알고 있는 경우)의 예제

소비자의 불만을 정당화시킬 수 있는 증거가 부족하다고 할 수 있다.

예제 10-3

낚시용구 제조업자가 인조 낚시줄을 개발하였다. 신제품 낚시줄의 평균 인장강도와 표준편차가 각각 80kg/(mm)^{2}과 5kg/(mm)^{2}이어서 상어도 낚을 수 있다고 주장하고 있다. 이 주장을 확인하기 위하여 낚시줄 50개를 표본으로 추출하여 강도시험을 하였다. 그 결과 평균 인장강도는 78kg으로 나타났다. 유의수준 1%로 검정하시오.

[퀴즈4] 세상에서 제일 낚시를 잘하는 남자와 그의 부인 이름은? 답은 단원평가에 있음.

풀이

① 가설: H_0: $\mu = 80kg$

H_1: $\mu \neq 80kg$

② 유의수준: $\alpha = 1\%$

③ 검정통계량 및 기각역: $Z = \dfrac{\overline{X} - \mu_0}{\dfrac{\sigma}{\sqrt{n}}}$

$Z < -z_{0.025} = -2.576$ 또는 $Z > z_{0.025} = 2.576$

④ 계산: $\overline{x} = 78$, $\sigma = 5$, $n = 50$이므로

$$Z = \frac{\overline{X} - \mu_0}{\dfrac{\sigma}{\sqrt{n}}} = \frac{78 - 80}{\dfrac{5}{\sqrt{50}}} = -2.828$$

⑤ 결론: $Z = -2.828 < -2.576$이므로 귀무가설을 기각한다. 즉, 제조사 측의 주장을 뒷받침할 수 있는 강력한 증거는 없고 오히려 인장강도는 약하다고 평가된다. 참고로 P값은 0.002이다.

(2) 모표준편차(σ)를 모르나 대표본인 경우

모표준편차를 모르나 표본의 크기가 클 경우($n \geq 30$)에는 모표준편차 대신에 표본추출하여 구한 표본표준편차를 사용한다.

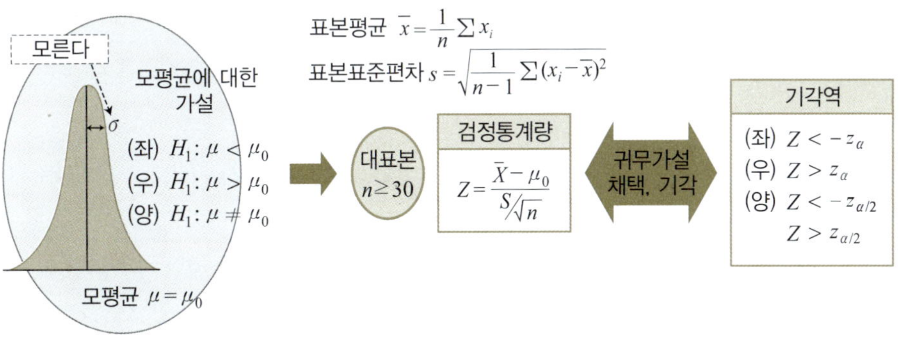

그림 10-18 ▌ 모평균의 검정(모표준편차를 모르나 대표본인 경우 H_0: $\mu = \mu_0$)

모평균의 검정 예제(σ 미지, $n \geq 30$)

국민 1인당 쌀 소비량(2010)이 72.8kg이라고 통계청에서 발표하였다. 2년이 지난 현재 1인당 쌀 소비량을 알기 위하여 800명을 표본으로 추출하여 조사하였더니 평균이 73.2kg, 표준편차가 5.5kg로 나타났다. 2년 전보다 쌀 소비량이 증가했는지 유의수준 5%로 검정하시오.

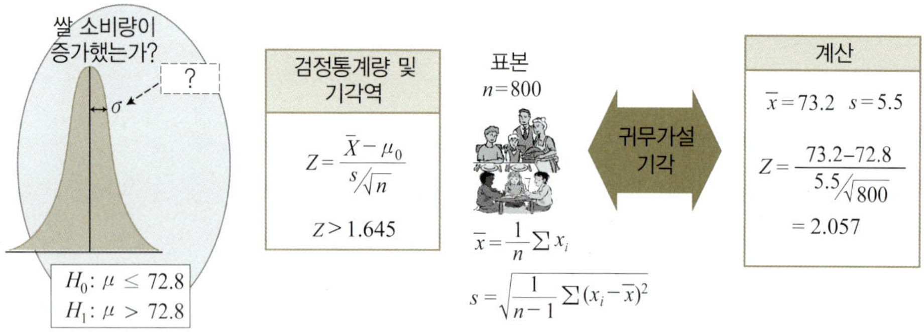

그림 10-19 ‖ 모평균의 검정(모표준편차를 모르나 대표본인 경우) 예제

따라서 올해 1인당 쌀 소비량은 2010년보다 감소했다는 증거는 없다.

예제 10-4

<표 1-1>의 "2016년 인구주택총조사 전수집계결과"에는 가구당 평균 가구원 수가 2.51명이다. 올해에 1,000가구를 표본추출하여 가구원 수를 조사하였더니 평균이 2.49명, 표준편차가 0.558명이었다. 올해의 평균 가구원 수가 2016년도 평균 가구원 수보다 감소했는지 유의수준 5%로 검정하시오.

풀이

① 가설: H_0: $\mu \geq 2.51$명
H_1: $\mu < 2.51$명

② 유의수준: $\alpha = 5\%$

③ 검정통계량 및 기각역: $Z = \dfrac{\overline{X} - \mu_0}{\dfrac{s}{\sqrt{n}}}$, $Z < -z_{0.025} = -1.645$

④ 계산: $\overline{x} = 2.49$, $s = 0.558$이므로 $Z = \dfrac{\overline{X} - \mu_0}{\dfrac{s}{\sqrt{n}}} = \dfrac{2.49 - 2.51}{\dfrac{0.558}{\sqrt{1000}}} = -1.133$

⑤ 결론: $Z = -1.133 > -1.645$이므로 귀무가설을 기각할 수 없다. 즉, 올해의 가구당 평균 가구원 수는 2016년도의 가구당 평균 가구원 수보다 감소했다는 증거는 없다.
$P(Z < -1.133) = 0.1286$이다.

(3) 모표준편차(σ)를 모르며 소표본인 경우

모표준편차를 모르며 표본의 크기가 작을 경우 ($n < 30$)에는 모표준편차 대신에 표본추출하여 구한 표본표준편차를 사용한다. 이때에는 자유도가 $n-1$인 t통계량이 적용된다. 제조현장에서 가장 많이 사용된다.

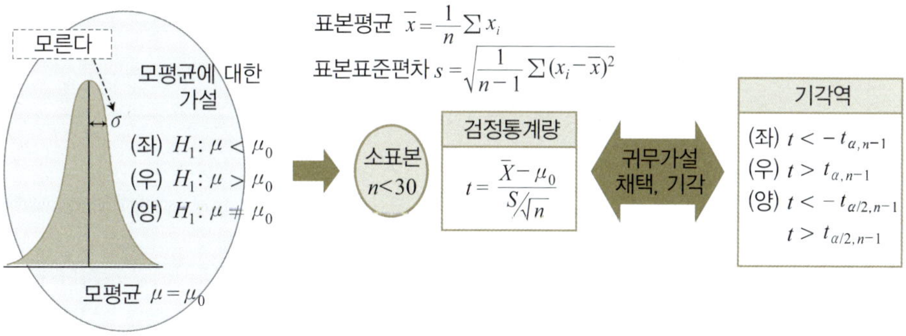

그림 10-20 ‖ 모평균의 검정(모표준편차를 모르며 소표본인 경우 H_0: $\mu = \mu_0$)

모평균의 검정 예제(σ 미지, $n < 30$)

복정고등학교에서 20명을 무작위로 추출하여 지난 주 인터넷 게임시간을 조사하였다. 평균이 11.5시간, 표준편차가 5.68시간으로 나타났다. 전교 학생들의 인터넷 게임시간의 주당 평균이 10시간을 초과하고 있다는 일선 교사들의 우려를 유의수준 5%로 검정해 보자.

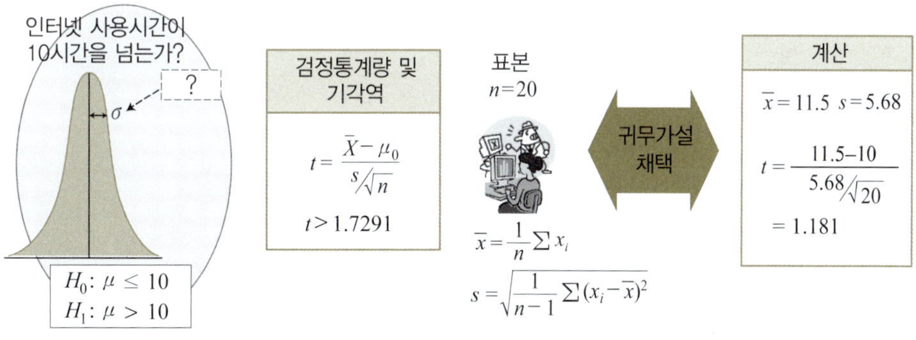

그림 10-21 ‖ 모평균의 검정(모표준편차를 모르며 소표본인 경우) 예제

지난 주 학생들의 평균 인터넷 게임시간은 10시간을 초과했다는 증거는 없다.

표 10-6 ▌ t분포표(부분) $P(T \geq t_{\alpha}) = \alpha$

자유도	t(0.05)	t(0.025)	t(0.01)	t(0.005)
5	2.0150	2.5706	3.3649	4.0321
9	1.8331	**2.2662**	2.8214	3.2498
10	1.7459	2.1199	2.5835	2.9208
17	1.7396	2.1098	2.5669	2.8982
18	1.7341	2.1009	2.5524	2.8784
19	**1.7291**	2.0930	2.5395	2.8609
20	1.7247	2.0860	2.5280	2.8453

예제 10-5

자동판매기에서 나오는 커피의 양은 100g, 표준편차는 1g이 되도록 설계되어 있다. 회사에서 실제로 판매하는 커피의 평균 양이 100g을 벗어나는지를 주기적으로 검사한다. 어느 날 10 컵의 커피를 뽑아서 검사를 한 결과 다음의 자료를 얻었다. 평균이 100g에서 벗어나는지를 유의수준 5%로 검정하시오.

표 10-7 ▌ 자동판매기 커피의 양/컵

101.1	101.3	99.3	99.8	102.3
101.2	99.1	98.9	99.8	100.5

풀이

① 가설: H_0: $\mu = 100g$

H_1: $\mu \neq 100g$

② 유의수준: $\alpha = 5\%$

③ 검정통계량 및 기각역: $t = \dfrac{\overline{X} - \mu_0}{\dfrac{s}{\sqrt{n}}}$, $t \leftarrow t_{0.025,9} = -2.2622$ 또는 $t > t_{0.025,9} = 2.2622$

④ 계산: $\overline{x} = 100.33$, $s = 1.125$이므로 $t = \dfrac{\overline{X} - \mu_0}{\dfrac{s}{\sqrt{n}}} = \dfrac{100.33 - 100}{\dfrac{1.125}{\sqrt{10}}} = 0.9276$

⑤ 결론: $t = 0.9276 < 2.2622$이므로 귀무가설을 채택한다. 즉, 커피자판기가 커피를 100g을 벗어나게 제공하고 있다는 증거는 없다. 참고로 P값은 0.3778이다.

2. 모분산의 검정

모집단에서 임의의 표본을 추출하여 계산한 표본분산을 이용하여 모분산을 검정하는 방법이다. 예를 들어, "가구당 교육비의 분산은 40만 원이다.", "직장인의 수면시간의 분산은 6시간 미만이다", " 부품의 정밀도는 5μm 초과한다." 등과 같은 가설의 검정은 자유도가 $n-1$인 카이제곱 통계량을 사용한다.

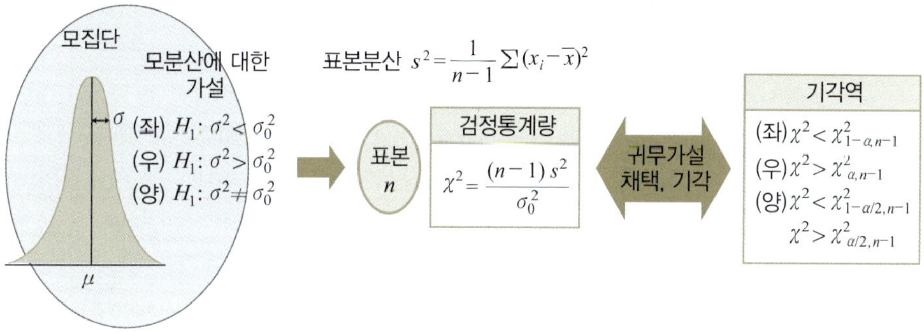

그림 10-22 ▌모분산의 검정 개요(H_0: $\sigma^2 = \sigma_0^2$)

모분산의 검정 예제

서울금속에서는 수도꼭지 두께의 변동을 관리하고 있다. 두께의 분산이 1.25mm를 초과하면 품질 문제가 발생한다. 20개의 제품을 무작위로 추출하여 두께를 측정한 결과 표본분산이 2.16mm이었다. 유의수준 5%로 모분산이 1.25mm를 초과하는지 검정하시오.

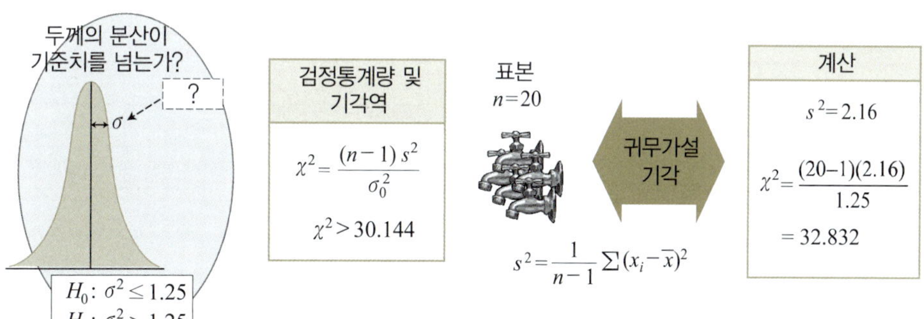

그림 10-23 ▌모분산의 검정 예제

$\chi^2 = 32.832 > 30.144$이므로 귀무가설을 기각한다. 즉, 강관은 두께의 분산이 기준을 초과하여 품질 문제를 발생시킬 가능성이 있다.

기각치는 자유도 $n-1=20-1=19$이고 유의수준이 5%일 때 〈표 10-8〉에서 찾으면 30.144이다.

표 10-8 ▌카이제곱분포표(부분) $P(\chi^2 \geq \chi^2_{\alpha,\nu}) = \alpha$

자유도 ν	우측 꼬리 확률 (α)							
	0.99	0.975	0.95	0.90	0.10	0.05	0.025	0.01
8	1.646	2.180	2.733	3.490	13.362	15.507	17.535	20.090
9	2.088	2.700	3.325	4.168	14.684	**16.919**	19.023	21.666
10	2.558	3.247	3.940	4.865	15.987	18.307	20.483	23.209
16	5.812	6.908	7.962	9.312	23.542	26.296	28.845	32.000
17	6.408	7.564	8.672	10.085	24.769	27.587	30.191	33.409
18	7.015	8.231	9.390	10.865	25.989	28.869	31.526	34.805
19	7.633	**8.907**	10.117	11.651	27.204	30.144	**32.852**	36.191
20	8.260	9.591	**10.851**	12.443	28.412	31.410	34.170	37.566

예제 10-9

1,000ml 들이 종이팩에 우유를 투입하는 자동 기계를 개발한 사장은 일관성이 있게 우유를 투입한다고 자랑한다. 우유 투입량의 분산이 1ml보다 적다고 보는 것이다. 이 주장의 진실성을 조사하기 위하여 우유가 투입된 1리터용 우유팩 21개를 임의추출하여 우유의 양을 측정하였더니 〈표 10-9〉와 같았다. 새로운 우유 투입기를 개발한 사장의 주장을 지지할 수 있는 충분한 증거가 있는지 유의수준 5%로 검정하시오.

표 10-9 ▌우유 한 팩의 측정량(ml)

1000.3	1001.3	999.5	999.3	999.8	1001.3	1001.2
999.7	1000.6	999.8	1001.0	999.4	998.1	999.5
1000.7	1000.1	998.5	999.6	1000	999.5	1000.8

풀이

① 가설: H_0: $\sigma^2 \geq 1$

H_1: $\sigma^2 < 1$

② 유의수준: $\alpha = 5\%$

③ 검정통계량 및 기각역: $\chi^2 = \dfrac{(n-1)s^2}{\sigma_0^2}$, $\chi^2 < \chi^2_{0.95,20} = 10.851$

④ 계산: $s^2 = \frac{1}{n-1}\left[\sum x_i^2 - \frac{(\sum x_i)^2}{n}\right] = \frac{1}{21-1}[21{,}000{,}015.2 - \frac{21{,}000^2}{21}] = 0.76$이므로

$$\chi^2 = \frac{(n-1)s^2}{\sigma_0^2} = \frac{(21-1)\times 0.76}{1} = 15.2$$

⑤ 결론: $\chi^2 = 15.2 > 10.851$이므로 귀무가설을 채택한다. 즉, 사장의 주장을 뒷받침할 증거는 부족하다. 참고로 P값은 0.2351이다.
기각치는 자유도 $n-1=21-1=20$이고 유의수준이 5%일 때 〈표 10-8〉에서 찾으면 10.851이다.

10장 단원평가

10-1 통계적 가설검정에서 가설에 대한 설명 중 잘못된 것은?

(가) 귀무가설은 지금까지 인정되고 있는 주장을 의미한다.

(나) 대립가설은 새로운 연구 결과에 대한 주장을 의미한다.

(다) 가설은 귀무가설과 대립가설로 나뉜다.

(라) 귀무가설이 어떻게 설정되는가에 따라 단측가설과 양측가설로 분류된다.

10-2 통계적 가설검정에서 제1종 오류를 올바르게 설명한 것은?

(가) 귀무가설이 사실인데도 불구하고 귀무가설을 기각하는 오류

(나) 귀무가설이 사실인데도 불구하고 귀무가설을 채택하는 오류

(다) 귀무가설이 거짓인데도 불구하고 귀무가설을 기각하는 오류

(라) 귀무가설이 거짓인데도 불구하고 귀무가설을 채택하는 오류

10-3 다음 중에서 우측검정에 대한 가설이 맞는 것은?

(가) H_0: $\mu \le 100$
H_1: $\mu > 100$

(나) H_0: $\mu \ge 100$
H_1: $\mu < 100$

(다) H_0: $\mu = 100$
H_1: $\mu \le 100$

(라) H_0: $\mu = 100$
H_1: $\mu \ne 100$

10-4 다음 중 모평균을 검정할 때 모표준편차를 모르며 소표본인 경우에 사용되는 검정통계량은?

(가) $Z = \dfrac{\bar{x} - \mu_0}{\frac{\sigma}{\sqrt{n}}}$

(나) $t = \dfrac{\bar{x} - \mu_0}{\frac{s}{\sqrt{n}}}$

(다) $Z = \dfrac{\bar{x} - \mu_0}{\frac{s}{\sqrt{n}}}$

(라) $Z = \dfrac{\hat{p} - p_0}{\sqrt{\frac{p_0(1-p_0)}{n}}}$

10-5 α와 β 및 시료의 크기 n 사이에는 서로 관련이 있다. 틀린 것은?

(가) 일정한 시료의 크기 n에 대하여 α를 크게하면 $(1-\beta)$도 크게 된다.

(나) n을 작게 하면 α와 β도 동시에 작게 할 수 있다.

(다) α를 일정하게 하고 시료의 크기 n을 크게 하면 β는 작아진다.

(라) 가설검정에서 α와 β는 피할 수 없다.

10-6 가설검정에서 α와 β의 관계의 설명 중 잘못된 것은?

(가) α가 작아지면 β의 값은 상대적으로 커진다.

(나) β를 작게 α가 상대적으로 커진다.

(다) $\alpha = 0.01$일 때보다 $\alpha = 0.05$일 때 β값이 상대적으로 작아진다.

(라) $\alpha + \beta = 1$의 관계에 있다.

10-7 다음 가설의 검정통계량이 Z일 때 기각역을 잘못 나타낸 것은?

(가) H_0: $\mu \leq 100$, H_1: $\mu > 100$의 기각역 $Z > Z_{\alpha}$

(나) H_0: $\mu \geq 100$, H_1: $\mu < 100$의 기각역 $Z < -Z_{\alpha}$

(다) H_0: $\mu = 100$, H_1: $\mu \neq 100$의 기각역 $Z \leftarrow Z_{\frac{\alpha}{2}}$ 또는 $Z > Z_{\frac{\alpha}{2}}$

(라) H_0: $\mu \geq 100$, H_1: $\mu < 100$의 기각역 $Z < Z_{\frac{\alpha}{2}}$

10-8 법원에서 판결을 할 때 무죄와 유죄 중 어느 것이 대립가설이고 어느 것이 귀무가설인가?

10-9 교수가 학생들의 수업 성취도가 낮은 것을 걱정하고 있다. 교수법을 바꾸면 성취도가 높아진다는 조언을 듣고 새로운 교수법을 받고자 한다.

(1) 귀무가설과 대립가설은 무엇인가?

(2) 단측 가설검정인가 양측 가설검정인가?

10-10 대통령선거의 투표율이 70%를 넘길 것이라고 한 시민단체에서 주장하고 있다. 이 사실을 확인하기 위하여 전국 유권자 중에서 1,000명을 표본추출하여 투표에 참여할 것인지 조사하였더니 726명이 참여자로 나타났다. 이 시민단체의 주장을 유의수준 5%로 검정하시오,

10-11 동서울 마라톤대회에서 완주한 사람 중에서 100명을 무작위로 추출하여 시간을 계산하였더니 평균이 2.37시간, 표준편차가 0.75시간이었다. 이 결과를 이용하여 완주한 전체 사람들의 평균 시간이 2.25시간 이하라고 주장하는 주최 측의 주장이 맞는지 유의수준 5%로 검정하시오.

10-12 시험 제조된 섬유제품의 함수량이 일관성이 있는지를 알아보려고 9개의 시료(표본)를 추출하여 함수율을 측정하였다. 함수율의 분산이 0.2%보다 적다고 할 수 있는가를 유의수준 5%로 검정하려고 한다. 물음에 답하시오.

함수율(%):	5.5	6.0	5.2	5.7	6.2	5.4	5.9	6.3	5.8

(1) 귀무가설과 대립가설을 나타내시오.
(2) 사용되는 검정통계량과 기각역을 쓰시오.
(3) 검정통계량을 계산하시오.
(4) 의사결정(결론)을 하시오.

정답과 풀이

10-1 ㈑ **10-2** ㈎ **10-3** ㈎ **10-4** ㈏ **10-5** ㈏ **10-6** ㈑ **10-7** ㈑

퀴즈 4 다나까, 미끼껴

10-8 대립가설은 유죄, 귀무가설은 무죄이다.

10-9 (1) 귀무가설: 새로운 강의법에 의한 수업성취도는 높지 않다.
대립가설: 새로운 교수법에 의한 수업성취도는 높다.
(2) 단측 가설검정(우측)

10-10 ① 가설: H_0: $p \le 0.7$
H_1: $p > 0.7$
② 유의수준: $\alpha = 5\%$
③ 검정통계량 및 기각역: $Z = \dfrac{\hat{p} - p_0}{\sqrt{\dfrac{p_0(1-p_0)}{n}}}$, $Z > 1.645$
④ 계산: $\hat{p} = \dfrac{x}{n} = \dfrac{726}{1,000} = 0.726$, $Z = \dfrac{\hat{p} - p_0}{\sqrt{\dfrac{p_0(1-p_0)}{n}}} = \dfrac{0.726 - 0.7}{\sqrt{\dfrac{0.7(1-0.7)}{1,000}}} = 1.794$
⑤ 결론: $Z = 1.794 > 1.645$ 이므로 귀무가설을 기각한다. 즉, 한 시민단체의 주장을 반박할만한 근거는 없다.

10-11 ① 가설: H_0: $\mu \ge 2.25$
H_1: $\mu < 2.25$
② 유의수준: 5%
③ 검정통계량 및 기각역: $Z = \dfrac{\bar{x} - \mu_0}{\dfrac{s}{\sqrt{n}}}$, $Z < -Z_\alpha = -1.645$
④ 계산: $Z = \dfrac{\bar{x} - \mu_0}{\dfrac{s}{\sqrt{n}}} = \dfrac{2.37 - 2.25}{\dfrac{0.75}{\sqrt{100}}} = 1.6$

⑤ 결론: $Z = 1.6 > -1.645$이므로 귀무가설을 채택한다. 즉, 주최 측의 주장을 뒷받침할 강력한 증거는 없다.

10-12 ① H_0: $\sigma^2 \geq 0.2$, H_1: $\sigma^2 < 0.2$

② $\chi^2 = \dfrac{(n-1)s^2}{\sigma_0^2}$, $\chi^2 < \chi^2_{0.95,8} = 2.733$

③ $s^2 = \dfrac{1}{n-1}\left[\sum x_i^2 - \dfrac{(\sum x_i)^2}{n}\right] = \dfrac{1}{9-1}[301.52 - \dfrac{52^2}{9}] = 0.1344$이므로

$$\chi^2 = \frac{(n-1)s^2}{\sigma_0^2} = \frac{(9-1)(0.1344)}{0.2} = 5.376$$

④ $\chi^2 = 5.376 > 2.378$ 이므로 귀무가설을 채택한다.

10장 연습문제

10.1 담배 한 개비의 니코틴 함량의 평균 μ는 $1mg$을 넘지 않는다고 담배인삼공사는 주장한다. 이 주장을 검정하기 위한 귀무가설과 대립가설을 설정하시오.

10.2 부동산 중개인이 현재 신축중인 단독주택의 60%가 방이 3개인 집이라고 주장한다. 이 주장을 검정하기 위하여 다량의 신축주택을 표본으로 추출하여 방이 3개인 비율을 조사하였다. 이 비율을 검정통계량으로 사용할 경우에 귀무가설과 대립가설을 수립하시오.

10.3 어떤 종류의 치즈에 대해 적어도 국민의 30%가 알레르기 반응을 일으킨다는 가설을 검정한다고 하자. 제1종 오류와 제2종 오류를 설명하시오.

10.4 사출기에서 성형되는 제품의 불량률은 0.5% 이하가 되어야 납품할 수 있다고 한다. 이 사출기의 특성을 검정하기 위하여 이 기계에서 제조된 제품 2,000개를 육안검사를 하였다. 그 결과 불량품이 12개 나왔다. 유의수준 5%로 이 기계를 판매할 수 있는지를 검정하시오.

10.5 한 골프장의 골프 코스는 매우 어려워서 한 라운드의 골프경기를 하는 동안 일반인은 평균 12개 이상의 공을 잃어버린다고 한다. 이 주장에 의심을 가진 한 골퍼가 방금 라운드를 마친 16명의 골퍼를 임의추출하여 잃어버린 공의 수를 조사한 결과는 다음과 같다. 잃어버린 공의 수는 표준편차가 3인 정규분포를 따른다고 가정하자. 유의수준 10%에서 잃어버린 평균 골프공의 수가 12개 미만인지를 검정하시오.

1 14 8 15 17 10 12 8 6 14 21 9 11 4 5 6

10.6 유명 화장품회사의 화장품의 소매가격을 알아보기 위하여 10개의 소매상을 대상으로 판매가격(원)을 조사한 결과 다음의 자료를 얻었다. 이 화장품의 평균소매가격이 5,500원보다 높다고 할 수 있는지 유의수준 5%로 검정하시오.

5,000	5,500	5,800	6,200	6,000
6,500	5,700	6,100	5,300	5,200

10.7 어느 대기업의 건강관리부서에서는 3년 전 여성 종업원의 키는 정규분포를 따른다고 하였다. 일괄적으로 체육복을 구매하여 지급하려는 목적으로 현재의 평균 키가 160cm와 달라졌는지 통계적으로 확인하려고 한다. 임의로 10명을 추출하여 키를 측정한 결과는 다음과 같다. 유의수준 5%로 검정하시오.

168	159	164	157	160
165	153	161	170	155

10.8 자동차 배터리의 수명은 표준편차가 0.9년인 정규분포를 따른다고 한다. 이 배터리 10개를 임의추출하여 수명을 측정하였더니 다음과 같았다. 배터리 수명의 모표준편차가 0.9년 이상인지 유의수준 5%로 검정하시오.

4.2	5.2	5.1	4.5	4.1
4.8	4.6	5.7	5.5	5.4

제11장
두 모집단의 비교

제11장 두 모집단의 비교

[학습목표]

- 두 모집단 비교가 무엇인지 알 수 있다.
- 두 모집단 비율의 차이에 대한 추정과 검정을 할 수 있다.
- 두 모집단 평균의 차이에 대한 추정과 검정을 할 수 있다.
- 두 모분산 비율에 대한 추정과 검정을 할 수 있다.
- 대응 비교에 대한 추정과 검정을 할 수 있다.

이전 장에서의 추정과 가설검정은 단일모집단을 대상으로 한 것이었다. 그렇지만 현실에서는 두 모집단을 비교하는 경우도 많이 있다. 예를 들어, 대통령 선거에서 여당 후보와 야당 후보의 지지율 비교, 삼성전자와 LG전자의 스마트폰 점유율 비교, 우리 대학과 다른 대학의 취업률 비교, 남학생과 여학생의 통계 성적 비교, 남성과 여성의 임금비교, 소위 강남과 강북의 주택가격 비교, 건설주와 금융주의 가격 변동성 비교 등 무수히 많이 있다.

두 모집단의 비교는 차이를 평가하는 것과 같다. 차이를 평가한다는 것은 "차이는 얼마인가?"와 같은 추정 문제나, "차이는 있는가?"와 같은 가설검정 문제를 다루는 것과 같다. 따라서 이 번 장에서는 두 모집단에서 표본추출한 각각의 독립표본을 이용하여 두 모집단을 비교하는 방법인 추정과 가설검정을 함께 다룬다.

그림 11-1 ▌두 모집단의 비교

11.1 두 계수치의 비교

대표적인 계수치는 비율과 부적합수(결점수)이다. 두 계수치를 비교하는 것은 "두 모비율의 차이는 어느 정도인가?"에 대한 추정을 하거나, "두 모비율의 차이는 있는가?"에 대한 가설검정을 하는 것을 뜻한다.

이번 절에서는 두 모집단의 비율(부적합수)의 비교는 두 모집단에서 각각 추출한 표본의 비율(부적합수) 차이를 이용하여 추정과 가설검정의 방법으로 함께 설명한다. 그리고 두 모집단은 특별한 언급이 없으면 서로 독립이다.

1. 두 모비율의 비교

그림 11-2 ‖ 두 모비율 비교(추정과 검정)

(1) 두 모비율 차이의 추정

두 모비율 차이의 추정은 "남성 후보와 여성 후보가 지지율의 격차는 몇 %인가?", "현대 운전학원과 기아 운전학원의 운전면허시험 합격률의 차이는 얼마인가?" 등과 같이 두 모비율의 차이를 표본을 추출하여 구한 표본비율의 차이로 추정하는 방법이다. 그 개념과 신뢰한계는 [그림 11-3]과 같다.

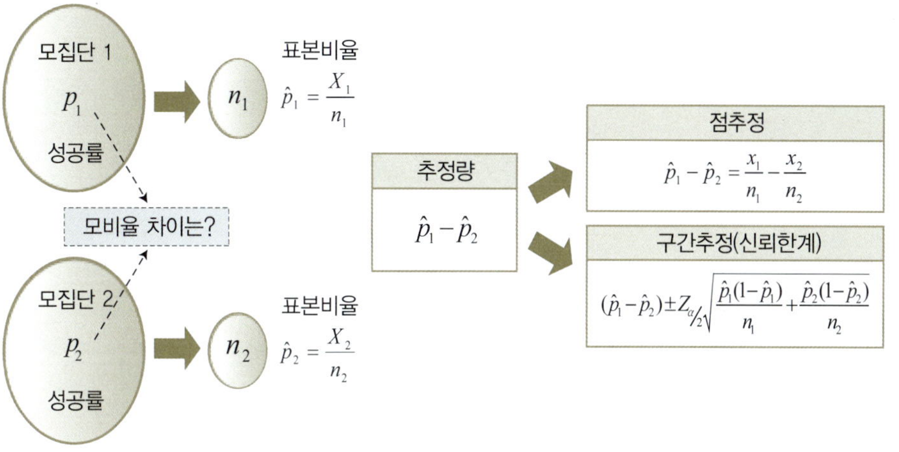

그림 11-3 ▌두 모비율 차이의 추정

참고

두 표본비율이 $n_1p_1 \geq 5,\ n_1p_1(1-p_1) \geq 5$와 $n_2p_2 \geq 5,\ n_2p_2(1-p_2) \geq 5$이면

$$\widehat{P}_1 \sim N\left(p_1,\ \frac{p_1(1-p_1)}{n_1}\right) \text{과 } \widehat{P}_2 \sim N\left(p_2,\ \frac{p_2(1-p_2)}{n_2}\right)$$

이므로 두 표본비율 차이의 분포의 평균과 분산은 각각 다음과 같다.

$$E(\widehat{p}_1 - \widehat{p}_2) = p_1 - p_2$$

$$V(\widehat{p}_1 - \widehat{p}_2) = V(\widehat{p}_1) + V(\widehat{p}_2) = \frac{p_1(1-p_1)}{n_1} + \frac{p_2(1-p_2)}{n_2}$$

따라서 두 표본비율의 차이는 두 모비율의 차이의 추정량이므로 두 모비율의 차이에 대한 신뢰한계는

$$(\widehat{p}_1 - \widehat{p}_2) \pm Z_{\frac{\alpha}{2}} \sqrt{\frac{\widehat{p}_1(1-\widehat{p}_1)}{n_1} + \frac{\widehat{p}_2(1-\widehat{p}_2)}{n_2}}$$

가 된다.

두 모비율 차이의 추정 예제

두 운전학원의 학원생을 각각 200명씩 무작위로 추출하여 면허시험 합격자를 조사하였더니 각각 146명과 138명으로 조사되었다. 두 학원의 합격률 차이에 대한 95% 신뢰구간을 구하시오.

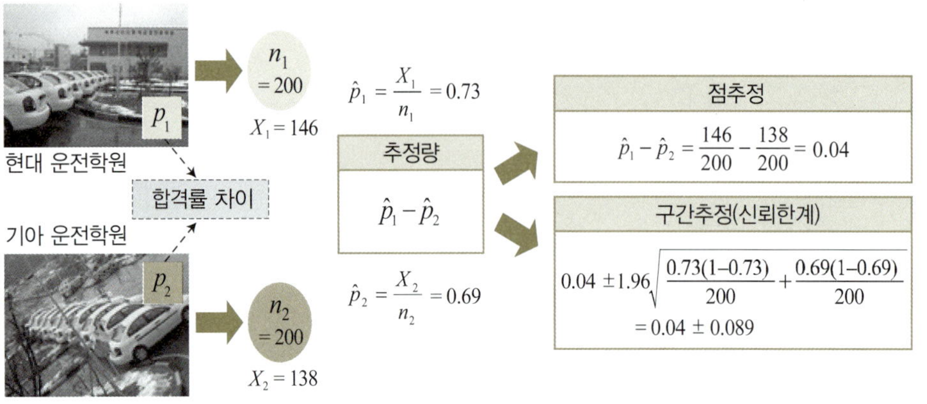

그림 11-4 ▌ 두 모비율 차이의 추정 예제

따라서 신뢰구간은 $-0.049 \le p_1 - p_2 \le 0.129$이므로 두 운전학원의 합격률의 차이는 -0.049에서 0.129 사이에 있음을 95%로 신뢰할 수 있다.

예제 11-1

대통령 선거에 출마한 두 후보자의 지지율 차이를 조사하려고 1,000명의 유권자를 표본으로 추출하여 지지자 수를 조사한 결과 A후보 지지자는 420명, B후보 지지자는 580명 이었다. 두 후보의 전체 지지율의 차이를 신뢰수준 95%로 구간추정하시오.

풀이

A후보의 표본 지지율은 $\widehat{p_A} = \frac{x_A}{n_A} = \frac{420}{1,000} = 0.42$,

B후보의 표본 지지율은 $\widehat{p_B} = \frac{x_B}{n_B} = \frac{580}{1,000} = 0.58$

이므로 B후보 지지율이 높다. 두 후보의 지지율의 차이를 B−A로 하자.

두 후보의 전체 지지율 차이의 점추정치는 $(\widehat{p_B} - \widehat{p_A}) = 0.58 - 0.42 = 0.16$ 이고, 95% 신뢰한계는

$$(\widehat{p_B} - \widehat{p_A}) \pm Z_{\frac{\alpha}{2}} \sqrt{\frac{\widehat{p_B}(1-\widehat{p_B})}{n_B} + \frac{\widehat{p_A}(1-\widehat{p_A})}{n_A}}$$

$$= (0.58 - 0.42) \pm 1.96 \sqrt{\frac{0.58(1-0.58)}{1,000} + \frac{0.42(1-0.42)}{1,000}}$$

$$= 0.16 \pm 0.069$$

이다. 두 후보의 전체 지지율 차이의 신뢰구간은

$$0.091 \le p_B - p_A \le 0.229$$

이어서 오차한계를 벗어난다. B후보의 지지율이 A후보보다 높음을 95% 신뢰할 수 있다.

(2) 두 모비율 차이의 검정

두 모비율 차이의 검정은 "남성 후보의 지지율이 여성 후보 지지율보다 높다.", "현대 운전학원의 운전면허시험 합격률과 기아 운전학원의 합격률은 차이가 있다." 등과 같은 주장을 표본을 추출하여 구한 표본비율의 차이로 검정하는 방법이다. 그 개념과 검정통계량과 기각역은 [그림 11-5]와 같다.

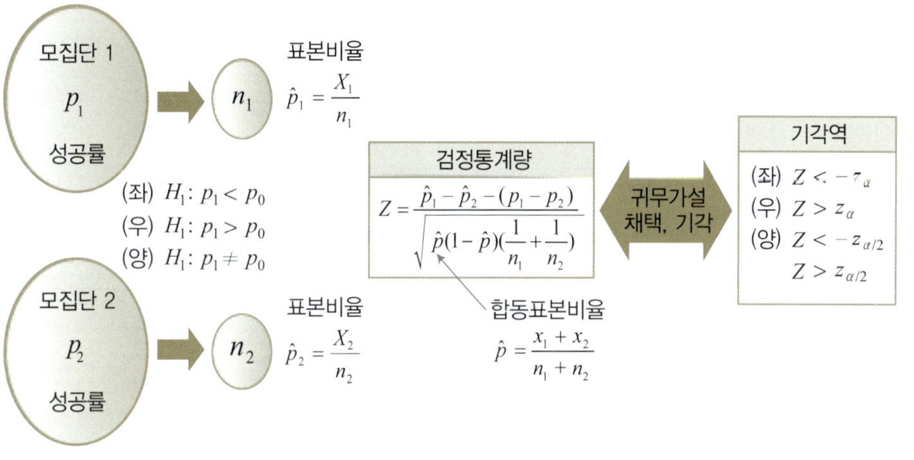

그림 11-5 ▌두 모비율 차이의 검정(H_0: $p_1 = p_2$)

참고

귀무가설 H_0: $p_1 = p_2$의 검정은 두 모집단이 공통인 모비율 p를 갖는다고 가정하고 있으므로 합동표본비율 $\hat{p} = \dfrac{x_1 + x_2}{n_1 + n_2}$로 대체하면

$$Z = \frac{\widehat{P}_1 - \widehat{P}_2 - (p_1 - p_2)}{\sqrt{\hat{p}(1-\hat{p})(\frac{1}{n_1} + \frac{1}{n_2})}}$$

은 근사적으로 표준정규분포를 따른다.

두 모비율 차이의 검정 예제

두 운전학원의 학원생을 각각 200명씩 무작위로 추출하여 면허시험 합격자를 조사하였더니 각각 146명과 138명으로 조사되었다. 두 학원의 합격률에 차이가 있는지 유의수준 5%로 검정하시오.

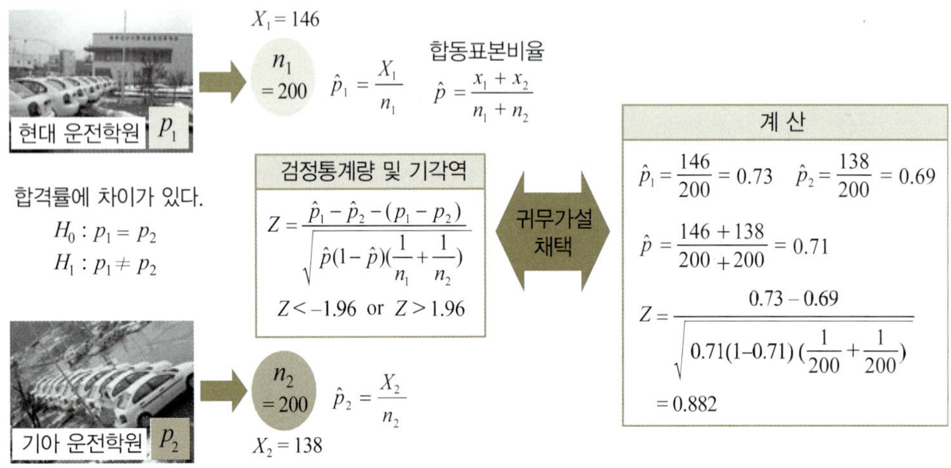

그림 11-6 ▌두 모비율 차이의 검정 예제

두 자동차학원의 합격률에 차이가 있다고 반증할 증거는 충분하지 않다.

예제 11-2

위약을 복용하는 집단과 아스피린을 복용하는 집단으로 나누어 3년 동안 아스피린이 심장발작을 감소시키는 데 효과가 있다는 주장에 대한 이중 맹검실험(double blind test)을 실시한 결과는 다음과 같았다. 아스피린 복용집단의 심장 발작비율이 위약 복용집단의 심장 발작비율보다 낮은지 유의수준 1%로 검정하시오.

	위약 복용집단(1)	아스피린 복용집단(2)
표본 수	11,034	11,037
심장발작 건수	239	139

풀이

① 가설: H_0: $p_1 \leq p_2$

H_1: $p_1 > p_2$

② 유의수준: $\alpha = 1\%$

③ 검정통계량 및 기각역: $Z=\dfrac{\widehat{P_1}-\widehat{P_2}-(p_1-p_2)}{\sqrt{\hat{p}(1-\hat{p})(\dfrac{1}{n_1}+\dfrac{1}{n_2})}}$ 단, $\hat{p}=\dfrac{x_1+x_2}{n_1+n_2}$, $Z>2.326$

④ 계산: $\hat{p_1}=\dfrac{x_1}{n_1}=\dfrac{239}{11{,}034}=0.0217$, $\hat{p_2}=\dfrac{x_2}{n_2}=\dfrac{139}{11{,}037}=0.0126$

$$\hat{p}=\frac{x_1+x_2}{n_1+n_2}=\frac{239+139}{11{,}034+11{,}037}=0.01713$$

$$Z=\frac{0.0217-0.0126}{\sqrt{0.01713(1-0.01713)(\dfrac{1}{11{,}034}+\dfrac{1}{11{,}037})}}=5.21$$

⑤ 결론: $Z=5.21>2.326$이므로 귀무가설을 기각한다. 아스피린을 장기 복용을 하면 심장발작이 감소한다는 주장을 반박할 증거는 적다. 참고로 P값은 0.0000이다.

2. 두 모부적합수의 비교

그림 11-7 ‖ 두 모부적합수(모결점수)의 비교(추정과 검정)

(1) 두 모부적합수 차이의 추정

두 모부적합수 차이의 추정은 "현대출판사와 기아출판사의 권당 오자 수의 차이는 몇 자인가?", "영화 한 편당 미국과 한국영화의 옥의 티의 개수 차이는 몇 곳인가?" 등과 같이 두 모부적합수의 차이를 표본을 추출하여 구한 표본의 부적합 수 차이로 추정하는 방법이다. 그 개념과 신뢰한계는 [그림 11-8]과 같다.

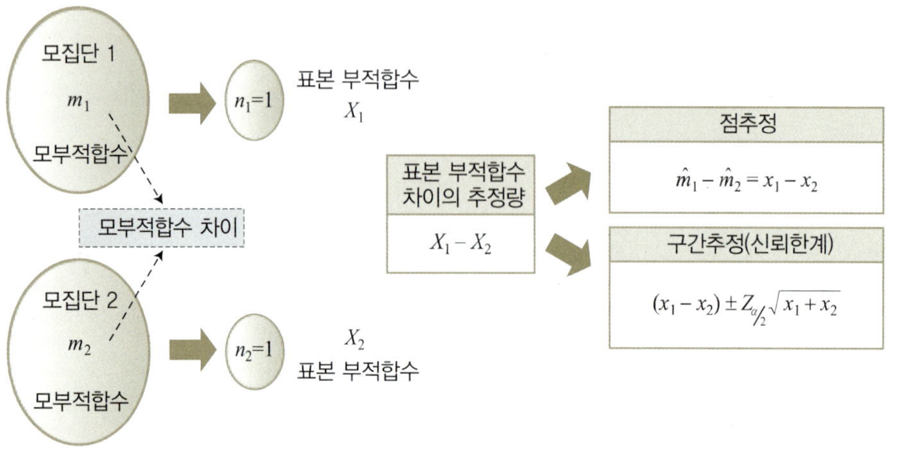

그림 11-8 ▌두 모부적합수(모결점수) 차이의 추정

참고

포아송분포를 따르는 두 확률변수의 차이, 즉 $X_1 - X_2$의 기댓값과 분산은

$$E(X_1 - X_2) = m_1 - m_2 \ , \ V(X_1 - X_2) = m_1 + m_2$$

이다. $m_1 \geq 5, m_2 \geq 5$이면 정규분포로 근사하므로

$$(X_1 - X_2) \sim N(m_1 - m_2, m_1 + m_2)$$

이다. 따라서 $Z = \dfrac{(X_1 - X_2) - (m_1 - m_2)}{\sqrt{m_1 + m_2}} \sim N(0, 1)$

이므로 $P\left(-z_{\frac{\alpha}{2}} \leq \dfrac{(X_1 - X_2) - (m_1 - m_2)}{\sqrt{m_1 + m_2}} \leq z_{\frac{\alpha}{2}}\right) = 100(1 - \alpha)\%$

에서 괄호 안을 정리하고 추정량을 대입하면 [그림 11-8]의 신뢰한계식을 얻을 수 있다.

두 모결점수 차이의 추정 예제

미국영화와 한국영화의 편당 옥의 티(부적합수, 결점)의 차이를 추정하려고 한 편씩 무작위로 선정하여 옥의 티를 조사하였다. 그 결과 한국영화는 15곳, 미국영화는 12곳이 발견되었다. 두 나라 영화의 모결점수 차이를 신뢰수준 95%로 구간 추정하시오.

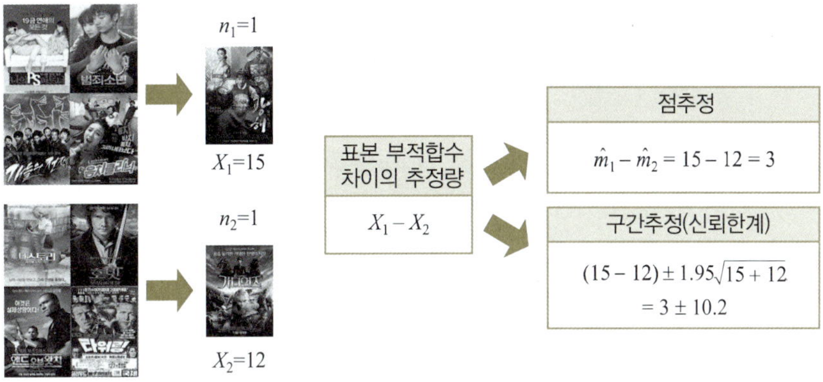

그림 11-9 ▌두 모결점수 차이의 추정 예제

예제 11-3

현대출판사와 기아출판사의 권당 오자 수의 차이를 추정하려고 임의로 두 출판사의 책을 한 권씩 선택하여 오자를 조사하였다. 현대출판사가 7자, 기아출판사가 5자로 나타났다. 두 출판사의 오자 수의 차이를 신뢰수준 95%로 구간 추정하시오.

풀이

현대출판사 오자 수/권 $x_1 = 37$, 기아출판사 오자 수/권 $x_2 = 28$이므로 95% 신뢰한계는

$$(x_1 - x_2) \pm z_{\frac{\alpha}{2}} \sqrt{x_1 + x_2} = (37 - 28) \pm 1.96\sqrt{37+28}$$

$$= 9 \pm 15.8$$

이다. 신뢰구간으로 나타내면

$-6.8 \le m_1 - m_2 \le 24.8$

이다.

(2) 두 모부적합수 차이의 검정

두 모부적합수 차이의 검정은 "현대출판사와 기아출판사의 권당 오자 수의 차이는 있는가?", "영화 한 편당 미국과 한국영화의 옥의 티인 장면 수의 차이는 한국영화가 많은가?" 등과 같이 두 모부적합수의 차이를 표본을 추출하여 구한 표본의 부적합수 차이로 검정하는 방법이다. 가설과 검정통계량 그리고 기각역은 [그림 11-10]과 같다.

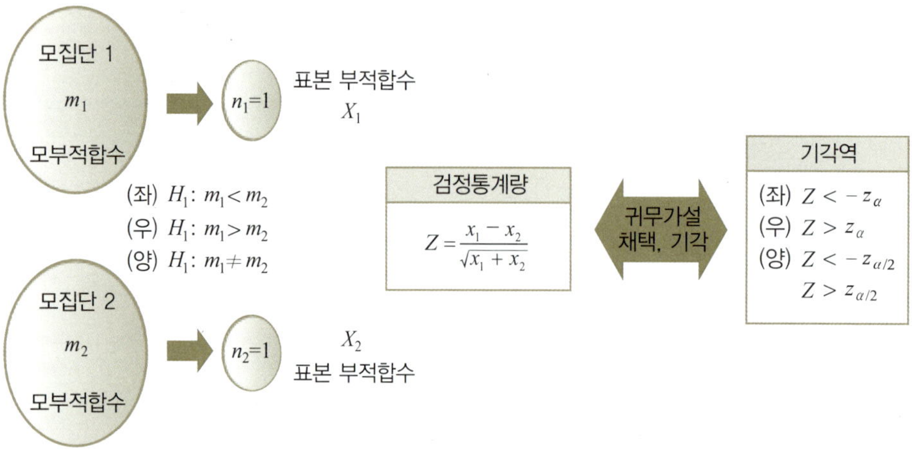

그림 11-10 ‖ 두 모부적합수(모결점수) 차이의 검정(H_0: $m_1 = m_2$)

두 모결점수 차이의 검정 예제

현대출판사는 기아출판사보다 권당 오자 수가 적다고 주장하고 있다. 이를 확인하기 위하여 임의로 각 출판사의 책을 한 권씩 선정하여 오자를 조사하였다. 그 결과 현대출판사는 37자, 기아출판사는 28자가 발견되었다. 현대출판사의 주장을 유의수준 5%로 검정하시오.

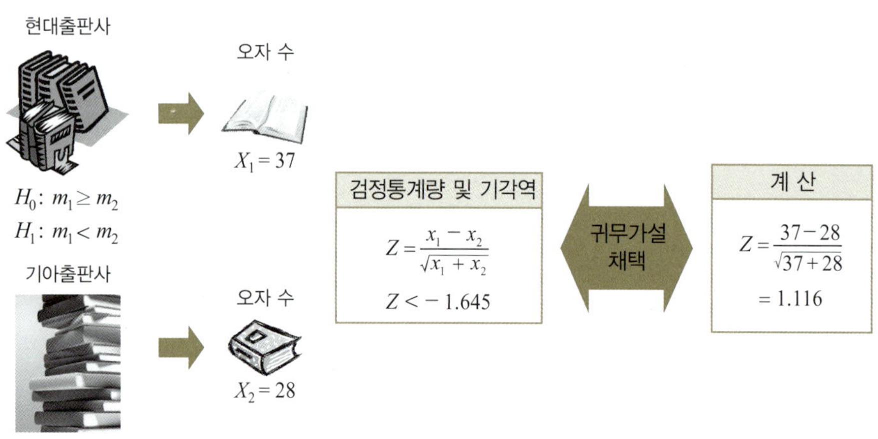

그림 11-11 ‖ 두 모부적합수(모결점수) 차이의 검정 예제

현대출판사의 주장을 입증할 증거가 부족하다. 오히려 기아출판사보다 오자가 더 많이 나타난다고 볼 수도 있다.

예제 11-4

어느 압연강판을 생산하는 공장에 생산라인이 2개 있다. A라인에서는 $50m^2$당 결점이 30개, B라인에서는 $50m^2$당 결점이 37개 발견되었다. 두 라인의 결점 수에 차이가 있는지를 유의수준 5%로 검정하시오.

풀이

① 가설: H_0: $m_A = m_B$

H_1: $m_A \neq m_B$

② 유의수준: $\alpha = 5\%$

③ 검정통계량 및 기각역: $Z = \dfrac{x_A - x_B}{\sqrt{x_A + x_B}}$, $Z < -1.96$ 또는 $Z > 1.96$

④ 계산: $Z = \dfrac{x_A - x_B}{\sqrt{x_A + x_B}} = \dfrac{30 - 37}{\sqrt{30 + 37}} = -0.855$

⑤ 결론: $Z = -0.855 > -1.96$이므로 귀무가설을 채택한다. A라인과 B라인의 모결점수에 차이가 있다고 볼 증거는 없다. 참고로 P값은 0.1963이다.

11.2 두 계량치의 비교

두 계량치를 비교하는 것은 “두 모평균 차이는 어느 정도인가?” 또는 “모분산 차이는 어느 정도인가?”에 대한 추정을 하거나 “두 모평균 사이에는 차이가 있는가?” 또는 “모분산 사이에는 차이가 있는가?”에 대한 가설검정을 하는 것을 뜻한다. 이번 절에서는 두 모집단의 평균(분산)의 비교를 두 모집단에서 각각 추출한 표본의 평균(분산)의 차이를 이용하여 추정과 가설검정의 방법을 함께 설명한다. 그리고 두 모집단은 특별한 언급이 없으면 서로 독립이다.

1. 두 모평균의 비교

그림 11-12 ▌두 모평균의 비교(검정과 추정)

두 모평균 차이의 추정과 검정은 두 모집단의 모표준편차를 알고 있는지 그 조건에 따라 적용되는 신뢰구간식과 검정통계량이 달라진다. 이를 나타내면 [그림 11-13]과 같다. 모표준편차를 알고 있는 경우에는 정규분포, 모르는 경우에는 t분포를 따르는 통계량이 사용된다.

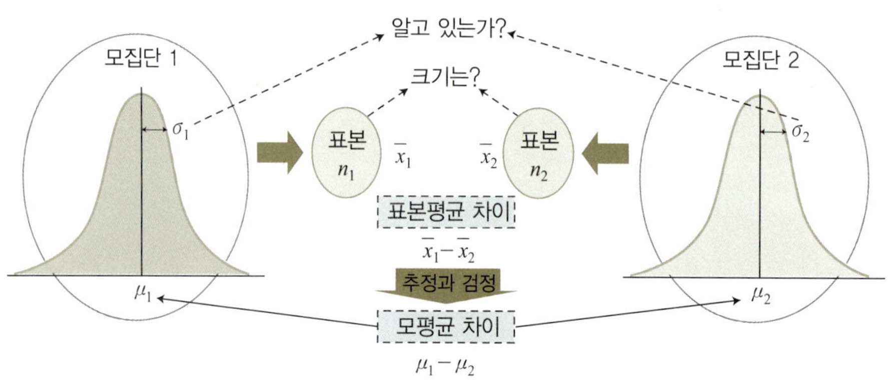

그림 11-13 ▌두 모평균 차이의 추정의 분류

(1) 두 모평균 차이의 추정

두 모평균 차이의 추정이란 "복학생과 재학생의 통계학 성적의 차이는 얼마인가?", "두 회사 타이어의 평균 수명의 차이는 얼마인가?" 등과 같이 두 모평균 차이를 두 모집단에서 추출하여 표본평균의 차이로 추정하는 것을 의미한다.

1) 두 모표준편차를 알고 있는 경우

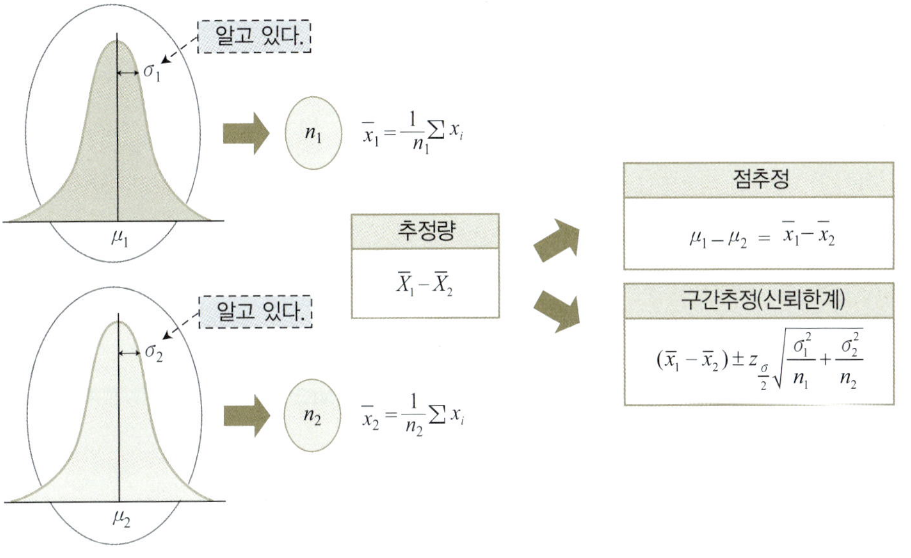

그림 11-14 ▌두 모평균 차이의 추정(σ_1, σ_2: 기지)

참고

두 표본평균은 각각 $\overline{X_1} \sim N\left(\mu_1, \frac{\sigma_1^2}{n_1}\right)$와 $\overline{X_2} \sim N\left(\mu_2, \frac{\sigma_2^2}{n_2}\right)$을 한다.

그러면 두 표본평균의 차이의 기댓값과 분산은

$$E(\overline{X_1} - \overline{X_2}) = \mu_1 - \mu_2\ ,\ V(\overline{X_1} - \overline{X_2}) = V(\overline{X_1}) + V(\overline{X_2}) = \frac{\sigma_1^2}{n_1} + \frac{\sigma_2^2}{n_2}$$

이 된다. 따라서

$$Z = \frac{(\overline{X_1} - \overline{X_2}) - (\mu_1 - \mu_2)}{\sqrt{\frac{\sigma_1^2}{n_1} + \frac{\sigma_1^2}{n_2}}} \sim N(0,1)$$

은 표준정규분포를 따른다.

$$P\left[-z_{\frac{\alpha}{2}} \le \frac{(\overline{X_1} - \overline{X_2}) - (\mu_1 - \mu_2)}{\sqrt{\frac{\sigma_1^2}{n_1} + \frac{\sigma_1^2}{n_2}}} \le z_{\frac{\alpha}{2}}\right] = 100(1-\alpha)\%$$

이므로 괄호 안을 $\mu_1 - \mu_2$에 대하여 정리하면 신뢰구간은

$$(\overline{x_1}-\overline{x_2})-Z_{\frac{\alpha}{2}}\sqrt{\frac{\sigma_1^2}{n_1}+\frac{\sigma_2^2}{n_2}} \le \mu_1-\mu_2 \le (\overline{x_1}-\overline{x_2})+Z_{\frac{\alpha}{2}}\sqrt{\frac{\sigma_1^2}{n_1}+\frac{\sigma_2^2}{n_2}}$$

이 된다.

두 모평균 차이의 추정 예제(σ 기지)

두 회사의 래디얼 타이어를 각각 12개와 14개씩 무작위로 추출하여 수명시험을 하였더니 평균 수명거리가 각각 42,580km와 36,930km이었다. 두 회사 제품의 평균 수명거리의 차이를 신뢰수준 95%로 구간추정을 해보자. 단, 수명거리의 표준편차는 모두 3,000km로 알려져 있다.

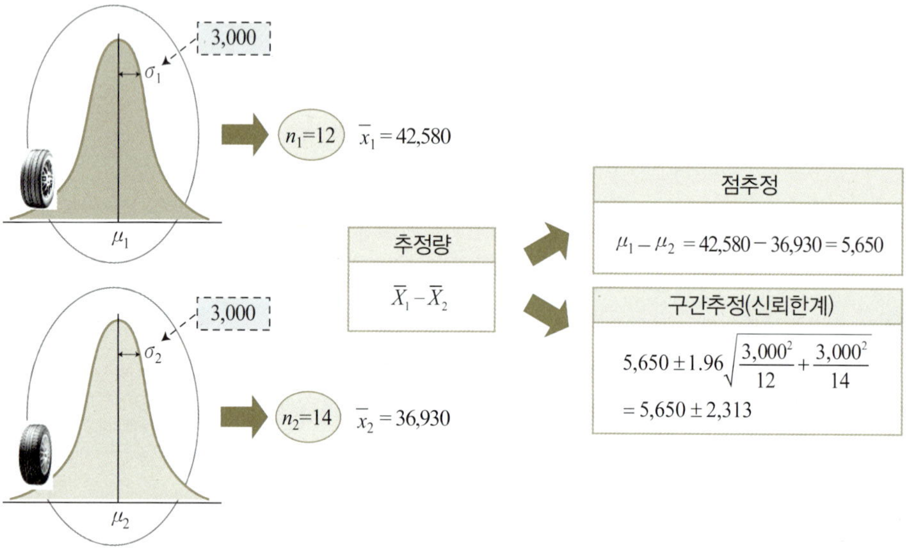

그림 11-15 ▌두 모평균 차이의 추정(σ_1, σ_2 : 기지) 예제

두 타이어의 모평균 차이를 신뢰구간으로 나타내면

$$3,337 \le \mu_1 - \mu_2 \le 7,963$$

이 된다. 즉, 두 타이어의 평균 수명거리의 차이는 3,337km에서 7,963km 사이에 있다는 것을 95%로 신뢰할 수 있다.

2) 두 모표준편차를 모르나 대표본인 경우

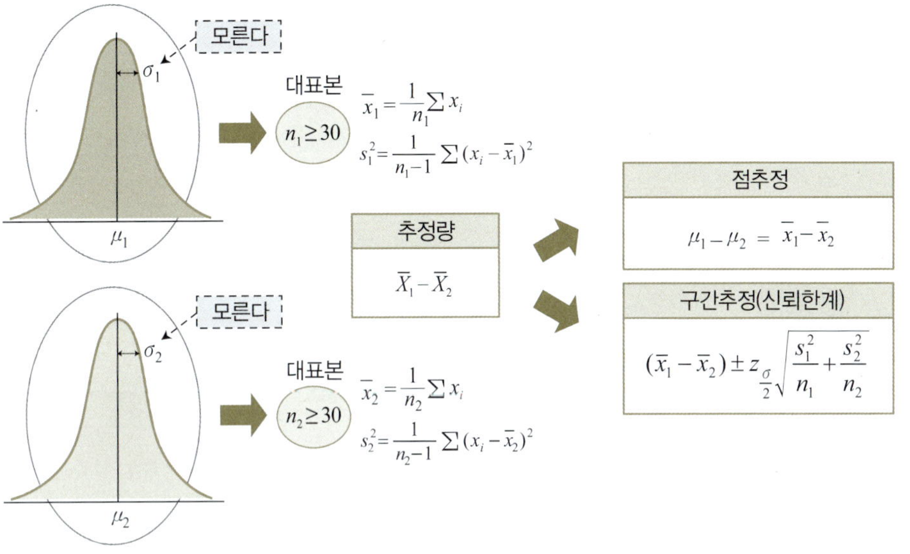

그림 11-16 ▍두 모평균 차이의 추정(σ_1, σ_2: 미지, 대표본)

두 모분산을 모르나 같은지, 또는 모르면서 같지 않은지 두 경우 모두 t 통계량을 이용한 신뢰구간을 구해야 하지만 표본의 크기가 매우 크므로 모분산의 불편추정량인 표본분산으로 대체하더라도 결과에는 차이가 거의 없다. 즉,

$$(\overline{x_1} - \overline{x_2}) - Z_{\frac{\alpha}{2}}\sqrt{\frac{\sigma_1^2}{n_1} + \frac{\sigma_2^2}{n_2}} \leq \mu_1 - \mu_2 \leq (\overline{x_1} - \overline{x_2}) + Z_{\frac{\alpha}{2}}\sqrt{\frac{\sigma_1^2}{n_1} + \frac{\sigma_2^2}{n_2}}$$

에서 $\widehat{\sigma_1^2} = s_1^2$, $\widehat{\sigma_2^2} = s_2^2$ 로 대체하면 신뢰구간은

$$(\overline{x_1} - \overline{x_2}) - Z_{\frac{\alpha}{2}}\sqrt{\frac{s_1^2}{n_1} + \frac{s_2^2}{n_2}} \leq \mu_1 - \mu_2 \leq (\overline{x_1} - \overline{x_2}) + Z_{\frac{\alpha}{2}}\sqrt{\frac{s_1^2}{n_1} + \frac{s_2^2}{n_2}}$$

이 된다.

두 모평균 차이의 추정 예제(σ 미지, 대표본)

유명백화점에서는 강남점과 강북점을 이용하는 고객연령의 차이를 추정하고자 각각 100명의 고객을 임의로 추출하여 나이를 조사하였다. 그 결과 강남점과 강북점의 이용고객의 평균 연령은 각각 48.6세와 35.2세이었고, 분산은 각각 28.6세와 18.5세로 나타났다. 강남북 지점 간 이용고객의 평균 연령의 차이를 신뢰수준 95%로 구간추정해보자.

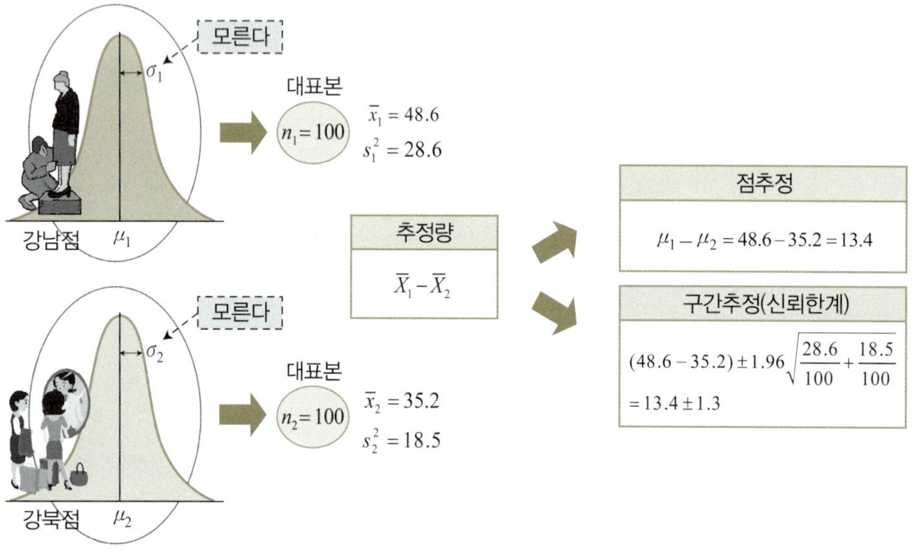

그림 11-17 ▎두 모평균 차이의 추정(σ_1, σ_2: 미지, 대표본) 예제

강남점과 강북점의 이용고객의 연령 차이를 신뢰구간으로 나타내면

$$12.1 \le \mu_1 - \mu_2 \le 14.7$$

이 된다. 따라서 강남점과 강북점 간에 이용고객의 평균 연령 차이는 12.1세에서 14.7세 사이에 있을 것임을 95%로 신뢰할 수 있다.

3) 두 모표준편차를 모르지만 같은 경우

두 모분산을 모르지만 같은 경우($\sigma_1^2 = \sigma_2^2 = \sigma^2$)의 두 모평균 차이에 대한 추정이다.

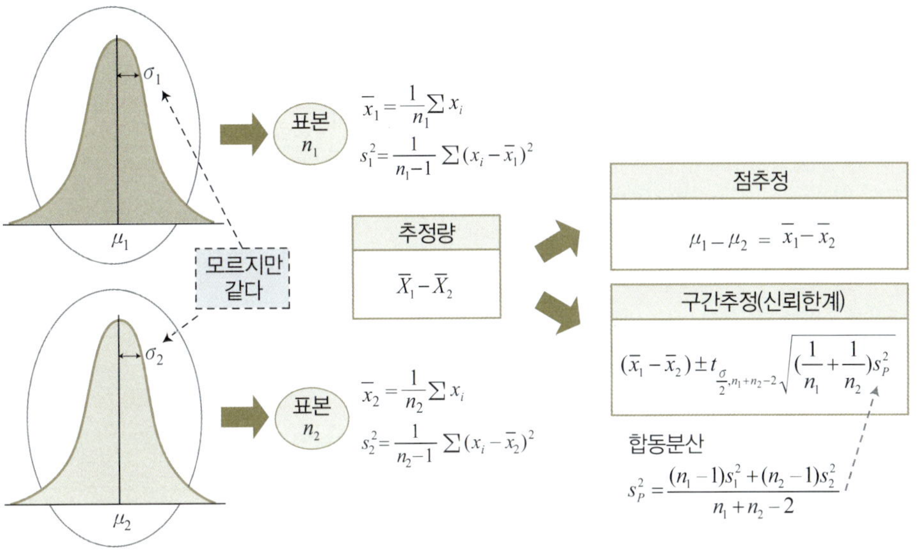

그림 11-18 ▌ 두 모평균 차이의 추정($\sigma_1^2 = \sigma_2^2 = \sigma^2$)

참고

두 모분산이 $\sigma_1^2 = \sigma_2^2 = \sigma^2$으로 같으면

$$Z = \frac{\overline{x_1} - \overline{x_2} - (\mu_1 - \mu_2)}{\sqrt{\frac{\sigma^2}{n_1} + \frac{\sigma^2}{n_2}}} \sim N(0,1) \text{ 이고, } \chi^2 = \frac{(n_1-1)s_1^2 + (n_2-1)s_2^2}{\sigma^2} \sim \chi^2(n_1+n_2-2)$$

이므로 이 통계량을 t분포의 정의식 $t = Z/\sqrt{\frac{\chi^2}{\nu}}$ 에 대입하고 정리하면

$$t = \frac{\overline{x_1} - \overline{x_2} - (\mu_1 - \mu_2)}{\sqrt{(\frac{1}{n_1} + \frac{1}{n_2})s_p^2}} \text{ 단, } s_p^2 = \frac{(n_1-1)s_1^2 + (n_2-1)s_2^2}{n_1+n_2-2}$$

을 얻는다. 이 통계량은 자유도가 $n_1 + n_2 - 2$인 t분포를 따른다. 그러면

$$P\left[-t_{\frac{\alpha}{2}, n_1+n_2-2} \le \frac{(\overline{X_1} - \overline{X_2}) - (\mu_1 - \mu_2)}{\sqrt{(\frac{1}{n_1} + \frac{1}{n_2})s_P^2}} \le t_{\frac{\alpha}{2}, n_1+n_2-2}\right] = 100(1-\alpha)\%$$

이므로 괄호 안을 $\mu_1 - \mu_2$에 대하여 정리하면 신뢰한계는

$$(\overline{x_1} - \overline{x_2}) \pm t_{\frac{\alpha}{2}, n_1+n_2-2}\sqrt{(\frac{1}{n_1} + \frac{1}{n_2})s_P^2}$$

이 된다.

두 모평균 차이의 추정($\sigma_1^2 = \sigma_2^2 = \sigma^2$)

직장인 남녀 간 하루 휴대전화 사용시간을 비교하기 위하여 무작위로 여성 12명과 남성 10명을 추출하여 통화시간을 조사하였다. 평균은 각각 70분과 50분, 분산은 64분과 49분으로 나타났다. 전체 직장인 남녀 간 하루 평균 통화시간의 차이에 대한 95% 신뢰구간을 구해보자.

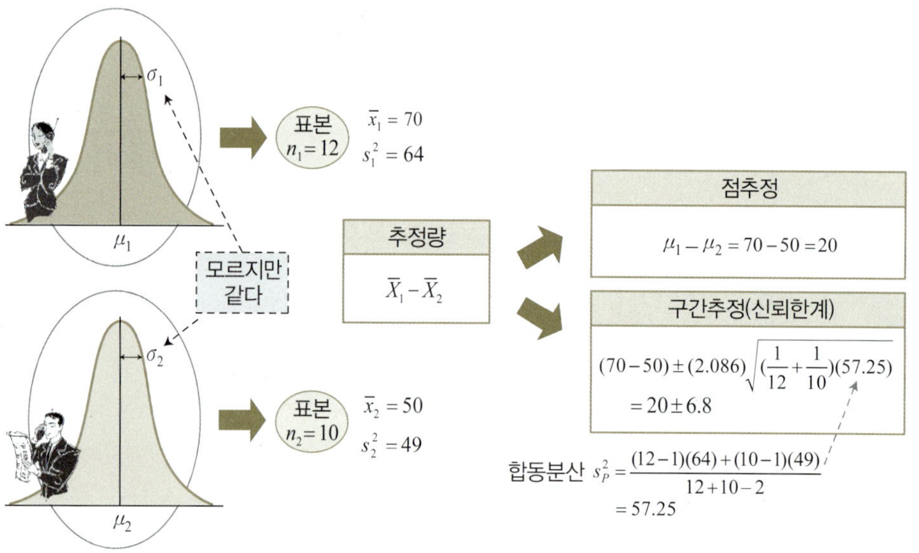

그림 11-19 ▌두 모평균 차이의 추정($\sigma_1^2 = \sigma_2^2 = \sigma^2$) 예제

여기서 $t_{\frac{\alpha}{2}, n_1+n_2-2} = t_{0.025, 20} = 2.086$이다. 직장인 여성과 남성의 하루 평균 휴대폰 사용시간 차이를 신뢰구간으로 나타내면

$$13.2 \leq \mu_1 - \mu_2 \leq 26.8$$

이 된다. 따라서 직장인 여성과 남성 간 휴대폰 하루 사용시간 차이의 모평균은 13.2분에서 26.8분 사이에 있을 것임을 95%로 신뢰할 수 있다.

예제 11-5

다음은 주간 작업반과 야간 작업반이 부품을 조립한 시간을 측정한 자료이다. 주 · 야간 조립시간은 정규분포를 따르고 분산은 동일하다고 가정한다. 주간과 야간의 평균 조립시간의 차이를 신뢰수준 95%로 구간 추정하시오.

주간 작업반	12.5	10.3	9.5	8.9	11.6
	9.5	12.4	11.2	11.6	10.5
야간 작업반	9.5	9.3	9.4	9.8	10.2
	9.2	10.5	9.6	9.8	9.7

풀이

주 · 야간 작업반의 평균과 분산은 각각

$$\overline{x_1} = \frac{1}{n_1}\sum x_i = \frac{1}{10}(108) = 10.8$$

$$\overline{x_2} = \frac{1}{n_2}\sum x_i = \frac{1}{10}(97) = 9.7$$

$$s_1^2 = \frac{1}{n_1 - 1}\left[\sum x_i^2 - \frac{(\sum x_i)^2}{n_1}\right] = \frac{1}{10-1}\left[1,180.62 - \frac{108^2}{10}\right] = 1.58$$

$$s_2^2 = \frac{1}{n_2 - 1}\left[\sum x_i^2 - \frac{(\sum x_i)^2}{n_2}\right] = \frac{1}{10-1}\left[942.36 - \frac{97^2}{10}\right] = 0.162$$

이다. 따라서 합동분산은

$$s_p^2 = \frac{(n_1-1)s_1^2 + (n_2-1)s_2^2}{n_1+n_2-2} = \frac{(10-1)(1.58)+(10-1)(0.162)}{10+10-2} = 0.871$$

이다. 그리고 $t_{\frac{\alpha}{2}, n_1+n_2-2} = t_{0.025, 18} = 2.101$ 이므로 신뢰한계는

$$(\overline{x_1} - \overline{x_2}) \pm t_{\frac{\alpha}{2}, n_1+n_2-2}\sqrt{\left(\frac{1}{n_1}+\frac{1}{n_2}\right)s_P^2}$$

$$= (10.8 - 9.7 \pm (2.101)\sqrt{\left(\frac{1}{10}+\frac{1}{10}\right)(0.871)}$$

$$= 1.1 \pm 0.88$$

이다. 신뢰구간은

$$0.22 \le \mu_1 - \mu_2 \le 1.98$$

이 된다.

(2) 두 모평균 차이의 검정

두 모평균 차이의 검정이란 "복학생의 통계학 성적이 재학생의 통계학 성적보다 높은가?", "두 회사 타이어의 평균 수명에 차이가 있는가?" 등과 같이 두 모평균 차이를 두 모집단에서 추출하여 표본평균의 차이로 검정하는 것을 의미한다. 두 모평균 차이의 검정은 두 모집단의 모표준편차를 알고 있는지 여부에 따라 적용하는 검정통계량은 다르다.

1) 두 모표준편차를 알고 있는 경우

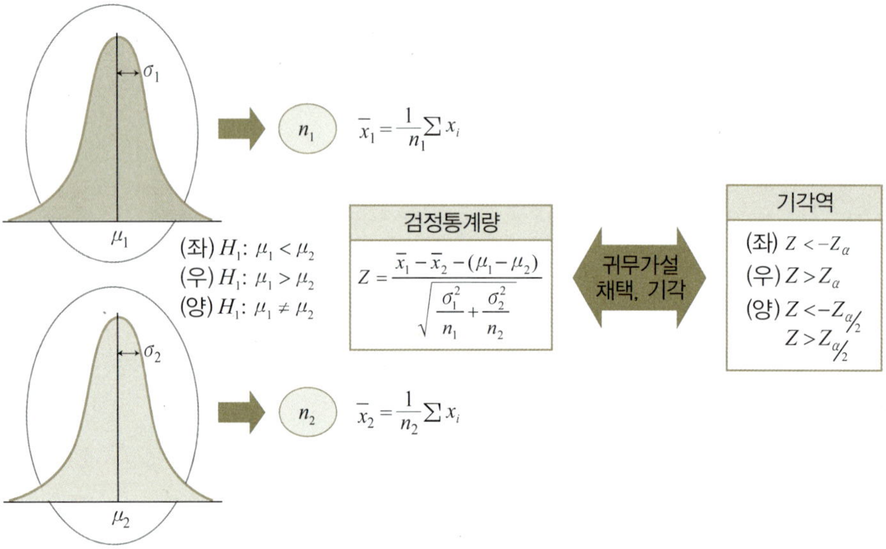

그림 11-20 ▌두 모평균 차이의 검정(σ_1, σ_2 기지, H_0: $\mu_1 = \mu_2$) 개요

두 모평균 차이의 검정 예제(σ 기지)

A, B 두 회사의 래디얼 타이어를 각각 12개와 14개씩 무작위로 추출하여 수명시험을 하였더니 평균 수명거리가 각각 42,580km와 36,930km이었다. A사 제품이 B사보다 평균 수명거리가 길다는 주장을 유의수준 5%로 검정해보자. 단, 수명거리의 표준편차는 모두 3,000km로 알려져 있다.

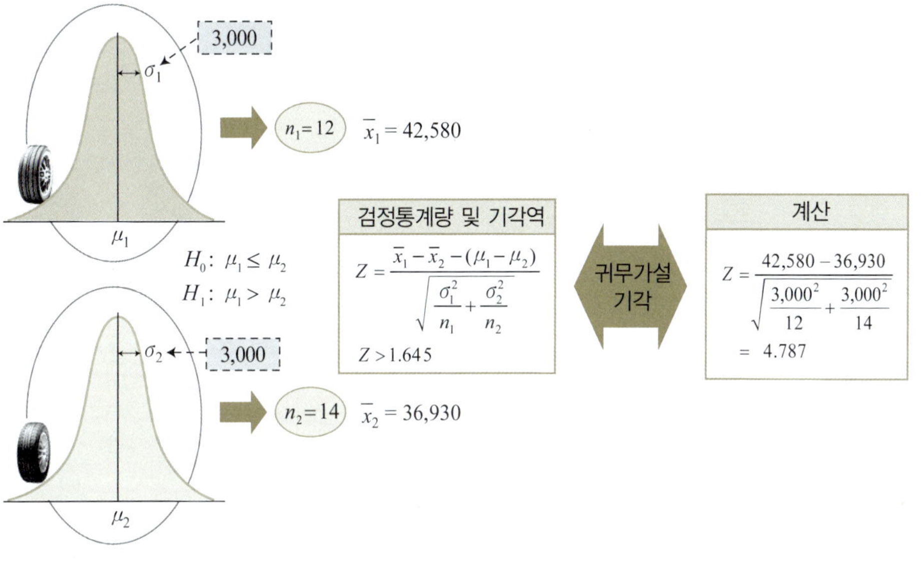

그림 11-21 ▌두 모평균 차이의 검정(σ_1, σ_2 기지, $H_0: \mu_1 = \mu_2$) 예제

2) 두 모표준편차를 모르나 대표본인 경우

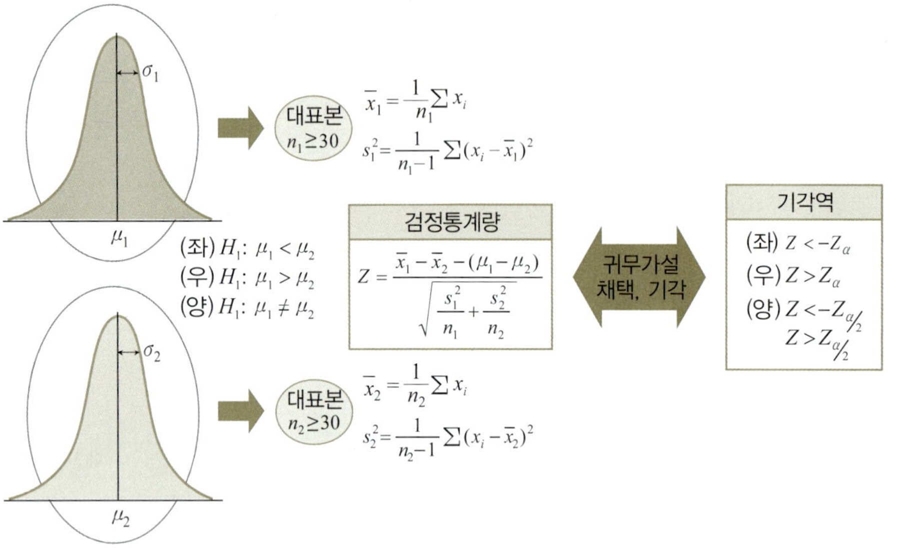

그림 11-22 ▌두 모평균 차이의 검정(σ_1, σ_2 미지이나 대표본, H_0: $\mu_1 = \mu_2$) 개요

두 모평균 차이의 검정 예제(σ 미지, 대표본)

유명백화점에서 강남점과 강북점의 고객을 각각 100명 씩 임의로 추출하여 조사한 결과 각 지점의 이용고객의 평균 연령은 48.6세와 35.2세이었고, 분산은 각각 28.6세와 18.5세로 나타났다. 강남 · 북 지점 간 이용 고객의 평균 연령의 차이가 10세 이상인지 유의수준 5%로 검정해 보자.

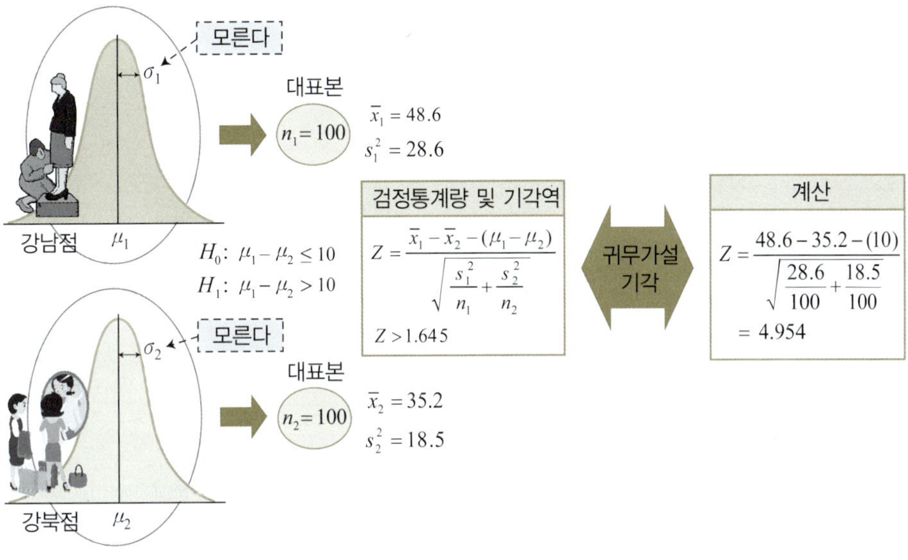

그림 11-23 ▌두 모평균 차이의 검정(σ_1, σ_2 미지이나 대표본, H_0: $\mu_1 = \mu_2$) 예제

강남점의 고객이 강북점의 고객보다 평균 나이가 10세 이하로 차이가 난다는 증거는 없다. 즉, 10세 이상 차이가 있다고 할 수 있다.

3) 두 모표준편차를 모르지만 같은 경우

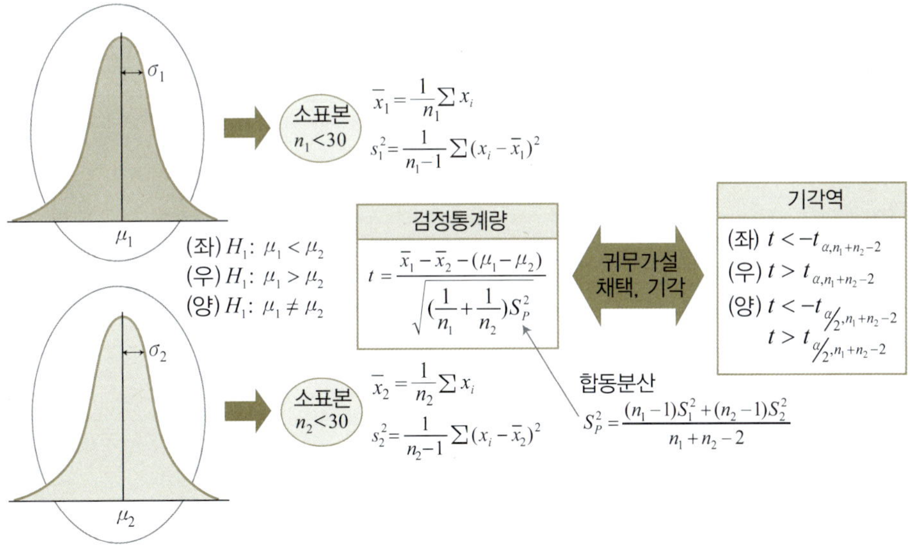

그림 11-24 ▌두 모평균 차이의 검정($\sigma_1 = \sigma_2 = \sigma$, 소표본, H_0: $\mu_1 = \mu_2$) 개요

두 모평균 차이의 검정($\sigma_1^2 = \sigma_2^2 = \sigma^2$)

직장인 남녀 간 하루 휴대전화 사용시간을 비교하기 위하여 무작위로 여성 12명과 남성 10명을 추출하여 통화시간을 조사하였다. 평균은 각각 70분과 50분, 분산은 64분과 49분으로 나타났다. 전체 직장인 남녀 간 하루 평균 통화시간에 차이가 있는지 유의수준 5%로 검정해 보자.

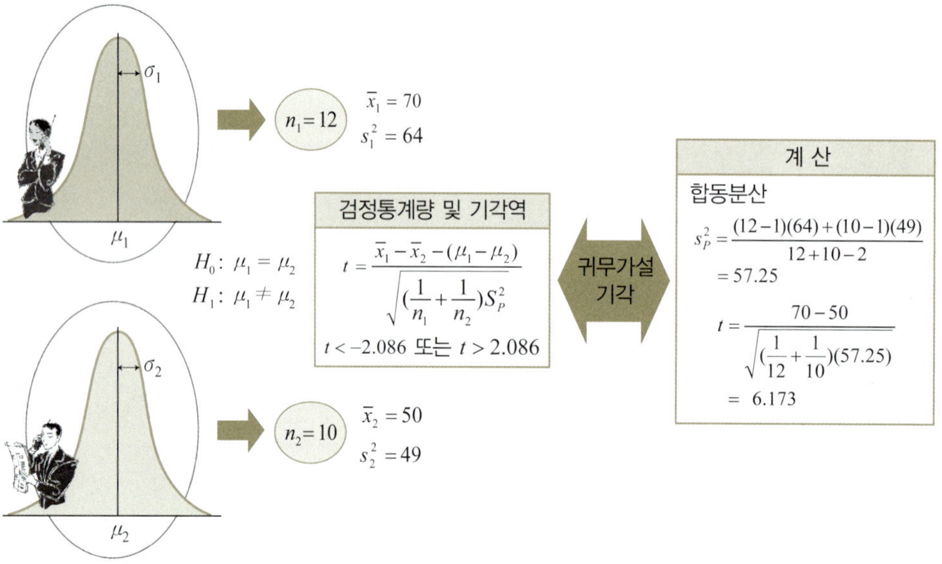

그림 11-25 ▍두 모평균 차이의 검정($\sigma_1 = \sigma_2 = \sigma$, 소표본, $H_0: \mu_1 = \mu_2$) 예제

따라서 직장인 여성과 남성 간 평균 휴대전화 통화시간의 차이는 있다고 할 수 있다.

예제 11-6

<예제 11-5>의 주간 작업반과 야간 작업반이 부품을 조립한 시간을 측정한 자료를 이용하여 주간과 야간의 평균 조립시간에 차이가 있는지 유의수준 5%로 검정하시오.

풀이

① 가설: $H_0: \mu_1 = \mu_2$

$H_1: \mu_1 \neq \mu_2$

② 유의수준: 5%

③ 검정통계량 및 기각역: $t = \dfrac{\overline{x_1} - \overline{x_2} - (\mu_1 - \mu_2)}{\sqrt{(\frac{1}{n_1} + \frac{1}{n_2})s_p^2}}$

$$단,\ s_p^2 = \frac{(n_1-1)s_1^2+(n_2-1)s_2^2}{n_1+n_2-2}\ ,\ t<-2.101\ 또는\ t>2.101$$

④ 계산: $\overline{x_1}=10.8$, $\overline{x}_2=9.7$, $s_1^2=1.58$, $s_2^2=0.162$, $s_p^2=0.871$

$$t=\frac{\overline{x_1}-\overline{x_2}-(\mu_1-\mu_2)}{\sqrt{(\frac{1}{n_1}+\frac{1}{n_2})s_p^2}}=\frac{10.8-9.7}{\sqrt{(\frac{1}{10}+\frac{1}{10})(0.871)}}=2.636$$

⑤ 결론: $t=2.636>2.101$이므로 귀무가설을 기각한다. 주야간 작업반 간의 평균 조립시간은 차이가 있다고 할 수 있다. 참고로 P값은 0.0168이다.

2. 두 모분산의 비교

그림 11-26 ▌두 모분산의 비교

A와 B를 비교하는 방법에는 두 가지가 있다.

첫째, A에서 B를 뺀 차이를 "0"과 비교하는 방법이다. 즉, A－B＝0이면 A＝B이고, A－B>0이면 A>B이며 A－B<0이면 B>A를 의미하므로 A와 B를 비교하는데 두 값의 차이를 이용한다. 평균은 음수와 양수 모두 가질 수 있기 때문에 이 방법으로 그 차이를 비교할 수 있다.

둘째, A를 B로 나눈 값(비율)을 "1"과 비교하는 방법이다. 즉, A/B＝1이면 A＝B이고, A/B>1이면 A>B이며 A/B<1이면 B>A이므로 차이를 비율로 나타낼 수 있다.

분산은 음(－)의 값을 가질 수 없기 때문에 두 모분산의 비교에서는 두 모평균의 비교처럼 두 모집단의 분산의 차이를 이용하지 않고 비율을 이용한다.

(1) 두 모분산 비율의 추정

두 모분산 비율의 추정은 "두 교과목 시험문제 사이의 변별력 차이는 어느 정도인가?", "두 주식의 가격변동성 차이는 어느 정도인가?"와 같이 두 모집단의 분산의 차이를 표본을 추출하여 구한 표본분산 비율을 이용하여 추정하는 방법이다.

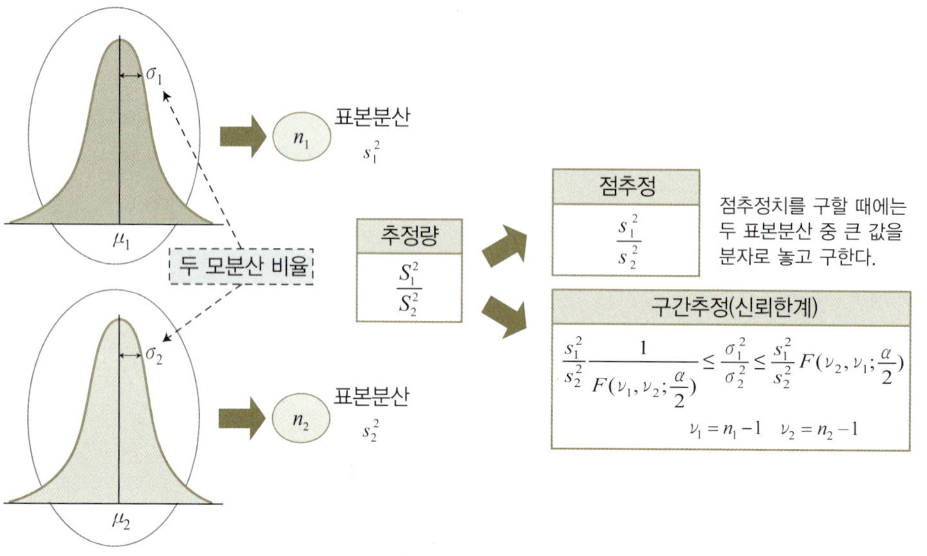

그림 11-27 ‖ 두 모분산 비율의 추정

참고

서로 독립인 두 카이제곱분포를 하는 통계량

$$\chi_1^2 = \frac{(n_1-1)s_1^2}{\sigma_1^2} \sim \chi^2(n_1-1) \text{와 } \chi_2^2 = \frac{(n_2-1)s_2^2}{\sigma_2^2} \sim \chi^2(n_2-1) \text{을}$$

F분포의 정의식에 대입하고 정리하면

$$F = \frac{\chi_1^2/\nu_1}{\chi_2^2/\nu_2} = \frac{\dfrac{(n_1-1)s_1^2}{\sigma_1^2}/(n_1-1)}{\dfrac{(n_2-1)s_2^2}{\sigma_2^2}/(n_2-1)} = \frac{s_1^2}{s_2^2}\frac{\sigma_2^2}{\sigma_1^2}$$

이 된다. 이 통계량은 자유도가 분자 $\nu_1 = n_1 - 1$, 분모 $\nu_2 = n_2 - 1$인 F분포를 따른다. 따라서

$$P\left[F\left(\nu_1,\nu_2;1-\frac{\alpha}{2}\right) \le \frac{s_1^2}{s_2^2}\frac{\sigma_2^2}{\sigma_1^2} \le F\left(\nu_1,\nu_2;\frac{\alpha}{2}\right)\right] = 100(1-\alpha)\%$$

이 성립한다. 괄호 안을 두 모분산 비율 $\dfrac{\sigma_1^2}{\sigma_2^2}$에 대하여 정리하면

$$\frac{s_1^2}{s_2^2}\frac{1}{F\left(\nu_1,\nu_2;\frac{\alpha}{2}\right)} \le \frac{\sigma_1^2}{\sigma_2^2} \le \frac{s_1^2}{s_2^2}F\left(\nu_2,\nu_1;\frac{\alpha}{2}\right)$$

인 신뢰구간이 구해진다.

표 11-1 ‖ F분포표(부분) $P\{F \ge F(\nu_1,\nu_2)\} = 0.025$

분모 \ 분자	1	2	3	4	9	30
1	647.79	799.50	864.16	899.58	968.63	1001.41
2	38.51	39.00	39.17	39.25	39.40	39.46
3	17.44	16.04	15.44	15.10	14.42	14.08
4	12.22	10.65	9.98	9.60	8.84	8.46
9	7.21	5.71	5.05	4.72	**4.03**	3.56
30	5.57	4.18	3.59	3.25	2.51	**2.07**
40	5.42	4.05	3.46	3.13	2.39	1.94

두 모분산 비율의 추정 예제

수학 성적은 학생들 간에 차이가 심한데 비하여 국어 성적은 고르게 분포되어 있다. 수학과 국어 성적의 분산의 차이(비율)은 어느 정도인가 31명의 수학과 국어 성적을 표본추출하여 조사한 결과 각각 분산이 23.6과 15.8로 나타났다. 신뢰수준 95%로 두 모분산 비율을 구간 추정 해보자.

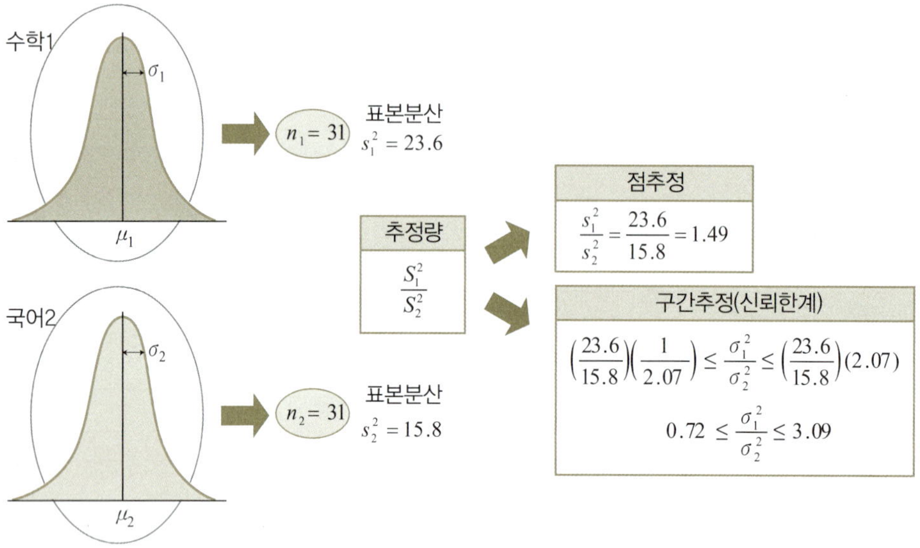

그림 11-28 ▌두 모분산 비율의 추정 예제

$s_1^2 = 23.6, s_2^2 = 15.8$이고 자유도가 $\nu_1 = n_1 - 1 = 31 - 1 = 30$, $\nu_2 = n_2 - 1 = 31 - 1 = 30$일 때 〈표 11-1〉로부터 $F\left(n_1 - 1, n_2 - 1; \frac{\alpha}{2}\right) = F(30,30;0.025) = 2.07$ 이므로 신뢰구간은

$$\frac{s_1^2}{s_2^2}\frac{1}{F\left(\nu_1,\nu_2;\frac{\alpha}{2}\right)} \le \frac{\sigma_1^2}{\sigma_2^2} \le \frac{s_1^2}{s_2^2}F\left(\nu_2,\nu_1;\frac{\alpha}{2}\right)$$

$$\left(\frac{23.6}{15.8}\right)\left(\frac{1}{2.07}\right) \le \frac{\sigma_1^2}{\sigma_2^2} \le \left(\frac{23.6}{15.8}\right)(2.07)$$

$$0.72 \le \frac{\sigma_1^2}{\sigma_2^2} \le 3.09$$

이다. 이를 해석하면 수학의 분산(변별력)이 국어의 분산(변별력)보다 0.72배에서 3.09배 정도 된다는 사실을 95%로 신뢰할 수 있다.

(2) 두 모분산 비율의 검정

두 모분산 비율의 가설검정은 "도시와 농촌의 고교생 수학점수의 분산에는 차이가 있다.(학원강사의 주장)", "건설주의 가격변동 폭이 자동차주의 가격변동 폭보다 심하다.(증권분석가의 주장)" 등과 같은 주장에 대하여 표본을 추출하여 분산을 구한 결과로 확인하는 방법이다.

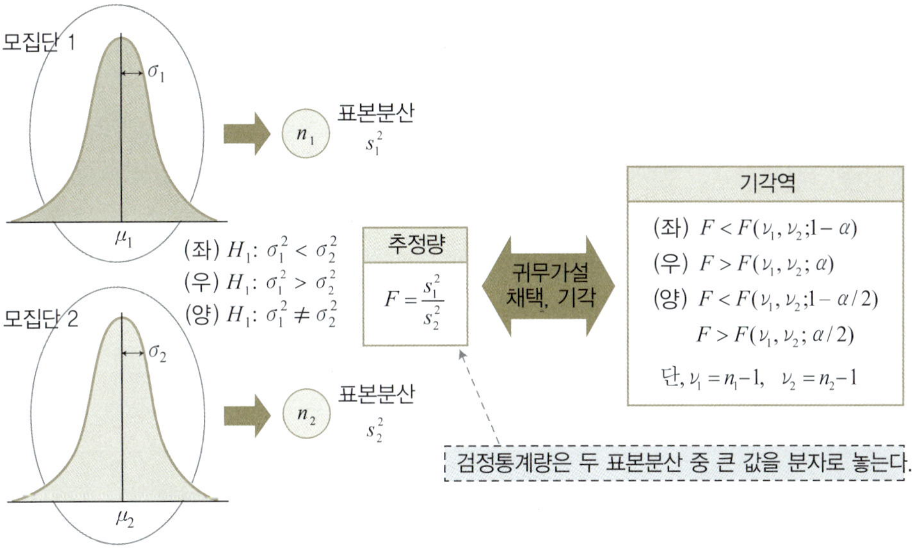

그림 11-29 ▌두 모분산 비율의 검정(H_0: $\sigma_1^2 = \sigma_2^2$)

참고

카이제곱 분포를 따르는 두 카이제곱 통계량

$$\chi_1^2 = \frac{(n_1-1)s_1^2}{\sigma_1^2} \sim \chi^2(n_1-1) \text{와 } \chi_2^2 = \frac{(n_2-1)s_2^2}{\sigma_2^2} \sim \chi^2(n_2-1)$$

을 F분포의 정의식에 대입하여 정리하면

$$F = \frac{\chi_1^2/\nu_1}{\chi_2^2/\nu_2} = \frac{\dfrac{(n_1-1)s_1^2}{\sigma_1^2}/(n_1-1)}{\dfrac{(n_2-1)s_2^2}{\sigma_2^2}/(n_2-1)} = \frac{s_1^2}{s_2^2}\frac{\sigma_2^2}{\sigma_1^2} \sim F(n_1-1, n_2=1)$$

이 된다. 이 통계량은 자유도가 분자 $\nu_1 = n_1 - 1$, 분모 $\nu_2 = n_2 - 1$인 F분포를 따른다. 따라서 귀무가설 H_0: $\sigma_1^2 = \sigma_2^2$조건을 만족하면 검정통계량은

$$F = \frac{s_1^2}{s_2^2} \sim F(n_1-1, n_2-1)$$

이 된다.

두 모분산 비율의 검정 예제

건설주가 자동차주의 변동성 비해 심하다는 주장이 제기 되었다. 10일간의 종가를 조사한 결과 각각 분산이 236.2와 158.5이었다. 유의수준 5%로 건설주의 분산이 자동차주의 분산보다 큰지를 검정해보자.

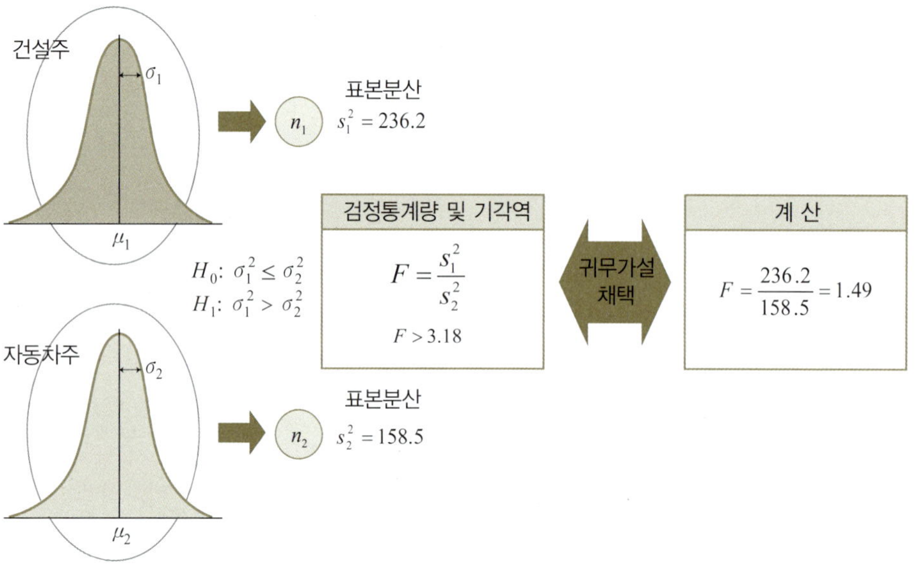

그림 11-30 ▌두 모분산 비율의 검정 예제

이 검정 결과를 해석하면 다음과 같다. 건설주가 자동차주의 변동성보다 1.49배 정도 차이가 나지만 기각치 3.18배 이상 차이가 나지 않으면 그 차이를 인정하기에는 이 정도의 증거로는 부족하다는 뜻이다. 따라서 두 주식 사이의 변동성에는 차이가 없다는 귀무가설을 채택한다.

예제 11-7

〈예제 11-5〉에서 두 작업반의 조립시간의 분산에 차이가 있는지 유의수준 5%로 검정하시오.

풀이

① 가설: H_0: $\sigma_1^2 = \sigma_2^2$

H_1: $\sigma_1^2 \neq \sigma_2^2$

② 유의수준: 5%

③ 검정통계량 및 기각역: $F=\dfrac{s_1^2}{s_2^2}$, $F < \dfrac{1}{4.03}=0.248$ 또는 $F>4.03$ (〈표 11-1〉 참조)

④ 계산: $s_1^2=1.58$, $s_2^2=0.162$

$$F=\frac{s_1^2}{s_2^2}=\frac{1.58}{0.162}=9.753$$

⑤ 결론: $F=9.753>4.03$이므로 귀무가설을 기각한다.
주간 작업반이 야간 작업반의 조립시간의 분산보다 9.753배 크다. 이 사실은 기각치 4.03배 이상이면 충분히 차이가 있다고 할 수 있는데도 그 이상이므로 모분산에 차이가 있다는 강력한 증거가 된다. 참고로 P값은 0.001이다.

3. 대응 비교

지금까지는 독립된 두 모집단으로부터 각각 독립표본을 추출하여 두 모평균과 모분산을 비교하였다. 그런데 두 표본의 차이에 영향을 미치는 요인들 중에는 관심 대상이 되는 요인(factor) 이외에도 다른 요인이 존재할 수 있다.

예를 들면, 다이어트 프로그램을 참여하는 사람들이 프로그램을 한 달 동안 실행한 후 체중의 감소가 있는지 검정하고자 한다. 이때 프로그램 실시 전의 체중과 실시 후의 체중의 자료를 각각 독립된 모집단에서 추출한 것으로 보고 앞에서 배운 두 모평균 차이의 검정을 하는 것은 옳은 방법이 아니다. 왜냐하면 사람은 개인마다 다른 특성을 가지고 있기 때문에 다이어트 프로그램 실시 전의 체중과 실시 후의 체중은 독립된 관측치라고 가정하는 것은 무리가 따른다.

독립적인 표본추출 방법으로 비교를 하면 원치 않는 요인들이 미치는 영향 때문에 통계분석의 정확도가 떨어진다. 이때 원치 않은 요인들의 영향이 같아지는 상태로 만들어 각각 하나씩 추출한 쌍끼리 비교를 하면 원치 않는 요인들의 영향을 상쇄시킬 수 있고 원하는 요인의 영향만 남게 할 수 있다.

그 방법은 다이어트 프로그램 실시 전후의 체중을 구한 후 그 차이를 이용하는 것이다. 그러면 다이어트 이외의 개인별 특성에 따른 영향을 제거할 수 있다.

이처럼 일정한 표본을 대상으로 특정 사건을 전후로 두 번 측정하여 얻은 자료를 가지고 차이를 추정하거나 검정하는 것을 대응 비교(paired comparison) 또는 쌍체 비교라고 한다. 이 경우 하나의 대상을 두 번 측정한 값들 간에 차이로 모집단이 구성되어 있으므로 대응 비교는 단일모집단에서 모평균의 추정과 검정을 하는 것과 같아진다.

그림 11-31 ▌대응 비교

대응 비교를 할 경우에는 대응표본이 추출된 모집단은 정규분포를 따른다는 전제가 필요하다. 이유는 표본의 크기에 관계없이 t분포를 적용할 수 있기 때문이다.

X와 Y를 각각 대응표본의 전과 후의 관측치를 나타내는 확률변수 대신에 그 차이, 즉 $d=X-Y$를 확률변수로 정의하면 한 개의 확률변수가 된다. 여기서 대응 비교 때 필요한 자료는 전후의 자료가 아니고 그 차이를 구한 자료이다. [그림 11-32]는 대응자료의 이런 관계를 나타낸 것이다.

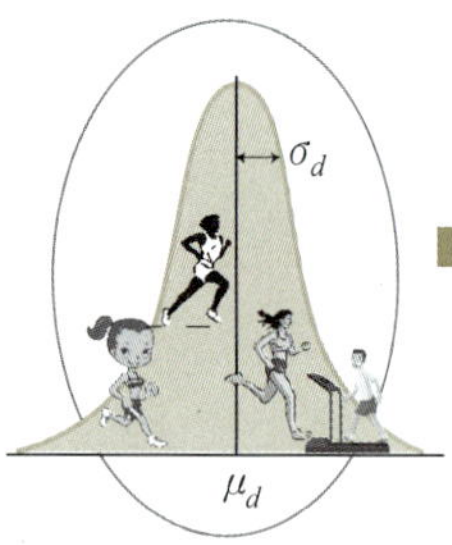

x	y	$d=x-y$
x_1	y_1	$d_1=x_1-y_1$
⋮	⋮	⋮
x_n	y_n	$d_n=x_n-y_n$

차이의 표본평균

$$\bar{d}=\frac{1}{n}\sum d_i$$

차이의 표본분산

$$s_d{}^2=\frac{1}{n-1}\sum(d_i-\bar{d})^2$$

그림 11-32 ▌대응 비교에 이용하는 자료

(1) 대응자료의 모평균 추정

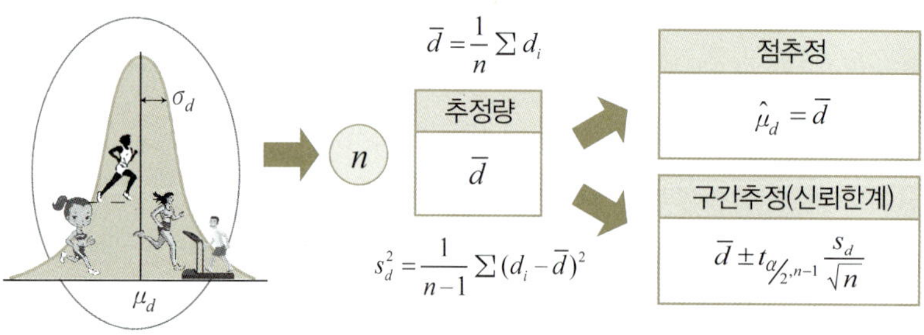

그림 11-33 ▌대응자료의 모평균 추정

참고

통계량 $t = \dfrac{\bar{d} - \mu_d}{\dfrac{s_d}{\sqrt{n}}}$ 은 자유도가 $n-1$인 t분포를 따르므로

$$P\left(-t_{\frac{\alpha}{2}, n-1} \le \frac{\bar{d} - \mu_d}{\dfrac{s_d}{\sqrt{n}}} \le t_{\frac{\alpha}{2}, n-1}\right) = 100(1-\alpha)\%$$

이 된다. 괄호 안을 모평균 μ_d에 대해 정리하면 신뢰구간이 다음과 같이 얻어진다.

$$P\left(\bar{d} - t_{\frac{\alpha}{2}, n-1} \frac{s_d}{\sqrt{n}} \le \mu_d \le \bar{d} + t_{\frac{\alpha}{2}, n-1} \frac{s_d}{\sqrt{n}}\right) = 100(1-\alpha)\%$$

이므로 신뢰한계는

$$\bar{d} \pm t_{\frac{\alpha}{2}, n-1} \frac{s_d}{\sqrt{n}}$$

이 경우 하나의 대상을 두 번 측정한 값들 간에 차이로 모집단이 구성되어 있다고 생각하면, 대응 비교는 단일모집단에서 모평균을 추정과 검정을 하는 것과 같다. 즉, 전 · 후 자료의 차이는 모분산을 모르는 모집단에서 표본을 추출한 경우와 같으므로 t분포가 적용된다. 제9장에서 모표준편차를 모르며 소표본인 경우에 구한 신뢰구간과 같다.

대응자료의 추정 예제

하루 1시간씩 조깅을 1개월 동안 하면 체중 감량에 효과가 있다고 한다. 6명을 대상으로 실험을 하였다. 실험 전후의 체중자료는 아래와 같다. 조깅 전 · 후의 체중 차이에 대한 95% 신뢰구간을 구해보자.

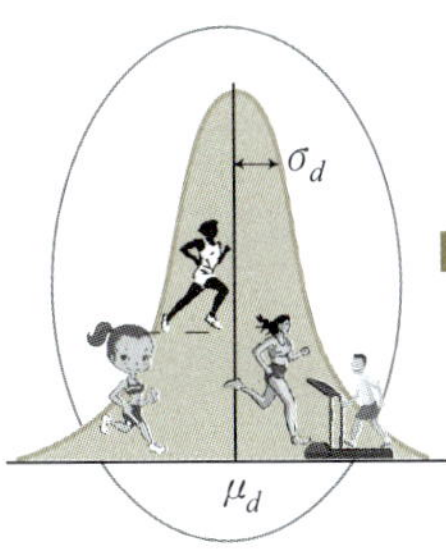

$n=6$

x	y	$d=x-y$
78	73	5
58	55	3
60	58	2
64	60	4
72	69	3
56	58	−2
합계		15

점추정

$\hat{\mu}_d = \bar{d} = \frac{1}{6}(15) = 2.5$

구간추정(신뢰한계)

$\bar{d} \pm t_{\alpha/2, n-1} \frac{s_d}{\sqrt{n}}$

$2.5 \pm (2.571)\frac{2.43}{\sqrt{6}}$

2.5 ± 2.6

그림 11-34 ▌대응자료의 모평균 추정 예제

차이의 평균은 $\bar{d}=\frac{1}{n}\sum d_i=\frac{1}{6}(15)=2.5$, 차이의 표준편차는

$s_d=\sqrt{\frac{1}{n-1}\sum(d_i-\bar{d})^2}=\sqrt{\frac{29.5}{5}}=2.43$이다. $t_{\frac{\alpha}{2},n-1}=t_{0.025,5}=2.571$ 이므로

신뢰구간은 $\bar{d}-t_{\frac{\alpha}{2},n-1}\frac{s_d}{\sqrt{n}}\le\mu_d\le\bar{d}+t_{\frac{\alpha}{2},n-1}\frac{s_d}{\sqrt{n}}$

$$2.5-2.571\frac{2.43}{\sqrt{6}}\le\mu_d\le 2.5+2.571\frac{2.43}{\sqrt{6}}$$

$$-0.1\le\mu_d\le 5.1$$

이 된다. 따라서 조깅이 체중 감량에 대한 효과는 최소 −0.1에서 최대 5.1 사이가 됨을 95%로 신뢰할 수 있다.

표 11-2 ‖ t 분포표 $P(T\ge t_\alpha)=\alpha$

자유도	$t(0.1)$	$t(0.05)$	$t(0.025)$	$t(0.01)$
1	3.0777	6.3138	12.7062	31.8205
2	1.8856	2.9200	4.3027	6.9646
3	1.6377	2.3534	3.1824	4.5407
4	1.5332	2.1318	2.7764	3.7469
5	1.4759	2.0150	**2.5706**	3.3649
6	1.4398	1.9432	2.4469	3.1427
14	1.3450	1.7613	2.1448	2.6245
15	1.3406	1.7531	2.1314	2.6025

(2) 대응자료의 모평균검정

대응자료의 모평균검정은 "새로운 식이용법으로 한 달에 5kg 체중감량 보장, 안되면 전액 환불(다이어트 강사)" 등과 같은 주장에 대하여 대응표본을 추출한 결과를 이용하여 검정하는 방법이다.

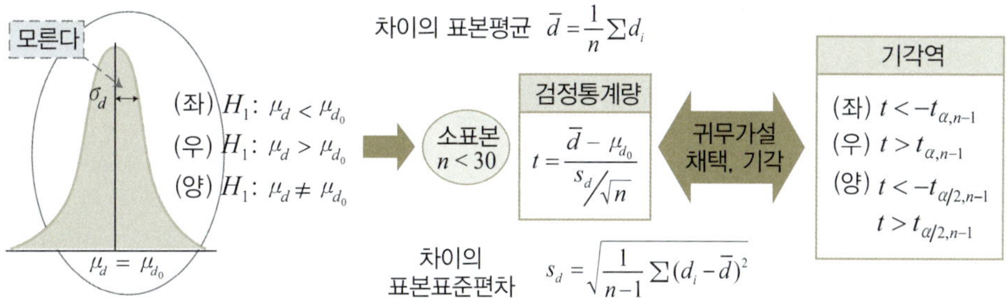

그림 11-35 ▌대응자료의 모평균검정

대응자료의 검정 예제

새로운 식이요법과 수영을 병행하면 한 달에 5kg의 체중을 감량할 수 있다. 아니면 전액 환불해 준다고 광고하는 스포츠 센터가 있다. 주부 7명에게 실험을 한 결과 실험 전 · 후의 체중자료는 아래와 같다. 스포츠 센터의 주장에 대하여 유의수준 5%로 검정을 하여보자.

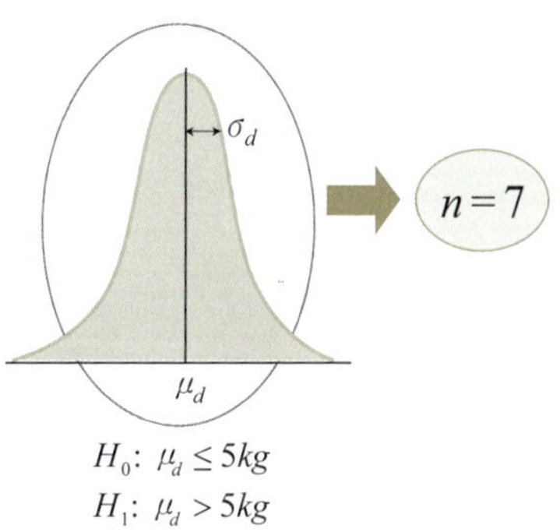

x	y	$d=x-y$
58.5	60.0	−1.5
60.3	52.3	8.0
61.7	55.4	6.3
69.0	62.2	6.8
64.0	57.5	6.5
62.6	61.2	1.4
56.7	55.4	1.3
합계		28.8

$\bar{d} = 4.11$ $s_d = 3.642$

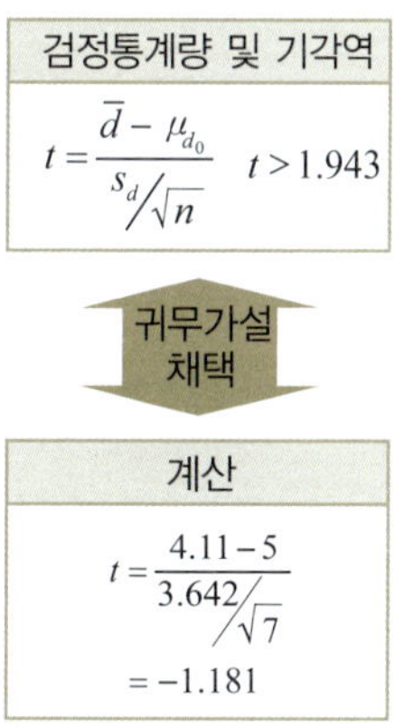

그림 11-36 ▌대응자료의 모평균검정 예제

스포츠 센터의 주장이 뒷받침될 만한 증거가 충분치 못하여 귀무가설을 채택한다.

11장 단원평가

11-1 다음 중 두 모비율 차이에 대한 신뢰구간을 설명한 것 중 잘못된 것은?

(가) 두 모집단은 이항분포를 따라야 한다.

(나) 중심극한정리에 의하여 두 모집단의 표본비율은 정규분포에 수렴한다.

(다) 두 모비율의 차이는 두 표본평균의 차로 추정한다.

(라) 신뢰수준이 95%일 때보다 99%일 때 신뢰구간은 더 넓어진다.

11-2 두 모평균 차이를 추정할 때 두 모분산을 알고 있는 경우에 사용되는 신뢰한계식은?

(가) $(\overline{x_1}-\overline{x_2}) \pm Z_{\frac{\alpha}{2}}\sqrt{\frac{s_1^2}{n_1}+\frac{s_2^2}{n_2}}$

(나) $(\overline{x_1}-\overline{x_2}) \pm t_{\frac{\alpha}{2},n_1+n_2-2}\sqrt{\left(\frac{1}{n_1}+\frac{1}{n_2}\right)s_P^2}$

(다) $(\hat{p_1}-\hat{p_2}) \pm Z_{\frac{\alpha}{2}}\sqrt{\frac{\hat{p_1}(1-\hat{p_1})}{n_1}+\frac{\hat{p_2}(1-\hat{p_2})}{n_2}}$

(라) $(\overline{x_1}-\overline{x_2}) \pm Z_{\frac{\alpha}{2}}\sqrt{\frac{\sigma_1^2}{n_1}+\frac{\sigma_2^2}{n_2}}$

11-3 두 모평균의 차이를 추정할 때 두 모분산을 모르지만 같고 소표본일 때 사용되는 신뢰한계식은?

(가) $(\overline{x_1}-\overline{x_2}) \pm Z_{\frac{\alpha}{2}}\sqrt{\frac{s_1^2}{n_1}+\frac{s_2^2}{n_2}}$

(나) $(\overline{x_1}-\overline{x_2}) \pm t_{\frac{\alpha}{2},n_1+n_2-2}\sqrt{\left(\frac{1}{n_1}+\frac{1}{n_2}\right)s_P^2}$

(다) $(\overline{x_1}-\overline{x_2}) \pm Z_{\frac{\alpha}{2}}\sqrt{\frac{\sigma_1^2}{n_1}+\frac{\sigma_2^2}{n_2}}$

(라) $(\hat{p_1}-\hat{p_2}) \pm Z_{\frac{\alpha}{2}}\sqrt{\frac{\hat{p_1}(1-\hat{p_1})}{n_1}+\frac{\hat{p_2}(1-\hat{p_2})}{n_2}}$

11-4 대응 표본에 대한 추정을 할 때 사용되는 신뢰한계식은?

(가) $\frac{s_1^2}{s_2^2}\frac{1}{F\left(\nu_1,\nu_2;\frac{\alpha}{2}\right)} \le \frac{\sigma_1^2}{\sigma_2^2} \le \frac{s_1^2}{s_2^2}F\left(\nu_2,\nu_1;\frac{\alpha}{2}\right)$

(나) $\bar{d}\pm t_{\frac{\alpha}{2},n-1}\frac{s_D}{\sqrt{n}}$

(다) $(\overline{x_1}-\overline{x_2})\pm Z_{\frac{\alpha}{2}}\sqrt{\frac{\sigma_1^2}{n_1}+\frac{\sigma_2^2}{n_2}}$

(라) $(\overline{x_1}-\overline{x_2})\pm Z_{\frac{\alpha}{2}}\sqrt{\frac{s_1^2}{n_1}+\frac{s_2^2}{n_2}}$

11-5 다음 중 두 모집단에 대한 가설검정에서 검정통계량과 기각역에 대한 설명한 것 중 잘못된 것은?

(가) H_0: $\mu_1 \le \mu_2$, H_1: $\mu_1 > \mu_2$일 때 기각역은 $Z > Z_\alpha$이다.

(나) H_0: $p_1 \ge p_2$, H_1: $p_1 < p_2$일 때 기각역은 $Z < -Z_\alpha$이다.

(다) H_0: $\mu_1 \le \mu_2$, H_1: $\mu_1 > \mu_2$일 때 기각역은 $t > t_\alpha$이다.

(라) H_0: $p_1 = p_2$, H_1: $p_1 \ne p_2$일 때 기각역은 $Z > Z_{\alpha/2}$이다.

11-6 두 모평균의 차이를 검정할 때 두 모분산을 알고 있는 경우에 사용되는 검정통계량은?

(가) $Z=\frac{\widehat{P}_1-\widehat{P}_2-(p_1-p_2)}{\sqrt{\hat{p}(1-\hat{p})\left(\frac{1}{n_1}+\frac{1}{n_2}\right)}}$

(나) $Z=\frac{\overline{x_1}-\overline{x_2}-(\mu_1-\mu_2)}{\sqrt{\frac{s_1^2}{n_1}+\frac{s_2^2}{n_2}}}$

(다) $F=\frac{s_1^2}{s_2^2}$

(라) $Z=\frac{\overline{x_1}-\overline{x_2}-(\mu_1-\mu_2)}{\sqrt{\frac{\sigma_1^2}{n_1}+\frac{\sigma_2^2}{n_2}}}$

11-7 두 모평균의 차이를 검정할 경우 두 모분산을 모르지만 같고 소표본일 때 두 모집단에서 표본을 각각 14와 18씩 추출하였다. 사용되는 검정통계량의 분포와 자유도가 맞는 것은?

(가) 정규분포, 자유도 30　　(나) 카이제곱분포, 자유도 32

(다) F분포, 자유도 13, 17　　(라) t분포, 자유도 30

11-8 두 모분산 비율에 대한 검정에 사용되는 검정통계량은?

(가) $Z=\dfrac{\hat{P}_1-\hat{P}_2-(p_1-p_2)}{\sqrt{\hat{p}(1-\hat{p})\left(\dfrac{1}{n_1}+\dfrac{1}{n_2}\right)}}$

(나) $t=\dfrac{\overline{x}_1-\overline{x}_2-(\mu_1-\mu_2)}{\sqrt{\left(\dfrac{1}{n_1}+\dfrac{1}{n_2}\right)s_p^2}}$

(다) $F=\dfrac{s_1^2}{s_2^2}$

(라) $Z=\dfrac{\overline{x}_1-\overline{x}_2-(\mu_1-\mu_2)}{\sqrt{\dfrac{s_1^2}{n_1}+\dfrac{s_2^2}{n_2}}}$

11-9 두 모평균의 차이를 검정할 때 두 모분산을 모르나 대표본인 경우에 사용되는 검정통계량은?

(가) $F=\dfrac{s_1^2}{s_2^2}$

(나) $t=\dfrac{\overline{x}_1-\overline{x}_2-(\mu_1-\mu_2)}{\sqrt{\left(\dfrac{1}{n_1}+\dfrac{1}{n_2}\right)s_p^2}}$

(다) $Z=\dfrac{\overline{x}_1-\overline{x}_2-(\mu_1-\mu_2)}{\sqrt{\dfrac{\sigma_1^2}{n_1}+\dfrac{\sigma_2^2}{n_2}}}$

(라) $Z=\dfrac{\overline{x}_1-\overline{x}_2-(\mu_1-\mu_2)}{\sqrt{\dfrac{s_1^2}{n_1}+\dfrac{s_2^2}{n_2}}}$

11-10 다음 설명 중 가장 잘못된 것은?

(가) 두 모비율 차이에 대한 검정에 사용되는 검정통계량은 표준정규분포를 따른다.
(나) 두 모평균 차이에 대한 검정에 사용되는 검정통계량은 t분포를 따른다.
(다) 두 모분산 비율에 대한 검정에 사용되는 검정통계량은 χ^2분포를 따른다.
(라) 두 모평균 차이에 대한 검정에 사용되는 검정통계량은 표준정규분포를 따른다.

11-11 성인 남자 400명을 무작위로 추출하여 흡연 여부를 조사한 결과 132명이 흡연을 한다고 하였다. 한편 성인 여자 350명을 독립적으로 추출하여 조사한 결과 93명이 흡연을 한다고 하였다. 두 모비율 차이에 대한 95% 신뢰구간을 구하시오.

11-12 다음은 도시와 농촌의 고교생이 일일 인터넷을 사용하는 시간을 조사한 자료이다. 도시와 농촌의 학생의 인터넷 사용시간은 정규분포를 따르며 두 모분산은 같다고 한다. 도시와 농촌의 학생 사이에 인터넷 사용시간의 모평균 차이를 신뢰수준 95%로 구간추정하시오.

도시 1	1.2	2.5	2.5	3.7	3.5	4.0	4.2	5.2
농촌 2	1.5	1.8	1.4	1.8	2.2	2.4	3.0	2.5

11-13 다음은 작업자들에게 훈련을 실시하기 전과 후에 작업시간을 측정한 자료이다. 훈련 전과 후의 작업시간의 차이에 대하여 95% 신뢰구간을 구하시오.

작업자	A	B	C	D	E	F
훈련 전	6	5	7	6.2	6	6.4
훈련 후	5.4	5.2	6.5	5.9	6	5.8

11-14 성인 남자 400명을 무작위로 추출하여 흡연 여부를 조사한 결과 132명이 흡연을 한다고 하였다. 한편 성인 여자 350명을 독립적으로 추출하여 조사한 결과 93명이 흡연을 한다고 하였다. 남성 흡연율이 여성 흡연율보다 높은지 유의수준 5%로 검정을 하시오.

11-15 다음은 도시와 농촌의 고교생이 일일 인터넷을 사용하는 시간을 조사한 자료이다. 도시와 농촌의 학생의 인터넷 사용시간은 정규분포를 따르며 두 모분산은 같다고 한다. 도시학생의 인터넷 사용시간이 농촌학생보다 긴지에 대하여 유의수준 5%로 검정을 하시오.

도시 1	1.2	2.5	2.5	3.7	3.5	4.0	4.2	5.2
농촌 2	1.5	1.8	1.4	1.8	2.2	2.4	3.0	2.5

11-16 다음은 작업자들에게 훈련을 실시하기 전과 후에 작업시간을 측정한 자료이다. 훈련효과가 있는지 유의수준 5%로 검정하시오.

작업자	A	B	C	D	E	F
훈련 전	6	5	7	6.2	6	6.4
훈련 후	5.4	5.2	6.5	5.9	6	5.8

정답과 풀이

11-1 (다) **11-2** (라) **11-3** (나) **11-4** (나) **11-5** (라)
11-6 (라) **11-7** (라) **11-8** (다) **11-9** (라) **11-10** (다)

11-11 남성의 표본 흡연율: $\hat{p_1} = \frac{x_1}{n_1} = \frac{132}{400} = 0.33$

여성의 표본 흡연율: $\hat{p_2} = \frac{x_2}{n_2} = \frac{93}{350} = 0.266$

$Z_{\frac{\alpha}{2}} = Z_{0.025} = 1.96$이므로 남성과 여성의 흡연율 차이의 95% 신뢰한계는

$$(\hat{p_1} - \hat{p_2}) \pm Z_{\frac{\alpha}{2}} \sqrt{\frac{\hat{p_1}(1-\hat{p_1})}{n_1} + \frac{\hat{p_2}(1-\hat{p_2})}{n_2}}$$

$$=(0.33-0.266)\pm 1.96\sqrt{\frac{0.33(1-0.33)}{400}+\frac{0.266(1-0.266)}{350}}$$

$=0.064\pm 0.0653$

신뢰구간: $-0.0013\le p_1-p_2\le 0.1293$

11-12 도시학생의 표본평균과 표본분산: $\overline{x_1}=3.35,\ s_1^2=1.54$

농촌학생의 표본평균과 표본분산: $\overline{x_2}=2.075,\ s_2^2=0.2993$

합동분산 $s_p^2=\frac{(n_1-1)s_1^2+(n_2-1)s_2^2}{n_1+n_2-2}=\frac{(8-1)(1.54)+(8-1)(0.2993)}{8+8-2}=0.9196$

$t_{\frac{\alpha}{2},n_1+n_2-2}=t_{0.025,14}=2.145$이므로

두 모평균 차이의 신뢰한계는

$$(\overline{x_1}-\overline{x_2})\pm t_{\frac{\alpha}{2},n_1+n_2-2}\sqrt{\left(\frac{1}{n_1}+\frac{1}{n_2}\right)s_p^2}$$

$$=(3.35-2.075)\pm 2.145\sqrt{\left(\frac{1}{8}+\frac{1}{8}\right)(0.9196)}$$

$=1.275\pm 1.028$

신뢰구간: $0.247\le \mu_1-\mu_2\le 2.303$

11-13

작업자	A	B	C	D	E	F	합계
훈련 전 x_i	6	5	7	6.2	6	6.4	
훈련 후 y_i	5.4	5.2	6.5	5.9	6	5.8	
차이 d_i	0.6	-0.2	0.5	0.3	0	0.6	1.8

차이의 평균 $\bar{d}=\frac{1}{n}\sum d_i=\frac{1}{6}(1.8)=0.3$,

차이의 표본표준편차 $s_d=\sqrt{\frac{1}{n-1}\sum(d_i-\bar{d})^2}=\sqrt{\frac{0.56}{5}}=0.3347$

$t_{\frac{\alpha}{2},n-1}=t_{0.025,5}=2.571$ 이므로 신뢰구간은

$$\bar{d}-t_{\frac{\alpha}{2},n-1}\frac{s_d}{\sqrt{n}}\le \mu_d\le \bar{d}+t_{\frac{\alpha}{2},n-1}\frac{s_d}{\sqrt{n}}$$

$$0.3-2.571\frac{0.3347}{\sqrt{6}}\le \mu_d\le 0.3+2.571\frac{0.3347}{\sqrt{6}}$$

$-0.0513\le \mu_d\le 0.6513$

11-14 ① 가설: H_0: $p_1\le p_2$ 단, p_1=남성흡연율, p_2=여성 흡연율

H_1: $p_1>p_2$

② 유의수준: 5%

③ 검정통계량 및 기각역

$$Z=\frac{\hat{p_1}-\hat{p_2}-(p_1-p_2)}{\sqrt{\hat{p}(1-\hat{p})\left(\frac{1}{n_1}+\frac{1}{n_2}\right)}},\ 단,\ \hat{p}=\frac{x_1+x_2}{n_1+n_2}$$

기각역: $Z > Z_{0.05} = 1.645$

④ 계산

남성의 표본 흡연율: $\hat{p}_1 = \frac{x_1}{n_1} = \frac{132}{400} = 0.33$

여성의 표본 흡연율: $\hat{p}_2 = \frac{x_2}{n_2} = \frac{93}{350} = 0.266$

합동 비율 $\hat{p} = \frac{x_1 + x_2}{n_1 + n_2} = \frac{132 + 93}{400 + 350} = 0.3$

$$Z = \frac{0.33 - 0.266 - 0}{\sqrt{0.3(1-0.3)\left(\frac{1}{400} + \frac{1}{350}\right)}} = 1.908$$

⑤ 의사결정

$Z = 1.908 > 1.645$이므로 귀무가설을 기각한다.

즉, 남성 흡연율이 여성 흡연율보다 높다고 할 수 있다.

11-15 ① 가설

$H_0: \mu_1 = \mu_2$ 단, $\mu_1 =$ 도시학생의 인터넷 사용시간

$H_1: \mu_1 \neq \mu_2$ $\quad \mu_2 =$ 농촌학생의 인터넷 사용시간

② 유의수준: 5%

③ 검정통계량 및 기각역

$$t = \frac{\overline{x_1} - \overline{x_2} - (\mu_1 - \mu_2)}{\sqrt{\left(\frac{1}{n_1} + \frac{1}{n_2}\right) s_p^2}}, \text{ 단, } s_p^2 = \frac{(n_1 - 1)s_1^2 + (n_2 - 1)s_2^2}{n_1 + n_2 - 2}$$

기각역: $t > t_{0.025,14} = 2.145$ 또는 $t < -t_{0.025,14} = -2.145$

④ 계산

도시학생의 표본평균과 표본분산: $\overline{x_1} = 3.35$, $s_1^2 = 1.54$

농촌학생의 표본평균과 표본분산: $\overline{x_2} = 2.075$, $s_2^2 = 0.2993$

합동분산 $s_p^2 = \frac{(n_1 - 1)s_1^2 + (n_2 - 1)s_2^2}{n_1 + n_2 - 2} = \frac{(8-1)(1.54) + (8-1)(0.2993)}{8+8-2} = 0.9196$

$$t = \frac{3.35 - 2.075 - 0}{\sqrt{\left(\frac{1}{8} + \frac{1}{8}\right)(0.9196)}} = 2.6591$$

⑤ 의사결정(결론)

$t = 2.6591 > 2.145$이므로 귀무가설을 기각한다.

즉, 도시와 농촌학생의 인터넷 사용시간은 차이가 있다고 할 수 있다.

11-16 ① 가설

$H_0: \mu_d = 0$ 단, $\mu_d =$ 훈련효과로 단축된 작업시간의 모평균

$H_1: \mu_d > 0$

② 유의수준: 5%

③ 검정통계량 및 기각역

$$t = \frac{\bar{d} - \mu_d}{\frac{s_d}{\sqrt{n}}}$$

기각역: $t > t_{\alpha, n-1} = t_{0.05,5} = 2.015$이면 귀무가설을 기각한다.

④ 계산

작업자	A	B	C	D	E	F	합계
훈련 전 x_i	6	5	7	6.2	6	6.4	
훈련 후 y_i	5.4	5.2	6.5	5.9	6	5.8	
차 이 d_i	0.6	−0.2	0.5	0.3	0	0.6	1.8

차이의 평균 $\bar{d} = \frac{1}{n}\sum d_i = \frac{1}{6}(1.8) = 0.3$

차이의 표본표준편차 $s_d = \sqrt{\frac{1}{n-1}\sum (d_i - \bar{d})^2} = \sqrt{\frac{0.56}{5}} = 0.3347$

검정통계량: $t = \frac{0.3 - 0}{\frac{0.3347}{\sqrt{6}}} = 2.196$

⑤ 결론

$t = 2.196 > 2.015$이므로 귀무가설을 기각한다.

즉, 작업시간이 단축되어 훈련효과가 있다고 볼 수 있다.

11장 연습문제

11.1 한 미디어조사연구소에서는 두 개의 TV 프로그램에 대한 평가를 하려고 한다. 프로그램 A(1박 2일)에 대해서 0에서 10점까지 점수를 주도록 하고 100명의 시청자들을 조사하였다. 그 결과 평균이 5.3, 표준편차는 1.6을 얻었다. 프로그램 B(개그콘서트)에 대해서도 같은 방법으로 하여 200명을 조사하였다. 그 결과 평균은 5.8, 표준편차는 1.8을 얻었다.

(1) 우리나라 전체 시청자들이 각 프로그램에 주는 평균 점수의 차이에 대한 95% 신뢰구간을 구하시오.

(2) 두 프로그램의 평균 점수에 차이가 있는지를 유의수준 5%로 검정하시오.

11.2 정부에서는 새로 발의된 환경법안에 대하여 관련 지역 도시 지역과 비도시 지역의 지지도가 다른지의 여부를 분석하고자 한다. 각 지역에서 임의로 표본조사를 한 결과는 다음과 같다.

	도시 지역	비도시 지역
표본크기	500	300
찬성	268	125
반대	232	175

(1) 도시 지역과 비도시 지역의 지지도 간의 차이를 신뢰수준 95%로 구간추정하시오.

(2) 도시 지역과 비도시 지역의 지지도가 다른지 유의수준 5%로 검정하시오.

11.3 강남 지역과 강북 지역의 32평형 아파트 가격(단위: 백만 원)을 조사한 결과는 다음과 같다.

	강남 지역	강북 지역
표본크기	16	26
표본평균	532	484
표준편차	82	65

(1) 강남 지역과 강북 지역의 가격 차이를 신뢰수준 95%로 구간추정하시오.

(2) 강남 지역이 강북 지역의 가격보다 높은지 유의수준 5%로 검정하시오.

11.4 두 그룹의 학생들에게 한 학기 동안 동일한 교수가 동일한 내용을 강의한 후 그 결과를 비교하려고 조사하였다. 그 결과는 다음과 같다.

	그룹 A	그룹 B
표본크기	10	15
표본평균	60.3	67.2
표준편차	7.5	2.1

두 그룹의 모분산이 같다는 주장을 유의수준 5%로 검정하시오.

11.5 클래식 음악이 젖소의 우유 생산량을 증대시킬 수 있다는 주장을 알아보기 위하여 10마리의 젖소를 선택하여 젖을 짤 때 음악을 들려 줄 경우와 그렇지 않은 경우를 실험하였다. 그 결과는 다음과 같다.

젖소	A	B	C	D	E	F	G	H	K	M
음악이 없을 때	75	62	67	70	55	59	60	64	72	59
음악이 있을 때	77	85	68	72	62	61	60	67	75	68

클래식 음악이 우유 생산량을 높여주는지 유의수준 5%로 검정하시오.

11.6 우리대학 남학생 300명과 여학생 250명을 대상으로 대학생활 만족도조사를 실시하였다. 대학생활에 만족하는 남학생은 220명, 여학생은 200명으로 조사되었다.

(1) 남학생과 여학생의 만족도의 차이를 신뢰수준 95%로 구간추정을 하시오.

(2) 여학생이 남학생에 비해 대학생활 만족도가 덜한지 유의수준 5%로 검정하시오.

제12장
범주형 자료분석

제12장 범주형 자료분석

[학습목표]

- 다항분포를 이해할 수 있다.
- 적합도검정의 의미를 이해하고 검정을 할 수 있다.
- 독립성검정의 의미를 이해하고 검정을 할 수 있다.
- 동일성검정의 의미를 이해하고 검정을 할 수 있다.

12.1 기본개념

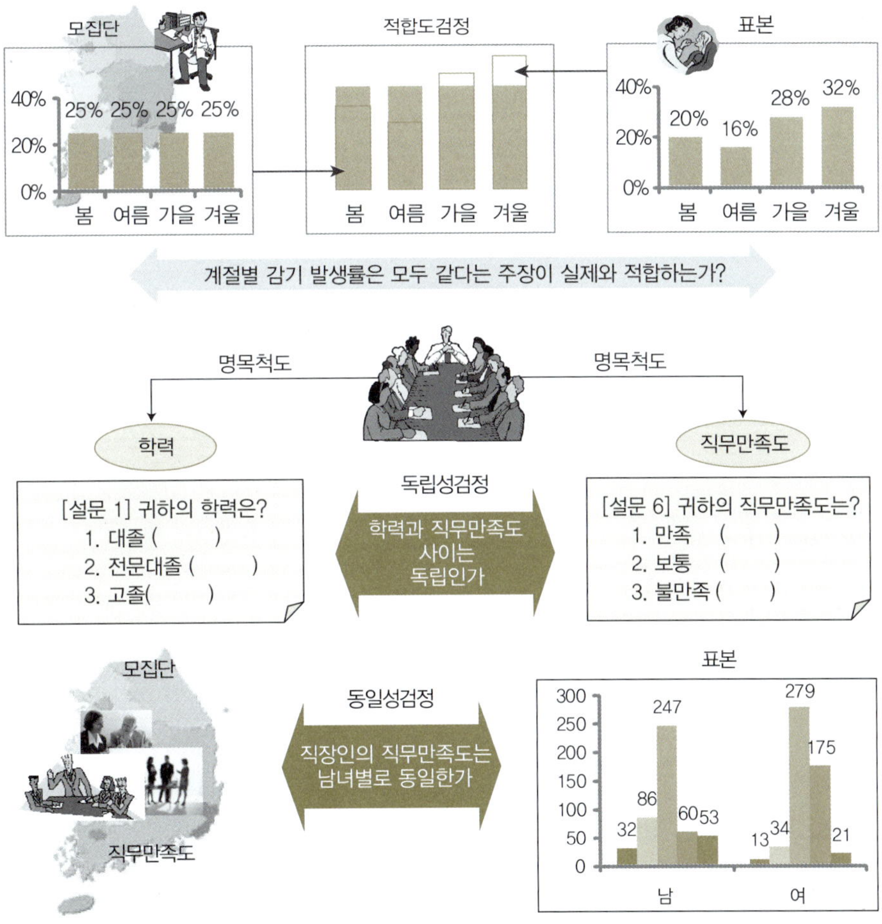

그림 12-1 ‖ 범주형 자료분석의 개요

이전 장에서는 두 모집단을 비교하는 검정과 추정을 살펴보았다. 그런데 분석하려는 자료가 질적 또는 어떤 속성에 따라 분류되어 각 범주(category)에 속하는 도수(빈도)로 주어지는 경우도 많이 있다. 그리고 양적 자료이지만 범주형으로 나타낼 필요가 있는 경우도 있다.

예를 들어, 유권자들의 각 정당에 대한 지지도를 출신지역, 연령, 성별 등으로 분류하여 도수를 조사하거나, 사람들의 소득 수준과 교육 수준을 분석하기 위하여 소득 수준을 상 · 중 · 하, 교육 수준을 중졸 · 고졸 · 대졸로 분류하여 도수를 조사하는 것 등이다. 이와 같은 범주형 자료의 정리는 제2장에서 분할표와 그래프로 정리하고 개략적인 해석을 하는 수준이었다.

이번 장에서는 정리된 분할표로부터 모집단의 특성을 구체적으로 분석하는 방법으로 적합도검정(goodness-of-fit test), 동일성검정(homogeneity test) 그리고 독립성검정(independence test)을 살펴보기로 한다. 이러한 범주형 자료를 통계적으로 분석하는데 기초가 되는 다항분포부터 살펴보자.

이항분포는 한 번의 시행 결과가 성공과 실패의 두 가지만으로 분류(베르누이 시행)될 때 이 시행을 여러 번 되풀이 하는 경우에 성공이 나올 횟수의 확률분포이다. 그러나 일반적으로 한 번의 시행 결과가 k가지(범주가 3개 이상)의 속성으로 분류되는 상황도 많이 있다. 이러한 경우의 시행을 다항시행(multinomial trial)이라고 한다.

예를 들면, 한 번의 축구 경기의 결과는 승 · 패 · 무승부의 세 가지(범주) 속성으로 분류되므로 축구 경기는 다항시행이라고 볼 수 있다. 과일도 크기에 따라 상품 · 중품 · 하품 · 등외품의 네 가지(범주) 등급(속성)으로 분류되는 것도 다항시행이라고 볼 수 있다.

k가지(범주)의 속성으로 분류되는 한 번의 다항시행에서 그 결과가 i번째 범주의 속성에 속할 확률을 p_i라고 하자. 이런 다항시행을 n번 반복할 때 i번째 범주의 속성에 속한 결과가 나올 횟수를 확률변수 X_i라고 하면 $(X_1, X_2, \cdots, X_k)$의 결합확률함수는

$$P(X_1 = x_1, X_2 = x_2, \cdots, X_k = x_k) = \frac{n!}{x_1!\, x_2! \cdots x_k!} p_1^{x_1} p_2^{x_2} \cdots p_k^{x_k}$$

$$\text{단, } \sum_{i=1}^{k} x_i = n, \quad \sum_{i=1}^{k} p_i = 1$$

로 주어진다. 이 확률함수를 다항분포(multinomial distribution)라고 한다.

12.2 적합도검정

자료를 조사하는 상황에서 모집단의 분포는 이론적인 확률분포를 가정하는 상황 하에 자료를 조사하는 경우도 많이 있다. 예를 들어, 통계적 추론에서 모집단을 정규분포라고 가정하거나, 주사위를 던지는 실험에서 각 숫자가 나올 확률은 1/6로 가정하는 경우이다. 이러한 가정 하에 분석된 결과가 제대로 된 것인지 평가하려면 실제로 관측 조사한 자료를 토대로 가정된 확률분포가 타당한지 검정하여야 한다.

적합도검정은 모집단의 분포가 어떤 특정한 확률분포를 따른다는 귀무가설을 표본자료를 이용하여 각 범주에 속하는 관측값과 모집단의 기대도수 사이에 현저한 차이가 있는지를 비교하는 통계적 방법이다. 예를 들면, "감기환자는 계절별로 같은 비율로 발생하는가?"라는 가설을 검정하려면 계절별로 표본조사한 환자 수는 이론적으로 발생하는 환자 수와 차이가 있는지를 비교하면 될 것이다.

일반적으로 범주가 k개 있고 n번 관측한다고 하고 O_i를 범주 i에서 관측되는 도수라고 하자. 그리고 각 범주에 속할 확률을 이론적으로 예상한 값이 $p_i(i=1,2,\cdots,k)$이라면 관측도수를 이용하여 이론적 예상 확률 p_i의 타당성을 검정하는 것이 된다. 즉, 귀무가설은

$$H_0\text{: 범주 } i\text{에 속할 확률은 } p_i\text{이다.} (i=1,2,\cdots,k)$$

이 된다. 그러면 각 범주의 관측치 O_i(다항분포에서는 X_i로 나타냄)는 n번 관측에서 각 범주에 속할 확률 p_i에 대한 다항분포를 따른다. 다항분포의 기댓값과 분산은 다음과 같다.

$$E(O_i)=np_i,\ \ V(O_i)=np_i(1-p_i)$$

귀무가설이 옳을 경우의 이론적 도수 $E(O_i)=np_i$ 를 E_i라고 놓자. 그러면 관측도수 O_i와 이론적 도수 E_i의 차이의 제곱$(O_i-E_i)^2$은 귀무가설의 타당성을 평가하는 통계량이 될 수 있다. 귀무가설이 옳을 때 중심극한정리에 의해 n이 충분히 크면

$$\chi^2=\sum_{i=1}^{k}\frac{(O_i-E_i)^2}{E_i}$$

은 자유도가 $k-1$인 카이제곱분포를 따른다. 이 통계량이 적합도검정에서 검정통계량이 된다. 이 분포에서 분포의 모수를 알고 있으면 자유도는 $(k-1)$가 되고, 분포의 모수를 모르는 것이 p개이면 이를 추정한 갯수 p만큼 빼준 $(k-1-p)$가 된다.

1. 모수가 알려져 있는 경우

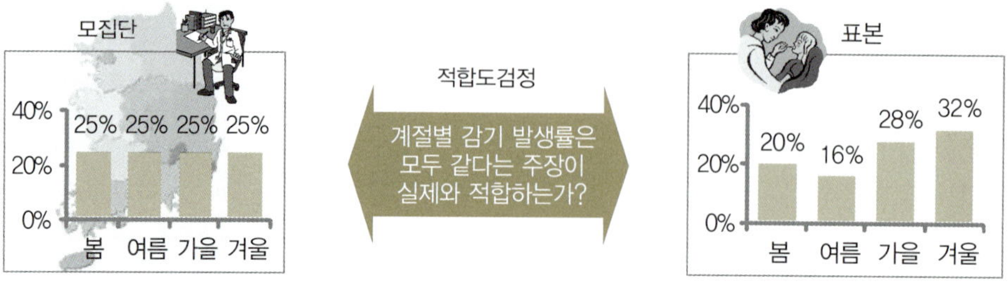

그림 12-2 ▌적합도검정(모수가 알려져 있는 경우)

모수가 알려져 있는 경우의 적합도검정을 〈표 12-1〉의 예를 가지고 알아보자.

적합도검정 예제(모수 기지)

어떤 내과의사가 요즈음에는 감기환자가 계절에 무관하게 발생한다고 주장하고 있다. 이를 확인하기 위하여 지난 1년 동안 감기환자 중에서 100명을 임의로 선택하여 어느 계절에 감기에 걸렸는지를 조사하였다. 의사의 주장이 옳은지 유의수준 5%로 적합도검정을 해보자.

표 12-1 ▌계절별 감기환자 수

계절	1. 봄	2. 여름	3. 가을	4. 겨울	계
감기환자 수	24	16	28	32	100

〈순서 1〉 가설을 설정한다.

H_0: $p_i = 0.25, i = 1,2,3,4$ (계절별 감기환자 발생률은 같다.)

H_1: p_i 는 모두 같지는 않다.

〈순서 2〉 유의수준을 결정한다.

$\alpha = 5\%$

〈순서 3〉 검정통계량 및 기각역을 정한다.

$$\chi^2 = \sum_{i=1}^{k} \frac{(O_i - E_i)^2}{E_i}, \chi^2 > \chi^2_{\alpha, k-1} = \chi^2_{0.05,3} = 7.815$$

〈순서 4〉 감정통계량을 계산한다.

기대도수는 $E_i = np_i$이다.

표 12-2 ▌계절별 감기환자의 기대도수

계절	1. 봄	2. 여름	3. 가을	4. 겨울	계
감기환자 수(O_i)	24	16	28	32	$n=100$
확률(p_i)	0.25	0.25	0.25	0.25	1.0
기대도수(E_i)	25	25	25	25	100

검정통계량을 계산하면

$$\chi^2 = \sum_{i=1}^{k} \frac{(O_i - E_i)^2}{E_i} = \frac{(24-25)^2}{25} + \frac{(16-25)^2}{25} + \frac{(28-25)^2}{25} + \frac{(32-25)^2}{25} = 5.6$$

〈순서 5〉 결론을 내린다.

$\chi^2 = 5.6 < 7.815$이므로 귀무가설을 채택한다. 즉, 계절별 감기발생률은 차이가 없다는 의사의 주장은 적합하다고 볼 수 있다. 참고로 P값은 0.1328이다.

표 12-3 ▌카이제곱분포표 $P(\chi^2 \geq \chi^2_{\alpha,\nu}) = \alpha$

자유도	우측 꼬리 확률 (α)							
ν	0.99	0.975	0.95	0.9	0.1	0.05	0.025	0.01
1	0.000	0.001	0.004	0.016	2.706	3.841	5.024	6.635
2	0.020	0.051	0.103	0.211	4.605	5.991	7.378	9.210
3	0.115	0.216	0.352	0.584	6.251	**7.815**	9.348	11.345
4	0.297	0.484	0.711	1.064	7.779	9.488	11.143	13.277
5	0.554	0.831	1.145	1.610	9.236	11.070	12.833	15.086

2. 모수가 알려져 있지 않은 경우

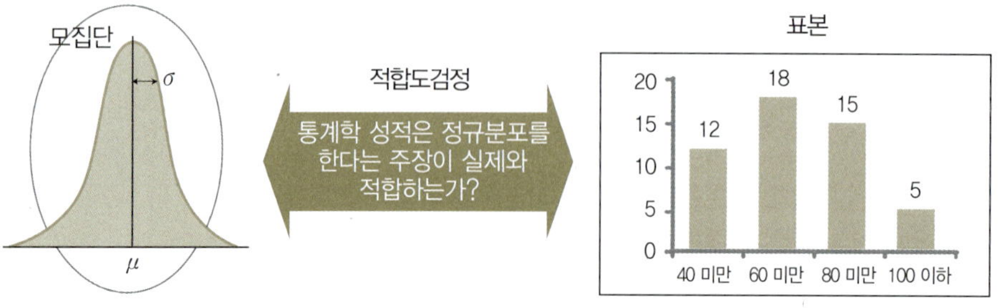

그림 12-3 ▌적합도검정(모수가 알려져 있지 않은 경우)

모수가 알려져 있지 않은 경우의 적합도검정도 〈표 12-4〉의 예를 가지고 알아보자. 단, 통계학 성적의 모평균과 모표준편차는 50명의 학생의 성적으로 구한 표본평균 $\hat{\mu}=\bar{x}=55.2$와 표본표준편차 $\hat{\sigma}=s=18.7$로 추정된 값이다.

적합도검정 예제(모수 미지)

통계학 수강생 50명의 성적과 성적을 도수분포표로 작성하였더니 다음과 같았다. 통계학 성적이 정규분포를 따르는가에 대하여 유의수준 5%로 적합도검정을 해보자.

표 12-4 ▌통계학 성적의 도수분포표

구간	20~40	40~60	60~80	80~100	계
관측도수	12	18	15	5	50

〈순서 1〉 가설을 설정한다.

H_0: 통계학 성적은 정규분포를 따른다.

H_1: 통계학 성적은 정규분포를 따르지 않는다.

〈순서 2〉 유의수준을 결정한다.

$\alpha=5\%$

〈순서 3〉 검정통계량 및 기각역을 정한다.

$$\chi^2=\sum_{i=1}^{k}\frac{(O_i-E_i)^2}{E_i},\ \chi^2>\chi^2_{\alpha,k-1-p}=\chi^2_{0.05,1}=3.841$$

단, O_i $= i$ 구간에 속하는 학생 수, E_i $= i$ 구간에 속하는 기대도수는 카이제곱분포를 따른다. 이 상황은 정규분포의 모수인 모평균과 모표준편차를 모르는 경우이므로, 즉 $X \sim N(\mu, \sigma^2)$에서 표본추출한 자료로 μ와 σ^2를 추정해야 하므로 자유도는 추정한 모수의 개수 $p=2$만큼 빼야 한다. 즉, $k-1-p=4-1-2=1$이 된다.

〈순서 4〉 검정통계량을 계산한다.

각 구간의 확률은 다음과 같이 구한다. 예를 들면

20 미만 구간확률: $p_1 = P(X < 20) = P\left(\dfrac{X-\mu}{\sigma} < \dfrac{20-55.2}{18.7}\right) = P\,(Z < -1.88) = 0.03$

60～80 구간확률: $p_4 = P(60 < X < 80)$

$$= P\left(\frac{80-55.2}{18.7} < Z < \frac{60-55.2}{18.7}\right) = P(1.33 < Z < 0.26) = 0.31$$

다른 구간의 확률도 같은 방법으로 구하므로 생략을 한다.

이어서 각 구간의 기대도수 $E_i = np_i$로 구한다. 예를 들면, 첫 번째 구간의 기대도수는 $E_1 = np_1 = 50 \times 0.03 = 1.5$이고, 4번째 구간의 기대도수는 $E_4 = np_4 = 50 \times 0.31 = 15.5$가 된다. 1번째 기대도수와 6번째 기대도수는 5 미만이므로 이웃한 기대도수와 합한다. 그러면 범주는 4개가 되므로 검정통계량의 자유도는 $k-1-p=4-1-2=1$이 된다.

이를 정리하면 〈표 12-5〉와 같다. 검정통계량을 계산하기 위하여 첫 번째 20 미만의 구간과 여섯 번째 100 이상의 구간을 추가한 것은 정규분포의 범위는 $-\infty < x < \infty$이기 때문이다.

표 12-5 ▌각 구간의 기대도수

구 간	20 미만	20～40	40～60	60～80	80～100	100이상	합계
관측도수	0	12	18	15	5	0	50
확률	0.03	0.18	0.39	0.31	0.08	0.01	1.0
기대도수	1.5	9.0	19.5	15.5	4	0.5	50

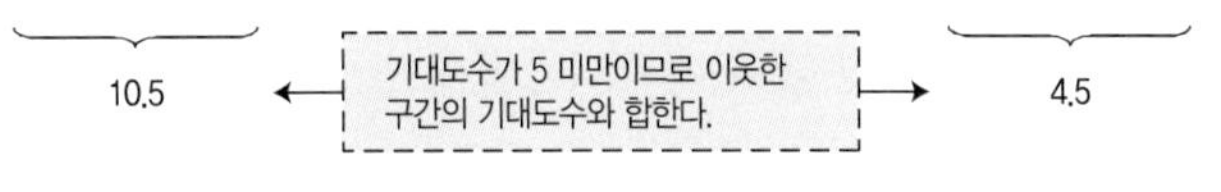

따라서 검정통계량을 구하면

$$\chi^2 = \sum_{i=1}^{k} \frac{(O_i - E_i)^2}{E_i} = \frac{(12-10.5)^2}{10.5} + \frac{(18-19.5)^2}{19.5} + \frac{(15-15.5)^2}{15.5} + \frac{(5-4.5)^2}{4.5} = 0.395$$

이다.

〈순서 5〉 결론를 내린다.

$\chi^2 = 0.395 < 3.841$이므로 귀무가설을 채택한다. 즉, 통계학 성적은 정규분포를 따른다고 보는 것이 타당하다. 참고로 P값은 0.5297이다.

12.3 독립성검정

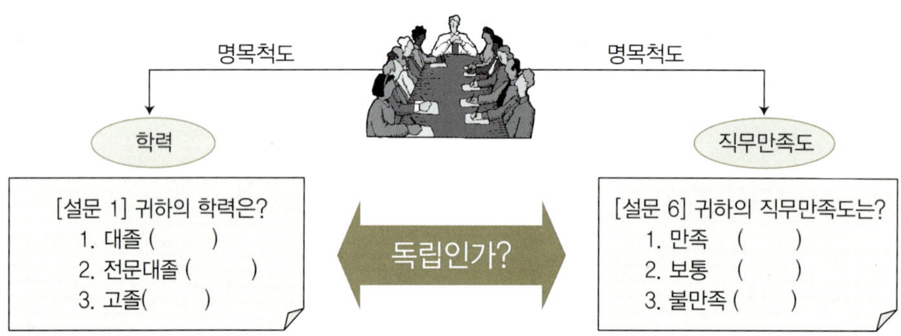

그림 12–4 ▌독립성검정의 개념

독립성검정은 하나의 조사 대상으로부터 추출한 표본자료들이 두 가지 속성으로 분류되었을 때 이 두 가지 속성 사이에 연관성, 즉 상관관계가 있는지를 검정하는 방법이다.

예를 들면, "학력과 직무만족도 사이에 상관관계가 있는가(독립인가)?", "소득수준과 이혼율 사이에 상관관계가 있는가(독립인가)?" 또는 "여성 흡연과 기형아 출산은 상관관계가 있는가(독립인가)?" 등과 같은 검정이다.

하나의 모집단으로부터 추출한 n개의 표본이 속성 A를 갖는 것이 r개의 행의 범주와 속성 B를 갖는 c개의 열의 범주로 분류되었다고 하자.

그리고 n개의 표본 중에서 i번째 행의 범주와 j번째 열의 범주에 동시에 속하는 표본의 개수를 O_{ij}라고 하면 n개의 표본은 〈표 12-6〉과 같이 분류된다.

이 표를 $(r \times c)$ 교차표 또는 분할표라고 부른다.

표 12-6 ▌ $r \times c$ 분할표

A \ B	$B_1 \cdots B_j \cdots B_c$	행의 합
A_1 ⋮ A_i ⋮ A_r	$O_{11} \cdots O_{1j} \cdots O_{1c}$ ⋮ $O_{i1} \cdots O_{ij} \cdots O_{ic}$ ⋮ $O_{r1} \cdots O_{rj} \cdots O_{rc}$	T_{A_1} ⋮ T_{A_i} ⋮ T_{A_r}
열의 합	$T_{B_1} \cdots T_{B_j} \cdots T_{B_c}$	총합 n

이때 임의의 한 표본이 교차표의 각 범주(행과 열)에 속할 결합확률을 나타내면 〈표 12-7〉과 같다.

표 12-7 ▌ $r \times c$ 분할표의 결합확률

A \ B	$B_1 \cdots B_j \cdots B_c$	행의 확률합 (행의 주변확률)
A_1 ⋮ A_i ⋮ A_r	$p_{11} \cdots p_{1j} \cdots p_{1c}$ ⋮ $p_{i1} \cdots p_{ij} \cdots p_{ic}$ ⋮ $p_{r1} \cdots p_{rj} \cdots p_{rc}$	p_{A_1} ⋮ p_{A_i} ⋮ p_{A_r}
열의 확률합 (열의 주변확률)	$p_{B_1} \cdots p_{B_j} \cdots p_{B_c}$	1

여기서

p_{ij} = 한 표본이 i번째 행과 j번째 열에 동시에 속할 확률

p_{A_i} = 한 표본이 i번째 행에 속할 확률

p_{B_j} = 한 표본이 j번째 열에 속할 확률

이다.

그러면 두 속성 A와 B 사이에 독립성검정을 위한 가설은 다음과 같이 설정된다.

$$H_0\colon p_{ij} = p_{A_i} \times p_{B_j},\ (i = 1, 2, \cdots, r;\ j = 1, 2, \cdots, c)$$

$$H_1\colon p_{ij} \neq p_{A_i} \times p_{B_j},\ \text{(적어도 하나의 } i\text{와 } j\text{에 대하여)}$$

여기서 귀무가설은 "행과 열은 서로 독립이다. 즉, 행과 열은 서로 상관관계가 없다."는 의

미이고, 대립가설은 “행과 열은 서로 독립이 아니다. 즉, 행과 열은 서로 상관관계가 있다.”는 의미이다.

독립성검정의 방법은 (i, j)번째 범주에 속하는 관측도수(교차빈도)와 귀무가설 H_0 하에서 기대도수 E_{ij}를 구하여 비교하는 것이 된다. 기대도수는 다항분포의 기댓값에 따라 다음과 같이 추정된다.

$$E_{ij} = p_{ij} \times n = (p_{A_i} \times p_{B_j}) \times n = \left(\frac{T_{A_i}}{n} \times \frac{T_{B_j}}{n} \right) \times n = \frac{T_{A_i} \times T_{B_j}}{n}$$

따라서 독립성검정을 위한 통계량은

$$\chi^2 = \sum_{i=1}^{r} \sum_{j=1}^{c} \frac{(O_{ij} - E_{ij})^2}{E_{ij}}$$

이며, 이 검정통계량은 자유도가 $(r-1)(c-1)$인 카이제곱분포를 따른다. 독립성검정을 일명 카이제곱검정이라고도 한다. 다음 〈표 12-8〉의 예제를 가지고 독립성검정을 알아보자.

독립성검정 예제

학력과 직무만족도 사이에 어떤 연관성이 있는지 알아보기 위하여 직장인 100명을 표본추출하여 조사한 결과이다. 두 변수 사이는 서로 독립인가의 여부를 검정해 보자.

표 12-8 ▌학력과 직무만족도 사이의 교차표

학력 \ 직무만족도	1 만족	2 보통	3 불만족	열 합계
1 대졸	5	7	13	25
2 전문대졸	10	18	12	40
3 고졸	9	15	11	35
행 합계	24	40	36	100

〈순서 1〉 가설을 설정한다.

H_0: $p_{ij} = p_{A_i} \times p_{B_j}$ $(i=1,2,3,\ j=1,2,3)$ (학력과 직무만족도 사이는 서로 독립이다.)

H_1: $p_{ij} \neq p_{A_i} \times p_{B_j}$ (학력과 직무만족도 사이는 서로 독립이 아니다.)

〈순서 2〉 유의수준을 결정한다. $\alpha = 5\%$

〈순서 3〉 검정통계량 및 기각역을 정한다.

$$\chi^2 = \sum_{i=1}^{r}\sum_{j=1}^{c} \frac{(O_{ij} - E_{ij})^2}{E_{ij}} \text{ 단, } E_{ij} = \frac{(i\text{번째 행의 합}) \times (j\text{번째 열의 합})}{\text{총 도수}} = \frac{T_{A_i} \times T_{B_j}}{n}$$

O_{ij} = i번째 행과 j번째 열이 교차한 곳의 관측도수

E_{ij} = i번째 행과 j번째 열이 교차한 곳의 기대도수

기각역: $\chi^2 > \chi^2_{\alpha,(r-1)(c-1)} = \chi^2_{0.05,(3-1)(3-1)} = \chi^2_{0.05,4} = 9.488$

〈순서 4〉 검정통계량을 계산한다.

기댓값 E_{32}을 구하는 방법과 검정통계량은 다음과 같다.

표 12-9 ▌교차표 O_{ij}

학력 \ 직무만족도	1 만족	2 보통	3 불만족	열 합계
1 대졸	5	7	13	25
2 전문대졸	10	18	12	40
3 고졸	9	15	11	35
행 합계	24	40	36	100

표 12-10 ▌기댓값 E_{ij}

학력 \ 직무만족도	1 만족	2 보통	3 불만족	열 합계
1 대졸	6	10	9	25
2 전문대졸	9.6	16	14.4	40
3 고졸	8.4	14	12.6	35
행 합계	24	40	36	100

$$E_{32} = \frac{T_{A_3} \times T_{B_2}}{n} = \frac{35 \times 40}{100} = 14$$

$$\chi^2 = \sum_{i}^{3}\sum_{j}^{3} \frac{(O_{ij} - E_{ij})^2}{E_{ij}} = \frac{(5-6)^2}{6} + \frac{(7-10)^2}{10} + \cdots + \frac{(11-12.6)^2}{12.6} = 39.84$$

〈순서 5〉 결론을 내린다.

$\chi^2 = 39.84 > 9.488$이므로 귀무가설을 기각한다. 즉, 학력과 직무만족도 사이는 독립이 아니다. 학력과 직무만족도 사이에는 연관성(상관관계)이 있다. 참고로 P값은 0.0이다.

12.4 동일성검정

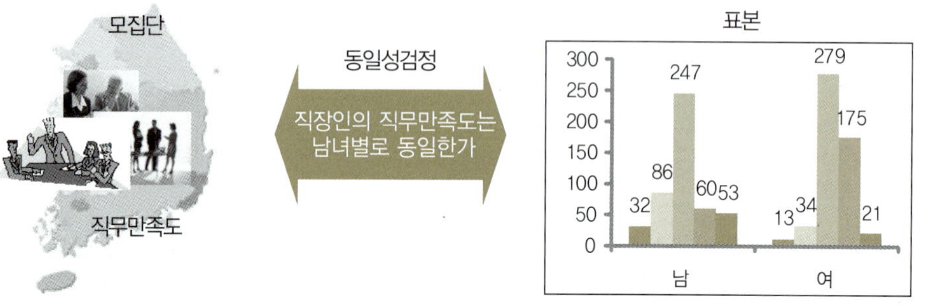

그림 12-5 ▌동일성검정의 개념

2개 이상의 모집단에서 추출한 각 표본들이 범주형으로 주어졌을 때 이들 모집단의 분포가 서로 동일한가를 검정하는 것을 동일성검정이라고 한다.

예를 들면, 지역에 따라 정당 지지도는 같은가?, 교육수준에 따라 범죄 발생률은 같은가? 또는 성별에 따라 음주비율은 같은가? 등을 검정하는 것이 이에 해당한다.

r개의 모집단으로부터 크기가 각각 다른 표본을 추출하여 c개의 범주로 분류하였을 때 각 세분화된 범주에 속하는 관측도수를 나타내면 〈표 12-6〉과 같다.

〈표 12-6〉 분할표에서 p_{ij}를 i번째 모집단(행)에서 j번째 범주(열)에 속할 확률이라고 하면 속성확률표는 〈표 12-11〉과 같다.

표 12-11 ▌분할표에 따른 확률의 구조

모집단 \ 범주	$B_1 \cdots B_j \cdots B_c$	행합계
A_1	$p_{11} \cdots p_{1j} \cdots p_{1c}$	1
$\vdots$	$\vdots$	$\vdots$
A_i	$p_{i1} \cdots p_{ij} \cdots p_{ic}$	1
$\vdots$	$\vdots$	$\vdots$
A_r	$p_{r1} \cdots p_{rj} \cdots p_{rc}$	1

이때 동일성검정은 r개의 다항모집단의 분포가 같은가를 검정하는 것이 되므로 귀무가설과 대립가설은 다음과 같이 설정된다.

$$H_0: p_{1j} = p_{2j} = \cdots = p_{rj} = p_j \text{ (각 범주 } j = 1,2,\cdots,c\text{)}$$
$$H_1: p_{ij} \neq p_j \text{ (적어도 } i\text{에 대하여)}$$

여기서 귀무가설은 "각 모집단(행)의 동일한 범주(열)의 확률은 모두 특정 값으로 같다."는 의미이고, 대립가설은 "적어도 하나 이상의 모집단은 다른 모집단의 동일한 범주의 확률과 같지 않다."는 의미이다.

동일성검정 방법은 (i, j)번째 범주에 속하는 관측도수(교차빈도)와 귀무가설 H_0 하에서 기대도수(기대빈도) E_{ij}를 구하여 비교하는 것이 된다. 기대도수는 다항분포의 기댓값에 따라 다음과 같이 추정된다.

$$E_{ij} = T_{A_i} p_j = T_{A_i}\left(\frac{T_{B_j}}{n}\right) = \frac{T_{A_i} \times T_{B_j}}{n}$$

따라서 동일성검정을 위한 통계량은 관측도수 O_{ij}와 기대도수 E_{ij}의 차이를 측정한 통계량인

$$\chi^2 = \sum_{i=1}^{r}\sum_{j=1}^{c}\frac{(O_{ij} - E_{ij})^2}{E_{ij}}$$

이 되고, 이 검정통계량은 자유도가 $(r-1)(c-1)$인 카이제곱분포를 따른다.

동일성검정 예제

동일성검정을 하려고 1,000명의 직장인을 조사한 결과 〈표 12-12〉와 같았다. 직무만족도는 성별에 따라 동일한지를 유의수준 5%로 검정하여 보자.

표 12-12 ▌성별과 직무만족도 사이의 교차표

성별 \ 만족도	매우 불만	불만	보통	만족	매우 만족	합계
남	32	86	247	60	53	478
여	13	34	279	175	21	522
합계	45	120	526	235	74	1,000

〈순서 1〉 가설을 설정한다.

H_0: $p_{1j} = p_{2j} = p_j$(각 범주 $j = 1,2,3,4,5$)(성별에 따른 직무만족도는 같다.)

H_1: $p_{ij} \neq p_j$(적어도 i에 대하여)(성별에 따른 직무만족도는 같지 않다.)

〈순서 2〉 유의수준을 결정한다. $\alpha = 5\%$

〈순서 3〉 검정통계량 및 기각역을 정한다.

$$\chi^2 = \sum_{i=1}^{r}\sum_{j=1}^{c}\frac{(O_{ij}-E_{ij})^2}{E_{ij}}$$

단, $E_{ij} = \frac{(i\text{번째 행의 합}) \times (j\text{번째 열의 합})}{\text{총도수}} = \frac{T_{A_i} \times T_{B_j}}{n}$

$O_{ij} = i$번째 행과 j번째 열이 교차한 곳의 관측도수

$E_{ij} = i$번째 행과 j번째 열이 교차한 곳의 기대도수

기각역: $\chi^2 > \chi^2_{\alpha,(r-1)(c-1)} = \chi^2_{0.05,(2-1)(5-1)} = \chi^2_{0.05,4} = 9.488$

〈순서 4〉 검정통계량을 계산한다.

기댓값 E_{23}를 계산하는 방법과 검정통계량을 계산하면 다음과 같다.

표 12-13 ▌교차표 O_{ij}

만족도 / 성별	매우 불만	불만	보통	만족	매우 만족	합계
남	32	86	247	60	53	478
여	13	34	279	175	21	522
합계	45	120	526	235	74	1,000

표 12-14 ▌기댓값 E_{ij}

만족도 / 성별	매우 불만	불만	보통	만족	매우 만족	합계
남	21.5	57.4	251.4	112.3	35.4	478
여	23.5	62.6	274.6	122.7	38.6	522
합계	45	120	526	235	74	1,000

$$E_{23} = \frac{T_{A_2} \times T_{B_3}}{n} = \frac{522 \times 526}{1,000} = 274.6$$

$$\chi^2 = \sum_{i}^{2}\sum_{j}^{5}\frac{(O_{ij}-E_{ij})^2}{E_{ij}} = \frac{(32-21.5)^2}{21.5} + \frac{(86-57.4)^2}{57.4} + \cdots + \frac{(21-38.6)^2}{38.6} = 100.9$$

〈순서 5〉 결론을 내린다.

$\chi^2 = 100.9 > 9.488$이므로 귀무가설을 기각한다. 즉, 성별에 따른 직무만족도는 동일하지 않다. 직장인 남성과 여성의 직무만족도는 차이가 많이 있다고 판단된다. 참고로 P값은 0.0000이다.

12장 단원평가

12-1 범주형 자료에 대하여 적합도검정, 독립성검정, 동일성검정 등에 기초가 되는 확률분포는 다음 중 어느 것인가?

(가) 정규분포 (나) 다항분포
(다) 포아송분포 (라) t분포

12-2 적합도검정, 독립성검정, 동일성검정 등에 적용되는 검정통계량은 귀무가설이 옳다면 어떤 분포를 하는가?

(가) 정규분포 (나) 초기하분포
(다) 포아송분포 (라) 카이제곱분포

12-3 하나의 조사 대상으로부터 추출한 표본자료들이 두 가지 속성으로 분류되었을 때 이 두 가지 속성 사이에 어떤 연관성이 있는지를 검정하는 것을 무엇이라고 하는가?

(가) 적합도검정 (나) 동일성검정
(다) 독립성검정 (라) 정규성검정

12-4 여러 모집단이 있을 때 각 모집단에 추출한 표본자료들이 여러 개의 범주로 나뉘어 관측되었을 때 모든 모집단에서 각 범주에 속할 확률분포가 같은지를 검정하는 것을 무엇이라고 하는가?

(가) 동일성검정 (나) 적합도검정
(다) 독립성검정 (라) 정규성검정

12-5 행과 열이 각각 4와 5인 분할표를 이용한 독립성검정에 사용되는 검정통계량의 자유도는 얼마인가?

(가) 4 (나) 5
(다) 9 (라) 12

12-6 특정 지역의 하루 교통사고 건수는 포아송분포를 따른다와 같은 가설을 자료를 이용하여 검정하는 것을 무엇이라고 하는가?

(가) 독립성검정 (나) 적합도검정
(다) 동일성검정 (라) F검정

12-7 주사위 한 개를 120번 던진 결과 다음과 같은 결과를 얻었다. 이 주사위는 각 숫자가 똑같이 나온다고 할 수 있는지 유의수준 5%로 검정하시오.

숫자	1	2	3	4	5	6	합계
관측도수	17	20	15	18	16	34	120

12-8 다음은 외모와 성적 사이에 어떤 연관성이 있는지를 알아보기 위하여 100명의 학생을 임의로 추출하여 조사하였더니 다음과 같은 분할표로 정리되었다. 외모와 성적 사이에 연관성이 있다고 볼 수 있는지를 유의수준 5%로 검정하시오.

외모 \ 성적	상	중	하	합 계
잘생겼다.	5	12	10	27
보통이다.	10	14	12	36
못생겼다.	14	15	8	37
합 계	29	41	30	100

12-9 다음은 각 지역별 주택 형태에 대한 자료이다. 각 지역에 따라 주택 형태별 비율이 같은지 유의수준 5%로 검정하시오.

	대도시	중소도시	농어촌	계
단독주택	210	350	190	750
아파트	710	110	30	850
계	920	460	220	1600

정답과 풀이

12-1 (나) **12-2** (라) **12-3** (다) **12-4** (가) **12-5** (라) **12-6** (나)

12-7 ① 가설: $H_0: p_1 = p_2 = p_3 = p_4 = p_5 = p_6 = \frac{1}{6}$

H_1: 적어도 하나는 $\frac{1}{6}$ 이 아니다.

② 유의수준: $\alpha = 5\%$

③ 검정통계량 및 기각역: $\chi^2 = \sum_{i=1}^{k} \frac{(O_i - E_i)^2}{E_i}$, $\chi^2 > \chi^2_{0.05,5} = 11.07$ 이면 귀무가설을 기각한다.

④ 계산

숫자	1	2	3	4	5	6	합계
관측도수 O_i	17	20	15	18	16	34	120
확률 p_i	1/6	1/6	1/6	1/6	1/6	1/6	1.0
기대도수 $E_i = np_i$	20	20	20	20	20	20	120

$$\chi^2 = \sum_{i=1}^{k} \frac{(O_i - E_i)^2}{E_i}$$
$$= \frac{(17-20)^2}{20} + \frac{(20-20)^2}{20} + \frac{(15-20)^2}{20} + \frac{(18-20)^2}{20} + \frac{(16-20)^2}{20} + \frac{(34-20)^2}{20}$$
$$= 12.5$$

⑤ 결론: $\chi^2 = 12.5 > \chi^2_{0.05,5} = 11.07$이므로 귀무가설을 기각한다. 즉, 주사위는 각 숫자가 나오는 비율이 같다고 볼 수 없다.

12-8 ① 가설: H_0: 외모와 성적은 서로 독립이다.

H_1: 외모와 성적은 서로 독립이 아니다.

② 유의수준: $\alpha = 5\%$

③ 검정통계량 및 기각역: $\chi^2 = \sum_{i=1}^{3}\sum_{j=1}^{3} \frac{(O_{ij} - E_{ij})^2}{E_{ij}}$, $\chi^2 > \chi^2_{0.05,4} = 9.488$이면 귀무가설을 기각한다.

④ 계산

외모 \ 성적	상	중	하	합 계
잘생겼다.	5(7.83)	12(11.07)	10(8.1)	27
보통이다.	10(10.44)	14(14.76)	12(10.8)	36
못생겼다.	14(10.73)	15(15.17)	8(11.1)	37
합 계	29	41	30	100

여기서 ( )은 기대도수 $E_{ij} = \dfrac{T_{A_i} \times T_{B_j}}{T}$ 이다.

$$\chi^2 = \sum_{i=1}^{3}\sum_{j=1}^{3} \frac{(O_{ij} - E_{ij})^2}{E_{ij}} = \frac{(5-7.83)^2}{7.83} + \frac{(12-11.07)^2}{11.07} +, \cdots, + \frac{(8-11.1)^2}{11.1} = 3.602$$

⑤ 결론: $\chi^2 = 3.602 < 9.488$이므로 귀무가설을 기각할 수 없다. 즉, 외모와 성적은 서로 독립이다 (연관성은 없다.)

12-9 ① 가설: H_0: 지역에 따라 주택 형태 비율은 같다.

H_1: 지역에 따라 주택 형태 비율은 다르다.

② 유의수준: $\alpha = 5\%$

③ 검정통계량 및 기각역: $\chi^2 = \sum_{i=1}^{2}\sum_{j=1}^{3} \frac{(O_{ij} - E_{ij})^2}{E_{ij}}$, $\chi^2 > \chi^2_{0.05,2} = 5.991$이면 귀무가설을 기각한다.

④ 계산

	대도시	중소도시	농어촌	계
단독주택	210(431.3)	350(251.6)	190(103.1)	750
아파트	710(488.8)	110(244.4)	30(116.9)	850
계	920	460	220	1600

여기서 ( )의 값은 기대도수 $E_{ij} = \dfrac{T_{A_i} \times T_{B_j}}{T}$ 값이다.

$$\chi^2 = \sum_{i=1}^{2}\sum_{j=1}^{3}\frac{(O_{ij}-E_{ij})^2}{E_{ij}} = \frac{(210-431.3)^2}{431.3} + \frac{(350-251.6)^2}{251.6} +, \cdots ,+ \frac{(30-116.9)^2}{116.9} = 509.1$$

⑤ 결론: $\chi^2 = 509.1 > 5.991$ 이므로 귀무가설을 기각한다. 즉, 지역별 주택 형태 비율은 다르다고 할 수 있다. (지역에 따라 주택 형태 비율은 동일하지 않다.)

12장 연습문제

12.1 식품회사에서 신제품 개발을 위한 시험 제품을 평가하려고 한다. 소비지 100명을 무작위로 선택하여 가장 맛있는 제품을 조사한 결과 다음 표의 결과를 얻었다.

시험제품	L	P	Q	H	R	합계
도수	27	17	15	22	19	100

① "각 제품 간 맛의 차이가 없음"이라는 귀무가설을 수식으로 표현하시오.

② 어떤 검정통계량을 사용하는가?

③ 유의수준 5%로 가설검정을 하시오.

12.2 교수가 지금까지 준 학점의 분포는 다음과 같았다. 지난 학기에 이 교수로부터 수강한 학생의 학점은 다음과 같다. 이 교수의 주장이 타당한지 유의수준 5%로 검정하시오.

학점	A	B	C	D	F	계
비율	8%	25%	34%	25%	8%	100%

학점	A	B	C	D	F	계
학생 수	5	22	50	27	6	110

12.3 다음 표는 각 지역의 정당 지지도를 조사하여 정리한 교차표이다. 지역에 따라 정당 지지도가 다른지 유의수준 5%로 검정하시오.

	민주당	공화당	독립당	열 합계
대도시	22	122	56	200
중소도시	20	134	46	200
농어촌	10	148	42	200
행 합계	52	404	144	600

12.4 다음은 새로운 조세법안에 대한 소득수준에 따른 찬반 유 · 무를 조사한 자료이다. 소득수준과 찬성 여부는 독립인지를 유의수준 5%로 검정하시오.

	저소득층	평균소득층	고소득층	열 합계
찬성	182	213	203	598
반대	154	138	110	402
행 합계	336	351	313	1,000

12.5 어느 카드회사에서 고객의 등급과 카드사용액 간에 관련이 있을 것으로 판단되어 조사를 하여 다음 분할표로 정리되었다. 고객의 등급과 카드사용액 간에는 서로 관계가 있는지를 유의수준 5%로 검정하시오.

카드사용액 \ 등급	VIP 골드	VIP 실버	VIP	일반
10만원 이하	21	42	80	15
10만원 ~ 30만원	15	122	45	24
30만원 ~ 60만원	94	100	16	30
60만원 ~ 100만원	120	65	15	18
100만원 이상	32	19	12	10

12.6 20~30대 640명에게 배기량이 같은 푸조308, 아반떼 및 골프 중 '구입하고 싶은 차'에 대하여 조사하였다. 남녀간의 구입비율이 같은지 유의수준 5%로 검정하시오.

자동차	남자	여자	합계
푸조308	200	50	250
현대 아반떼	50	100	150
폭스바겐 골프	100	200	300
합계	350	350	650

제13장
분산분석

13.1 기본개념

13.2 일원분산분석

13.3 이원분산분석

■ 단원평가

■ 연습문제

제13장 분산분석

[학습목표]

- 분산분석이 무엇인지 알 수 있다.
- 일원분산분석을 할 수 있다.
- 이원분산분석을 할 수 있다.

이 장에서 소개되는 분산분석은 연속형 자료(계량치)로 구성된 두 개 이상의 모집단을 비교할 수 있게 해주는 통계적 기법이다. 이러한 기법을 분산분석(analysis of variance: ANOVA)이라고 부른다. 분산분석은 모평균들 간에 차이가 있는가를 결정하는 기법으로 표본분산을 분석하여 이루어지기 때문에 분산분석이란 이름이 붙여졌다.

분산분석이 처음으로 적용된 분야 중에 하나가 농업 분야이다. 서로 다른 비료의 처리(treatment)가 서로 다른 곡물의 수확량에 얼마나 영향을 주는지를 결정하기 위해 1920년대에 시행되었다. 이때 사용된 용어가 현재에도 사용되고 있다. 어떠한 실험이든 실험 과정은 처리의 평균들 간에 차이를 결정할 수 있도록 설계되어야 한다.

13.1 기본개념

이전 장에서는 두 모집단을 비교하는 통계적 기법을 공부했다. 그렇지만 현실에서는 세 개 이상의 모집단을 동시에 비교하는 경우도 많이 있다.

어느 음료회사에서 오렌지 농축액을 개발한 목적이 편리성, 품질 그리고 가격에 있다고 하자. 그리고 이를 판매하기 위해서 도시 A에서는 편리성만, 도시 B에서는 품질만, 그리고 도시 C에서는 가격만을 강조한 광고를 한 후 세 도시 간 판매량에 차이가 발생하는지를 알기 원하는 경우가 한 예이다. 또한 수확량을 최대로 해주는 시비량(施肥量)을 결정하는 문제, 그리고 경영학, 공학, 통계학 그리고 인문학을 전공한 취업자들의 초봉은 차이가 있는가와 같이 3개 이상의 모집단의 평균을 동시에 비교하는 경우도 해당한다.

이처럼 여러 모집단의 모평균을 동시에 비교하는 통계적 방법이 분산분석이다.

이러한 개념을 나타내면 [그림 13-1]과 같다.

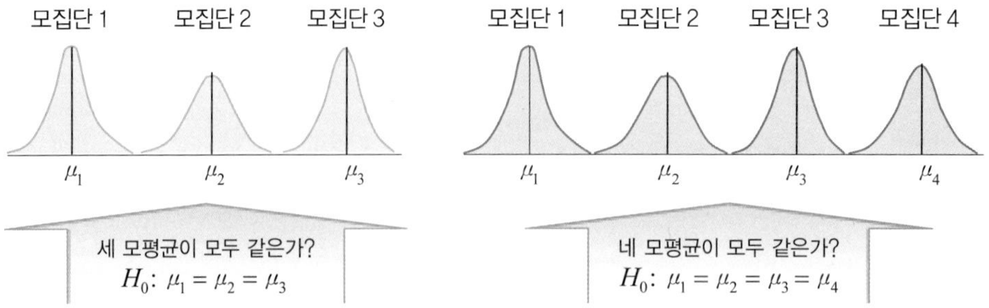

그림 13-1 ▌3개 이상의 모평균에 대한 동시 비교

그러면 여러 개의 모평균을 비교하는 분산분석이 어떤 통계적 기법인지 구체적으로 알아보자.

분산분석이란 모집단별로 추출한 표본자료의 총 산포를 제곱합(변동)으로 나타내고 이 제곱합을 요인별로 분해한 표본분산(제곱평균, 불편분산)을 구한 다음에 오차분산보다 큰 영향을 주는 요인이 무엇인지를 찾아내어 모평균들이 동일한지를 검정하는 방법이다. 이상의 내용을 예를 들어 정리하면 [그림 13-2]와 같다.

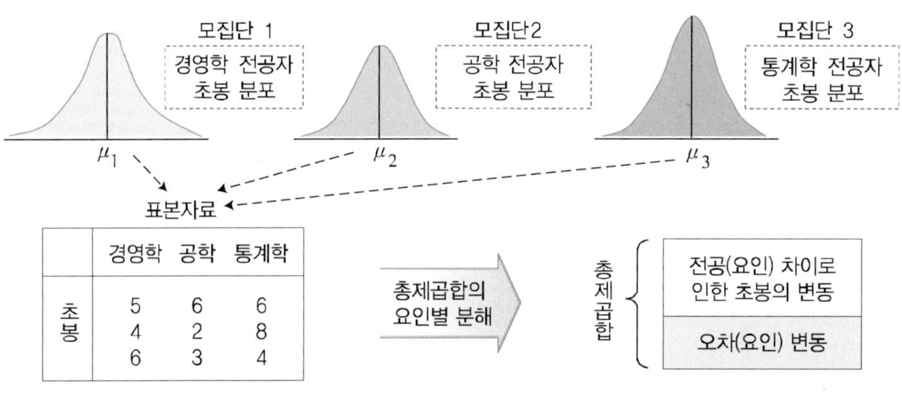

그림 13-2 ▌분산분석의 원리

일반적으로 분산분석은 조사자료보다는 계획적으로 설계되고 관리된 실험을 통하여 얻은 실험자료(experimental data)를 분석하는 데 많이 사용된다. 분산분석을 위한 실험자료를 얻는데 관련된 용어의 정의를 예로 보이면 〈표 13-1〉과 같다.

표 13-1 ‖ 분산분석에 사용되는 기본 용어

	특성값	요인(인자)	수 준	처 리
정의	실험결과 반응변수	실험에서 취급된 원인	요인의 실험조건	요인의 수준 또는 처리조합
예	초봉	전공	경영학, 공학, 통계학	수준 자체가 처리가 된다.
	배추 생산량	施肥量 온 도	100g, 150g, 200g 20℃, 25℃, 30℃	(시비량, 온도)의 수준조합이 처리가 된다. (예) (100g, 20℃)

일반적으로 분산분석에서는 특성값에 영향을 미치는 요인(factor: 인자)은 영어의 알파벳의 대문자로, 각 요인의 수준(level)은 해당 대문자에 첨자를 붙여서 나타낸다. 예를 보이면 〈표 13-2〉와 같다.

표 13-2 ‖ 요인과 수준 표기

요 인	수 준
비료량(A) 배추품종(B)	$A_1 = 100g,\ A_2 = 150g,\ A_3 = 200g$ $B_1 =$ 대통, $B_2 =$ 산울림 , $B_3 =$ 맛춤, $B_4 =$ 월동맛

13.2 일원분산분석

◆ 비료를 주는 양에 따라 배추의 수확량에는 차이가 있는가?

그림 13-3 ‖ 일원분산분석의 개념

일원분산분석은 반응변수에 영향을 미치는 요인 중에서 하나의 요인만 고려하고 다른 요인이나 조건은 일정하게 유지하는 가장 단순한 실험의 결과를 분석하는 방법이다. 요인의 수준(처리)은 l개이고 각 수준에서의 실험의 반복은 m번씩이다. 그러면 총 lm번의 실험은 완전 무작위(확률화)로 실시해야 한다. 이를 확률화의 원리라고 한다.

실험 결과를 x_{ij}로 나타내면 일원분산분석 실험 데이터는 〈표 13-3〉과 같이 배열된다.

표 13-3 ▌일원분산분석의 데이터 배열

반복 \ 요인	$A_1 \cdots A_i \cdots A_l$	
1	$x_{11} \cdots x_{i1} \cdots x_{l1}$	
:	:	
j	$x_{1j} \cdots x_{ij} \cdots x_{lj}$	
:	:	
m	$x_{1m} \cdots x_{im} \cdots x_{lm}$	
합계	$T_{1\cdot} \cdots T_{i\cdot} \cdots T_{l\cdot}$	T
평균	$\overline{x_{1\cdot}} \cdots \overline{x_{i\cdot}} \cdots \overline{x_{l\cdot}}$	$\overline{\overline{x}}$

측정된 자료 x_{ij}에 대한 구조모형은 다음과 같이 나타낸다.

$$x_{ij} = \mu + \alpha_i + \varepsilon_{ij} \quad (i = 1,2,\cdots,l;\ j = 1,2,\cdots,m)$$

단, μ = 전체의 모평균

α_i = i번째 처리효과$(\mu_i - \mu)$

ε_{ij} = 서로 독립인 오차$N(0, \sigma_E^2)$

일반적으로 일원분산분석에서 요인 A의 수준(처리) $A_i(i = 1,2,\cdots,l)$는 모집단이 된다. i번째 수준에서 m개의 특성값을 얻는 것은 A_i번째 모집단에서 m개의 표본을 추출하는 것과 같다. 따라서 일원분산분석은 l개의 모평균 $\mu_i\,(i = 1,2,\cdots,l)$에 대하여 다음의 가설을 검정하는 것이 된다.

$$H_0\text{: } \mu_1 = \mu_2 =,\cdots,= \mu_l$$

H_1: μ_i가 모두 같지는 않다.

이 가설을 검정하기 위해서는 분산분석표를 작성해야 한다. 지금부터 그 절차를 살펴보기로 하자.

〈순서 1〉 가설을 설정한다.

H_0: $\mu_1 = \mu_2 =,\cdots,= \mu_l$

H_1: μ_i가 모두 같지는 않다.

이 가설을 처리효과 $\alpha_i = \mu_i - \mu$로 나타내면

H_0: $\alpha_1 = \alpha_2 =\cdots,= \alpha_l = 0$

H_1: α_i는 모두 0은 아니다.

가 되고 α_i가 모두 0이므로

H_0: $\sigma_A^2 = 0$

H_1: $\sigma_A^2 > 0$

으로 나타내기도 한다. 어느 것을 사용해도 상관이 없다.

〈순서 2〉 유의수준을 정한다. $\alpha = 5\%$

〈순서 3〉 검정통계량 및 기각역을 정한다.

$$F = \frac{\text{요인 } A\text{의 표본분산}}{\text{오차 } E\text{의 표본분산}} = \frac{s_A^2}{s_E^2} > F(\nu_A, \nu_E; \alpha)$$

〈순서 4〉 검정통계량을 계산한다.

검정통계량을 구하기 위한 분산분석은 총변동을 분해하는 것에서부터 출발한다. 즉, 총변동(총제곱합)을 수준간 변동과 수준내 변동(오차변동)으로 분해하는 것이다. 이를 나타내면 [그림 13-4]와 같다.

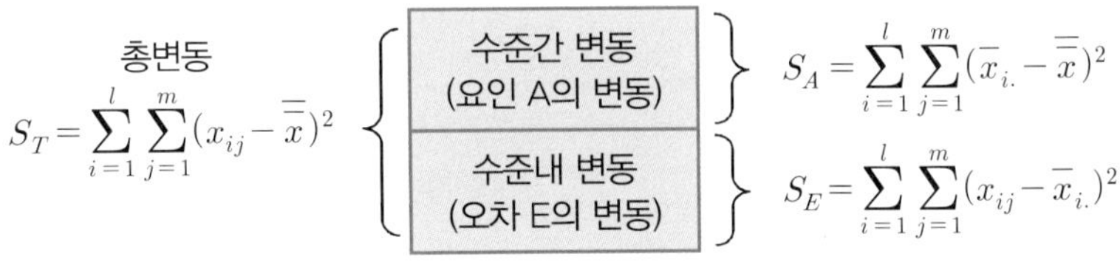

그림 13-4 ▌총제곱합(총변동)의 분해

(1) 변동을 계산한다.

각 변동은 다음 순서로 계산식을 이용하면 편리하게 값을 구할 수 있다.

$$CT = \frac{T^2}{lm} \text{ (수정항)}$$

$$S_T = \sum_{i=1}^{l}\sum_{j=1}^{m}(x_{ij} - \overline{\overline{x}})^2 = \sum_{i=1}^{l}\sum_{j=1}^{m}x_{ij}^2 - CT$$

$$S_A = \sum_{i=1}^{l}\sum_{j=1}^{m}(\overline{x_{i.}} - \overline{\overline{x}})^2 = \sum_{i=1}^{l}\frac{T_{i}^2 \boldsymbol{.}}{m} - CT$$

$$S_E = \sum_{i=1}^{l}\sum_{j=1}^{m}(x_{ij} - \overline{x_{i.}})^2 = S_T - S_A$$

(2) 자유도를 구한다.

$$S_T = \sum_{i=1}^{l}\sum_{j=1}^{m}(x_{ij} - \overline{\overline{x}})^2$$

총자유도

$\nu_T = lm - 1$

$$S_A = \sum_{i=1}^{l}\sum_{j=1}^{m}(\overline{x}_{i.} - \overline{\overline{x}})^2$$

요인 A의 자유도

$\nu_A = l - 1$

$$S_E = \sum_{i=1}^{l}\sum_{j=1}^{m}(x_{ij} - \overline{x}_{i.})^2$$

오차 E의 자유도

$\nu_E = l(m-1)$

그림 13-5 ▌각 변동의 자유도

총변동이 수준간 변동과 수준내 변동(오차변동)으로 분해되므로 총변동과 관련된 자유도 또한 이 두 부분으로 나누어진다.

총변동과 관련된 자유도는 총표본수(실험회수)에서 1을 뺀 것이므로 $lm-1$이 된다. 수준수가 l개이므로 수준간 변동의 자유도는 $l-1$이 된다.

따라서 수준내 변동의 자유도는 총변동의 자유도에서 수준간 변동의 자유도를 빼면 간단히 얻어진다. 즉, $lm-1-(l-1) = l(m-1)$이 된다.

(3) 표본분산을 계산한다.

각 요인의 분산은 변동(제곱합)을 해당 자유도로 나누면 얻어진다. 표본분산을 불편분산 또는 제곱평균이라고도 부른다.

요인 A의 표본분산: $s_A^2 = \dfrac{S_A}{\nu_A}$

오차 E의 표본분산: $s_E^2 = \dfrac{S_E}{\nu_E}$

(4) 분산분석표를 작성한다.

분산분석표를 작성하면 〈표 13-4〉와 같다. 분산분석표를 작성하는 과정에서 검정통계량 F(분산비)의 값이 구해진다.

표 13-4 ▌일원분산분석의 분산분석표

요인	S(변동)	ν(자유도)	s^2(표본분산)	F(분산비)
A(처리) E(오차)	S_A S_E	$\nu_A = l-1$ $\nu_E = l(m-1)$	s_A^2 s_E^2	$F = \frac{s_A^2}{s_E^2}$
T(합계)	S_T	$\nu_T = lm-1$		검정통계량

마지막으로 두 표본분산의 비를 구하여 분산분석표에 기입한다. 이 분산비가 검정통계량이 된다. 따라서 귀무가설이 옳으면 검정통계량인 분산비 F는 분자의 자유도가 $l-1$, 분모 자유도가 $l(m-1)$인 F분포를 따른다. 여기서 귀무가설이 옳으면 s_A^2나 s_E^2은 모두 σ^2의 불편추정량이 되어 F값은 1이 되지만 대립가설이 옳은 경우에는 s_A^2의 기댓값은 σ^2보다 크게 되어 F값은 1보다 크게 된다. 따라서 유의수준이 α일 때 기각역은 다음과 같다.

$$F = \frac{s_A^2}{s_E^2} > F(\nu_A, \nu_E; \alpha)$$

〈순서 5〉 결론을 내린다.

$F = \frac{s_A^2}{s_E^2} > F(\nu_A, \nu_E; \alpha)$이면 귀무가설을 기각한다.

일원분산분석의 예제

시중에서 판매되는 4종류의 해열진통제의 효과에 차이가 있는지 알아보기 위하여 20명의 환자를 무작위로 선택하여 각각의 해열진통제를 5명씩 복용하게 한 후 효과가 나타날 때까지 걸리는 시간(분)을 측정한 자료가 다음과 같았다. 해열진통제의 종류에 따라 진통효과에 유의한 차이가 있는지를 유의수준 5%로 검정하여 보자.

진통제 종류(A) / 반복	A_1	A_2	A_3	A_4
1	5	9	2	7
2	4	7	5	9
3	8	8	3	9
4	6	6	5	8
5	3	9	7	7

〈순서 1〉 가설을 설정한다.

H_0: $\mu_1 = \mu_2 = \mu_3 = \mu_4$

H_1: μ_i가 모두 같지는 않다.

또는 각 수준의 효과에 차이가 있는지를 검정하는 형태이면 다음과 같이 나타낼 수도 있다.

H_0: $\alpha_1 = \alpha_2 = \alpha_3 = \alpha_4 = 0$

H_1: α_i는 모두 0은 아니다.

〈순서 2〉 유의수준을 정한다. $\alpha = 5\%$

〈순서 3〉 검정통계량 및 기각역을 정한다.

$$F = \frac{s_A^2}{s_E^2} > F(3,6;0.05) = 3.24$$

이면 귀무가설을 기각한다.

〈순서 4〉 검정통계량을 계산한다.

진통제 종류(A) / 반복	A_1	A_2	A_3	A_4	
1	5	9	2	7	
2	4	7	5	9	
3	8	8	3	9	
4	6	6	5	8	
5	3	9	7	7	
합계($T_{i\cdot}$)	26	39	22	40	$T = 127$

(1) 변동을 계산한다.

$(l = 4,\ m = 5)$

$$CT = \frac{T^2}{lm} = \frac{127^2}{4\times5} = 806.45$$

$$S_T = \sum_{i=1}^{4}\sum_{j=1}^{5} x_{ij}^2 - CT = (5^2 + 9^2 +, \cdots, + 7^2) - 806.45 = 90.55$$

$$S_A = \sum_{i=1}^{4} \frac{T_{i\cdot}^2}{m} - CT = \frac{1}{5}(26^2 + 39^2 + 22^2 + 40^2) - 806.45 = 49.75$$

$$S_E = S_T - S_A = 90.55 - 49.75 = 40.8$$

(2) 자유도를 구한다.

총자유도: $\nu_T = lm - 1 = 4\times5 - 1 = 19$

처리의 자유도: $\nu_A = l - 1 = 4 - 1 = 3$

오차의 자유도: $\nu_E = l(m-1) = 4\times(5-1) = 16$

(3) 표본분산을 계산한다.

$$s_A^2 = \frac{S_A}{\nu_A} = \frac{49.75}{3} = 16.583$$

$$s_E^2 = \frac{S_E}{\nu_E} = \frac{40.8}{16} = 2.55$$

(4) 분산분석표를 작성한다.

표 13-5 ▌일원분산분석 예제의 분산분석표

요인	S(변동)	ν(자유도)	s^2(표본분산)	F(분산비)
A(진통제)	49.75	3	16.583	6.053
E(오차)	40.80	16	2.55	
T(합계)	90.55	19		

〈순서 5〉 결론을 내린다.

$F = 6.053 > 3.24$이므로 귀무가설을 기각한다. 즉, 진통제의 효과는 종류에 따라 유의한 차이가 있다고 볼 수 있다. 참고로 P값은 0.006이다.

일원분산분석을 한 후에 각 수준의 추정 등은 생략하기로 한다.

표 13-6 ▌ F분포표(부분) $P\{F \geq F(\nu_1, \nu_2)\} = 0.05$

분모 \ 분자	1	2	3	4	5
2	18.51	19.00	19.16	19.25	19.30
6	5.99	5.14	4.76	4.53	4.39
8	5.32	4.46	4.07	3.84	3.69
14	4.60	3.74	3.34	3.11	2.96
15	4.54	3.68	3.29	3.06	2.90
16	4.49	3.63	**3.24**	3.01	2.85
17	4.45	3.59	3.20	2.96	2.81
20	4.35	3.49	3.10	2.87	2.71

13.3 이원분산분석

◆ 비료를 주는 양에 따라 배추의 수확량에는 차이가 있는가?

◆ 배추 품종에 따라 배추의 수확량에는 차이가 있는가?

그림 13-6 ▌ 이원분산분석의 개념

이원분산분석은 실험 결과에 영향을 미치는 요인 중에서 두 요인만 고려하고 다른 요인이나 조건은 일정하게 유지하는 실험이다.

요인 A의 수준은 l개, 요인 B의 수준은 m개라고 하면, 반복이 없는 이원분산분석은 요인 A의 한 수준과 요인 B의 한 수준이 조합이 되어서 하나의 처리가 되므로 전체의 처리 수(실험 횟수)는 lm개가 된다. 물론 실험순서는 완전 랜덤으로 실시해야 한다. 이원분산분석 실험결과는 〈표 13-7〉과 같이 배열된다.

표 13-7 ▌이원분산분석의 데이터 배열

요인 B \ 요인 A	$A_1 \cdots A_i \cdots A_l$	합계	평균
B_1	$x_{11} \cdots x_{i1} \cdots x_{l1}$	$T_{\cdot 1}$	$\overline{x_{\cdot 1}}$
$\vdots$	$\vdots$	$\vdots$	
B_j	$x_{1j} \cdots x_{ij} \cdots x_{lj}$	$T_{\cdot j}$	$\overline{x_{\cdot j}}$
$\vdots$	$\vdots$	$\vdots$	
B_m	$x_{1m} \cdots x_{im} \cdots x_{lm}$	$T_{\cdot m}$	$\overline{x_{\cdot m}}$
합계	$T_{1\cdot} \cdots T_{i\cdot} \cdots T_{l\cdot}$	T	
평균	$\overline{x_{1\cdot}} \cdots \overline{x_{i\cdot}} \cdots \overline{x_{l\cdot}}$		$\overline{\overline{x}}$

두 개의 요인을 동시에 반복이 없이 그 수준을 변화시키는 이원분산분석(이원배치법: two-way ANOVA)에 대하여 살펴보기로 한다.

두 요인의 교호작용(interaction)을 검출하고자 한다면 두 요인의 수준조합(처리)에서 반복 실험을 해야 한다.

측정된 자료 x_{ij}에 대한 구조모형은 다음과 같이 나타낸다.

$$x_{ij} = \mu + \alpha_i + \beta_j + \varepsilon_{ij} \quad (i = 1,2,\cdots,l;\ \ j = 1,2,\cdots,m\ )$$

단, μ = 전체의 모평균
$\alpha_i = i$번째 처리효과$(\mu_i - \mu)$
$\beta_j = j$번째 처리효과$(\mu_j - \mu)$
ε_{ij} = 서로 독립인 오차 $N(0, \sigma_E^2)$

일반적으로 이원분산분석에서 요인 A의 수준(처리) $A_i(i = 1,2, \cdots,l)$는 모집단이 된다. i번째 수준에서 m개의 특성값을 얻는 것은 A_i번째 모집단에서 m개의 표본을 추출하는 것과 같다. 같은 원리로 요인 B도 $B_j(j = 1,2,\cdots,m)$번째 모집단에서 l개의 표본을 추출하는 것과 같다.

따라서 이원분산분석은 l개의 모평균 $\mu_i(i = 1,2,\cdots,l)$와 m개의 모평균 $\mu_j(j = 1,2,\cdots,m)$에 대하여 각각 다음의 가설을 검정하는 것이 된다.

요인 A의 가설 H_0: $\mu_1 = \mu_2 =,\cdots,= \mu_l$
H_1: μ_i가 모두 같지는 않다.

$$\text{요인 B의 가설 } H_0: \mu_1 = \mu_2 =, \cdots, = \mu_m$$
$$H_1: \mu_j\text{가 모두 같지는 않다.}$$

이 가설을 검정하기 위해서는 분산분석표를 작성해야 한다. 지금부터 그 절차를 살펴보기로 하자.

〈순서 1〉 가설을 설정한다.

요인 A의 가설은

H_0: $\mu_1 = \mu_2 =, \cdots, = \mu_l$

H_1: μ_i가 모두 같지는 않다.

이고, 요인 B의 가설은

H_0: $\mu_1 = \mu_2 =, \cdots, = \mu_m$

H_1: μ_j가 모두 같지는 않다.

이다.

〈순서 2〉 유의수준을 정한다. $\alpha = 5\%$

〈순서 3〉 검정통계량 및 기각역을 정한다.

$$\text{요인 A: } F = \frac{\text{요인 } A\text{의 표본분산}}{\text{오차 } E\text{의 표본분산}} = \frac{s_A^2}{s_E^2} > F(\nu_A, \nu_E; \alpha)$$

$$\text{요인 B: } F = \frac{\text{요인 } B\text{의 표본분산}}{\text{오차 } E\text{의 표본분산}} = \frac{s_B^2}{s_E^2} > F(\nu_B, \nu_E; \alpha)$$

〈순서 4〉 검정통계량을 계산한다.

분산분석은 총변동을 요인 A의 수준(처리) 간 변동과 요인 B의 수준(처리) 변동 그리고 오차변동으로 분해하는 것부터 시작한다. 이를 나타내면 [그림 13-7]과 같다.

총변동

$$S_T = \sum_{i=1}^{l}\sum_{j=1}^{m}(x_{ij} - \overline{\overline{x}})^2$$

요인 A의 변동 $\quad S_A = \sum_{i=1}^{l}\sum_{j=1}^{m}(\overline{x}_{j.} - \overline{\overline{x}})^2$

요인 B의 변동 $\quad S_B = \sum_{i=1}^{l}\sum_{j=1}^{m}(\overline{x}_{.j} - \overline{\overline{x}})^2$

오차 E의 변동 $\quad S_E = \sum_{i=1}^{l}\sum_{j=1}^{m}(x_{ij} - \overline{x}_{i.} - \overline{x}_{.j} + \overline{\overline{x}}$

그림 13-7 ▌이원분산분석의 총변동의 분해

(1) 변동을 계산한다.

$$CT = \frac{T^2}{lm} \text{ (수정항)}$$

$$S_T = \sum_{i=1}^{l}\sum_{j=1}^{m}(x_{ij} - \overline{\overline{x}})^2 = \sum_{i=1}^{l}\sum_{j=1}^{m}x_{ij}^2 - CT$$

$$S_A = \sum_{i=1}^{l}\sum_{j=1}^{m}(\overline{x_{i\bullet}} - \overline{\overline{x}})^2 = \sum_{i=1}^{l}\frac{T_{i\bullet}^2}{m} - CT$$

$$S_B = \sum_{i=1}^{l}\sum_{j=1}^{m}(\overline{x_{\bullet j}} - \overline{\overline{x}})^2 = \sum_{j=1}^{m}\frac{T_{\bullet j}^2}{l} - CT$$

$$S_E = \sum_{i=1}^{l}\sum_{j=1}^{m}(x_{ij} - \overline{x_{i\bullet}} - \overline{x_{\bullet j}} + \overline{\overline{x}})^2 = S_T - S_A - S_B$$

(2) 자유도를 구한다.

총자유도 $\nu_T = lm - 1$

$S_A = \sum_{i=1}^{l}\sum_{j=1}^{m}(\overline{x}_{i.} - \overline{\overline{x}})^2 \quad$ A의 자유도 $\nu_A = l - 1$

$S_B = \sum_{i=1}^{l}\sum_{j=1}^{m}(\overline{x}_{.j} - \overline{\overline{x}})^2 \quad$ B의 자유도 $\nu_B = m - 1$

$S_E = \sum_{i=1}^{l}\sum_{j=1}^{m}(x_{ij} - \overline{x}_{i.} - \overline{x}_{.j} + \overline{\overline{x}})^2 \quad$ 오차의 자유도 $\nu_E = (l-1)(m-1$

그림 13-8 ▌각 변동의 자유도

총변동이 요인 A의 변동과 요인 B의 변동 그리고 오차 E의 변동으로 분해되므로 총변동과 관련된 자유도 또한 이 세 부분으로 나누어진다. 총변동과 관련된 자유도는 총표본 수(실험횟수)에서 1을 뺀 것이므로 $lm-1$이 된다. 요인 A의 수준 수가 l개이므로 요인 A의 자유도는 $l-1$이 된다. 같은 원리로 요인 B의 자유도는 $m-1$이 된다. 그리고 오차의 자유도는 총변동의 자유도에서 요인 A와 B의 자유도를 빼면 간단히 얻어진다.

즉, $lm-1-(l-1)-(m-1)=(l-1)(m-1)$이 된다.

(3) 표본분산을 계산한다.

$$\text{요인 A의 표본분산: } s_A^2 = \frac{S_A}{\nu_A}$$

$$\text{요인 B의 표본분산: } s_B^2 = \frac{S_B}{\nu_B}$$

$$\text{오차 E의 표본분산: } s_E^2 = \frac{S_E}{\nu_E}$$

(4) 분산분석표를 작성한다.

분산분석표를 작성하면 〈표 13-8〉과 같다. 분산분석표를 작성하는 과정에서 검정통계량 F(분산비)의 값이 구해진다.

표 13-8 ▌이원분산분석의 분산분석표

요인	S(변동)	ν(자유도)	s^2(표본분산)	F(분산비)
A(처리)	S_A	$\nu_A=l-1$	s_A^2	$F=s_A^2/s_E^2$
B(처리)	S_B	$\nu_B=m-1$	s_B^2	$F=s_B^2/s_E^2$
E(오차)	S_E	$\nu_E=(l-1)(m-1$	s_E^2	
T(합계)	S_T	$\nu_T=lm-1$		검정통계량

따라서 각 요인의 가설에 따른 검정통계량과 기각역은 다음과 같다.

$$\text{요인 A의 기각역: } F=\frac{s_A^2}{s_E^2} > F(\nu_A, \nu_E; \alpha)$$

$$\text{요인 B의 기각역: } F=\frac{s_B^2}{s_E^2} > F(\nu_B, \nu_E; \alpha)$$

〈순서 5〉 결론을 내린다.

요인 A: $F = \dfrac{s_A^2}{s_E^2} > F(\nu_A, \nu_E; \alpha)$이면 귀무가설을 기각한다.

요인 B: $F = \dfrac{s_B^2}{s_E^2} > F(\nu_B, \nu_E; \alpha)$이면 귀무가설을 기각한다.

반복이 있는 이원분산분석과 분산분석 후의 추정 등은 생략한다.

이원분산분석의 예제

비료(요인 A)와 배추 품종(요인 B)이 수확량에 미치는 영향을 조사하고자 반복이 없는 이원배치실험을 실시한 결과 수확량의 자료를 아래와 같이 얻었다.

분산분석표를 작성하고 비료의 양과 배추 품종에 따라 수확량에 차이가 있는지 각각 유의수준 5%로 검정해보자.

비료(A) / 배추 품종(B)	A_1 (100g)	A_2 (150g)	A_3 (200g)
대통(B_1)	64	72	74
산울림(B_2)	55	57	47
맞춤(B_3)	59	66	58
월동맛(B_4)	58	57	53

〈순서 1〉 가설을 설정한다.

○ 인자 A의 가설

H_0: $\alpha_1 = \alpha_2 = \alpha_3 = 0$

H_1: α_i는 모두 0은 아니다.

○ 인자 B의 가설

H_0: $\beta_1 = \beta_2 = \beta_3 = \beta_4 = 0$

H_1: β_j는 모두 0은 아니다.

〈순서 2〉 유의수준을 정한다. $\alpha = 5\%$

〈순서 3〉 검정통계량 및 기각역을 정한다.

요인 A: $F = \dfrac{s_A^2}{s_E^2} > F(2, 6; 0.05) = 5.14$

요인 B: $F = \dfrac{s_B^2}{s_E^2} > F(3, 6; 0.05) = 4.76$

〈순서 4〉 검정통계량을 계산한다.

(1) 변동을 계산한다.

배추 품종(B) \ 비료 (A)	A_1	A_2	A_3	합계 $T_{\cdot j}$
B_1	64	72	74	210
B_2	55	57	47	159
B_3	59	60	55	174
B_4	58	57	53	168
합계 $T_{i\cdot}$	236	246	229	$T=711$

$l = 3,\ m = 4$이다.

$$CT = \frac{T^2}{lm} = \frac{711^2}{3\times 4} = 42{,}126.75$$

$$S_T = \sum_{i=1}^{3}\sum_{j=1}^{4} x_{ij}^2 - CT = (64^2+72^2+,\cdots,+53^2) - 42{,}126.75 = 640.25$$

$$S_A = \sum_{i=1}^{3}\frac{T_{i.}^2}{m} - CT = \frac{1}{4}(236^2+246^2+229^2) - 42{,}126.75 = 36.5$$

$$S_B = \sum_{j=1}^{4}\frac{T_{.j}^2}{l} - CT = \frac{1}{3}(210^2+159^2+174^2+168^2) - 42{,}126.75 = 500.25$$

$$S_E = S_T - S_A - S_B = 640.25 - 36.5 - 500.25 = 103.5$$

(2) 자유도를 구한다.

총자유도: $\nu_T = lm - 1 = 3\times 4 - 1 = 11$

인자 A의 자유도: $\nu_A = l - 1 = 3 - 1 = 2$

인자 B의 자유도: $\nu_B = m - 1 = 4 - 1 = 3$

오차 E의 자유도: $\nu_E = (l-1)(m-1) = (3-1)\times(4-1) = 6$

(3) 표본분산을 계산한다.

요인 A의 표본분산: $s_A^2 = \dfrac{S_A}{\nu_A} = \dfrac{36.5}{2} = 18.25$

요인 B의 표본분산: $s_B^2 = \dfrac{S_B}{\nu_B} = \dfrac{500.25}{3} = 166.75$

오차 E의 표본분산: $s_E^2 = \dfrac{S_E}{\nu_E} = \dfrac{103.5}{6} = 17.25$

(4) 분산분석표를 작성한다.

분산분석표를 작성하면 〈표 13-9〉와 같다. 분산분석표를 작성하는 과정에서 검정통계량 F(분산비)의 값이 구해진다.

표 13-9 ▌이원분산분석 예제의 분산분석표

요인	S(변동)	ν(자유도)	s^2(표본분산)	F(분산비)
A(비료)	36.5	2	18.25	1.058
B(품종)	500.25	3	166.75	9.667
E(오차)	103.5	6	17.25	
T(합계)		11		

〈순서 5〉 결론을 내린다.

요인 A: $F = 1.058 < 5.14$이므로 귀무가설을 채택한다. 참고로 P값은 0.4040이다.
즉, 비료 주는 양에 따라 수확량에는 유의한 차이가 있다고 볼 수 없다.

요인 B: $F = 9.667 > 4.76$이므로 귀무가설을 기각한다. 참고로 P값은 0.0103이다.
즉, 배추 품종에 따라 수확량에는 유의한 차이가 있다고 볼 수 있다.

표 13-10 ▌F분포표(부분) $P\{F \geq F(\nu_1, \nu_2)\} = 0.05$

분모 \ 분자	1	2	3	4	5
1	161.45	199.50	215.71	224.58	230.16
2	18.51	19.00	19.16	19.25	19.30
6	5.99	5.14	4.76	4.53	4.39
8	5.32	4.46	4.07	3.84	3.69

13장 단원평가

13-1 세 개 이상의 모집단의 평균을 비교하는데 이용되는 통계적 방법은?

(가) 상관분석
(나) 회귀분석
(다) 분산분석
(라) 교차분석

13-2 인자 A의 수준이 5이고 각 수준에서 반복을 4회씩인 일원배치법에서 분산비를 구했더니 F=3.58이었다. $F(4,15;0.05)=3.06$일 때 다음 설명 중 맞는 것은?

(가) 귀무가설을 채택한다.
(나) 귀무가설을 기각한다.
(다) 인자 A의 각 수준의 모평균은 같다고 볼 수 있다.
(라) 이 결과로는 알 수 없다.

13-3 다음 일원분산분석표에서 분산비 F는 얼마인가?

요 인	제곱합	자유도	표본분산	분산비 F
A	2.28	3	0.76	F=?
E	1.51	8	0.19	
T	5.15	11		

(가) 8.56
(나) 0.19
(다) 4.0
(라) 0.25

13-4 인자 A는 4수준, 인자 B는 3수준이고 반복이 없는 이원분산분석에서 변동을 구했더니 $S_B=12$이었다. 표본분산은 얼마인가?

(가) 6
(나) 3
(다) 2
(라) 11

13-5 다음 이원분산분석표에서 인자 B의 검정통계량값은 얼마인가?

요 인	제곱합	자유도	표본분산	분산비 F
A	24	3	8	2.96
B	52	3	17.3	(　)
E	(　)	9	(　)	
T	100	15		

(가) 12.57　　(나) 3.685

(다) 6.407　　(라) 4.576

13-6 다음은 옷감의 장력강도를 극대화하기 위하여 새로 개발된 합성섬유에 면의 혼합비율을 5수준($A_1 = 10\%, A_2 = 15\%, A_3 = 20\%, A_4 = 25\%, A_5 = 30\%$)으로 하여 완전임의배열법에 의하여 각 수준(처리)을 5회 실험한 자료이다.

① 가설을 설정하시오.

② 분산분석표를 작성하시오.

③ 유의수준 5%로 검정하시오. 단, $F(4,20;0.05) = 2.87$

반복 \ 인자수준	A_1	A_2	A_3	A_4	A_5	
1	7	12	14	19	7	
2	7	17	18	25	10	
3	15	12	18	22	11	
4	11	18	19	19	15	
5	9	18	19	23	11	
합계 ($T_{i.}$)	49	77	88	108	54	$T = 376$

13-7 화학공정에서 생산하는 플라스틱 제품의 인장강도를 높이기 위하여 반응압력(A)을 4수준(2, 3, 4, 5 기압)으로 하고, 반응시간(B)을 3 수준(10분, 15분, 20분)으로 정한 후 무작위로 실험을 하여 다음과 같은 자료를 얻었다.

① 각 인자의 가설을 설정하시오.

② 분산분석표를 작성하시오.

③ 각 인자에 대하여 검정을 하시오. 유의수준은 5%이다.

반응시간(B) \ 반응압력(A)	A_1	A_2	A_3	A_4	합계 $T_{.j}$
B_1	19.1	20.1	19.4	19.3	77.9
B_2	19.6	20.0	20.2	20.4	80.2
B_3	18.9	20.7	20.8	20.9	81.3
합계 $T_{i.}$	57.6	60.8	60.4	60.6	$T = 239.4$

13-1 (다) **13-2** (나) **13-3** (다) **13-4** (가) **13-5** (다)

13-6 ① 가설

H_0: $\alpha_1 = \alpha_2 = \alpha_3 = \alpha_4 = \alpha_5 = 0$(또는, 각 수준의 모평균은 모두 같다.)

H_1: α_i는 모두 0은 아니다.(또는, 각 수준의 모평균은 모두 같지는 않다.)

② 분산분석표

요 인	제곱합	자유도	표본분산	분산비 F
A	475.76	4	118.94	14.76
E	161.20	20	8.06	
T	636.96	24		

③ 검정결과

검정통계량인 분산비 $F=14.76$은 기각치 2.87보다 크므로 귀무가설을 기각한다.
즉, 면의 혼합비율에 따라 옷감의 장력강도는 모두 같다고는 할 수 없다.

13-7 ① 가설

• 인자 A의 가설

H_0: $\alpha_1 = \alpha_2 = \alpha_3 = \alpha_4 = 0$

H_1: α_i는 모두 0은 아니다.

• 인자 B의 가설

H_0: $\beta_1 = \beta_2 = \beta_3 = 0$

H_1: β_j는 모두 0은 아니다.

② 분산분석표

요 인	제곱합	자유도	불편분산	분산비 F
A	2.28	3	0.76	3.35
B	1.51	2	0.755	3.33
E	1.36	6	0.227	
T	2.15	11		

③ 검정 결과

인자 A: $F=3.35 < F(3,6;0.05) = 4.76$이므로 귀무가설을 기각할 수 없다.
즉, 반응압력에 따른 제품의 인장강도에는 차이가 없다고 할 수 있다.
인자 B: $F=3.33 < F(2,6;0.05) = 5.14$이므로 귀무가설을 기각할 수 없다.
즉, 반응시간에 따른 제품의 인장강도에는 차이가 없다고 할 수 있다.

13장 연습문제

13.1 다음은 4명의 판매원이 무작위로 선정된 4일 동안 판매한 금액(단위: 백만 원)에 대한 자료이다. 3명의 평균 판매액은 같은지 유의수준 5%로 분산분석으로 검정하시오,

반복 \ 판매원(A)	A_1	A_2	A_3	A_4
1	19	15	39	19
2	19	21	30	22
3	18	16	28	20
4	20	18	27	16

13.2 다음은 슈퍼마켓에서 팔리는 담배 중에서 임의로 선택한 5 가지 상표의 담배가 무작위로 선택한 5일 동안 팔린 갯수를 나타낸 자료이다. 상표별 평균 판매 수가 같은지 유의수준 5%로 분산분석하시오.

	상 표				
	M	B	F	D	T
1	25	35	20	45	22
2	15	45	15	46	17
3	35	38	14	54	19
4	20	40	18	50	21
5	22	36	12	42	23

13.3 다음 이원배치실험의 결과를 분산분석하시오. 유의수준 5%이다.

쌀 품종(B) \ 비료처리(A)	A_1	A_2	A_3	A_4
B_1	19.7	25.2	19.4	19.5
B_2	19.6	21.2	24.8	20.6
B_3	18.9	23.7	20.4	22.9

제14장
상관 및 단순선형회귀분석

제14장 상관 및 단순선형회귀분석

[학습목표]

- 두 변수 사이에 상관관계를 이해할 수 있고 상관계수를 구할 수 있다.
- 두 변수 사이의 회귀관계를 이해할 수 있고 회귀직선을 추정할 수 있다.
- 추정된 회귀직선이 의미가 있는지 검정을 할 수 있다.
- 독립변수의 특정한 값에 대한 종속변수의 값을 예측할 수 있다.

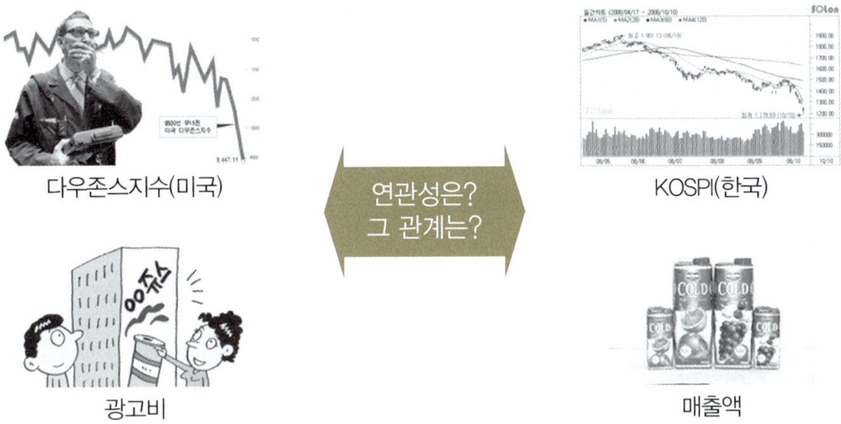

그림 14-1 ‖ 두 변수의 관계

외식산업체는 소득수준과 외식비, 기업은 광고비와 매출액 그리고 무주택자는 금리와 주택가격이 서로 어떤 관계가 있는지에 관심을 가진다. 두 변수 간 선형관계가 있는지 여부는 제2장에서 산점도와 상관표로, 제3장에서 상관계수를 구하여 상관 정도를 알아보았다.

한편, 한 변수가 다른 변수에 영향을 받는 관계가 있다면 예를 들어, 매출액이 광고비에 영향을 받는다면 광고비의 증감 여부로 매출액의 증감 여부를 예측할 수 있을 것이다. 이처럼 두 변수 사이의 관계로부터 수학적 모형을 추정하는 통계적 방법을 회귀분석(regression analysis)이라고 한다.

이번 장에서는 상관계수에 대하여 다시 살펴보고 표본상관계수를 이용하여 모상관계수의 유의성 여부를 검정한다. 이어서 회귀분석에서 가장 단순한 두 변수간 회귀모형을 수립하고 회귀계수를 추정하는 방법과 추정된 회귀모형의 타당성 여부를 검정하고 이어서 종속변수를 예측한다.

14.1 상관분석

상관분석은 등간 또는 비율척도로 측정된 두 변수 사이에 선형인 상관관계가 있는지를 추론하는 통계적 방법이다. 두 변수 사이의 관계는 산점도를 작성하면 개략적으로 파악할 수 있다. 상관분석과 회귀분석의 차이점을 보이면 [그림 14-2]와 같다.

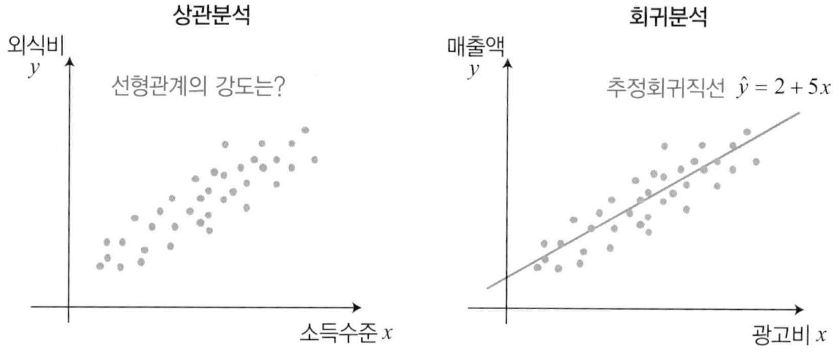

그림 14-2 ‖ 상관분석과 회귀분석의 개념

1. 표본상관계수

표본상관계수의 정의식은 다음과 같았다.(제3장 참조)

$$r = \frac{s_{xy}}{s_x s_y}$$

이를 다른 식으로 나타내면

$$r = \frac{s_{xy}}{\sqrt{s_x^2 s_y^2}}$$

$$\text{단, } s_{xy} = \frac{1}{n-1}\sum(x_i - \bar{x})(y_i - \bar{y}) = \frac{S_{xy}}{n-1} \Rightarrow \text{표본공분산}$$

$$s_x^2 = \frac{1}{n-1}\sum(x_i - \bar{x})^2 = \frac{S_x}{n-1} \Rightarrow x\text{의 표본분산}$$

$$s_y^2 = \frac{1}{n-1}\sum(y_i - \bar{y})^2 = \frac{S_y}{n-1} \Rightarrow y\text{의 표본분산}$$

이므로 간단히 나타내면

$$r = \frac{\dfrac{S_{xy}}{n-1}}{\sqrt{\left(\dfrac{S_x}{n-1}\right)\left(\dfrac{S_y}{n-1}\right)}} = \frac{S_{xy}}{\sqrt{S_x \times S_y}}$$

이 된다. 따라서 표본상관계수를 계산식으로 나타내면

$$r = \frac{S_{xy}}{\sqrt{S_x \times S_y}} = \frac{\sum x_i y_i - \dfrac{(\sum x_i)(\sum y_i)}{n}}{\sqrt{\left(\sum x_i^2 - \dfrac{(\sum x_i)^2}{n}\right)\left(\sum y_i^2 - \dfrac{(\sum y_i)^2}{n}\right)}}$$

이 된다.

상관계수 예제

과거 10년간 대도시의 평균 주택담보대출 금리와 신규주택 수를 조사한 결과가 다음과 같다. 두 변수 간 상관계수를 구하시오.

금리(%)	8.5	7.8	7.6	7.5	8.0	8.4	8.8	8.9	8.5	8.0
주택 수(천)	115	111	185	201	206	167	155	117	133	150

금리를 x, 신규주택 수를 y로 놓자.

$$S_{xy} = \left[\sum_{i=1}^{n} x_i y_i - \frac{\left(\sum_{i=1}^{n} x_i\right)\left(\sum_{i=1}^{n} y_i\right)}{n}\right] = \left[12{,}543.4 - \frac{(82)(1{,}540)}{10}\right] = -84.6$$

$$S_x = \left[\sum_{i=1}^{n} x_i^2 - \frac{\left(\sum_{i=1}^{n} x_i\right)^2}{n}\right] = \left[674.56 - \frac{82^2}{10}\right] = 2.16$$

$$S_y = \left[\sum_{i=1}^{n} y_i^2 - \frac{\left(\sum_{i=1}^{n} y_i\right)^2}{n}\right] = \left[248{,}400 - \frac{1{,}540^2}{10}\right] = 11{,}240$$

따라서 표본상관계수는

$$r = \frac{S_{xy}}{\sqrt{S_x \times S_y}} = \frac{-84.6}{\sqrt{2.16 \times 11{,}240}} = -0.543$$

이다. 주택담보대출 금리와 신규주택 수와는 음의 상관관계에 있다.

2. 상관계수의 유의성검정

표본상관계수는 통계량이므로 표본상관계수가 1에 가깝다고 해서 반드시 모집단도 높은 상관관계가 있다고 할 수 없다. 마찬가지로 표본상관계수가 0에 가깝다고 해서 모집단도 상관관계가 없다고 판단할 수 없다. 이러한 경우에 표본상관계수에 의하여 모집단의 상관관계의 유무를 검정할 필요가 있다. 우선 모집단의 상관관계가 있는지 여부를 검정하는 방법은 [그림 14-3]과 같다.

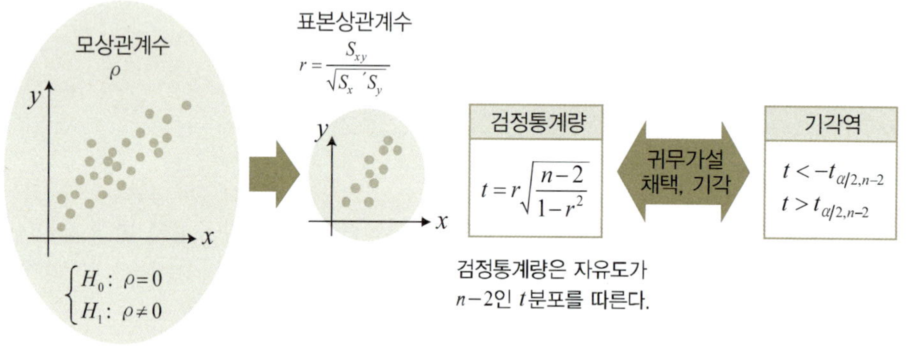

그림 14-3 ▌ 모상관계수의 검정(H_0: $\rho=0$, H_1: $\rho\neq 0$) 개요

참고

두 변수 x, y가 모두 정규분포를 따르는 모집단, 즉 2차 정규분포의 모집단이고 그 모상관계수가 ρ이면 이 모집단에서 표본추출한 표본으로부터 구한 상관계수 r은 다음과 같은 분포를 따르는 것으로 알려져 있다.

표본의 크기가 $n<100$, $\rho=0$이면

$$t=\frac{r}{\sqrt{\frac{1-r^2}{n-2}}}=r\sqrt{\frac{n-2}{1-r^2}}$$

은 자유도가 $n-2$인 t분포를 따른다.

무상관의 검정 예제

〈예제 3-14〉 키와 체중의 상관계수가 $r=0.858$이었다. 모집단이 무상관인지 유의수준 5%로 검정해보자. 단, $n=10$이다.

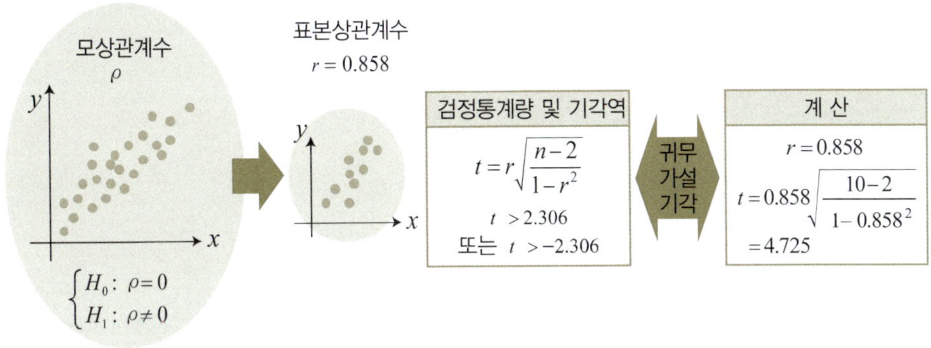

그림 14-4 ‖ 모상관계수의 검정(H_0: $\rho=0$, H_1: $\rho \neq 0$) 예제

키와 체중 사이에는 유의수준 5%로 선형인 상관관계가 있다고 할 수 있다.

표 14-1 ‖ t 분포표(부분) $P(T \geq t_\alpha) = \alpha$

자유도	t(0.1)	t(0.05)	t(0.025)	t(0.01)
1	3.0777	6.3138	12.7062	31.8205
2	1.8856	2.9200	4.3027	6.9646
3	1.6377	2.3534	3.1824	4.5407
4	1.5332	2.1318	2.7764	3.7469
5	1.4759	2.0150	2.5706	3.3649
6	1.4398	1.9432	2.4469	3.1427
7	1.4149	1.8946	2.3646	2.9980
8	1.3968	1.8595	2.3060	2.8965
9	1.3830	1.8331	2.2622	2.8214
10	1.3722	1.8125	2.2281	2.7638

이번에는 모상관계수 ρ가 특정한 값 ρ_0를 가지는지를 검정해보자.

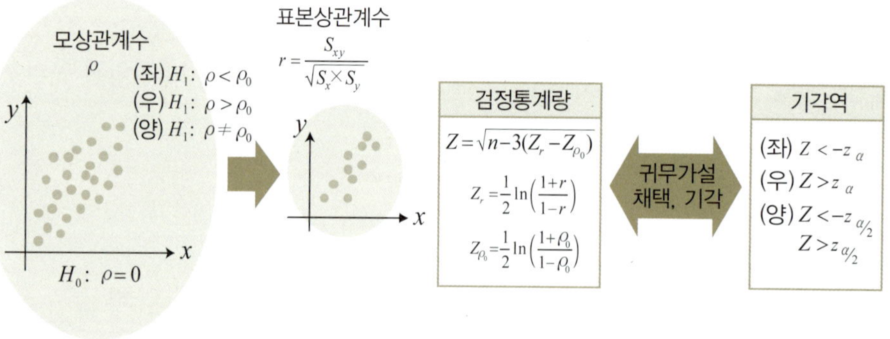

그림 14-5 ▌모상관계수의 검정(H_0: $\rho = \rho_0$) 개요

참고

두 변수 X와 Y가 이변수 정규분포를 따르면 표본상관계수 r을

$$Z_r = \frac{1}{2}\ln\left(\frac{1+r}{1-r}\right)$$

로 변환시키면 Z_r은 평균과 분산이 각각

$$E(Z_r) = \frac{1}{2}\ln\left(\frac{1+\rho}{1-\rho}\right)$$

$$V(Z_r) = \frac{1}{n-3}$$

인 정규분포를 근사적으로 따른다. 따라서 $H_0 : \rho = \rho_0$의 검정통계량은

$$Z = \sqrt{n-3}\left[\frac{1}{2}\ln\left(\frac{1+r}{1-r}\right) - \frac{1}{2}\ln\left(\frac{1+\rho_0}{1-\rho_0}\right)\right]$$

가 된다. 이 경우 표본의 크기는 $n \geq 100$이어야 근사도가 좋다.

상관계수 검정 예제

과거 10년간 대도시의 평균 주택담보대출 금리와 신규주택 수를 조사한 결과가 다음과 같다. 두 변수 간 상관계수가 $r = -0.543$이었다. 모상관계수가 $\rho = -0.6$인지 유의수준 5%로 검정하시오. 단, $n = 10$이다.

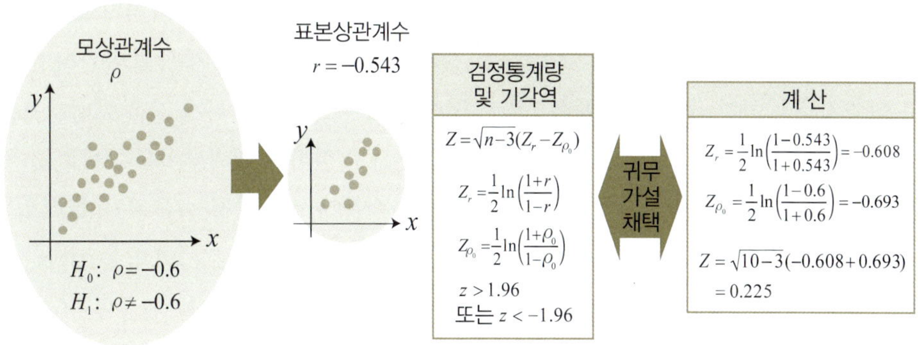

그림 14-6 ▌모상관계수의 검정(H_0: $\rho = -0.6$) 예제

모상관계수는 −0.6이라고 할 수 있다.

14.2 단순선형회귀분석

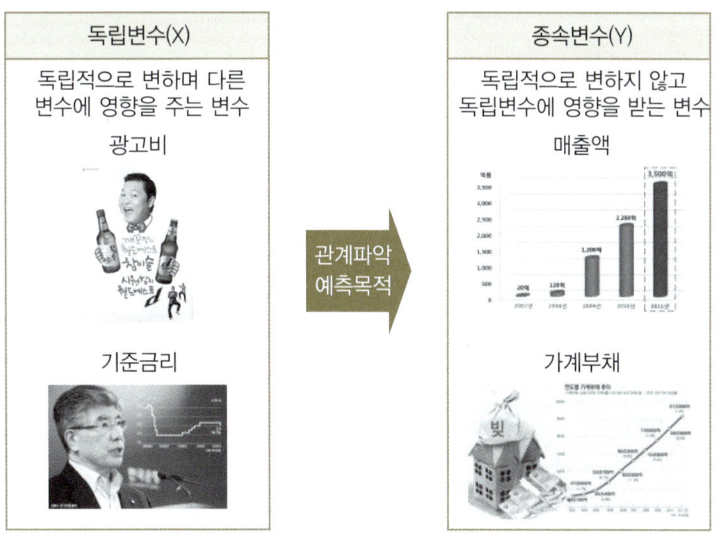

그림 14-7 ▌회귀분석의 개념

회귀(回歸: Regression)란 한 바퀴 돌아서 다시 제자리로 돌아온다는 뜻이다. 20세기로 접어들 무렵 영국의 우생학자 프란시스 갈톤(Francis Galton: 1822~1911)은 '평균을 향한 회귀'

라고 부르는 현상을 발견하였다. 유전법칙을 연구하던 그는 아들의 키가 아버지의 키와 비교되었을 때 그 모집단의 평균신장을 향하여 접근하려는 경향이 있다는 사실을 발견하였다. 키가 큰 아버지들은 약간 더 작은 아들을 갖는 경향이 있고, 그 반대로 키가 작은 아버지들은 약간 더 큰 아들을 갖는 경향이 있었다. 이 결과를 연구하기 위하여 회귀분석을 개발하였다.

회귀분석은 두 변수 사이의 함수관계를 나타내는 수학적 회귀방정식을 구하고, 독립변수(independent variable)의 특정한 값에 따른 종속변수(dependent variable)의 값을 예측하는 통계적 기법이다. 독립변수를 설명변수(explanatory variable), 종속변수를 반응변수(response variable)라고도 한다.

이 장에서는 등간 또는 비율척도로 된 독립변수(예: 광고비)가 한 개이고 독립변수와 종속변수(예: 매출액) 사이는 선형인 관계를 갖는 단순선형회귀(simple linear regression)에 한정시켜서 설명한다.

1. 단순회귀선의 추정

단순선형회귀모형은 다음과 같이 정의된다.

$$y_i = \alpha + \beta x_i + \varepsilon_i \quad , i = 1, 2, \cdots, n$$

여기서 ε_i 는 오차이며 $\varepsilon_i \sim N(0, \sigma^2)$ 을 따른다. 그리고 α와 β는 독립변수 x_i와 종속변수 y_i로 추정할 회귀계수로 절편(interception)과 기울기(slope)이다. 이 모형으로부터 최소자승법(least square method)으로 추정된 단순회귀직선은 [그림 14-8]과 같다.

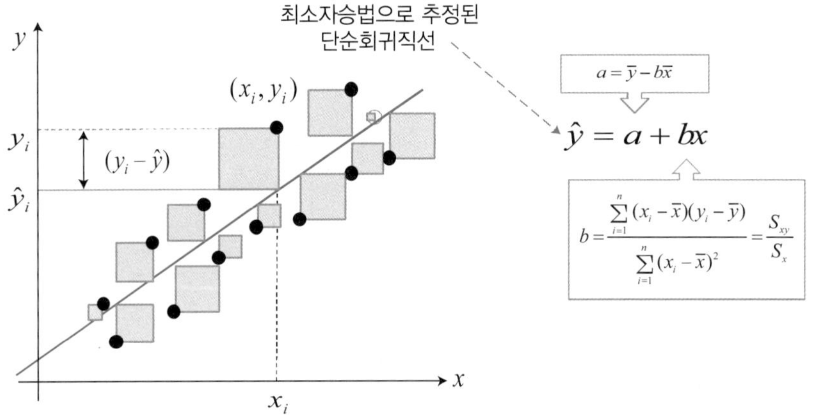

그림 14-8 ▌최소자승법으로 추정된 단순회귀직선

참고

최소자승법은 단순회귀직선과 관측치들 사이의 차이를 제곱하여 모두 더한 값, 즉 잔차(residual)의 제곱합([그림 14-8]에서 정사각형의 면적을 모두 합한 것)이 최소가 되도록 만드는 최적의 직선식을 구하는 방법이다. 이를 식으로 표현하면 다음과 같다.

$$D = \sum e_i^2 = \sum (y_i - \hat{y_i})^2 = \sum (y_i - \alpha - \beta x_i)^2$$

이 잔차제곱합의 최소조건은 각각 α와 β로 편미분값을 0으로 하는 경우로 α와 β의 추정량을 a와 b라고 하면 다음의 정규방정식을 얻는다.

$$na + b\sum x_i = \sum y_i$$
$$a\sum x_i + b\sum x_i^2 = \sum x_i y_i$$

이 정규방성식에서 a와 b를 구하면 α와 β에 대한 최소제곱추정값이 구해진다.

$$a = \bar{y} - b\bar{x}$$

$$b = \frac{\sum (x_i - \bar{x})(y_i - \bar{y})}{\sum (x_i - \bar{x})^2} = \frac{\sum x_i y_i - \dfrac{(\sum x_i)(\sum y_i)}{n}}{\sum x_i^2 - \dfrac{(\sum x)^2}{n}} = \frac{S_{xy}}{S_x}$$

단순회귀직선 추정 예제

설문조사에 응답한 10명의 체중(x)과 키(y)의 자료와 산점도는 아래와 같다. 이 산점도로부터 체중과 키의 관계는 단순회귀직선이 적합할 것으로 판단된다. 추정된 단순회귀직선을 구해보자.

체중(x)	키(y)
62	168
54	160
48	165
72	175
50	158
68	172
78	178
55	162
70	165
52	156

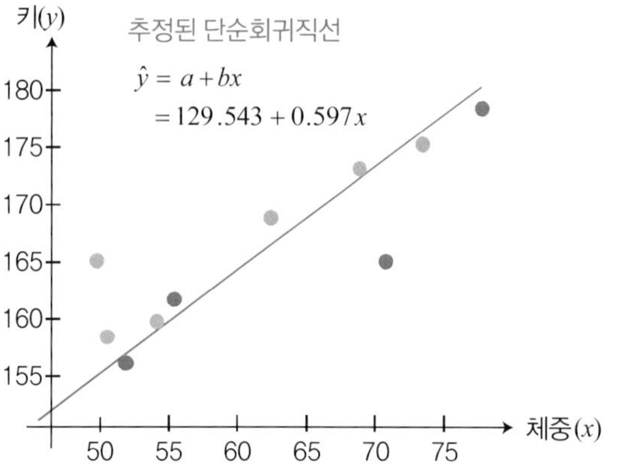

풀이

체중(x)과 키(y)의 각각의 평균, 제곱합(변동) 그리고 공변동을 구하면

$\bar{x} = \frac{1}{n}\sum x_i = \frac{1}{10}(609) = 60.9$

$\bar{y} = \frac{1}{n}\sum y_i = \frac{1}{10}(1{,}659) = 165.9$

$S_x = \sum(x_i - \bar{x})^2 = \sum x_i^2 - \frac{(\sum x_i)^2}{n} = 38{,}085 - \frac{609^2}{10} = 996.9$

$S_y = \sum(y_i - \bar{y})^2 = \sum y_i^2 - \frac{(\sum y_i)^2}{n} = 275{,}711 - \frac{1{,}659^2}{10} = 482.9$

$S_{xy} = \sum(x_i - \bar{x})(y_i - \bar{y}) = \sum x_i y_i - \frac{(\sum x_i)(\sum y_i)}{n} = 101{,}628 - \frac{(609)(1{,}659)}{10} = 594.9$

이므로 기울기 b는

$$b = \frac{S_{xy}}{S_x} = \frac{594.9}{996.9} = 0.597$$

이며, 절편 a는

$$a = \bar{y} - b\bar{x} = 165.9 - 0.597 \times 60.9 = 129.543$$

로 추정된다. 따라서 추정된 단순회귀직선은

$$\hat{y} = 129.543 + 0.597x$$

이 된다.

2. 단순회귀직선의 유의성검정

최소자승법으로 추정된 단순회귀직선은 모집단에서 표본을 추출하여 추정된 결과이다. 이 단순회귀직선을 일반화시켜 모집단 전체에 적용이 가능한지는 통계적으로 유의성검정을 통하여 확인되어야 한다.

예를 들면 앞의 x(체중)와 y(키)의 자료로 최소자승법에 의해 추정된 단순회귀직선

$$\hat{y} = 129.543 + 0.597x$$

가 특정한 독립변수값에 대한 종속변수의 값을 예측하는 데 사용되려면 추정된 회귀직선이 유의해야 한다. 왜냐하면 모집단의 단순회귀직선의 기울기가 $\beta=0$이면 단순선형회귀모형 $y_i = \alpha + \beta x_i + \epsilon_i$는 $y_i = \alpha + \epsilon_i$로 되기 때문이다.

다시 말하면 추정된 단순회귀직선 $\hat{y}= a$은 상수가 됨으로써 독립변수 x의 값들에 대한 종속변수 y의 값들을 예측하는 데 아무런 소용이 없게 되기 때문이다.

따라서 우리는 기울기를 나타내는 통계량 b를 근거로 모수의 기울기 β가 0인지 아닌지를 검정함으로써 종속변수 y값들을 추정하는데 단순회귀직선이 사용될 수 있는지를 결정해야 한다. 추정된 단순회귀직선에 대한 대표적인 유의성검정으로는 분산분석법이 사용된다.

(1) 분산분석

분산분석은 종속변수의 관측치와 종속변수의 평균 사이의 총편차$(y_i - \bar{y})$를 단순회귀직선에 의해 발생한 것으로 설명이 가능한 편차$(\hat{y}_i - \bar{y})$와 그렇지 않은 나머지 편차$(y_i - \hat{y}_i)$로 분해하여 단순회귀직선으로 설명이 가능한 산포가 그렇지 않은 산포보다 통계적으로 유의한지

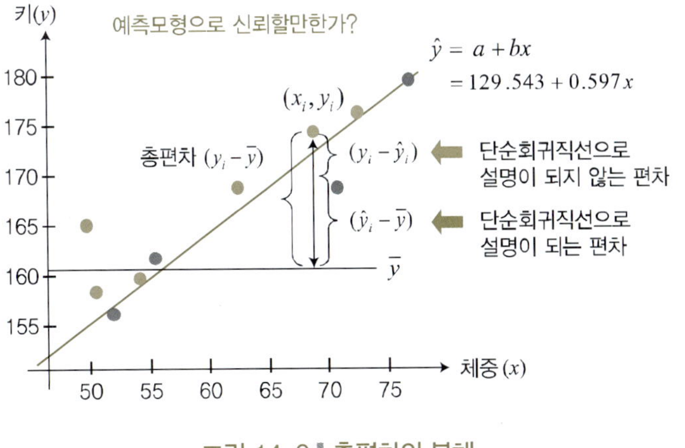

그림 14-9 ▌총편차의 분해

를 검정하는 방법이다. 이 개념을 나타내면 [그림 14-9]와 같다.

〈순서 1〉 가설을 설정한다.

H_0: $\beta = 0$

H_1: $\beta \neq 0$

〈순서 2〉 유의수준을 정한다. $\alpha = 5\%$

〈순서 3〉 검정통계량 및 기각역을 정한다.

$$F = \frac{s_R^2}{s_E^2} > F(1, n-2; \alpha)$$

이면 귀무가설을 기각한다.

〈순서 4〉 검정통계량을 계산한다.

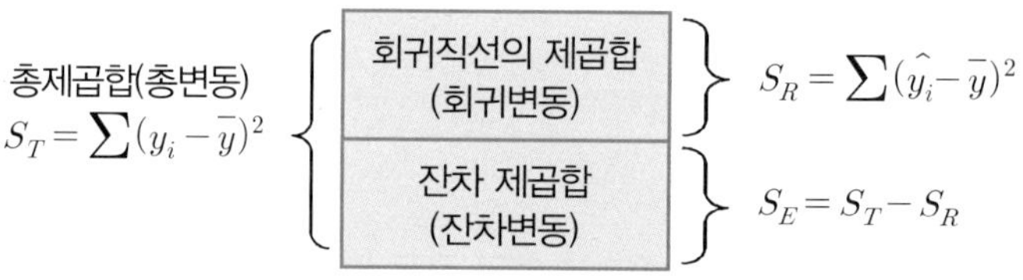

그림 14-10 ▌총변동의 분해

(1) 변동을 계산한다.

$$S_T = \sum (y_i - \bar{y})^2 = \sum y_i^2 - \frac{(\sum y_i)^2}{n}$$

$$S_x = \sum (x_i - \bar{x})^2 = \sum x_i^2 - \frac{(\sum x_i)^2}{n}$$

$$S_{xy} = \sum (x_i - \bar{x})(y_i - \bar{y}) = \sum x_i y_i - \frac{[(\sum x_i)(\sum y_i)]^2}{n}$$

$$S_R = \sum (\hat{y}_i - \bar{y})^2 = \frac{(S_{xy})^2}{S_x}$$

$$S_E = S_T - S_R$$

(2) 자유도를 구한다.

$$S_T = \sum (y_i - \bar{y})^2 \quad \begin{cases} S_R = \sum (\hat{y_i} - \bar{y})^2 \\ S_E = S_T - S_R \end{cases}$$

총자유도 $\nu_E = n-1$

회귀직선의 자유도 $\nu_R = 1$

잔차의 자유도 $\nu_E = n-2$

그림 14-11 ▌각 변동의 자유도

(3) 각 요인의 분산을 구한다.

$$\text{회귀직선의 표본분산: } s_R^2 = \frac{S_R}{\nu_R}$$

$$\text{잔차의 분산: } s_E^2 = \frac{S_E}{\nu_E}$$

(4) 분산분석표를 작성한다.

표 14-2 ▌단순회귀직선의 분산분석표

요인	S(변동)	ν(자유도)	s^2(표본분산)	F(분산비)
R(회귀) E(잔차)	S_R S_E	$\nu_R = 1$ $\nu_E = n-2$	s_R^2 s_E^2	$F = \frac{s_R^2}{s_E^2}$
T(합계)	S_T	$\nu_T = n-1$		

따라서 검정통계량과 기각역은 다음과 같이 된다.

$$F = \frac{s_R^2}{s_E^2} > F(1, n-2; \alpha)$$

〈순서 5〉 결론을 내린다.

$F = \frac{s_R^2}{s_E^2} > F(1, n-2; \alpha)$이면 귀무가설을 기각한다.

단순회귀직선의 검정 예제(H_0: $\beta = 0$, H_1: $\beta \neq 0$)

단순회귀직선 추정 예제에서 추정된 단순회귀직선은 $y = 129.543 + 0.597x$ 이었다. 이를 유의수준 5%로 유의성검정을 해보자.

풀이

〈순서 1〉 가설을 설정한다.

H_0: $\beta = 0$

H_1: $\beta \neq 0$

〈순서 2〉 유의수준을 정한다. $\alpha = 5\%$

〈순서 3〉 검정통계량 및 기각역을 정한다.

$F = \dfrac{s_R^2}{s_E^2} > F(1,8;0.05) = 5.32$ 이면 귀무가설을 기각한다.

〈순서 4〉 검정통계량을 계산한다.

(1) 변동을 계산한다.

$$S_T = \sum (y_i - \bar{y})^2 = \sum y_i^2 - \frac{(\sum y_i)^2}{n} = 275{,}711 - \frac{1{,}659^2}{10} = 482.9$$

$$S_{xy} = \sum (x_i - \bar{x})(y_i - \bar{y}) = \sum x_i y_i - \frac{(\sum x_i)(\sum y_i)}{n} = 101{,}628 - \frac{(609)(1{,}659)}{10} = 594.9$$

$$S_x = \sum (x_i - \bar{x})^2 = \sum x_i^2 - \frac{(\sum x_i)^2}{n} = 38{,}085 - \frac{609^2}{10} = 996.9$$

이므로

$$S_R = \sum (\hat{y_i} - \bar{y})^2 = \frac{(S_{xy})^2}{S_x} = \frac{594.9^2}{996.9} = 355.007$$

$$S_E = S_T - S_R = 482.9 - 355.007 = 127.893$$

(2) 자유도를 구한다.

$\nu_T = n - 1 = 10 - 1 = 9$

$\nu_R = 1$

$\nu_E = n-2 = 10-2 = 8$

(3) 각 요인의 표본분산을 구한다.

$$s_R^2 = \frac{S_R}{\nu_R} = \frac{355.007}{1} = 355.007$$

$$s_E^2 = \frac{S_E}{\nu_E} = \frac{127.893}{8} = 15.987$$

(4) 분산분석표를 작성한다.

표 14-3 ▌단순회귀직선의 유의성검정 예제의 분산분석표

요인	S(변동)	ν(자유도)	s^2(표본분산)	F(분산비)
R(회귀) E(잔차)	355.007 127.893	1 8	355.007 15.987	$F = \frac{s_R^2}{s_E^2} = 22.206$
T(합계)	482.9	9		검정통계량

5) 결론을 내린다.

$F = \frac{s_R^2}{s_E^2} = 22.206 > 5.32$이므로 귀무가설을 기각한다.

추정된 단순회귀직선 $\hat{y} = 129.543 + 0.597x$이 유의하다. 즉, 적합하므로 특정 독립변수의 값에 대한 종속변수값을 예측하는 데 사용될 수 있다. 참고로 P값은 0.0015이다.

표 14-4 ▌F분포표(부분) $P\{F \geq F(\nu_1, \nu_2)\} = 0.05$

분모 \ 분자	1	2	3	4	5
1	161.45	199.50	215.71	224.58	230.16
2	18.51	19.00	19.16	19.25	19.30
6	5.99	5.14	4.76	4.53	4.39
8	5.32	4.46	4.07	3.84	3.69
14	4.60	3.74	3.34	3.11	2.96
15	4.54	3.68	3.29	3.06	2.90

(2) 결정계수

결정계수(coefficient of determination)는 종속변수 y 의 변동 중에서 독립변수 x 에 의해서 설명된 부분의 비율을 의미한다. 즉, 추정된 단순회귀직선이 표본의 자료를 얼마나 잘 설명하고 있는지 나타내는 척도이다.

결정계수는 총변동에서 회귀직선의 변동이 차지하는 비율이므로 기여율이라고도 한다.

$$\text{결정계수: } R^2 = \frac{S_R}{S_T} \times 100\%$$

- $0 \leq R^2 \leq 1$
- 결정계수의 값이 1에 가까우면 자료를 잘 설명하는 것이다.
- 측정치가 회귀직선에서 멀리 떨어져 있으면 s_E^2(설명이 안되는 변동)은 커지므로 추정된 단순회귀직선은 유용성이 떨어진다.

앞의 단순회귀직선 예제에서 결정계수는

$$R^2 = \frac{S_R}{S_T} \times 100\% = \frac{355.007}{482.9} \times 100\% = 73.5\%$$

이 된다. 통상 결정계수는 70% 이상이어야 회귀모형의 유용성이 있다고 판단한다.

한편, 결정계수는

$$R^2 = \frac{S_R}{S_T} = \frac{\dfrac{(S_{xy})^2}{S_x}}{S_y} = \left(\frac{S_{xy}}{\sqrt{S_x \times S_y}}\right)^2 = r^2$$

이므로 상관계수를 제곱한 것과 같다.

앞 절에서 무상관의 검정에서 상관계수는 $r = 0.858$이므로 이 값을 제곱하면 r^2 는 73.6%이다. 이 값은 결정계수 73.5%와 같다. 0.1%의 차이가 나는 것은 반올림 오차 때문이다.

3. 종속변수의 예측

추정된 단순회귀직선

$$\hat{y} = 129.543 + 0.597x$$

이 적합하다고 통계적 검정을 통하여 확인되었으므로 이제는 독립변수가 특정한 값일 때 종속변수의 값을 예측해 보자. 예를 들어, 통계학 담당교수의 체중이 67kg이다. 예측되는 키는 얼마일까? 추정된 단순회귀직선의 독립변수에 $x=67$을 대입하면 키의 값을 예측할 수 있다. 즉,

$$\hat{y} = 129.543 + 0.597x = 129.543 + 0.597(67) = 169.5\text{cm}$$

로 예측된다. 그런데 이 예측된 키는 실제 통계학 담당교수의 키와는 차이가 있다. 그러므로 예측구간을 구할 필요가 있다. 독립변수가 특정한 값일 때 종속변수의 예측구간은 다음 식으로 주어진다.

$$x = x_0 \text{ 일 때 } y\text{에 대한 } 100(1-\alpha)\% \text{ 예측구간}$$

$$\hat{y} \pm t_{\frac{\alpha}{2},n-2}\sqrt{\left[(1+\frac{1}{n}+\frac{(x_0-\overline{x})^2}{S_x})s_E^2\right]}$$

그러면 체중이 $x_0=67$일 때 키 y를 신뢰수준 95%로 예측구간을 구해보자.

예측구간 예제

단순회귀직선 추정 예제에서 추정된 단순회귀직선은 $y=129.543+0.597x$이었다. $x=67$일 때 y의 95% 예측구간을 구해보자.

풀이

$$\hat{y} = 129.543 + 0.597x = 129.543 + 0.597(67) = 169.5\text{cm}$$

$$n = 10$$

$$\overline{x} = \frac{1}{n}\sum x_i = \frac{1}{10}(609) = 60.9$$

$$S_x = \sum(x_i-\overline{x})^2 = \sum x_i^2 - \frac{(\sum x_i)^2}{n} = 38{,}085 - \frac{609^2}{10} = 996.9$$

$$s_E^2 = \frac{S_E}{\nu_E} = \frac{127.893}{8} = 15.987$$

$$t_{\frac{\alpha}{2},n-2} = t_{0.025,8} = 2.306$$

이므로 예측구간은

$$\hat{y} \pm t_{\frac{\alpha}{2},n-2}\sqrt{\left[\left(1+\frac{1}{n}+\frac{(x_0-\overline{x})^2}{S_x}\right)s_E^2\right]}$$

$$= 169.5 \pm 2.306\sqrt{\left[\left(1+\frac{1}{10}+\frac{(67-60.9)^2}{996.9}\right)(15.987)\right]} = 169.5 \pm 9.8(159.7 \le y \le 179.3)$$

이 된다. 따라서 통계학 담당교수의 실제 키는 159.7cm에서 179.3cm 사이에 있다고 95%로 예측할 수 있다. (통계학 담당교수의 실제 키는 172cm이다.)

표 14-5 ‖ t 분포표(부분) $P(T \geq t_{\alpha}) = \alpha$

자유도	t(0.1)	t(0.05)	t(0.025)	t(0.01)
5	1.4759	2.0150	2.5706	3.3649
6	1.4398	1.9432	2.4469	3.1427
7	1.4149	1.8946	2.3646	2.9980
8	1.3968	1.8595	**2.3060**	2.8965
9	1.3830	1.8331	2.2622	2.8214
10	1.3722	1.8125	2.2281	2.7638

한편 표본자료를 이용하여 구한 추정된 회귀직선은 다른 표본을 사용하면 다른 추정된 회귀직선이 구해지므로 독립변수 x의 특정한 값에 따른 종속변수 y의 점추정치는 매번 다를 수 있다. 따라서 독립변수 x에 대한 종속변수 y의 평균치(기댓값)를 예측하는 경우에 사용되는 신뢰구간은 다음과 같다.

$$(a+bx) \pm t_{\frac{\alpha}{2}, n-2} \sqrt{\left[\frac{1}{n} + \frac{(x-\bar{x})^2}{S_x}\right] s_E^2}$$

14장 단원평가

14-1 x는 독립변수, y는 종속변수라고 할 때 이 두 변수 사이에 어떤 함수관계가 있을 경우 이를 무슨 관계라고 하는가?

(가) 교호관계 (나) 상관관계

(다) 회귀관계 (라) 종속관계

14-2 두 변수의 관계, 즉 소득수준 x와 외식비 y 사이의 관계를 분석하기 전에 두 변수의 관계를 대체적으로 파악하기 위하여 그리는 그림은?

(가) 산점도 (나) 관리도

(다) 그래프 (라) 교차표

14-3 2개 이상의 특성값 사이의 회귀분석에서 회귀관계가 있는지에 대한 검정은 어떤 분포를 이용하는가?

(가) 정규분포 (나) 카이제곱분포

(다) t분포 (라) F분포

14-4 회귀분석에서 회귀직선에 의해 "종속변수가 설명 되어지는 정도"에 대하여 설명한 것 중 잘못된 것은?

(가) 결정계수라고 한다.

(나) 상관계수라고 한다.

(다) 0과 1 사이의 범위의 값을 가진다.

(라) 이 값이 1에 가까울수록 회귀직선이 자료를 잘 설명함을 의미한다.

14-5 다음은 회귀직선을 추정하기 위하여 독립변수 x와 종속변수 y의 자료를 계산한 값이다. 추정된 회귀직선은 어느 것인가?

$$\sum_{i=1}^{10} x_i = 460,\ \sum_{i=1}^{10} y_i = 728,\ \sum_{i=1}^{10} x_i^2 = 25{,}600,\ \sum_{i=1}^{10} x_i y_i = 40{,}060,\ \sum_{i=1}^{10} y_i^2 = 62{,}872$$

(가) $\hat{y} = 4.72 + 1.48x$ (나) $\hat{y} = 5.85 - 6.25x$

(다) $\hat{y} = -3.26 + 5.78x$ (라) $\hat{y} = -7.42 - 8.73x$

14-6 두 변수에 대한 추정된 회귀직선이 $\hat{y} = 5.85 + 6.25x$ 이었다. 독립변수 x가 20일 때 예측치는 얼마인가?

(가) 120.41 (나) 130.85

(다) 100.47 (라) 89.48

14-7 다음 표는 통계학 기말시험을 준비하는 시간(x)과 시험성적(y) 사이의 관계를 분석하기 위하여 통계학 수강생 중 8명을 표본추출하여 그들이 공부한 시간과 시험성적을 조사한 자료이다. 각 물음에 답하시오.

학 생	공부한 시간 (x)	시험성적 (y)
M	4	55
P	7	85
C	5	63
S	8	92
G	6	73
R	4	68
H	2	65
K	9	87

(1) 표본상관계수를 구하시오.

(2) 가설 $H_0 : \rho = 0,\ H_1 : \rho \neq 0$ 에 대하여 유의수준 5%로 검정하시오.

14-8 [14-7]의 자료를 이용하여 다음 물음에 답하시오.

(1) 시험시간을 독립변수, 성적을 종속변수로 하고 회귀직선을 추정하시오.

(2) 총제곱합(총변동), 회귀제곱합(회귀변동), 그리고 잔차제곱합(잔차변동)을 구하시오.

(3) 분산분석표를 작성하시오.

(4) 추정된 단순회귀직선이 유의한지 분산분석표를 이용하여 F검정을 하시오.
단, 유의수준은 5%이다.

(5) 결정계수를 구하시오.

(6) 공부시간이 5.5시간일 때 성적의 95% 예측구간을 구하시오.

정답과 풀이

14-1 ㈐ **14-2** ㈎ **14-3** ㈑ **14-4** ㈏ **14-5** ㈎ **14-6** ㈏

14-7 (1) 표본상관계수

학 생	x	y	x^2	y^2	xy
M	4	55	16	3,025	220
P	7	85	49	7,225	595
C	5	63	25	3,969	315
S	8	92	64	8,464	736
G	6	73	36	5,329	438
R	4	68	16	4,624	272
H	2	65	4	4,225	130
K	9	87	81	7,569	783
합계	45	588	291	44,430	3,489

$$S_x = \sum(x_i - \bar{x})^2 = \sum x_i^2 - \frac{(\sum x_i)^2}{n} = 291 - \frac{45^2}{8} = 37.875$$

$$S_y = \sum(y_i - \bar{y})^2 = \sum y_i^2 - \frac{(\sum y_i)^2}{n} = 44,430 - \frac{588^2}{8} = 1,212$$

$$S_{xy} = \sum(x_i - \bar{x})(y_i - \bar{y}) = \sum x_i y_i - \frac{(\sum x_i)(\sum y_i)}{n} = 3,489 - \frac{45 \times 588}{8} = 181.5$$

표본상관계수 $r = \dfrac{S_{xy}}{\sqrt{S_x \times S_y}} = \dfrac{181.5}{\sqrt{(37.875)(1,212)}} = 0.847$

(2) 검정

① 가설: H_0: $\rho = 0$ H_1: $\rho \neq 0$

② 유의수준: 5%

③ 검정통계량 및 기각역: $t = r\sqrt{\dfrac{n-2}{1-r^2}}$

$t > t_{0.025,6} = 2.447$ 또는 $t < -t_{0.025,6} = -2.447$이면 귀무가설을 기각한다.

④ 계산: $r = 0.847$

$$t = 0.847\sqrt{\frac{8-2}{1-0.847^2}} = 3.903$$

⑤ 결론: $t = 3.903 > 2.447$ 이므로 귀무가설을 기각한다.

14-8 (1) 회귀직선의 추정

$\bar{x} = \dfrac{1}{n}\sum x_i = \dfrac{1}{8}(45) = 5.625$ $\bar{y} = \dfrac{1}{n}\sum y_i = \dfrac{1}{8}(588) = 73.5$

$$S_x = \sum(x_i - \bar{x})^2 = \sum x_i^2 - \frac{(\sum x_i)^2}{n} = 291 - \frac{45^2}{8} = 37.875$$

$$S_{xy} = \sum(x_i - \bar{x})(y_i - \bar{y}) = \sum x_i y_i - \frac{(\sum x_i)(\sum y_i)}{n} = 3,489 - \frac{45 \times 588}{8} = 181.5$$

이므로 기울기 b와 절편 a는

$$b = \frac{S_{xy}}{S_x} = \frac{181.5}{37.875} = 4.792 \text{와 } a = \bar{y} - b\bar{x} = 73.5 - 4.792(5.625) = 46.545$$

이 된다. 따라서 추정된 회귀직선은 $\hat{y} = 46.545 + 4.792x$이다.

(2) 총제곱합 $S_T = 1{,}212$

회귀제곱합 $S_R = \frac{[S_{xy}]^2}{S_x} = \frac{181.5^2}{37.875} = 869.762$

잔차(오차)제곱합 $S_E = S_T - S_R = 1{,}212 - 869.762 = 342.238$

(3) 분산분석표

요인	제곱합	자유도	표본분산	분산비F
회귀 (R)	869.762	1	869.762	15.248
잔차(E)	342.238	6	57.04	
합계(T)	1,212	7		

(4) 추정된 회귀직선의 유의성검정

① 가설: $H_0: \beta = 0$

$H_1: \beta \neq 0$

② 유의수준: $\alpha = 5\%$

③ 검정통계량 및 기각역: $F = \frac{s_R^2}{s_E^2}$, $F > F_{0.05,1,6} = 5.99$

④ 계산: $F = \frac{s_R^2}{s_E^2} = 15.248$

⑤ 결론: $F = 15.248 > 5.99$이므로 귀무가설을 기각한다.

즉, 추정된 회귀직선 $\hat{y} = 46.545 + 4.792x$는 의미가 있다.

(5) 결정계수

$$R^2 = \frac{S_R}{S_T} = \frac{869.762}{1{,}212} = 0.718(71.8\%)$$

(6) 공부시간이 5.5시간일 때 성적의 95% 예측구간

$\hat{y} = 46.545 + 4.792x = 46.545 + 4.792(5.5) = 72.9$

$t_{0.025,6} = 2.447$, $s_E^2 = 57.04$

이므로

$$\hat{y} \pm t_{\frac{\alpha}{2},n-2}\sqrt{[1 + \frac{1}{n} + \frac{(x_0 - \bar{x})^2}{S_x}]s_E^2}$$

$$= 72.9 \pm 2.447\sqrt{[1 + \frac{1}{8} + \frac{(5.5 - 5.625)^2}{37.875}](57.04)}$$

$$= 72.9 \pm 19.6$$

14장 연습문제

14.1 다음은 소형 중고차의 사용기간(년)과 중고가격(만 원)을 조사한 자료이다.

사용기간	3	5	7	2	6	4	2	8	5	6
가격	630	450	400	800	450	380	750	300	420	410

사용기간	2	8	5	4	7	5	3	7	5	6
가격	800	150	400	300	350	380	750	300	420	410

① 신점도를 그려라.
② 상관계수를 구하시오.
③ 상관관계가 있는지를 유의수준 5%로 검정하시오.
④ 사용기간을 독립변수, 가격을 종속변수로 하여 단순회귀직선을 추정하시오.
⑤ 4.5년된 자동차의 가격을 추정하여 보시오.

14.2 10가구를 무작위로 추출하여 식비(백만 원)와 연간소득(백만 원)을 조사하였다.

월식비	1.5	0.8	1.8	2.2	3.5	0.9	1.6	2.1	1.4	2.5
월소득	3.6	2.5	4.0	5.50	7.20	2.80	4.50	5.00	3.20	4.10

① 상관계수를 구하시오.
② 모상관계수가 0.8인지를 유의수준 5%로 검정하시오.
③ 연간소득을 독립변수, 식비를 종속변수로 하여 단순회귀직선을 추정하시오.
④ 추정된 단순회귀직선이 유의한지 유의수준 5%로 검정하시오.
⑤ 어떤 가구의 월소득이 4.5이다. 이 가구의 월식비에 대하여 신뢰수준 95%로 예측구간을 구하시오.

부 록

부록 1a. 표준정규분포표 $P(Z \le z_\alpha) = \alpha$

Z	소숫점 둘째 자리									
	0.00	0.01	0.02	0.03	0.04	0.05	0.06	0.07	0.08	0.09
−3.9	0.0000	0.0000	0.0000	0.0000	0.0000	0.0000	0.0000	0.0000	0.0000	0.0000
−3.8	0.0001	0.0001	0.0001	0.0001	0.0001	0.0001	0.0001	0.0001	0.0001	0.0001
−3.7	0.0001	0.0001	0.0001	0.0001	0.0001	0.0001	0.0001	0.0001	0.0001	0.0001
−3.6	0.0002	0.0002	0.0001	0.0001	0.0001	0.0001	0.0001	0.0001	0.0001	0.0001
−3.5	0.0002	0.0002	0.0002	0.0002	0.0002	0.0002	0.0002	0.0002	0.0002	0.0002
−3.4	0.0003	0.0003	0.0003	0.0003	0.0003	0.0003	0.0003	0.0003	0.0003	0.0002
−3.3	0.0005	0.0005	0.0005	0.0004	0.0004	0.0004	0.0004	0.0004	0.0004	0.0003
−3.2	0.0007	0.0007	0.0006	0.0006	0.0006	0.0006	0.0006	0.0005	0.0005	0.0005
−3.1	0.0010	0.0009	0.0009	0.0009	0.0008	0.0008	0.0008	0.0008	0.0007	0.0007
−3.0	0.0013	0.0013	0.0013	0.0012	0.0012	0.0011	0.0011	0.0011	0.0010	0.0010
−2.9	0.0019	0.0018	0.0018	0.0017	0.0016	0.0016	0.0015	0.0015	0.0014	0.0014
−2.8	0.0026	0.0025	0.0024	0.0023	0.0023	0.0022	0.0021	0.0021	0.0020	0.0019
−2.7	0.0035	0.0034	0.0033	0.0032	0.0031	0.0030	0.0029	0.0028	0.0027	0.0026
−2.6	0.0047	0.0045	0.0044	0.0043	0.0041	0.0040	0.0039	0.0038	0.0037	0.0036
−2.5	0.0062	0.0060	0.0059	0.0057	0.0055	0.0054	0.0052	0.0051	0.0049	0.0048
−2.4	0.0082	0.0080	0.0078	0.0075	0.0073	0.0071	0.0069	0.0068	0.0066	0.0064
−2.3	0.0107	0.0104	0.0102	0.0099	0.0096	0.0094	0.0091	0.0089	0.0087	0.0084
−2.2	0.0139	0.0136	0.0132	0.0129	0.0125	0.0122	0.0119	0.0116	0.0113	0.0110
−2.1	0.0179	0.0174	0.0170	0.0166	0.0162	0.0158	0.0154	0.0150	0.0146	0.0143
−2.0	0.0228	0.0222	0.0217	0.0212	0.0207	0.0202	0.0197	0.0192	0.0188	0.0183
−1.9	0.0287	0.0281	0.0274	0.0268	0.0262	0.0256	0.0250	0.0244	0.0239	0.0233
−1.8	0.0359	0.0351	0.0344	0.0336	0.0329	0.0322	0.0314	0.0307	0.0301	0.0294
−1.7	0.0446	0.0436	0.0427	0.0418	0.0409	0.0401	0.0392	0.0384	0.0375	0.0367
−1.6	0.0548	0.0537	0.0526	0.0516	0.0505	0.0495	0.0485	0.0475	0.0465	0.0455
−1.5	0.0668	0.0655	0.0643	0.0630	0.0618	0.0606	0.0594	0.0582	0.0571	0.0559
−1.4	0.0808	0.0793	0.0778	0.0764	0.0749	0.0735	0.0721	0.0708	0.0694	0.0681
−1.3	0.0968	0.0951	0.0934	0.0918	0.0901	0.0885	0.0869	0.0853	0.0838	0.0823
−1.2	0.1151	0.1131	0.1112	0.1093	0.1075	0.1056	0.1038	0.1020	0.1003	0.0985
−1.1	0.1357	0.1335	0.1314	0.1292	0.1271	0.1251	0.1230	0.1210	0.1190	0.1170
−1.0	0.1587	0.1562	0.1539	0.1515	0.1492	0.1469	0.1446	0.1423	0.1401	0.1379
−0.9	0.1841	0.1814	0.1788	0.1762	0.1736	0.1711	0.1685	0.1660	0.1635	0.1611
−0.8	0.2119	0.2090	0.2061	0.2033	0.2005	0.1977	0.1949	0.1922	0.1894	0.1867
−0.7	0.2420	0.2389	0.2358	0.2327	0.2296	0.2266	0.2236	0.2206	0.2177	0.2148
−0.6	0.2743	0.2709	0.2676	0.2643	0.2611	0.2578	0.2546	0.2514	0.2483	0.2451
−0.5	0.3085	0.3050	0.3015	0.2981	0.2946	0.2912	0.2877	0.2843	0.2810	0.2776
−0.4	0.3446	0.3409	0.3372	0.3336	0.3300	0.3264	0.3228	0.3192	0.3156	0.3121
−0.3	0.3821	0.3783	0.3745	0.3707	0.3669	0.3632	0.3594	0.3557	0.3520	0.3483
−0.2	0.4207	0.4168	0.4129	0.4090	0.4052	0.4013	0.3974	0.3936	0.3897	0.3859
−0.1	0.4602	0.4562	0.4522	0.4483	0.4443	0.4404	0.4364	0.4325	0.4286	0.4247
−0.0	0.5000	0.4960	0.4920	0.4880	0.4840	0.4801	0.4761	0.4721	0.4681	0.4641

부록 1b. 표준정규분포표 $P(Z \leq z_{\alpha}) = \alpha$

z	소숫점 둘째 자리									
	0.00	0.01	0.02	0.03	0.04	0.05	0.06	0.07	0.08	0.09
0.0	0.5000	0.5040	0.5080	0.5120	0.5160	0.5199	0.5239	0.5279	0.5319	0.5359
0.1	0.5398	0.5438	0.5478	0.5517	0.5557	0.5596	0.5636	0.5675	0.5714	0.5753
0.2	0.5793	0.5832	0.5871	0.5910	0.5948	0.5987	0.6026	0.6064	0.6103	0.6141
0.3	0.6179	0.6217	0.6255	0.6293	0.6331	0.6368	0.6406	0.6443	0.6480	0.6517
0.4	0.6554	0.6591	0.6628	0.6664	0.6700	0.6736	0.6772	0.6808	0.6844	0.6879
0.5	0.6915	0.6950	0.6985	0.7019	0.7054	0.7088	0.7123	0.7157	0.7190	0.7224
0.6	0.7257	0.7291	0.7324	0.7357	0.7389	0.7422	0.7454	0.7486	0.7517	0.7549
0.7	0.7580	0.7611	0.7642	0.7673	0.7704	0.7734	0.7764	0.7794	0.7823	0.7852
0.8	0.7881	0.7910	0.7939	0.7967	0.7995	0.8023	0.8051	0.8078	0.8106	0.8133
0.9	0.8159	0.8186	0.8212	0.8238	0.8264	0.8289	0.8315	0.8340	0.8365	0.8389
1.0	0.8413	0.8438	0.8461	0.8485	0.8508	0.8531	0.8554	0.8577	0.8599	0.8621
1.1	0.8643	0.8665	0.8686	0.8708	0.8729	0.8749	0.8770	0.8790	0.8810	0.8830
1.2	0.8849	0.8869	0.8888	0.8907	0.8925	0.8944	0.8962	0.8980	0.8997	0.9015
1.3	0.9032	0.9049	0.9066	0.9082	0.9099	0.9115	0.9131	0.9147	0.9162	0.9177
1.4	0.9192	0.9207	0.9222	0.9236	0.9251	0.9265	0.9279	0.9292	0.9306	0.9319
1.5	0.9332	0.9345	0.9357	0.9370	0.9382	0.9394	0.9406	0.9418	0.9429	0.9441
1.6	0.9452	0.9463	0.9474	0.9484	0.9495	0.9505	0.9515	0.9525	0.9535	0.9545
1.7	0.9554	0.9564	0.9573	0.9582	0.9591	0.9599	0.9608	0.9616	0.9625	0.9633
1.8	0.9641	0.9649	0.9656	0.9664	0.9671	0.9678	0.9686	0.9693	0.9699	0.9706
1.9	0.9713	0.9719	0.9726	0.9732	0.9738	0.9744	0.9750	0.9756	0.9761	0.9767
2.0	0.9772	0.9778	0.9783	0.9788	0.9793	0.9798	0.9803	0.9808	0.9812	0.9817
2.1	0.9821	0.9826	0.9830	0.9834	0.9838	0.9842	0.9846	0.9850	0.9854	0.9857
2.2	0.9861	0.9864	0.9868	0.9871	0.9875	0.9878	0.9881	0.9884	0.9887	0.9890
2.3	0.9893	0.9896	0.9898	0.9901	0.9904	0.9906	0.9909	0.9911	0.9913	0.9916
2.4	0.9918	0.9920	0.9922	0.9925	0.9927	0.9929	0.9931	0.9932	0.9934	0.9936
2.5	0.9938	0.9940	0.9941	0.9943	0.9945	0.9946	0.9948	0.9949	0.9951	0.9952
2.6	0.9953	0.9955	0.9956	0.9957	0.9959	0.9960	0.9961	0.9962	0.9963	0.9964
2.7	0.9965	0.9966	0.9967	0.9968	0.9969	0.9970	0.9971	0.9972	0.9973	0.9974
2.8	0.9974	0.9975	0.9976	0.9977	0.9977	0.9978	0.9979	0.9979	0.9980	0.9981
2.9	0.9981	0.9982	0.9982	0.9983	0.9984	0.9984	0.9985	0.9985	0.9986	0.9986
3.0	0.9987	0.9987	0.9987	0.9988	0.9988	0.9989	0.9989	0.9989	0.9990	0.9990
3.1	0.9990	0.9991	0.9991	0.9991	0.9992	0.9992	0.9992	0.9992	0.9993	0.9993
3.2	0.9993	0.9993	0.9994	0.9994	0.9994	0.9994	0.9994	0.9995	0.9995	0.9995
3.3	0.9995	0.9995	0.9995	0.9996	0.9996	0.9996	0.9996	0.9996	0.9996	0.9997
3.4	0.9997	0.9997	0.9997	0.9997	0.9997	0.9997	0.9997	0.9997	0.9997	0.9998
3.5	0.9998	0.9998	0.9998	0.9998	0.9998	0.9998	0.9998	0.9998	0.9998	0.9998
3.6	0.9998	0.9998	0.9999	0.9999	0.9999	0.9999	0.9999	0.9999	0.9999	0.9999
3.7	0.9999	0.9999	0.9999	0.9999	0.9999	0.9999	0.9999	0.9999	0.9999	0.9999
3.8	0.9999	0.9999	0.9999	0.9999	0.9999	0.9999	0.9999	0.9999	0.9999	0.9999
3.9	1.0000	1.0000	1.0000	1.0000	1.0000	1.0000	1.0000	1.0000	1.0000	1.0000

부록 2. t 분포표 $P(T \geq t_\alpha) = \alpha$

자유도 ν	$t(0.1)$	$t(0.05)$	$t(0.025)$	$t(0.01)$	$t(0.005)$
1	3.0777	6.3138	12.7062	31.8205	63.6567
2	1.8856	2.9200	4.3027	6.9646	9.9248
3	1.6377	2.3534	3.1824	4.5407	5.8409
4	1.5332	2.1318	2.7764	3.7469	4.6041
5	1.4759	2.0150	2.5706	3.3649	4.0321
6	1.4398	1.9432	2.4469	3.1427	3.7074
7	1.4149	1.8946	2.3646	2.9980	3.4995
8	1.3968	1.8595	2.3060	2.8965	3.3554
9	1.3830	1.8331	2.2622	2.8214	3.2498
10	1.3722	1.8125	2.2281	2.7638	3.1693
11	1.3634	1.7959	2.2010	2.7181	3.1058
12	1.3562	1.7823	2.1788	2.6810	3.0545
13	1.3502	1.7709	2.1604	2.6503	3.0123
14	1.3450	1.7613	2.1448	2.6245	2.9768
15	1.3406	1.7531	2.1314	2.6025	2.9467
16	1.3368	1.7459	2.1199	2.5835	2.9208
17	1.3334	1.7396	2.1098	2.5669	2.8982
18	1.3304	1.7341	2.1009	2.5524	2.8784
19	1.3277	1.7291	2.0930	2.5395	2.8609
20	1.3253	1.7247	2.0860	2.5280	2.8453
21	1.3232	1.7207	2.0796	2.5176	2.8314
22	1.3212	1.7171	2.0739	2.5083	2.8188
23	1.3195	1.7139	2.0687	2.4999	2.8073
24	1.3178	1.7109	2.0639	2.4922	2.7969
25	1.3163	1.7081	2.0595	2.4851	2.7874
26	1.3150	1.7056	2.0555	2.4786	2.7787
27	1.3137	1.7033	2.0518	2.4727	2.7707
28	1.3125	1.7011	2.0484	2.4671	2.7633
29	1.3114	1.6991	2.0452	2.4620	2.7564
30	1.3104	1.6973	2.0423	2.4573	2.7500
35	1.3062	1.6896	2.0301	2.4377	2.7238
40	1.3031	1.6839	2.0211	2.4233	2.7045
45	1.3006	1.6794	2.0141	2.4121	2.6896
50	1.2987	1.6759	2.0086	2.4033	2.6778
55	1.2971	1.6730	2.0040	2.3961	2.6682
60	1.2958	1.6706	2.0003	2.3901	2.6603
70	1.2938	1.6669	1.9944	2.3808	2.6479
100	1.2901	1.6602	1.9840	2.3642	2.6259
120	1.2886	1.6577	1.9799	2.3578	2.6174
1000	1.2824	1.6464	1.9623	2.3301	2.5808

부록 3. 카이제곱분포표 $P(\chi^2 \geq \chi^2_{\alpha,\nu}) = \alpha$

자유도 ν	우측 꼬리 확률(α)							
	0.99	0.975	0.95	0.9	0.1	0.05	0.025	0.01
1	0.000	0.001	0.004	0.016	2.706	3.841	5.024	6.635
2	0.020	0.051	0.103	0.211	4.605	5.991	7.378	9.210
3	0.115	0.216	0.352	0.584	6.251	7.815	9.348	11.345
4	0.297	0.484	0.711	1.064	7.779	9.488	11.143	13.277
5	0.554	0.831	1.145	1.610	9.236	11.070	12.833	15.086
6	0.872	1.237	1.635	2.204	10.645	12.592	14.449	16.812
7	1.239	1.690	2.167	2.833	12.017	14.067	16.013	18.475
8	1.646	2.180	2.733	3.490	13.362	15.507	17.535	20.090
9	2.088	2.700	3.325	4.168	14.684	16.919	19.023	21.666
10	2.558	3.247	3.940	4.865	15.987	18.307	20.483	23.209
11	3.053	3.816	4.575	5.578	17.275	19.675	21.920	24.725
12	3.571	4.404	5.226	6.304	18.549	21.026	23.337	26.217
13	4.107	5.009	5.892	7.042	19.812	22.362	24.736	27.688
14	4.660	5.629	6.571	7.790	21.064	23.685	26.119	29.141
15	5.229	6.262	7.261	8.547	22.307	24.996	27.488	30.578
16	5.812	6.908	7.962	9.312	23.542	26.296	28.845	32.000
17	6.408	7.564	8.672	10.085	24.769	27.587	30.191	33.409
18	7.015	8.231	9.390	10.865	25.989	28.869	31.526	34.805
19	7.633	8.907	10.117	11.651	27.204	30.144	32.852	36.191
20	8.260	9.591	10.851	12.443	28.412	31.410	34.170	37.566
21	8.897	10.283	11.591	13.240	29.615	32.671	35.479	38.932
22	9.542	10.982	12.338	14.041	30.813	33.924	36.781	40.289
23	10.196	11.689	13.091	14.848	32.007	35.172	38.076	41.638
24	10.856	12.401	13.848	15.659	33.196	36.415	39.364	42.980
25	11.524	13.120	14.611	16.473	34.382	37.652	40.646	44.314
26	12.198	13.844	15.379	17.292	35.563	38.885	41.923	45.642
27	12.879	14.573	16.151	18.114	36.741	40.113	43.195	46.963
28	13.565	15.308	16.928	18.939	37.916	41.337	44.461	48.278
29	14.256	16.047	17.708	19.768	39.087	42.557	45.722	49.588
30	14.953	16.791	18.493	20.599	40.256	43.773	46.979	50.892
35	18.509	20.569	22.465	24.797	46.059	49.802	53.203	57.342
40	22.164	24.433	26.509	29.051	51.805	55.758	59.342	63.691
45	25.901	28.366	30.612	33.350	57.505	61.656	65.410	69.957
50	29.707	32.357	34.764	37.689	63.167	67.505	71.420	76.154
55	33.570	36.398	38.958	42.060	68.796	73.311	77.380	82.292
60	37.485	40.482	43.188	46.459	74.397	79.082	83.298	88.379
70	45.442	48.758	51.739	55.329	85.527	90.531	95.023	100.425
80	53.540	57.153	60.391	64.278	96.578	101.879	106.629	112.329
90	61.754	65.647	69.126	73.291	107.565	113.145	118.136	124.116

부록 4a. F분포표 $P\{F \geq F(\nu_1, \nu_2)\} = 0.05$

분모	분자 ν_1												
ν_2	1	2	3	4	5	6	7	8	9	10	11	12	15
1	161.4	199.5	215.7	224.6	230.2	234.0	236.8	238.9	240.5	241.9	243.0	243.9	245.9
2	18.51	19.00	19.16	19.25	19.30	19.33	19.35	19.37	19.38	19.40	19.40	19.41	19.43
3	10.13	9.55	9.28	9.12	9.01	8.94	8.89	8.85	8.81	8.79	8.76	8.74	8.70
4	7.71	6.94	6.59	6.39	6.26	6.16	6.09	6.04	6.00	5.96	5.94	5.91	5.86
5	6.61	5.79	5.41	5.19	5.05	4.95	4.88	4.82	4.77	4.74	4.70	4.68	4.62
6	5.99	5.14	4.76	4.53	4.39	4.28	4.21	4.15	4.10	4.06	4.03	4.00	3.94
7	5.59	4.74	4.35	4.12	3.97	3.87	3.79	3.73	3.68	3.64	3.60	3.57	3.51
8	5.32	4.46	4.07	3.84	3.69	3.58	3.50	3.44	3.39	3.35	3.31	3.28	3.22
9	5.12	4.26	3.86	3.63	3.48	3.37	3.29	3.23	3.18	3.14	3.10	3.07	3.01
10	4.96	4.10	3.71	3.48	3.33	3.22	3.14	3.07	3.02	2.98	2.94	2.91	2.85
11	4.84	3.98	3.59	3.36	3.20	3.09	3.01	2.95	2.90	2.85	2.82	2.79	2.72
12	4.75	3.89	3.49	3.26	3.11	3.00	2.91	2.85	2.80	2.75	2.72	2.69	2.62
13	4.67	3.81	3.41	3.18	3.03	2.92	2.83	2.77	2.71	2.67	2.63	2.60	2.53
14	4.60	3.74	3.34	3.11	2.96	2.85	2.76	2.70	2.65	2.60	2.57	2.53	2.46
15	4.54	3.68	3.29	3.06	2.90	2.79	2.71	2.64	2.59	2.54	2.51	2.48	2.40
16	4.49	3.63	3.24	3.01	2.85	2.74	2.66	2.59	2.54	2.49	2.46	2.42	2.35
17	4.45	3.59	3.20	2.96	2.81	2.70	2.61	2.55	2.49	2.45	2.41	2.38	2.31
18	4.41	3.55	3.16	2.93	2.77	2.66	2.58	2.51	2.46	2.41	2.37	2.34	2.27
19	4.38	3.52	3.13	2.90	2.74	2.63	2.54	2.48	2.42	2.38	2.34	2.31	2.23
20	4.35	3.49	3.10	2.87	2.71	2.60	2.51	2.45	2.39	2.35	2.31	2.28	2.20
25	4.24	3.39	2.99	2.76	2.60	2.49	2.40	2.34	2.28	2.24	2.20	2.16	2.09
30	4.17	3.32	2.92	2.69	2.53	2.42	2.33	2.27	2.21	2.16	2.13	2.09	2.01
35	4.12	3.27	2.87	2.64	2.49	2.37	2.29	2.22	2.16	2.11	2.07	2.04	1.96
40	4.08	3.23	2.84	2.61	2.45	2.34	2.25	2.18	2.12	2.08	2.04	2.00	1.92
50	4.03	3.18	2.79	2.56	2.40	2.29	2.20	2.13	2.07	2.03	1.99	1.95	1.87

부록 4b. F분포표 $P\{F \geq F(\nu_1, \nu_2)\} = 0.05$

분모 ν_2	분자 ν_1									
	16	17	18	19	20	25	30	35	40	50
1	246.5	246.9	247.3	247.7	248.0	249.3	250.1	250.7	251.1	251.8
2	19.43	19.44	19.44	19.44	19.45	19.46	19.46	19.47	19.47	19.48
3	8.69	8.68	8.67	8.67	8.66	8.63	8.62	8.60	8.59	8.58
4	5.84	5.83	5.82	5.81	5.80	5.77	5.75	5.73	5.72	5.70
5	4.60	4.59	4.58	4.57	4.56	4.52	4.50	4.48	4.46	4.44
6	3.92	3.91	3.90	3.88	3.87	3.83	3.81	3.79	3.77	3.75
7	3.49	3.48	3.47	3.46	3.44	3.40	3.38	3.36	3.34	3.32
8	3.20	3.19	3.17	3.16	3.15	3.11	3.08	3.06	3.04	3.02
9	2.99	2.97	2.96	2.95	2.94	2.89	2.86	2.84	2.83	2.80
10	2.83	2.81	2.80	2.79	2.77	2.73	2.70	2.68	2.66	2.64
11	2.70	2.69	2.67	2.66	2.65	2.60	2.57	2.55	2.53	2.51
12	2.60	2.58	2.57	2.56	2.54	2.50	2.47	2.44	2.43	2.40
13	2.51	2.50	2.48	2.47	2.46	2.41	2.38	2.36	2.34	2.31
14	2.44	2.43	2.41	2.40	2.39	2.34	2.31	2.28	2.27	2.24
15	2.38	2.37	2.35	2.34	2.33	2.28	2.25	2.22	2.20	2.18
16	2.33	2.32	2.30	2.29	2.28	2.23	2.19	2.17	2.15	2.12
17	2.29	2.27	2.26	2.24	2.23	2.18	2.15	2.12	2.10	2.08
18	2.25	2.23	2.22	2.20	2.19	2.14	2.11	2.08	2.06	2.04
19	2.21	2.20	2.18	2.17	2.16	2.11	2.07	2.05	2.03	2.00
20	2.18	2.17	2.15	2.14	2.12	2.07	2.04	2.01	1.99	1.97
25	2.07	2.05	2.04	2.02	2.01	1.96	1.92	1.89	1.87	1.84
30	1.99	1.98	1.96	1.95	1.93	1.88	1.84	1.81	1.79	1.76
35	1.94	1.92	1.91	1.89	1.88	1.82	1.79	1.76	1.74	1.70
40	1.90	1.89	1.87	1.85	1.84	1.78	1.74	1.72	1.69	1.66
50	1.85	1.83	1.81	1.80	1.78	1.73	1.69	1.66	1.63	1.60

부록 4c. F분포표 $P\{F \geq F(\nu_1, \nu_2)\} = 0.025$

분모 ν_2	분자 ν_1														
	1	2	3	4	5	6	7	8	9	10	11	12	13	14	15
1	648	799	864	900	922	937	948	957	963	969	973	977	980	983	985
2	39	39	39	39	39	39	39	39	39	39	39	39	39	39	39
3	17	16	15	15	15	15	15	15	14	14	14	14	14	14	14
4	12.22	10.65	9.98	9.60	9.36	9.20	9.07	8.98	8.90	8.84	8.79	8.75	8.71	8.68	8.66
5	10.01	8.43	7.76	7.39	7.15	6.98	6.85	6.76	6.68	6.62	6.57	6.52	6.49	6.46	6.43
6	8.81	7.26	6.60	6.23	5.99	5.82	5.70	5.60	5.52	5.46	5.41	5.37	5.33	5.30	5.27
7	8.07	6.54	5.89	5.52	5.29	5.12	4.99	4.90	4.82	4.76	4.71	4.67	4.63	4.60	4.57
8	7.57	6.06	5.42	5.05	4.82	4.65	4.53	4.43	4.36	4.30	4.24	4.20	4.16	4.13	4.10
9	7.21	5.71	5.08	4.72	4.48	4.32	4.20	4.10	4.03	3.96	3.91	3.87	3.83	3.80	3.77
10	6.94	5.46	4.83	4.47	4.24	4.07	3.95	3.85	3.78	3.72	3.66	3.62	3.58	3.55	3.52
11	6.72	5.26	4.63	4.28	4.04	3.88	3.76	3.66	3.59	3.53	3.47	3.43	3.39	3.36	3.33
12	6.55	5.10	4.47	4.12	3.89	3.73	3.61	3.51	3.44	3.37	3.32	3.28	3.24	3.21	3.18
13	6.41	4.97	4.35	4.00	3.77	3.60	3.48	3.39	3.31	3.25	3.20	3.15	3.12	3.08	3.05
14	6.30	4.86	4.24	3.89	3.66	3.50	3.38	3.29	3.21	3.15	3.09	3.05	3.01	2.98	2.95
15	6.20	4.77	4.15	3.80	3.58	3.41	3.29	3.20	3.12	3.06	3.01	2.96	2.92	2.89	2.86
16	6.12	4.69	4.08	3.73	3.50	3.34	3.22	3.12	3.05	2.99	2.93	2.89	2.85	2.82	2.79
17	6.04	4.62	4.01	3.66	3.44	3.28	3.16	3.06	2.98	2.92	2.87	2.82	2.79	2.75	2.72
18	5.98	4.56	3.95	3.61	3.38	3.22	3.10	3.01	2.93	2.87	2.81	2.77	2.73	2.70	2.67
19	5.92	4.51	3.90	3.56	3.33	3.17	3.05	2.96	2.88	2.82	2.76	2.72	2.68	2.65	2.62
20	5.87	4.46	3.86	3.51	3.29	3.13	3.01	2.91	2.84	2.77	2.72	2.68	2.64	2.60	2.57
25	5.69	4.29	3.69	3.35	3.13	2.97	2.85	2.75	2.68	2.61	2.56	2.51	2.48	2.44	2.41
30	5.57	4.18	3.59	3.25	3.03	2.87	2.75	2.65	2.57	2.51	2.46	2.41	2.37	2.34	2.31
35	5.48	4.11	3.52	3.18	2.96	2.80	2.68	2.58	2.50	2.44	2.39	2.34	2.30	2.27	2.23
40	5.42	4.05	3.46	3.13	2.90	2.74	2.62	2.53	2.45	2.39	2.33	2.29	2.25	2.21	2.18
50	5.34	3.97	3.39	3.05	2.83	2.67	2.55	2.46	2.38	2.32	2.26	2.22	2.18	2.14	2.11

부록 4d. F분포표 $P\{F \geq F(\nu_1,\nu_2)\}=0.025$

분모 ν_2	분자 ν_1									
	16	17	18	19	20	25	30	35	40	50
1	980	989	990	992	993	998	1001	1004	1006	1008
2	39.42	39.44	39.44	39.45	39.45	39.46	39.46	39.47	39.47	39.48
3	14.30	14.21	14.20	14.18	14.17	14.12	14.08	14.06	14.04	14.01
4	8.71	8.61	8.59	8.58	8.56	8.50	8.46	8.43	8.41	8.38
5	6.49	6.38	6.36	6.34	6.33	6.27	6.23	6.20	6.18	6.14
6	5.33	5.22	5.20	5.18	5.17	5.11	5.07	5.04	5.01	4.98
7	4.63	4.52	4.50	4.48	4.47	4.40	4.36	4.33	4.31	4.28
8	4.16	4.05	4.03	4.02	4.00	3.94	3.89	3.86	3.84	3.81
9	3.83	3.72	3.70	3.68	3.67	3.60	3.56	3.53	3.51	3.47
10	3.58	3.47	3.45	3.44	3.42	3.35	3.31	3.28	3.26	3.22
11	3.39	3.28	3.26	3.24	3.23	3.16	3.12	3.09	3.06	3.03
12	3.24	3.13	3.11	3.09	3.07	3.01	2.96	2.93	2.91	2.87
13	3.12	3.00	2.98	2.96	2.95	2.88	2.84	2.80	2.78	2.74
14	3.01	2.90	2.88	2.86	2.84	2.78	2.73	2.70	2.67	2.64
15	2.92	2.81	2.79	2.77	2.76	2.69	2.64	2.61	2.59	2.55
16	2.85	2.74	2.72	2.70	2.68	2.61	2.57	2.53	2.51	2.47
17	2.79	2.67	2.65	2.63	2.62	2.55	2.50	2.47	2.44	2.41
18	2.73	2.62	2.60	2.58	2.56	2.49	2.44	2.41	2.38	2.35
19	2.68	2.57	2.55	2.53	2.51	2.44	2.39	2.36	2.33	2.30
20	2.64	2.52	2.50	2.48	2.46	2.40	2.35	2.31	2.29	2.25
25	2.48	2.36	2.34	2.32	2.30	2.23	2.18	2.15	2.12	2.08
30	2.37	2.26	2.23	2.21	2.20	2.12	2.07	2.04	2.01	1.97
35	2.30	2.18	2.16	2.14	2.12	2.05	2.00	1.96	1.93	1.89
40	2.25	2.13	2.11	2.09	2.07	1.99	1.94	1.90	1.88	1.83
50	2.18	2.06	2.03	2.01	1.99	1.92	1.87	1.83	1.80	1.75

참고문헌

1. 경제 · 경영통계학, 박영사, 강금식 외 1인
2. 기초통계학, 한올출판사, 문영길 · 복현규
3. 데이터를 철학하다, 흐름출판, 장석권
4. 알기 쉬운 통계학, 비엔앰북스, 황인창 외 2인
5. 즐거운 SPSS, 풀리는 통계학, 박영사, 김준우
6. 켈러의 경영경제통계학, Thomson, 이상규 옮김
7. 통계조사분석, 학문사, 이희춘 외 1인
8. 통계학, 대영사, 임양택
9. 통계학, 도서출판 청람, 이훈영
10. 통계학 길잡이, 도서출판 국제, 이중환 옮김
11. 통계학의 이해와 응용, 민영사, 김상익 외 4인
12. 공업통계학, 청문각, 김봉선 외 3인
13. 현대통계학, 무역경영사, 김세헌
14. 통계학 들어가기, 연학사, 이무성 · 김병화
15. 통계학의 이해, 법문사, 노부호 외 2인
16. 확률 및 통계, 자유아카데미, 김병휘 외 4인
17. 통계학 개론, 박영사, 김건우
18. 현대통계학, 무역경영사, 강병서
19 *Introduction to the Theory of Statistics*, A. M. Mood, R. A. Graybill, D. C. Boes, McGraw-Hill.
20. Engineering statistics, A.H. Bowker, G.J. Lieberman, Prentice -Hall.
21. *Probability and Statistics for Engineers and Scientists*, R. E. Walpole, R. H. Myers, MACMILLAN.
22. *Statistics for Business and Economics*, E. Mansfield, W · W · Norton & Company.

찾아보기